KB149676

5판

제어시스템 분석과 MATLAB 및 SIMULINK의 활용

| 정 슬 지음 |

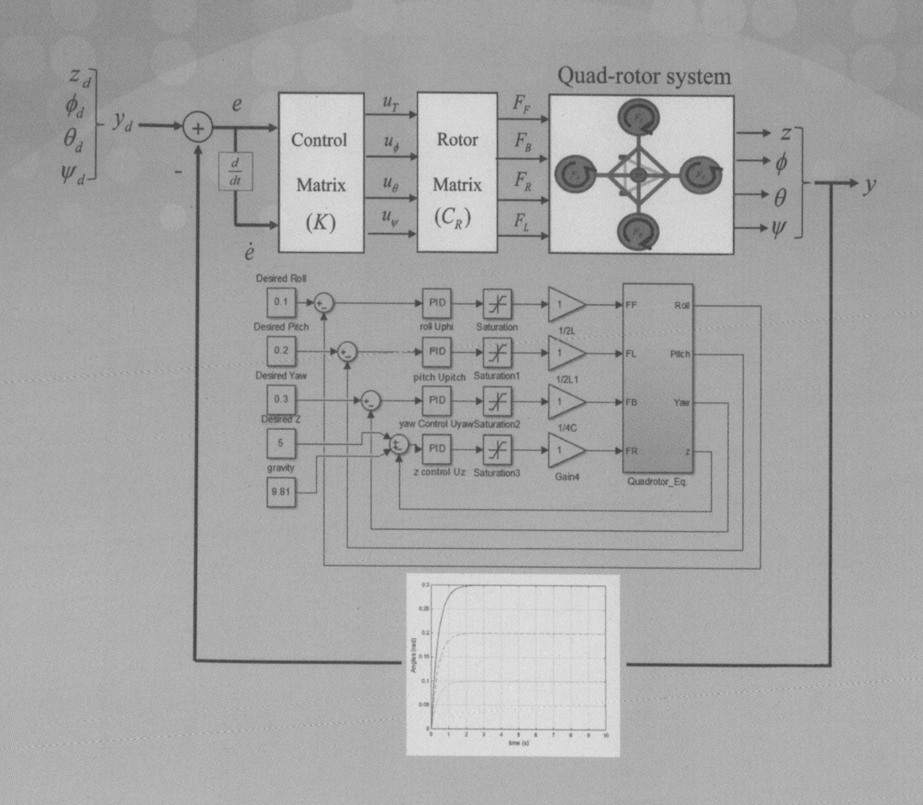

교문사

청문각이 교문사로 새롭게 태어납니다.

들어가는 글

4차 산업혁명(Industry 4.0)시대를 맞아 스마트 공장(Smart factory)을 구현하는 데 있어 디지털기기를 통한 데이터 수집, 데이터를 기반으로 판단하는 인공지능 알고리즘이 화두가 되고 있다. 하지만 제어공학은 공장 자동화를 구현하기 위한 가장 기본적인 학문의 하나이다. 최근에 디지털혁명과 함께 발전하는 제어공학은 단순히 시스템을 제어하는 의미보다는 정보 처리, IT(Information Technology) 기술과 함께 사용되어 더 폭넓은 의미로 사용된다. 제어이론에 대한 관심보다는 상대적으로 센싱을 통한 신호처리 및 데이터 처리에 이르기까지를 포함하는 제어 응용에 대한 관심이 더 요구되는 것이 사실이다.

제어공학은 산업 자동화의 가장 기초적인 학문으로 자리매김하고 있으며 이를 토대로 다양한 형태로 발전한다. 제어이론에 대한 이해를 바탕으로 응용이 이루어져 창의적인 시스템 설계 및 제어의 발전으로 이루어져야 한다.

4차 산업혁명의 핵심은 융합이다. 기계 시스템에 IT 기술을 접목하여 최첨단의 지능시스템을 만들어내는 것이 필요하다. IT 기술의 발전은 기계시스템을 지능화한 것이 사실이다. 학술적으로 보면 기본적인 제어이론에 대한 관심보다는 지능제어 분야가 더 많은 비중을 차지하고 있다. 이처럼 발전된 학문을 이해하기 위해서는 학부과정에서 기초적인 제어이론을 공부해야 한다.

이 책은 이러한 시대의 흐름에 맞추어 가기 위해 구성되어 있다. 이번 5판에서는 학부과정에서 공학도가 배워야 할 기초 수학을 추가하였고 시스템에 대한 이론, 그리고 시스템을 제어하는 방법에 대한 이론의 내용을 확장하여 쉽게 이해할 수 있도록 구성하였다. 더욱이 보이지 않는 신호를 나타내기 위해 MATLAB을 소개하고 독자들이 쉽게 따라 하도록 노력했다. 이를 통해 가상의 시스템을 분석 및 제어할 수 있는 환경을 제공하여 독자들의 제어에 대한 이해를 돕는 데 노력했다.

책의 내용을 살펴보면 먼저 동적인 시스템을 모델링한다. 모델링된 시스템을 MATLAB을 사용하여 안정성이나 주파수 응답을 분석하고 목적에 맞게 제어기를 설계한다. 다양한 제어기를 소개하여 각각의 특성을 알아본다. 제어기를 설계하는 방법으로 근궤적 방법을 사용하고 설계된 제어기를 포함한 전체 시스템의 안정성을 점검한다. 또한 분석적인 제어기 설계 방법을 통해 간단하게 제어기를 설계하는 방법을 소개한다. 마지막으로 SIMULINK를 사용하여 시스템의 응답을 목적에 맞도록 제어기를 수정한다. 실제 MATLAB과 SIMULINK 코드를 제공하여 독자들의 편의를 고려하였다.

1997년 이 책의 초판이 나온 후에 독자들의 성원에 힘입어 20여 년 만에 5판을 내게 되었다. MATLAB 프로그램의 버전이 바뀔 때마다 개정하였고 4판부터는 독자들의 편의를 위해 프로그램을 사용할 수 있도록 하였다.

책의 내용이 부족함에도 수년 동안 사용해준 독자들께 감사를 드린다. 20여 년 동안 함께 한 실험실 졸업생들과 학생들, 그리고 학과 교수님들께 감사드리며 항상 좋은 책으로 만들어준 교문사 관계자들께 감사를 드린다. 끝으로 알게 모르게 도와주신 모든 분들과 필자가 오늘 이 자리에 있게 해주신 부모님과 가족에게 감사드린다.

2018년 더운 여름
백마산 기슭 연구실 523호에서
저자 드림

차례

MATLAB 사용법 및 기초 공학 수학

물리적 시스템의 수학적 모델

시스템의 응답 및 분석

시스템의 안정성

제어기의 종류

근궤적 기법을 사용한 제어기의 설계

주파수 영역에서의 제어기 설계

상태공간 모델의 제어

분석적인 제어기 설계방법

디지털 시스템 제어

SIMULINK

Chapter 01

MATLAB 사용법 및 기초 공학 수학

1.1 MATLAB의 시작

1.1.1 소개

최근에 MATLAB은 공학교육에서는 필수로 여겨지고 있다. 수학을 비롯하여 제어 및 신호처리와 같은 기본적인 공학 교과목에서는 MATLAB 프로그램 도구로 함께 사용해온 지 오래되었다. 공학 교육뿐만 아니라 타 학문에서도 점차 영역을 넓혀가고 있는 추세이다. 이처럼 MATLAB은 이제 공학도면 반드시 사용할 줄 알아야 하는 프로그램이 되었다.

최근에는 MATLAB이 기존 틀을 과감히 바꾸어 기능을 보강하고 모든 메뉴를 아이콘화하여 MATLAB Command Window 창에서 모든 것을 실행하도록 삽입하였다. 윈도우가 전 버전에 비해 다소 커진 면도 있으나 사용자 측면에서 편리하게 처리하도록 디자인한 것이 큰 차이이다. 하지만 기본적인 메뉴나 함수는 거의 같아 전에 작성한 m-file이 무난하게 실행된다. 하지만 몇몇 function들은 그 format이 바뀌어 실행되지 않는 경우가 있으니 **help** 명령어를 통해 변수 설정이 어떻게 바뀌었는지를 인지할 필요가 있다.

MATLAB은 MATrix LABoratory의 줄임말로 숫자들의 계산을 과학적이고 효과적으로 처리할 뿐만 아니라, 행렬과 벡터의 조작을 편리하게 해주는 프로그램이다. 일반적으로 이 프로그램은 사용자와 프로그램 사이의 상호작용이 용이하고, 데이터를 조작하기가 쉽고, 언제든지 사용하고 있는 변수들의 값들을 즉시 알 수 있기 때문에 프로그램하기가 여러모로 편리하다. 간단히 말하면, MATLAB의 각 명령어들은 C나 FORTRAN 언어에서의 **function**문이나 **subroutine**문에 해당되기 때문에, 행렬이나 벡터를 계산하기 위해 필요한 긴 프로그램을 작성하는 데 여러 어려움을 없애 주었다. 이러한 특성 때문에 MATLAB은 행렬이나 벡터의 계산 또는 시뮬레이션을 하는 도구로 많은 공학 분야에서 쓰이고 있다.

MATLAB은 많은 기능(function)들이 내장되어 있는 자체의 여러 도구상자(Tool Box)들을 갖추고 있다. 도구상자의 종류에는, 제어시스템 도구상자(control system tool box), 신호처리 도구상자(signal processing tool box), 강인 제어시스템 도구상자(robust control tool box), 인식 도구상자(system identification tool box), 최적화 도구상자(system optimization tool box), 신경회로망 도구상자(neural network tool box), 퍼지 도구상자(fuzzy tool box) 등이 있다. 이러한 도구상자 속에 있는 기능들은 m-file로 저장되어 있는데, 이 m-file들을 잘 활용하면 간단하고 편하게 계산을 하거나 원하는 시뮬레이션을 쉽게 할 수 있다.

또한 MATLAB이 지원하는 그래픽 기능은 매우 우수하기 때문에 단지 그래프만을 그리는 작업에서도 유용하게 사용될 수 있다. 만약 MATLAB 프로그램이 길어지고, 반복적인 계산을 필요로 할 경우에는 계산하는 속도가 느려지는데, UNIX 운영체제에서는 뒷배경(background)

으로 프로그램을 작동한 뒤 다른 작업을 하거나, 먼저 다른 프로그램 언어, C 또는 PASCAL에서 원하는 작업을 계산한 뒤에 얻은 데이터를 MATLAB상에 load한 다음 데이터를 조작하여 원하는 그래프를 쉽게 얻을 수 있다. 최근에는 MATLAB의 도구상자가 더욱 보강되어 문자끼리의 계산을 가능하게 해주는 symbolic calculation 기능이 추가되었다. 또한 GUI (Graphic User Interface) 기능을 넣어 사용자가 원하는 대로 쉽게 윈도우를 설계하므로 C++로 프로그램하는 어려움을 없앴다. 사용자가 설계한 윈도우에서는 MATLAB 프로그램을 실행시키고 그래프로 출력할 수 있다.

1.1.2 MATLAB의 실행방법

일반적으로 UNIX 시스템상에서는 MATLAB 파일들이 저장되어 있는 디렉토리 안에서 **matlab**을 치거나 경로를 미리 정해주면 어느 곳에서든 MATLAB을 실행할 수 있다. 윈도우 기반 개인 컴퓨터에서는 MATLAB 아이콘을 클릭함으로써 실행시킬 수 있다.

```
C : ₩matlab
...
>>                                    ◀ MATLAB 프롬프트
```

개인 컴퓨터의 윈도우상에서는 화면의 MATLAB 아이콘(ICON) 을 마우스로 클릭하여 실행할 수 있다. 한글 윈도우일 경우, 실행이 되면 MATLAB의 기본 프롬프트인 “>>”가 Command Window(CW)라는 윈도우 안에 나타난다. CW 창과 함께 나타나는 Current Folder는 현재 작업 중인 디렉토리를 나타내고 Workspace는 현재 작업 중인 변수들을 나타낸다.

실행된 MATLAB 프롬프트 끝에서는 커서가 깜빡이며 명령어 입력을 기다린다. MATLAB의 작업을 완전히 끝내기 위해서는 **exit**나 **quit** 명령어를 사용한다. MATLAB 명령어의 실행 중에 언제든지 Ctrl-C 혹은 Ctrl-Break 키를 치면 현재 실행 중인 명령어를 멈출 수 있다.

그림 1.1은 MATLAB의 명령어 실행창인 Command Window(CW)를 보여준다. 이전 버전보다 메뉴가 많아졌음을 알 수 있다.

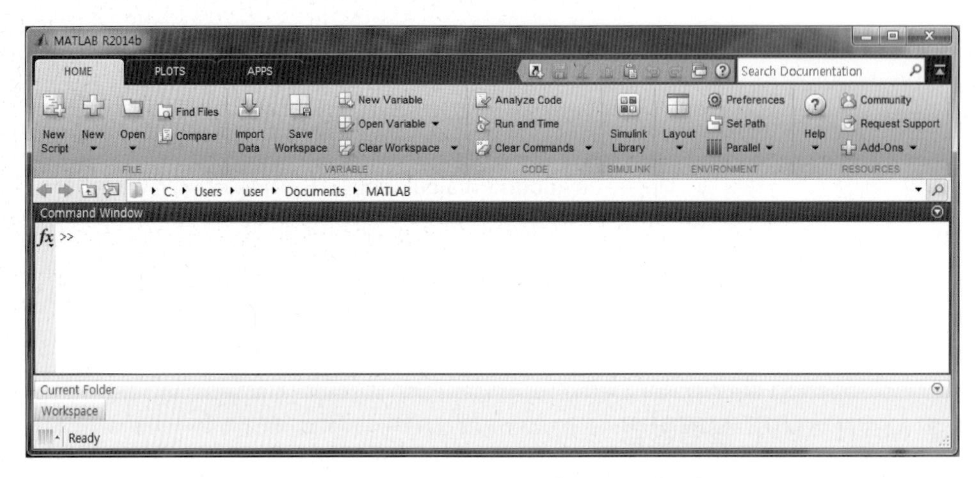

그림 1.1 MATLAB Command Window(CW)

1.1.3 MATLAB Command Window(CW)

우선 MATLAB Command Window(CW)에 대하여 알아보자. 그림 1.1에서 나타난 것처럼 CW에는 **FILE**, **VARIABLE**, **CODE**, **SIMULINK**, **ENVIRONMENT**, **RESOURCES** 등의 큰 메뉴가 있다. **FILE**에는 기본적으로 파일에 관한 일이나 프로그램의 실행과 관련되어 있다. 새로운 파일을 작성하는 **New**, 전에 작성한 파일을 불어오는 **Open**, 파일을 찾아주는 **Find Files** 등이 있다.

VARIABLE 메뉴 아래에는 데이터를 불러오는 **Import Data**, 현재 수행하고 있는 작업을 저장하는 **Save Workspace** 등이 있고 **CODE**에는 프로그램을 실행하는 **Run and Time** 이 있다. **SIMULINK**에는 관련 파일들이 있다. **ENVIRONMENT**에는 경로를 설정하는 **Set Path**, MATLAB의 기본을 세팅하는 **Preferences** 등 다양한 명령어들이 있다. **RESOURCES**에는 MATLAB 관련 문의를 하거나 문제가 발생할 경우 지원을 받을 수 있도록 인터넷과 연결이 되어 있다.

1.1.4 주요 기능

(1) 경로 설정

이 책에서는 MATLAB에 너무 많은 기능들이 있어 모두 설명하는 것은 불가능하므로 기본적인 작업을 할 수 있는 기능만 설명하고자 한다. 먼저 작업 공간의 디렉토리에 경로가 설정이 되어 있어야 파일을 실행시킬 수 있으므로 작업 디렉토리의 경로를 설정하는 것은 매우 중요하다. 경로를 잘못 설정하면 CW에서 파일을 실행할 수 없다. **ENVIRONMENT**에 그림 1.2에서 보이는 것처럼 **Set Path**를 클릭하면 현재 설정된 경로를 보여준다. 경로를 새로 설정하기 위해서는 **Add Folder**를 누른 뒤에 폴더 찾아보기 창이 뜨면 폴더를 선택하고 확인 버튼을 누르면 경로가 새로 생성된다.

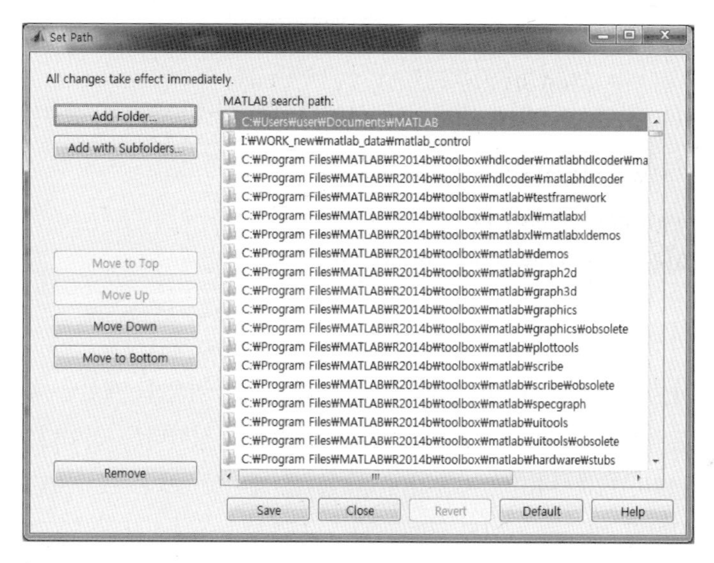

그림 1.2 경로 설정

(2) 새로운 파일의 작성

CW 창에서 작업을 수행해도 되지만 긴 프로그램의 경우에는 m-file을 작성하여 저장했다가 불러오고 수정하여 새로운 파일로 저장해서 실행하는 것이 편리하다. 새로운 filename.m 파일을 작성하기 위해서는 CW 창에서 **New Script**를 클릭한다. 그러면 그림 1.3과 같은 Editor 창이 생성되며 그 안에 코드를 작성한다. 파일의 저장은 디스켓 모양을 클릭하거나 FILE 메뉴로 가면 저장할 수 있다.

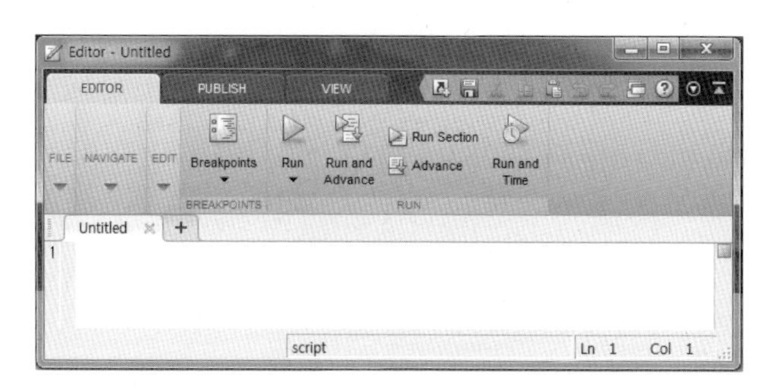

그림 1.3 Editor 창

(3) 파일의 실행

경로가 설정되었으므로 CW에서 filename.m의 이름, 즉 filename을 입력하고 return 키를 치면 m 파일은 실행된다.

```
>> filename
```

또는 위의 Editor 창에서도 Run 명령어를 사용해 실행이 가능하다. 각각의 기능을 실행해 보면 자세한 기능을 알 수 있다.

1.1.5 MATLAB상의 기본적인 계산방법

MATLAB의 가장 기본적인 계산은 수식계산이다. 우리가 계산기를 사용하는 것과 마찬가지로 숫자와 수식을 입력하고 return(enter) 키를 치면 자동적으로 계산을 해서 답을 계산한다. 계산기와 근본적으로 다른 점은 각 계산마다 변수를 지정한다는 것이다. 한 예로 갑이란 사람의 볼링점수(130, 120, 140)의 평균값(average)을 계산해 보자. 프롬프트에서 순차적으로 숫자와 수식을 입력한 뒤 enter 키를 친다.

계산기에서 "="에 해당되는 것이 이 프로그램에서는 'enter' 키이다. 수식 기호나 숫자 사이의 공간은 계산에 아무런 영향이 없음을 알 수 있다. 수식 계산에 대한 변수를 지정하지 않았으므로 default로 'ans'가 변수로 지정되어 답이 저장되었다.

```
>> 130+120+140
ans =
   390
```

위의 평균값의 계산을 원하는 변수의 이름을 지정하여 계산하고 싶으면 다음과 같이 할 수도 있다.

```
>> point1 =130
point1 =
   130
>> point2 = 120;
>> point3 = 140;
>> average=(point1+point2+point3)/3
```

```
average =
   130
```

여기서 주의 깊게 보아야 하는 것은 기호 (;)의 역할이다. (;)의 역할은 화면에 변숫값이 나타나는 것을 방지한다. 그러므로 필요한 변숫값만을 화면에 나타낼 수 있다. 또한 한 줄에 간단한 여러 수식을 실행할 수도 있다. 수식을 계산하는 순서는 괄호가 우선이며, 그 다음이 제곱의 계산, 곱셈과 나눗셈이 다음이고 뺄셈과 덧셈이 맨 나중이며 왼쪽에서 오른쪽으로 계산된다.

MATLAB의 장점 중 하나는 위에서 사용한 모든 변수들이 작업공간에 저장되어 있다는 것이다. 따라서 나중의 계산에서 변수의 값을 계속적으로 사용할 수 있다. 예를 들어, 위 변수들의 값을 프롬프트에서 입력함으로써 알아보자.

```
>> point1 =130; point2 = 120; point3 = 140;
>> average=(point1+point2+point3)/3
average =
   130
```

또한 변수를 사용하는 데 있어 주의해야 할 것은 소문자 'point1'과 대문자 'Point1'이 서로 다른 변수라는 점이다.

```
>> Point1
Undefined function or variable 'Point1'.
Did you mean:
>> point1
```

1.1.6 MATLAB상의 작업방법

MATLAB에서 작업하는 방법으로는 두 가지가 있는데, 하나는 앞에서 선보였던 것처럼 MATLAB 프롬프트에서 매번 명령어를 입력하여 순차적으로 실행하는 방법이고, 다른 하나는 MATLAB 파일인 m-file, 즉 'filename.m'을 만들어 프로그램을 작성한 뒤에 실행하는 방법이다. MATLAB 파일인 m-file을 만들면 한 번에 모든 명령어들을 순차적으로 실행할 수 있으므로 매번 명령어를 입력하는 것보다 훨씬 효과적이다. 다음의 예를 통하여 두 가지 작업방법을 자세히 비교해 보자.

(1) MATLAB 프롬프트에서 작업

앞에서 보인 것처럼 프롬프트에서 수식을 입력한 뒤에 계산하는 방법이다. 순차적으로 입력이 되며, 같은 변수에 새로운 값을 저장하면 이전의 값이 지워지고 새로운 값이 저장되므로 주의를 요한다. 변수 'point1'은 처음에 130, point2=120이란 값을 갖고 있다고 하자. 다시 150을 'point1'에 넣어 계산하면 다음과 같다.

```
>> point1 =130;
>> point2= 120;
>> point1= 150;
>> point1+point2
ans =
   270
```

다음의 예제를 통해서 자세히 알아보자.

예제 1-1 순차적 작업방법

예를 들어 갑, 을, 병 세 사람이 볼링 경기를 한다고 하자. 세 게임을 해서 평균 점수가 가장 낮은 사람을 정하기 위해 볼링 점수의 평균을 계산해 보자.

```
>> Gap = (130+120+140)/3
Gap =
   130
>> Eul = (90+120+140)/3
Eul =
  116.6667
>> Byung = (140+110+130)/3
Byung =
  126.6667
```

갑(Gap)의 세 게임의 볼링 점수는 130, 120, 140이고 을(Eul)은 90, 120, 140, 병(Byung)은 140, 110, 130이다. MATLAB상에서 순차적으로 이들의 평균값을 계산해 보자. MATLAB 프롬프트에서 계속 계산을 하면 된다. 각 계산의 끝에는 키보드의 Enter 키 입력이 생략되었다. 세 사람의 평균을 계산하기 위해 MATLAB 명령어 **mean**을 사용해 보자.

```
>> mean([Gap,Eul,Byung])
ans =
  124.4444
```

(2) 'M-file'을 사용하는 방법

MATLAB의 상호작용의 특성을 이용하려면 여러 작업(multi-task)이 가능한 윈도우 환경에서 작업하는 것이 좋다. 특히 m-file을 만들어 실행할 경우에는 같은 윈도우에서 **New Script** 메뉴를 선택하여 클릭한다. 새로운 Editor 창이 생성되어 MATLAB의 프로그램 파일을 작성할 수 있다. 'm-file'을 수정하고, 다른 윈도우에서는 MATLAB을 실행하면 m-file을 수정한 즉시 결과를 점검할 수 있기 때문에 시간이 많이 절약된다. 또 파일을 컴퓨터에 저장하여 언제든지 다시 사용할 수 있다.

윈도우용 MATLAB에서 m-file을 만들어서 실행해 보자.

❶ 사용자의 m-file을 만들기 위해서는 우선 CW의 메뉴에서 **New Script** 메뉴를 마우스로 클릭한다.
❷ **Editor–Untitled**라는 윈도우가 화면에 생긴다.
❸ 이 윈도우에 실행할 명령어들을 순차적으로 써 넣는다.
❹ 파일을 저장하기 전에 실행하려면 **Run and Advance** 메뉴를 클릭한다.
❺ 실행하지 않고 저장하려면 디스켓 모양의 저장 아이콘을 클릭하면 저장 디렉토리 창이 뜬다. 또는 **Publish** 메뉴를 클릭하면 저장 아이콘이 보인다.
❻ **Run** 아이콘을 실행하면 CW에서 실행이 된다.
❼ CW 창에서 filename을 입력하면 실행이 된다.

예제 1-2 'M-file'을 사용하는 방법

앞의 예제 1-1에서 볼링 경기 평균을 계산하는 프로그램을 작성해 보자. 우선 CW와 Editing 윈도우 2개를 띄워 놓고 작업을 한다. Editing 윈도우의 Editor에는 앞에 설명한 순서에 의해 계산할 프로그램을 써 넣은 다음, 파일을 **'bowling.m'**으로 저장한다.

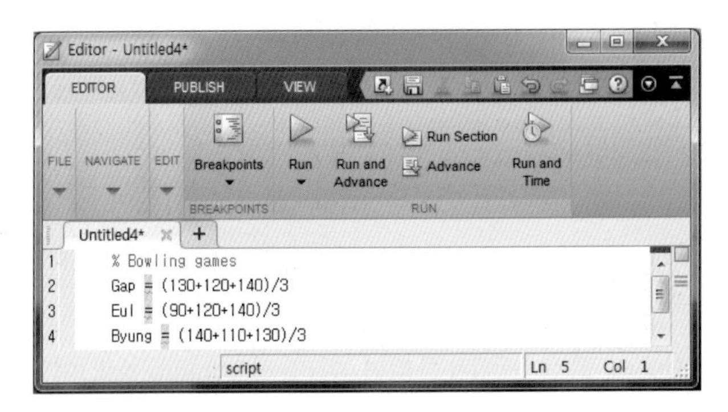

그림 1.4 m 파일의 예

다시 CW로 돌아와서 MATLAB 프롬프트에서 '**bowling**'을 실행하면 된다. 실행이 되면 아래와 같은 결과가 나온다.

```
>> bowling
Gap =
   130
Eul =
  116.6667
Byung =
  126.6667
```

만약 다음과 같이 실행이 안 되는 경우는 저장파일의 경로가 설정이 안 되어 있기 때문이다.

```
>> bowling
Undefined function or variable 'bowling'.
```

새로운 파일을 작성한 뒤에 실행을 하면 Run 아이콘을 실행할 때 **Add to path**를 묻는데 이를 클릭하여 경로를 설정한다. 만약 무시했다면 그림 1.5의 CW의 **ENVIRONMENT**를 클릭한 다음에 **Set Path**를 클릭하여 파일이 저장된 경로를 추가하면 된다.

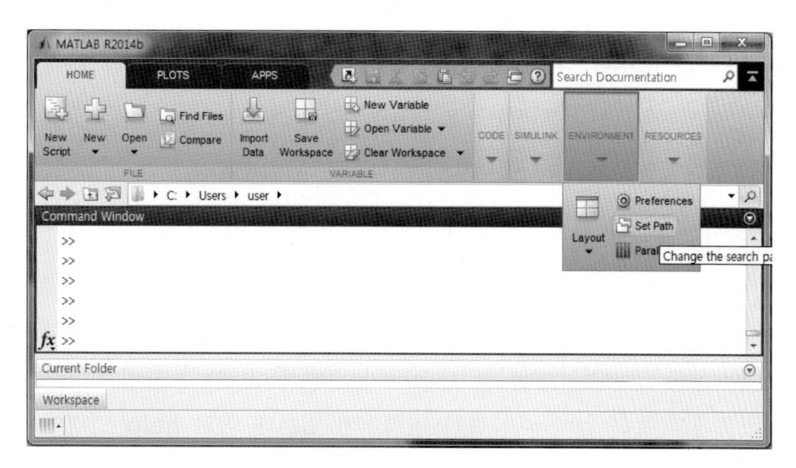

그림 1.5 Set Path

프로그램 '**bowling.m**'에서 "%" 이후의 말은 comment 처리되었으므로 화면에 나타나지 않는다. 각 수식 계산의 끝에 (;)이 생략되었으므로 모든 변수의 값들이 화면에 나타남을 알 수 있다. 다음 장에서는 이러한 변수들을 저장하고 프린트하는 등의 명령어에 대하여 설명하고자 한다.

> m-File이 디렉토리에는 있는데 실행되지 않을 경우에는 **Set Path**를 통한 MATLAB 경로를 제대로 지정했는지 점검해 보시오.

점검문제 1.1 앞의 예제 1-1에서처럼 CW에서 다음을 순차적으로 실행해 보시오.

```
disp('This is the first time of using MATLAB.')
disp('But it is so easy and interesting.')
```

1.2 MATLAB의 기본 명령어들

1.2.1 소개

데이터를 조작하는 도구로서의 MATLAB에는 많은 명령어들이 있지만, 이 장에서는 데이터를 저장하거나 화면에 출력하거나 프린터에 프린트하는 등의 기본적인 명령어만을 설명한다. 이러한 명령어들은 언제든지 MATLAB 프롬프트에서 실행되며 데이터의 계산 및 조작에 관계되는 작업을 실행하는 것이 아니라 데이터의 입력 또는 출력 등의 작업에 사용된다.

이 명령어들 중에서 특히 알아두면 편한 명령어가 있는데 바로 **help** 명령어이다. 작업 중에 모르는 명령어의 조작법이나 쓰임 또는 형태 등을 알려면 즉시 프롬프트에서 >> **help**를 치면 각 tool box의 목록이 나타난다. 따라서 tool box 안의 명령어의 도움말을 보려면 tool box 이름을 지정해야 한다. 한 명령어의 사용법을 모르는 경우는 >> **help** 하면 된다. 매우 유용한 명령어임을 기억하기 바란다. 나중에 좀 더 자세하게 알아보기로 하자.

1.2.2 키보드에서 명령어 조작, 화살표

명령어 조작을 편리하게 하기 위해서 키보드의 오른쪽에 있는 화살표 [↑]는 바로 전의 명령어부터 시작해서 한 번 누를 때마다 이전의 명령어들을 화면에 나타내고, [↓]는 후에 사용된 명령어들을 화면에 나타낸다. 그러므로 이전에 사용한 명령어를 다시 쳐넣을 필요 없이 화살표 조작으로 쉽게 다시 사용할 수 있다. 또는 명령어의 변수만을 바꾸는 데에도 매우 편리하다. 하지만 오래 전에 사용한 명령어를 찾기 위해서는 화살표를 계속 누르고 있어야 한다. 이러한 번거로움을 막기 위해서 MATLAB 프롬프트에서 원하는 명령어를 친 후, 화살표 [↑]를 누르면 이전에 사용했던 명령어가 화면에 나타난다. 명령어가 긴 경우에는 매번 입력하는 번거로움을 해소하여 매우 편리하게 사용할 수 있다.

다음과 같이 이전에 사용한 명령어가 보인다.

```
>> bowling
```

또 다른 예를 들어, **plot** 명령어를 친 후, 키보드 우측에 있는 [↑]를 눌러보자. 만약 이전에 **plot** 명령어를 사용했다면 다음과 같이 나타난다.

```
>> plot↑
>> plot(t,x,t,y,'--',t,z,':')
```

따라서 이 기능을 알면 매번 명령어를 입력할 필요 없이 매우 편하게 명령어를 사용할 수 있다.

1.2.3 변수상태점검 명령어, who와 whos

현재 사용하고 있는 변수와 그 값들을 모두 기억한다는 것은 매우 어려운 일이다. MATLAB의 가장 좋은 특성 중 하나는 사용하고 있는 모든 변수들이 항상 작업공간에 저장되고 있다는 것이다. 언제든지 변수의 값들을 알려면 그 변수를 출력하면 된다. 변수의 값을 출력하는 방법은 위에서 보인 것처럼 변수의 이름을 써 넣고 enter 키를 치면 된다. 그렇기 때문에 같은 이름의 변수를 사용하면, 전에 저장되었던 변수의 값이 새 값으로 바뀌고, 새로운 변수는 자동적으로 저장된다. 따라서 MATLAB상에서 지금 사용하고 있는 변수들이 무엇인지 알 필요가 있는데, 명령어로는 **who**와 **whos**가 있다. 명령어 **who**를 사용하면, 다음처럼 지금 사용하고 있는 변수들을 볼 수 있다.

예제 1-3 명령어 who의 실행

앞에서 보인 '**bowling.m**'을 실행한 뒤에 다음처럼 명령어 **who**를 실행해 보자. 현재 Workspace에 있는 변수들을 나열한다.

```
>> who
Your variables are:
Byung   Eul    Gap
```

예제 1-4 명령어 who의 실행

다른 예로 벡터와 행렬을 설정한 뒤에 명령어 **who**와 **whos**를 실행해 보자.

```
>> a = [1 2 3];
>> A = [1 2 3; 4 5 6; 7 8 9];
>> who
```

```
Your variables are:

A        Byung   Eul     Gap     a

>> whos
  Name        Size              Bytes  Class     Attributes

  A           3x3                  72  double
  Byung       1x1                   8  double
  Eul         1x1                   8  double
  Gap         1x1                   8  double
  a           1x3                  24  double
```

예제 1-3에 이어서 같은 작업공간에서 예제 1-4를 실행했으므로 예제 1-3의 변수들이 모두 나타난 것이다. 또 더 자세히 변수들의 성질을 보려면 명령어 **whos**를 사용한다.

'Size'는 벡터나 행렬의 크기를 나타낸다. 'Class'는 변수의 형태를 나타낸다. 변수 'a'와 'A'는 서로 다르다는 것에 주의한다. 위의 명령어를 사용하면 변수들은 보여주지만 변수들이 가지고 있는 숫자들은 알려주지 않는다. 어떤 변수가 무슨 데이터를 갖고 있는지 알고 싶으면 MATLAB 프롬프트에서 변수를 입력하면 된다.

1.2.4 지움 명령어, clear

지금 사용하고 있는 변수들이 프로그램상에 많아지면 복잡해지고, 기억(memory) 용량이 작아지므로 **clear** 명령어를 사용하여 필요 없는 변수들을 제거할 수 있다. 또한 새로운 프로그램을 실행할 때 이전에 사용한 변수들이 작업공간에 남아 있으면 계산이 잘못될 수 있다. 이런 경우를 방지하기 위해서 미리 작업공간을 깨끗이 할 필요가 있다. 이 명령어를 그냥 사용하면 모든 변수들이 지워지기 때문에 주의를 요한다. 변수를 부분적으로 지울 경우에는 다음과 같이 변수를 지정하면 된다.

```
>> who
Your variables are:
A        Byung   Eul     Gap     a
>> clear A
```

```
>> who
Your variables are:
Byung   Eul     Gap     a
```

1.2.5 저장 명령어, diary와 save

만약 MATLAB상에서 현재 사용하고 있는 변수의 데이터를 파일로 저장하고 싶을 때에는 **diary**나 **save** 명령어를 사용하여 저장할 수 있다. **diary** 명령어를 사용할 경우에는 저장하고 싶은 데이터가 화면에 나타나기 전에 파일이름과 함께 **diary** 명령어를 실행한다. 원하는 데이터를 화면에 나타내고 마지막에 **diary off**를 치면 화면에 나타난 데이터가 지정된 파일에 저장된다. 예를 들어 A행렬의 값을 파일이름이 'A_data'인 파일에 저장하고 싶으면 다음과 같이 한다.

```
>> A = [ 1 2 3; 4 5 6; 7 8 9];
>> A
A =
     1     2     3
     4     5     6
     7     8     9
>> diary A_data
>> A
A =
     1     2     3
     4     5     6
     7     8     9
>> diary off
```

MATLAB이 거주하는 디렉토리를 보면 파일 'A_data'가 A행렬의 값을 저장하고 있다. 하지만 명령어 **diary**의 단점은 저장하고 싶은 변수를 화면에 나타내야 한다는 것이다. 그렇게 하지 않고도 명령어 **save**는 **diary**와는 달리 변수를 화면에 나타낼 필요 없이 저장할 수 있다.

```
>> save                                   ☜ 모든 변수를 저장한다.
```

지금 사용하고 있는 모든 변수들이 default 파일인 'matlab.mat' 파일에 저장된다. 어떤 특정 변수만을 저장하고 싶으면 다음과 같이 한다.

```
>> save
Saving to: C:\Users\user\matlab.mat
```

```
>> save filename A                    ☜ 변수 A를 filename.mat에 저장한다.
```

'filename.mat'가 변수 A의 값을 저장한다. Hard copy가 필요하면 이 파일을 프린트하면 된다. bowling.mat 파일로 저장이 된다.

```
>> save bowling
```

또한 저장한 데이터의 값들을 MATLAB상에 불러들여 사용하고 싶으면 다음의 **load** 명령어를 사용한다.

1.2.6 데이터 입력 명령어, load

다른 프로그램에서 만든 데이터나 이전의 작업에서 저장된 데이터의 값들을 다시 사용하기를 원할 경우에 사용하는 명령어가 **load**이다. 데이터를 MATLAB상에 띄운 뒤, 조작하여 계산하거나 원하는 그래프를 그릴 수 있다. 앞에서 저장한 데이터를 MATLAB에 띄워보자.

```
>> load A_data
>> who
>> load bowl_ave
>> who
```

다른 C나 FORTRAN, PASCAL 등의 프로그램에서 만든 데이터의 구조는 간단히 숫자 사이에 공간과 행의 구분만 있으면 MATLAB이 알아서 행과 열을 구분한다. 이는 다른 프로그램으로 데이터를 만든 후에 MATLAB상에서 데이터를 조작하는 데 사용된다. 만약 데이터 파일이 'datafile.dat'에 저장되어 있으면 **load** 명령어를 사용하여 다음과 같이 MATLAB상에 띄울 수 있다.

```
>> load datafile.dat
```

데이터는 MATLAB상에서 'datafile'이란 변수의 행렬로 지정이 된다. 데이터의 조작은 'datafile'을 하나의 행렬로 간주하고, 다른 행렬처럼 사용하면 된다. 예를 들어 다음과 같이 하면 된다.

```
>> data = datafile;
>> a = data(:,1)
```

행렬 'data'란 변수에 'datafile'의 모든 값들을 복사한 다음, 변수 'a'를 지정하여 'datafile'의 첫 번째 열의 값들을 저장한다. 물론 직접 해도 된다. 자세한 행렬 조작 및 계산방법은 나중에 설명하도록 한다.

```
>> a = datafile(:,1)
```

예제 1-5 명령어 load의 사용

예제 1-2의 'bowling.m'을 실행한 다음, **save** 명령어를 사용하여 변수들을 저장해 보자. 먼저 명령어 **clear**를 사용하여 작업공간의 모든 변수를 지운 다음 저장한 뒤 **load** 명령어를 사용하여 저장된 변수를 불러오자.

```
>> clear
>> bowling
Gap =
   130
Eul =
  116.6667
Byung =
  126.6667
>> save bowling
>> clear
>> who
>> load bowling
```

```
>> who
Your variables are:
Byung  Eul    Gap
```

점검문제 1.2 데이터 파일 'data.mat'를 만들고 그 안에 다음처럼 숫자를 입력한 뒤 **load** 명령어를 사용하여 MATLAB상에 띄운 다음, 행렬 A를 지정해서 'data.mat'의 모든 데이터를 넣어 보시오. 그 다음, 벡터 'a'에 행렬 'A'의 마지막 행을 입력시켜 보시오.

```
1 2 3
2 3 2
3 2 1
```

점검문제 1.3 점검문제 1.2에서처럼 행렬 A가 같은 값을 갖고 있을 때 다음을 실행시켜 보시오.

```
>> save A myfile
>> clear
>> load myfile.mat
>> who
```

1.2.7 출력 형식 명령어, format

MATLAB의 모든 계산은 'double precision'으로 된다. Default는 5자릿수로 표현되지만, **format**을 사용하여 15자릿수까지 표현할 수 있다. **format short**는 5자릿수로 지정하고 **format long**은 15자릿수로 표현한다.

```
>> pi
ans =
    3.1416
>> format long
>> pi
ans =
   3.141592653589793
```

```
>> format short
>> pi
ans =
    3.1416
>> format short e
>> pi
ans =
   3.1416e+00
```

1.2.8 도움 명령어, help 그리고 lookfor

앞에서 설명한 MATLAB 명령어들의 조작법에 대해 잘 모를 경우 즉시 도움을 줄 수 있는 자세한 도움 파일이 MATLAB 안에 내장되어 있다. 앞에서 강조한 대로 **help** 명령어는 명령어의 조작법을 잘 모를 경우에 언제든지 입력하여 도움을 구할 수 있으므로 매우 유용하게 쓰인다. MATLAB상에서 **help**를 치면 모든 명령어들이 화면에 나타나는데, 원하는 명령어의 도움말을 찾아보기까지는 시간이 다소 걸리게 된다. 만약 명령어는 알고 있지만 그 조작법을 모르면 간단히 **help** 명령어를 치면 된다. 예를 들면, **loglog**의 도움말을 찾고 싶으면 다음과 같이 한다.

```
>> help loglog
 loglog Log-log scale plot.
    loglog(...) is the same as PLOT(...), except logarithmic
    scales are used for both the X- and Y- axes.
    See also plot, semilogx, semilogy.
    Overloaded methods:
       frd/loglog
    Reference page in Help browser
       doc loglog
```

정확한 명령어는 모르지만 그와 비슷한 계열의 명령어들을 알고 있다면 알고 있는 명령어의 도움 파일에 같은 부류의 명령어들을 나열해 놓았으므로 모르는 명령어들을 쉽게 찾을 수 있다. **loglog**에 대한 도움이 필요한 경우

```
>> help plot                                    ☜ plot의 도움말을 찾는다.
```

을 하게 되면 **plot**의 도움말 밑에 **loglog** 명령어가 있다는 것을 알 수 있다. 또한 사용자가 만든 m-file의 내용을 잘 모를 경우 **help** 명령어를 사용하는데, m-file 위에 comment 처리가 되어 있으면 그 부분이 나타난다. **help bowling**을 하면 앞의 예제에서 bowling.m 파일의 comment 부분이 나타난다.

```
>> help bowling
   Bowling games
```

help 명령어와 비슷한 경우에 쓸 수 있는 명령어로 **lookfor**가 있다. 이 명령어는 **help** 명령어보다는 일반적인 도움말을 필요로 할 때 쓰인다. 예를 들어 **lookfor inverse**하면 **acos, atan2, ifft, inv, invhilb** 등 inverse와 관련된 모든 function들이 나열된다.

점검문제 1.4 **help**를 사용하여 어떠한 명령어들이 있는지 점검해 보시오.

점검문제 1.5 **plot**의 도움말 밑에는 어떤 명령어들이 적혀 있는지 써 보시오.

점검문제 1.6 복소수(complex)와 관련된 명령어를 찾기 위해 **lookfor**를 사용해 보시오.

1.2.9 출력 명령어, print

출력 명령어 **print**는 두 가지 일을 한다. 하나는 화면상의 그림을 직접 프린터로 보내서 프린트하는 것이고, 다른 하나는 화면의 그림을 여러 종류의 파일로 저장하는 것이다.

(1) 그림을 직접 프린트로 출력할 때

현 화면의 그래프를 프린트하고 싶으면 **print** 명령어를 사용한다. 우선 그래프를 그리는 명령어 **plot**을 사용하여 화면에 그래프를 만든 다음, **print** 명령어를 실행하면 연결된 프린터에 프린트된다. PC 윈도우에서 MATLAB을 실행할 때에는 CW에서 메뉴를 열어 **print**란 메뉴바를 마우스로 클릭하면 프린트가 실행된다.

```
>> print                                  ☜ 현 화면을 출력한다.
```

간단히 키보드에 있는 'print screen' 키를 사용하여 화면 전체를 프린터에 보내어 프린트할 수도 있다. 실험실의 경우 단말기가 여럿이고, 프린터가 하나일 때에 그래프를 프린트할 경우에는 프린터가 잼(jam)이 되어서 멈추는 경우가 빈번하므로 주의를 요한다.

(2) 그림을 파일로 저장할 때

현 그래프를 문서에 삽입하고 싶을 때가 있다. 이 경우에는 현재 사용하고 있는 문서처리 프로그램과 호환하는 파일로 그래프를 저장해야 한다. 명령어 **print**를 사용하면 화면의 그래프를 여러 파일 형태로 저장할 수 있다. 예를 들면, .ps(postscript)나 .eps(encapsulated postscript) 파일로 저장할 수 있다. 이러한 파일 형태는 UNIX상의 LATEX나 다른 문서처리 프로그램과 호환되므로 MATLAB에서 만든 그래프를 쉽게 문서에 삽입할 수 있다. 이 밖에도 여러 파일 형태로 저장할 수가 있는데 **help print**를 써서 도움말을 구하면 된다. 파일 형태를 지정하지 않을 경우 default는 'postscript' 파일로 지정되어 있기 때문에 화면의 그래프는 'filename.ps'라는 'postscript' 파일로 저장된다.

```
>> print filename                         ☜ filename을 .ps 파일로 저장한다.
```

또한 간단히 현 그래프를 'encapsulated postscript' 파일인 'filename.eps'로 저장하는 방법을 보기로 하자.

```
>> print filename –deps                   ☜ filename을 .eps 파일로 저장한다.
```

단색이 아닌 여러 색깔의 그래프를 출력하기 위해서는 원하는 색의 그래프를 만든 다음 '-depsc'를 사용하여 컬러 파일 'filename.epsc'로 저장한 뒤, 그 파일을 컬러 레이저 프린터로 출력하면 된다.

```
>> print filename –depsc                  ☜ filename을 .epsc 파일로 저장한다.
```

한글 프로그램 중의 하나인 아래아한글에 그림을 삽입할 때는 아래아한글에서 지원이 가능한 '.pcx' 파일이나 다른 그림 파일로 저장해야 한다.

모니터 색상의 종류에 따라 두 가지 선택이 있다. 모니터가 16색을 지원하면

```
>> print filename –dpcx16                    ☜ filename을 .pcx 파일로 저장한다.
```

해서 'filename.pcx' 파일로 저장한다. 또는 모니터가 256색을 지원하면

```
>> print filename –dpcx256                   ☜ filename을 .pcx 파일로 저장한다.
```

하면 된다.

1.2.10 화면 출력 명령어, disp 또는 fprintf

문자열 또는 행렬이나 벡터의 데이터를 화면에 나타내는 명령어는 **disp**이다. 주석 명령어 "%"를 사용하면, 문자열들이 화면에 나타나지 않는 반면에 **disp** 명령어를 사용하면 문자열들이 화면에 나타난다.

만약 벡터나 행렬의 데이터를 화면에 나타내고 싶으면 다음과 같이 하면 된다. 행렬 A에 데이터가 지정되어 있을 경우를 보면 벡터나 행렬의 이름 A는 나타나지 않고, A의 내용이 화면에 나타난다.

```
>> disp('This is a test')
This is a test
>> A = [1 2 3; 4 5 6; 7 8 9];
>> disp(A)
     1     2     3
     4     5     6
     7     8     9
```

좀 더 자세히 변수 'temp'에 저장되어 있는 값과 문자열을 함께 나타내 보자. 이때는 C언어에서 사용하는 명령어 **fprintf**를 사용한다.

```
>> fprintf('Farenhight %4.2f is Celcius %4.2f\n', temp)
```

```
>> C = [-10:10:40];
```

```
>> F = 32+(9/5)*C;
>> temp = [C; F]

temp =

   -10     0    10    20    30    40
    14    32    50    68    86   104

>> fprintf('Farenhight %4.2f  is Celcius %4.2f\n', temp)
Farenhight -10.00  is Celcius 14.00
Farenhight 0.00  is Celcius 32.00
Farenhight 10.00  is Celcius 50.00
Farenhight 20.00  is Celcius 68.00
Farenhight 30.00  is Celcius 86.00
Farenhight 40.00  is Celcius 104.00
```

'%4.2f'는 'temp'란 변수의 값을 4자릿수로 적되, 소수점 이하 2자리까지 쓰라는 것이다. 또한 위의 방법대로 사용하여 변수의 값을 파일에 저장하는 방법을 살펴보자. 이때는 C언어에서와 마찬가지로 포인터를 지정해서 **fopen** 명령어로 파일 'temp.dat'를 연 뒤에 **fprintf** 명령어를 사용한다.

```
>> fp = fopen('temp.dat','w');
>> fprintf(fp,' ',variables)
```

예제 1-6 명령어 fprintf의 사용

fprintf 명령어를 사용하여 이름이 'temp.dat'라는 파일에 섭씨를 화씨로 바꾸는 프로그램의 데이터를 소수점 2자리까지 저장해 보자. 먼저 섭씨와 화씨 온도를 temp 파일에 저장한 다음 temp.dat란 파일을 열어 **fprintf**를 사용해서 저장한다. 파일을 닫은 후에 불러오면 된다.

```
>> C = [-10:10:40];
>> F = 32+(9/5)*C;
>> temp = [C; F];
>> fp = fopen('temp.dat','w');
```

```
>> fprintf(fp,'%4.2f %4.2f\n',temp);
>> fclose(fp);
>> load temp.dat
>> temp
temp =
   -10    14
     0    32
    10    50
    20    68
    30    86
    40   104
```

점검문제 1.7 다음을 실행해 보시오.

```
>>a = [1 2 3];
>>disp(a)
>>disp('MATLAB is so easy')
```

1.2.11 명령어 요약

앞에서 설명한 기본 명령어들의 역할을 간추려 보자.

표 1.1 MATLAB의 기본 명령어

clear	사용하고 있는 변수들을 지운다.	**load**	데이터를 불러온다.
cd	디렉토리를 바꾼다.	**ls**	현 디렉토리의 파일을 보여준다.
diary	화면에 나타나는 데이터를 저장한다.	**matlab**	MATLAB을 실행한다.
dir	현 디렉토리의 파일을 보여준다.	**print**	화면에 나타나 있는 그래프를 프린트한다.
disp	화면에 문자열이나 데이터를 보여준다.		
format	숫자의 형태를 바꾼다.	**quit**	MATLAB 프로그램을 끝낸다.
fclose	파일을 닫는다.	**save**	사용하고 있는 변수들을 저장한다.
fopen	파일을 연다.	**who**	사용하고 있는 변수들을 보여준다.
fprintf	문자열과 데이터를 함께 프린트한다.	**whos**	사용하고 있는 변수들의 차수를 보여준다.
help	도움말을 보여준다.		

1.3 MATLAB의 기호들

1.3.1 일반 기호

MATLAB에서는 키보드에 나타난 다양한 기호들을 여러 가지 용도로 사용하고 있다. 예를 들면 "[ ]"는 벡터나 행렬을 나타낸다. 그 밖의 많은 기호들도 각각 쓰이는 용도를 알아두어야 한다. 또한 어떤 기호는 상황에 따라 쓰이는 용도가 다르기 때문에 주의를 요한다. 앞에서 사용했던 기호들을 정리하면, MATLAB에서 쓰이는 일반 기호는 다음과 같다.

표 1.2 MATLAB의 일반 기호

기호	설명	기호	설명
>>	MATLAB 프롬프트	%	주석(comment)을 나타낼 때 쓰인다.
!	MATLAB 밖의 운영체제(operating system)로 나간다. 예 !vi 또는 !dir	...	긴 수식이나 문장의 계속되는 줄을 나타낸다.
'	벡터나 행렬의 전치를 나타낸다. 예 a' 또는 A'	;	행의 끝을 나타내거나 수식 끝에서 사용할 때는 화면에 데이터의 출력을 방지한다. 예 A=[1 2 3; 4 5 6];
' '	문자열을 나타낸다. title('Here is a text')	:	벡터를 만든다. 예 t=[0:0.1:1];
[ ]	벡터나 행렬, 다항식을 나타낸다. 예 den=[1 3 4 2], A=[1 2; 3 4]	.	벡터나 행의 원소끼리 계산할 때 쓰인다. 예 c = a .* b, d = a ./ b
( )	벡터나 행렬, 다항식의 원소들을 나타내거나 MATLAB function의 변수들을 나타낸다. 예 A(1,2), step(num,den,t)		

여기서 주의할 것은 한 벡터나 행렬에 데이터를 입력하고자 할 경우에 다음처럼 하면 error message가 나온다는 점이다.

```
>> A[1,2] = 10
A[1,2] = 10
Error: Unbalanced or unexpected parenthesis or bracket.

>> A(1,2)=10
A =
      0     10
```

1.3.2 수식 기호

수식 기호는 일반적으로 사용되는 것과 같지만 벡터의 원소끼리 계산할 때에는 수식 기호 앞에 특별히 (.)이 사용된다.

표 1.3 MATLAB의 수식 기호

+	더하기	.+	원소끼리 더하기
−	빼기	.−	원소끼리 빼기
/	나누기	./	원소끼리 나누기
*	곱하기	.*	원소끼리 곱하기
^	거듭제곱	.^	원소의 거듭제곱

예제 1-7 수식 기호의 사용

예를 들어 예제 1-1의 갑, 을, 병과 함께 정이 볼링 경기를 함께 했다고 하자. 갑(Gap)의 세 게임 볼링 점수는 130, 120, 140이고, 을(Eul)은 90, 120, 140, 병(Byung)은 140, 110, 130이고 정(Jung)의 점수는 110, 90, 135라 하자. 두 편으로 나누어 경기를 했을 경우 갑과 을이 한편이 되어 '갑을(GE)'이라 하고, 병과 정의 한편을 '병정(BJ)'이라 하자. 각 편의 평균값을 벡터로 표현한 뒤에 함수 **sum**을 사용하여 구해 보자.

```
>> GE = (sum(Gap)+sum(Eul))/6
GE =
  123.3333
>> BJ =(sum(Byung)+sum(Jung))/6
BJ =
  131.6667
```

이번에는 더 간단히 MATLAB에 있는 함수 **mean**을 사용하여 구해 보자.

```
>> GE = (mean(Gap)+mean(Eul))/2
GE =
  123.3333
>> BJ =(mean(Byung)+mean(Jung))/2
BJ =
  131.6667
```

이렇듯이 MATLAB 안에 만들어져 있는 함수들을 잘 사용하면 쉽게 계산할 수 있다.

1.3.3 수식 및 논리, 관계 연산자

MATLAB에서 사용되는 관계 연산자를 살펴보면 다음과 같다.

표 1.4 MATLAB의 관계 연산자

<	보다 작은	>=	보다 크거나 같은
>	보다 큰	==	같은
<=	보다 작거나 같은	~=	같지 않은

if문이나 **while**문에서 쓰인 예를 보면 다음과 같다.

```
if PID == 1 또는 while n ~= max(t)
```

변수 PID가 1과 같을 경우의 조건과 변수 n이 t벡터의 최댓값과 같지 않을 경우의 조건을 나타낸다.

논리 연산자를 보자.

표 1.5 MATLAB의 논리 연산자

&	and	|	or	~	not

논리 연산자나 관계 연산자는 보통 **if**문이나 **while**문에서 조건으로 많이 쓰인다(1.9절 참조).

```
if (PID == 1) & (ORDER == 3)
Do_whatever
end
```

변수 PID가 1이고 변수 ORDER가 3일 때에만 다음의 'Do_whatever'를 실행한다.

예제 1-8 while을 사용한 예

error가 주어진 tol(tolerance)보다 크고 반복횟수 iter가 Max보다 작으면 계속 실행하도록 관계, 논리 연산자의 관계를 **while**을 사용하여 프로그램을 해 보자.

```
>> Max = 100; tol = 0.001; iter=0;
>> error = 1;
>> while (error >tol) & (iter < Max),
error = error -0.1^2;
iter = iter + 1;
end
>> iter
iter =
   100
```

위의 경우, 'iter'가 'Max'보다 크거나 'error'가 'tol'보다 같거나 작으면 실행을 중단한다. 여기서 잘못 생각해서 "&" 대신 "|"를 사용할 수도 있지만 의미가 달라지므로 주의해야 한다.

1.3.4 MATLAB의 지정 변수

변수를 지정할 때 영어의 대문자나 소문자를 모두 사용할 수 있지만, 같은 알파벳의 대문자와 소문자라도 전혀 다른 변수가 되므로 주의를 해야 한다. 예를 들어, A와 a는 서로 다른 변수이다. MATLAB에는 프로그램 자체에서 미리 정해 놓은 변수들이 있는데, 값을 지정할 때 항상 주의하여야 한다. 그 변수들은 **i**, **j**, **inf**, **pi** 그리고 **NaN** 등이 있다. 변수 i는 복소수를 나타내는데 $i = j = \sqrt{-1}$ 이다. 만약에 i나 j를 복소수가 아닌 다른 변수로 지정한 뒤 i나 j를 다시 복소수의 변수로 사용하고자 하면

```
>> i = sqrt(-1) 또는 j = sqrt(-1)
```

로 미리 선언하면 된다. **inf**는 $+\infty$를 나타내고, **pi**는 π를 나타낸다. **NaN**(Not-a-Number)은 숫자가 아님을 나타낸다. **ans**는 변수를 특별히 지정하지 않을 경우에 **ans**가 임시적인 변수

로 지정된다.

```
>> 1/0
ans =
   Inf
>> inf+100
ans =
   Inf
>> 2*pi
ans =
    6.2832
>> 0/0
ans =
   NaN
>> a = [1 2 3]
a =
     1     2     3
```

표 1.6에 MATLAB의 지정 변수들을 정리해 놓았다.

표 1.6 MATLAB의 지정 변수

i, j	$\sqrt{-1}$, 허수	**NaN**	Not-a-Number, 숫자가 아님
inf	$+\infty$, 무한대	**ans**	answer, 일시적인 답을 지정하는 변수
pi	π, 원주율		

1.4 MATLAB 프로그램의 작성과 실행

1.4.1 프로그램의 실행

MATLAB에서 사용자의 파일을 포함한 모든 프로그램은 '.m'으로 끝나고 데이터 파일은 '.mat'로 끝난다. 인터프리터 형식으로 MATLAB상에서 직접 프로그램할 수도 있지만, 나중에 같은 프로그램을 다시 실행하려면 모든 변수들을 또 입력해야 하는 번거로움이 따른다. 이때는 사용자의 '.m' 파일을 만들면 되는데, MATLAB 밖에서 임의의 editor를 사용하여 파일을 만든다. 예를 들면, 'mat1_1.m'을 MATLAB 밖에서 만든 다음 실행하면, 위에서 보였던 몇 가지 행렬 계산 예들과 같은 값을 얻을 수 있다.

예제 1-9 행렬의 계산

MATLAB Program : 행렬의 계산

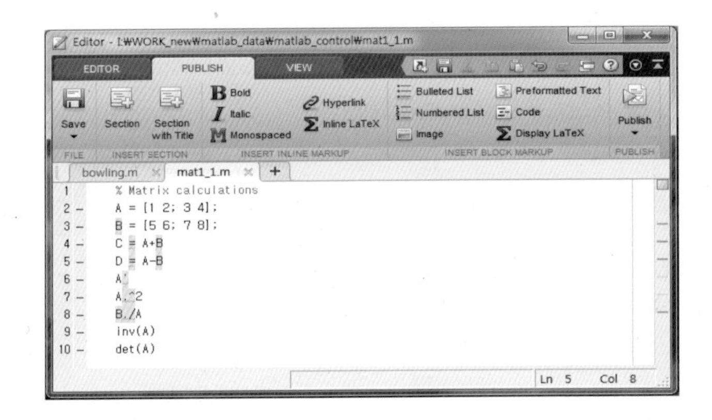

'mat1_1.m' 파일을 실행하려면 그 파일이 있는 곳에서 MATLAB을 띄운 뒤, 파일이름 'mat1_1'을 입력하면 된다. "%"는 주석기호이므로 MATLAB의 실행에 아무런 영향을 미치지 않는다.

파일에서 (;)으로 끝나는 실행 명령어는 화면에 나타나지 않기 때문에 행렬 A, B는 화면에 출력되지 않았다. 나머지 실행은 화면에 나타나는데 너무 빨리 지나가므로 보지 못하는 경우가 생긴다. 특히 **plot**을 연이어 할 경우에는 처음의 그림은 볼 수 없게 된다. 이럴 때 사용하는 명령어가 **pause**이다. 명령어 **pause**가 실행되었을 경우에는 화면이 정지하고 키보드로부터의 입력을 기다린다.

```
>> mat1_1
C =
     6     8
    10    12
D =
    -4    -4
    -4    -4
ans =
```

```
     1     3
     2     4
ans =
     1     4
     9    16
ans =
    5.0000    3.0000
    2.3333    2.0000

ans =
   -2.0000    1.0000
    1.5000   -0.5000
ans =
    -2
```

점검문제 1.8 행렬 A와 B의 값이 위의 'mat 1_1.m'에서와 같이 주어졌을 경우 다음의 수식을 계산하는 프로그램을 작성하고 실행하시오.

$$F = A^T B + (B^T A B)^{-1}$$

점검문제 1.9 점검문제 1.8에서의 값을 계산하는 프로그램 'temp.m'을 만들고 MATLAB상에서 실행하시오.

1.5 프로그램의 흐름을 제어하는 명령어들

1.5.1 Control Flow

MATLAB 프로그램을 작성해 보면 중간에 loop를 돌려 반복적으로 계산을 한다든지 어떤 상태에 따라 다른 명령어를 실행하길 원할 때가 있다. 이처럼 프로그램의 흐름을 제어하는 명령어로는 **for**, **if**, **while** 등이 있는데, 다른 프로그램에서 작동하는 것과 마찬가지로 작동한다. **for**, **if**, **while**문을 CW에서 작성하다 보면 오타가 발생할 수 있는데 다시 취소하고 MATLAB 명령어 >>로 가려면 ctrl-C를 하면 된다.

〈for〉

for는 어떤 수식 문장의 계산을 반복해서 계속 실행할 때 사용된다.

for index, 수식 문장; end	for i = 1:n, a[i] = i; end

n이 자연수일 경우에 MATLAB상에서 $a = [1:n]$을 사용한 것과 같은 결과를 가져온다. 여기서 주의할 점은 **array**의 **index**가 항상 0이 아닌 자연수, 즉 1부터 시작한다는 것이다. 변수 i는 복소수를 나타내기도 하지만 여기서는 index로 쓰였다. 행렬을 만들 경우에는 다음과 같은 $m \times n$ 행렬을 만드는 예를 들 수 있다.

예제 1-10 for를 사용한 행렬 만들기

행 m, 열 n의 두 값을 더한 다음 2로 나눈 값을 행렬의 원소 $A(m, n)$에 넣는다. A는 $m \times n$ 행렬이다. 3×2 행렬을 만들어 보자.

```
>> M = 3; N = 2;
>> for m = 1:M,
       for n = 1:N,
           A(m,n) = (m+n)/2;
       end
   end
>> A
A =
    1.0000    1.5000
    1.5000    2.0000
    2.0000    2.5000
```

점검문제 1.10 **for**를 사용하여 1부터 n까지의 수로서 자신의 제곱근 n^2으로 된 $n \times 1$ 크기의 벡터를 만들어 보시오.

점검문제 1.11 힐베르트 행렬은 다음과 같이 표현된다.

$$H(i,\ j) = \frac{1}{i + j - 1}$$

$m \times n$의 힐베르트 행렬을 **for**를 사용하여 만들어 보시오. 또한 $m = 3,\ n = 2$일 때의 행렬 H를 구해 보시오.

〈while〉

while은 다음의 형태를 가진다.

while 조건 수식 문장들 end	while t < tmax y = x; end

수식 문장들은 조건이 만족될 때까지 계속 수행된다. 조건은 변수들의 관계 수식으로 표현된다.

예제 1-11 while을 사용한 예

시간 t가 t_{max}보다 작을 때까지 계속해서 사인함수 $y = \sin\left(\frac{t}{\pi}\right)$를 계산하는 경우를 보자.

```
>> t = linspace(0,20,20);
>> k = 1;
>> tmax = 20;
>> while t(k) <tmax,
        y(k) = sin(t(k)/pi);
        k = k+1;
   end
>> plot(y)
>> xlabel('time (s)')
>> ylabel('y(t)')
>> grid
```

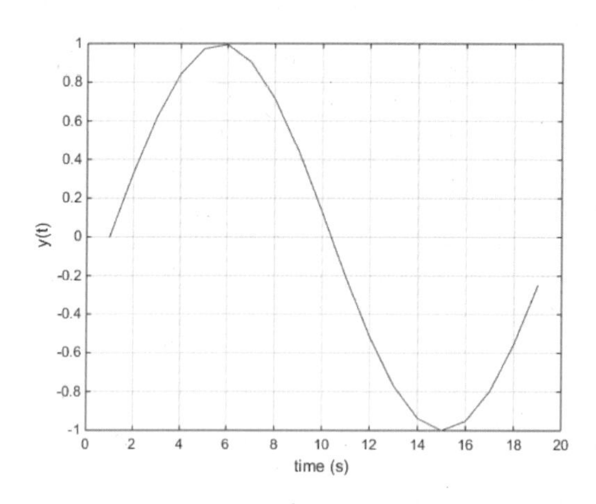

그림 1.6 사인파형

점검문제 1.12 예제 1-11에서 $y = \cos(\pi t)$를 계산한 뒤 **plot**해 보시오.

〈if〉

if도 위와 비슷한 형태를 취한다.

<table>
<tr>
<td>

```
if 조건 1
            수식 문장 1
elseif
            수식 문장 2
else
            수식 문장 3
end
```

</td>
<td>

```
if a 〈 x = b
            a = x
elseif b 〈 x = c
            b = x
else
            c = x
end
```

</td>
</tr>
</table>

조건을 만족하면 수행하고, 만족하지 못하면 수행하지 않는다.

예제 1-12 if를 사용한 예

시간 t가 0초부터 n초까지 바뀔 때, 다음과 같은 n벡터의 스텝함수 y를 나타내 보자.

$$y(t) = \begin{cases} 0 & (t < k) \\ a & (t \geq k) \end{cases}$$

만약 $n = 5,\ k = 2,\ a = 1$이라 하면

```
>> t = [0:0.1:5];              % 0부터 5까지 0.1씩 증가하는 t 벡터
>> for k = 1:length(t),        % 벡터 t의 크기만큼 for loop
       if t(k) <2,             % 2보다 작으면 0
           y(k) = 0;
       else                    % 2보다 같거나 크면 1
           y(k) =1;
       end                     % if 문 종식
end                            % for 문 종식
>> plot(t,y)                   % 시간 t에 대한 출력 그리기
>> xlabel('time (s)')          % x축 표제 넣기
>> ylabel('y(t)')              % y축 표제 넣기
```

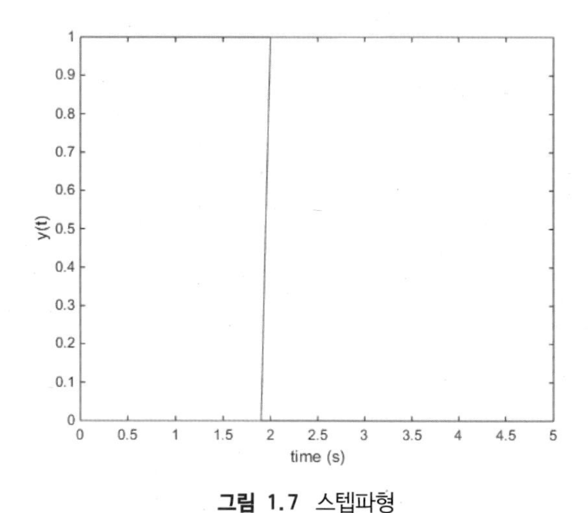

그림 1.7 스텝파형

점검문제 1.13 예제 1-12에서 k가 0이고, $n = 10$일 때 y값을 **plot**해 보시오.

점검문제 1.14 한 함수가 다음과 같을 때 프로그램으로 표시해 보시오.

$$y = \begin{cases} 0 & (x \le -k) \\ \dfrac{a}{2k}x & (-k < x \le k) \\ a & (k < x) \end{cases}$$

$k = 1$이고 $a = 2$일 때 y값을 **plot**해 보시오.

1.5.2 키보드 입력 명령어 input

명령어 **input**은 키보드로부터의 입력을 취하므로 변수의 값을 자주 바꾸면서 사용할 때 요긴하게 쓸 수 있다. 제어기를 설계하다 보면 이득값을 자주 바꾸면서 시스템의 응답을 점검하는 것이 필요하다. 이때는 '.m' 파일의 이득값을 계속 수정할 필요 없이 **input** 명령어를 사용하면 된다.

'.m' 프로그램 파일에서 제어기의 값을 매번 바꾸면서 실행하기 위하여

```
Kp = input('propotional gain = ')
```

하면 파일을 실행시켰을 때 MATLAB상에서 다음과 같이 나타난다.

```
>> Kp = input('proportional gain = ')
proportional gain = 200
Kp =
   200
```

이득값을 입력하면 변수 K_p는 그 값으로 지정된다. 만약 줄 끝에 (;)을 삽입했을 때는 K_p가 화면에 나타나지 않는다.

이처럼 데이터를 수시로 입력할 수 있는 상호작용(interactive) 기능은 나중에 GUI를 배움으로써 더욱 용이하게 사용할 수 있다.

1.6 Function문

1.6.1 소개

자주 쓰이는 프로그램을 MATLAB에 내장되어 있는 'm-file'처럼 작동할 수 있도록 하면 시간과 작업을 효율적으로 할 수 있다. 반복되는 표현들이나 명령의 순서 또는 그림 그리는 명령어 등을 하나의 function문을 통하여 매개변수만을 바꾸면서 같은 계산을 할 수 있으면 매우 편리하다. function문은 반드시 function을 부르는 함수와 함께 쓰이며 function문의 기본적인 형태는 다음과 같다. 이름이 'name.m'이라는 파일 안에서 function문은 다음처럼 쓰인다.

```
function y = name(variables)
.              ↑
.          파일 이름과 같아야 한다.
y = ...variables
```

function문 'name'을 부르고 있는 파일로부터 입력변수들(variables)의 값을 받아서 출력 y를 계산한 뒤에, 부르고 있는 파일로 다시 출력을 보낸다.

1.6.2 Function문

그래프 그리는 명령어를 function문으로 만들어 보자.

예제 1-13 그래프를 그리는 function문

간단한 예로 y값을 그리는 function문 'myfigure.m'을 살펴보자. 파일 'myfigure.m'은 변수 t, y를 받아서 그래프를 그린 뒤에 표제를 단다.

MATLAB Program : myfigure.m, 그래프를 그리는 function문의 예

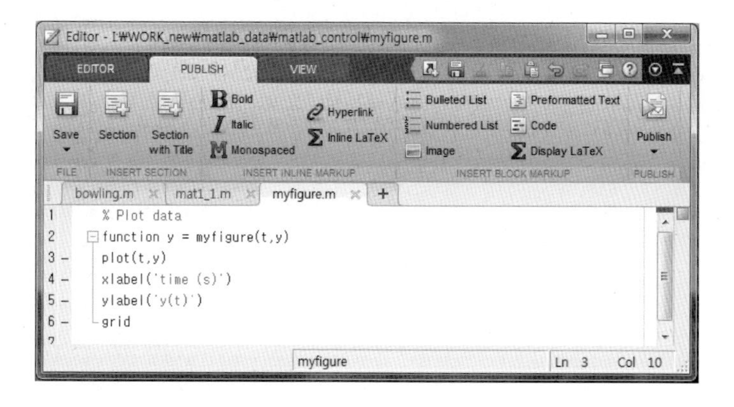


```
>> t = [0:0.1:4];
>> y = sin(2*t);
>> myfigure(t,y)
```

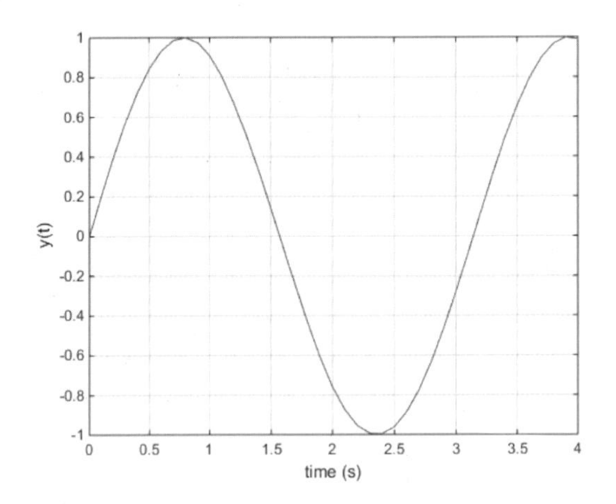

그림 1.8 myfigure.m에서 그린 그림

예제 1-14 평균값 구하는 function문

간단한 예로, 벡터(c)의 섭씨 온도를 화씨 온도(F)로 계산하는 function문 'CtoF'를 살펴보자. 파일 'CtoF.m'은 변수 c를 받아서 화씨 온도 F를 구한 뒤에 출력한다.

MATLAB Program 1-14 : CtoF.m, 섭씨를 화씨로 변환하는 function문의 예

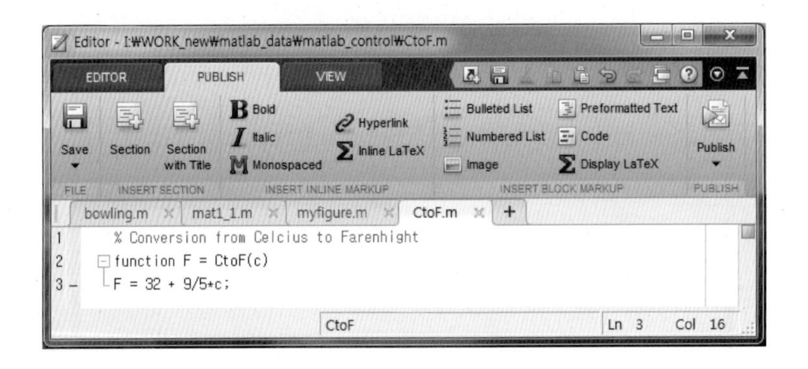


```
>> c = [-10:10:40];
>> CtoF
Error using CtoF (line 3)
Not enough input arguments.

>> CtoF(c)
```

```
ans =

    14    32    50    68    86   104
```

점검문제 1.15 x는 1부터 100까지의 짝수로 된 자연수의 벡터이다. function문 'mymean.m'을 사용하여 x의 평균값 y를 구해 보시오.

점검문제 1.16 x는 10부터 120까지의 화씨 온도이다. 섭씨로 바꾸는 function문을 작성하고 실행해 보시오.

예제 1-15 적분하는 function문

또 다른 대표적인 예로 미분함수의 적분값을 구하는 function문을 고려해 보자. 여기서 적분하는 m 파일의 이름은 'myinteg.m'이다. 간단하게 아래의 코사인함수를 적분해 보자.

$$\dot{y} = \cos t$$

파일 'myderivative.m'에는 적분할 미분방정식을 다음처럼 나타낸다.

MATLAB Program 1-15-1 : 미분함수

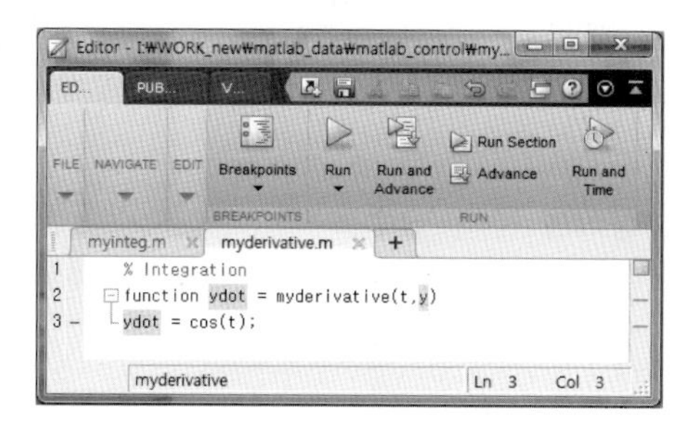

입력으로 시간 t를 취한 뒤 $\dot{y}$를 출력한다. 예를 들어 초깃값이 제로이고, 시간 t_0에서 t_f까지 적분함수가 'myinteg.m' 파일에 있을 경우에 다음과 같이 하면 된다. **ode23**은 미분함수 'myderivative.m'을 부른 뒤에 초기조건 t_0, t_f, x_0를 가지고 적분한다. 적분한 값 y와 sin 함수를 비교하여 그래프를 그려 보자.

MATLAB Program 1-15-2 : myinteg.m, 적분함수

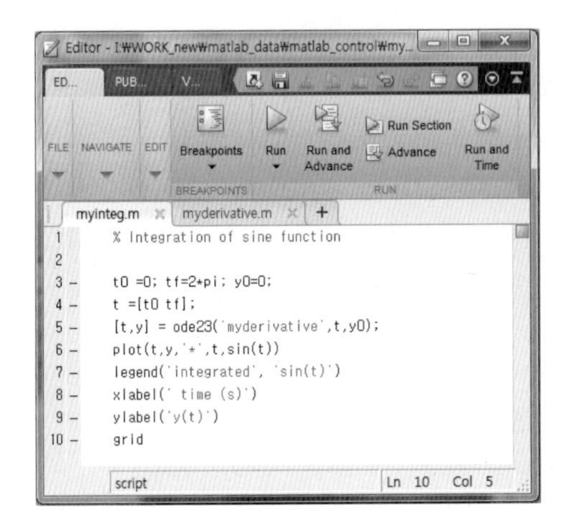

>> myinteg

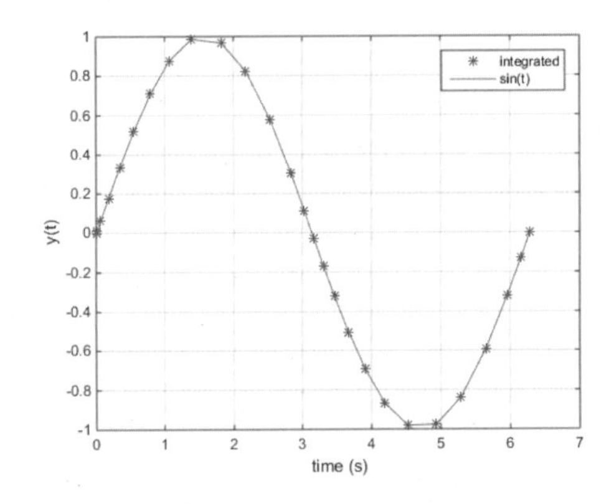

그림 1.9 사인함수

function ode23은 미분방정식을 푸는 함수로 적분한다. 비슷한 것으로 ode45 등이 있다.

예제 1-16 Van der Pol

다른 예로 다음의 'Van der Pol'이란 이차 미분방정식의 예를 들어 설명해 보자.

$$\ddot{x} + (x^2 - 1)\dot{x} + x = 0$$

이차 미분이기 때문에 위의 예처럼 하기 위해서는 아래와 같이 일차 미분방정식의 형태로 우선 바꾸어야 한다.

$$\dot{x_1} = x_1(1 - x_2^2) - x_2$$

$$\dot{x}_2 = x_1$$

우선 미분방정식이 있는 파일 'fvan.m'을 만든다. 'fvan.m' 파일은 일차 미분방정식으로 구성되고, 시간 t와 상태 x를 입력으로 받은 뒤 새로운 미분값 $\dot{x}$를 계산한다.

MATLAB Program 1-16-1 : fvan.m, 미분함수

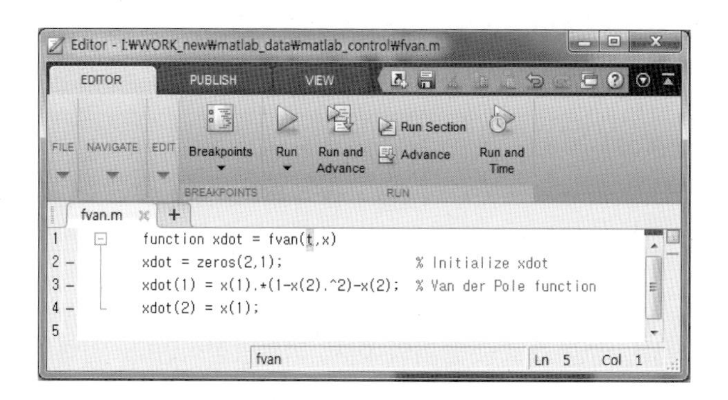

위의 경우와 마찬가지로 일정 시간 동안의 적분값 x를 구하려면 다음과 같은 적분 파일 'VanderPole.m'을 만든다. **ode45**는 'fvan.m'을 부른 뒤에, 초기시간 t_0에서 마지막 시간 t_f까지 초기상태 x_0를 가지고 적분한 다음, 시간 t와 적분한 값 x를 출력한다.

MATLAB Program 1-16 : VanderPole 적분함수

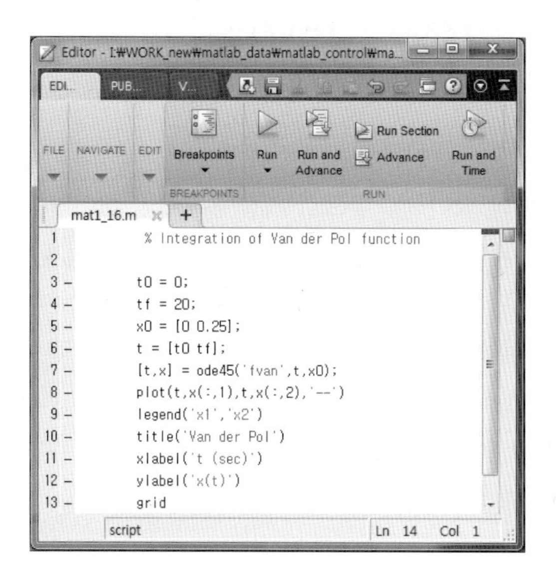

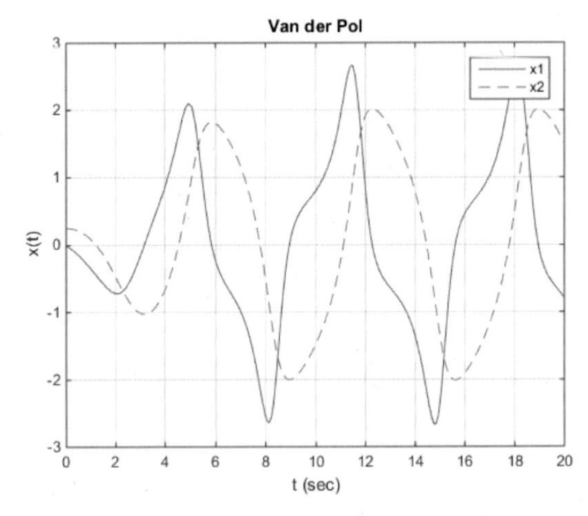

그림 1.10 Van der Pol

점검문제 1.17 다음은 질량-스프링-댐퍼의 이차 미분방정식이다. 입력은 주어진 힘 $f(t)$이고 출력은 움직임인 $x(t)$이다.

$$M\ddot{x}(t) + B\dot{x}(t) + Kx(t) = f(t) \tag{1.1}$$

$M = 1,\ B = 5,\ K = 9,\ f(t) = 0$이고 x의 초기상태는 $x_0 = [1\ \ 0]'$일 때 0초에서 10초까지의 x값을 그래프로 나타내 보시오.

1.7 이차원 그래프 그리기

1.7.1 소개

그래프는 숫자 형태의 데이터를 눈으로 직접 봄으로써 데이터의 성질을 우리가 쉽게 이해할 수 있도록 돕는다. 뿐만 아니라 그래프는 제어분야에서 공정제어분석을 용이하게 하고, 수행에 오차가 있을 경우 제어기를 재설계하는 데 많은 도움을 준다. 특히 신호처리에서는 보이지 않는 신호를 처리하는 과정이나 결과를 그래프의 도움으로 받아 볼 수 있게 하므로 이해를 증진시킨다. 최근에 인공지능 관련 영상이나 음성의 데이터 처리도 그래프를 이용하여 편리하게 한다. 이처럼 데이터를 쉽게 처리해 주는 MATLAB의 우수한 특성 중의 하나가 바로 그래픽 기능이다.

MATLAB의 그래프 기능은 우수하고, 효과적이기 때문에 사용자와 컴퓨터 사이의 상호작용(interaction)을 증진시킨다. 여러 개의 그래프를 동시에 볼 수도 있고, 그래프의 범위도 자유롭게 조절할 수 있으며, 삼차원의 그래프도 쉽게 그릴 수 있다. 그래프와 관계되는 명령어는 크게 셋으로 나눌 수 있다. 그래프를 그리는 명령어와 그래프에 주석을 다는 명령어, 그리고 그래프를 여러 형태로 조작하는 명령어이다. 가장 기본적인 명령어는 두 벡터의 데이터만 주어지면 이차원에서 그래프를 그리는 **plot**이다. 삼차원에서는 3개의 벡터가 주어지면 그래프를 그리는 **plot3**가 있다. 또한 로그 단위로 그래프를 그리는 **semilogx** 또는 **semilogy**가 있고 불연속 신호를 나타내는 **stem** 명령어가 있다.

1.7.2 그래프를 그리는 명령어

(1) plot

이전의 예제들로부터 그래프를 그리는 가장 기본적인 명령어인 **plot**을 사용했다. 이차원 그래프를 그리려면 x축에 대한 y의 값들을 나타내야 한다. 하지만 x축의 값들을 사용자가 지정하지 않고 default로 처리하여 y의 값만을 그릴 수 있다. 아래의 경우에 **plot**(y) 하면 y의 값들이 default로 선정된 x의 값 $x = [1\ \ 2\ \ 3\ \ \cdots]$에 의하여 그려진다.

```
>> plot(y)
```

만약 y의 값이 복소수일 경우에는 실수를 x축으로, 허수를 y축으로 그린다. x축을 지정하여 y의 값을 함께 그려 보자. 예를 들어, 시간이 $0 \le t \le 2\pi$일 때 $y = \sin t$의 함수를 그려 보자. 우선 앞에서 배운 것처럼 x축의 벡터 t를 구한 뒤에 그려 보자.

```
>> t = [0:0.1:2*pi];
>> y = sin(t);
>> plot(y)
```

plot(y)을 사용했을 경우에는 그림에 나타난 것처럼 x축의 값들이 y벡터의 수만큼 자동적으로 설정된다.

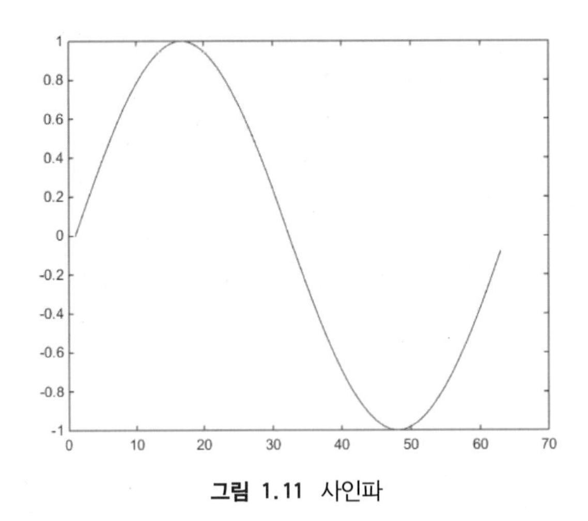

그림 1.11 사인파

따라서 사용자가 원하는 대로 x축을 지정해 주고 싶을 때 가장 기본적이고 중요한 것은, 크기가 같은 x축과 y축으로 된 한 쌍의 벡터의 형태로 되어 있어야 한다는 사실이다.

```
>> plot(x,y)
```

일반적으로, **plot**(x, y)에서 두 벡터를 나열했을 때 첫 번째 벡터는 x축의 값을 나타내고, 두 번째 벡터는 y축의 벡터를 나타낸다. 그러므로 x축의 값은 앞에서 예를 든 시간벡터 t처럼 일정한 간격의 숫자들로 구성되어 있다. 시간벡터 t에 대한 함수 y의 값을 그려 보자.

```
>> t = [0:0.1:2*pi];
>> y = sin(t);
>> plot(y)
>> plot(t,y)
>> xlabel('time (s)')
>> ylabel('y(t)')
>> title(' Sine function')
```

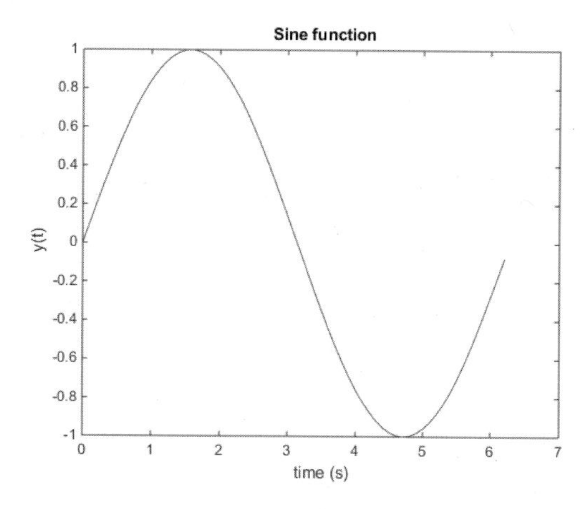

그림 1.12 시간축의 사인파

만약 t와 y의 순서를 바꾸면 그림의 축이 바뀌어 90° 회전한 것처럼 된다.

(2) 여러 그래프 그리기

한 그림에 여러 그래프를 그릴 경우에는 x축과 y축을 맞추어서 여러 쌍들을 나열하면 된다. 예를 들어, x축을 시간함수로 하고, 한 그림에 4개의 그래프 y_1과 y_2, y_3, y_4를 함께 나타낼 경우를 보면 다음과 같다.

```
>> plot(t, y1, t, y2, t, y3, t, y4)
```

앞에서 x축의 기준 벡터 t를 만드는 방법에 대하여 공부했다(1.6.2절 참조). 여기서 주의할 점은 t나 y_1, y_2, y_3, y_4 벡터들의 크기가 같아야 한다는 것이다. 사인함수의 주기를 바꿔가며 여러 그래프를 함께 그려 보자.

$y_1 = \sin(t/2)$, $y_2 = \sin(t/4)$, $y_3 = \cos(t/2)$라고 하자.

```
>> t = [0:0.1:4*pi];
>> y1 = sin(t/2);
>> y2 = sin(t/4);
>> y3 = cos(t/2);
>> plot(t,y1,t,y2,t,y3)
>> xlabel('time (s)')
>> ylabel('y(t)')
```

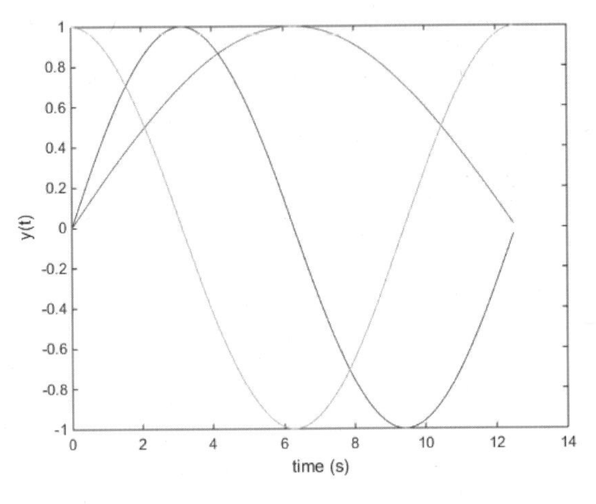

그림 1.13 함께 그리기

(3) 로그 그래프를 그리는 명령어, semilogx

주파수 영역에서 시스템의 응답을 그래프로 나타내려 할 때는 주파수 영역이 매우 넓기 때문에 log 단위를 사용하는 것이 편리하다. 축의 단위를 'log'로 표시하기 위해 사용하는 명령어로는 **semilogx**, **semilogy**, **loglog**들이 있다. **semilogx**는 x축을 로그 단위로 나타내고, **semilogy**는 y축을, 그리고 **loglog**는 x축과 y축 모두를 로그로 나타낸다. 이러한 로그 그래프를 그리려면 앞에서와 마찬가지로 두 벡터가 한 쌍을 이루어 x축과 y축을 나타내야 한다. 이러한 로그 그래프를 그릴 경우에는 먼저 로그 단위의 축을 설정해야 한다. x축은 보통 주파수를 나타내는데 앞에서 배운 **logspace** 명령어를 사용하여 원하는 영역의 주파수를 구한다. 백터의 연산에서는 각 원소에 대한 연산을 수행해야 하는데 오류가 발생한다. 이 경우에 연산기호 앞에 (.)을 찍어 원소의 연산을 수행하도록 해야 한다.

```
>> w = logspace(-1,3,100);
>> y = 1/ sqrt(1+w^2);
Error using  ^
Inputs must be a scalar and a square matrix.
To compute elementwise POWER, use POWER (.^) instead.
>> y = 1./ sqrt(1+w.^2);
>> semilogx(w,y)
>> xlabel('frequency w (rad/s)')
>> ylabel('|Y(w)|')
>> grid
```

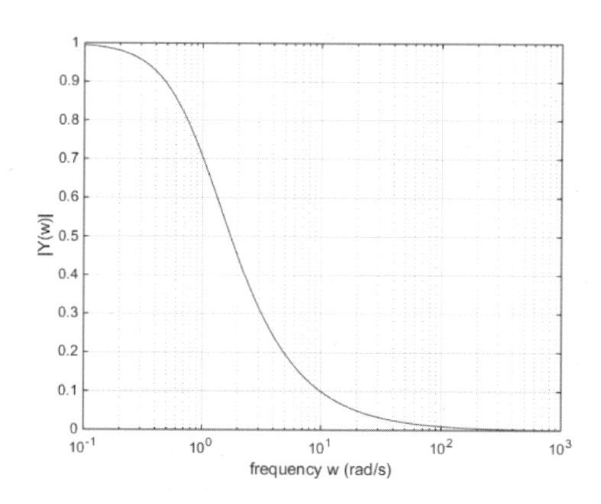

그림 1.14 로그축 나타내기

(4) 여러 그래프를 그리는 명령어, subplot

MATLAB의 중요한 그래픽 기능의 하나는 여러 그래프를 나누어서 그릴 수 있다는 것이다. 다음은 **subplot** 명령어를 사용하여 각 그래프의 위치를 나타내고자 한다. 명령어 **subplot**을 사용했을 경우, 그래프가 그려지는 모양을 여러 가지 예를 들어 살펴보자. **subplot**을 지정할 경우에는 다음과 같이 한다.

```
subplot(abc)
```

'a'와 'b'는 함께 사용되어서 전체 그래프의 수 (a×b)를 나타낸다. 'ab'를 하나의 행렬로 간주해서 '21'은 2×1행 벡터, '22'는 2×2 행렬 등으로 나타내면 그래프가 놓일 위치가 정해진다. 다음에는 각 그래프를 지정할 수 있어야 하는데 'c'가 그래프의 순서를 나타낸다. 순서는 왼쪽에서 오른쪽으로, 위에서 아래로 정해진다. 한 예로 (323) 하면 그래프의 수는 3×2 =6개이고, 세 번째 그래프를 말한다.

subplot(211)
subplot(212)

[예 1]

subplot(311)
subplot(312)
subplot(313)

[예 2]

(221)	(222)
(223)	(224)

[예 3]

(321)	(322)
(323)	(324)
(325)	(326)

[예 4]

[예 1]은 bode plot을 그릴 경우 전달함수의 크기와 위상을 같은 주파수에서 함께 그리므로 여러모로 분석하기가 용이하다.

명령어 **subplot**을 사용할 경우 주의해야 할 점은 그래프가 그려지기 원하는 곳의 좌표를 반드시 먼저 지정한 다음에 그래프를 그리거나 수정하여야 한다. 예를 들면, [예 2]의 경우 '311' 상한에는 y_1의 값을, '312' 상한에는 y_2의 값을 그리고 각각의 타이틀을 써 넣을 경우를 보자.

```
>> t = [0:0.1:4*pi];
>> y1 = sin(t/2);
>> y2 = sin(t/4);
>> y3 = cos(t/2);
>> subplot(311)
>> plot(t,y1)
>> plot(t,y2)
```

이렇게 하면 y_1의 그래프가 지워지고 y_2의 그래프가 그려지게 된다. 그러므로 반드시 그래프의 위치를 먼저 지정한 뒤에 그래프를 그린다.

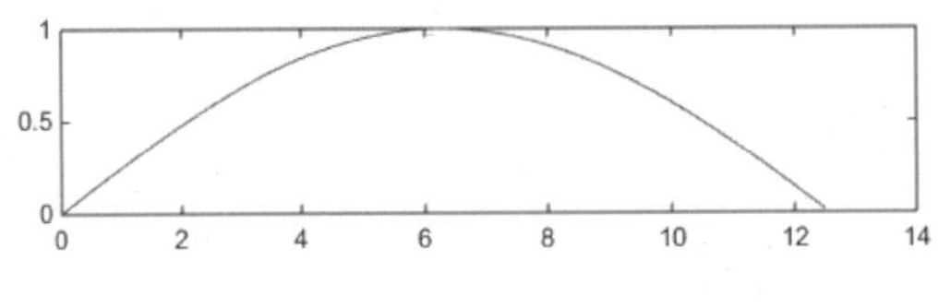

그림 1.15 311에 그리기

```
>> subplot(311)
>> plot(t,y1)
>> subplot(312)
>> plot(t,y2)
>> subplot(313)
>> plot(t,y3)
>> xlabel('time (s)')
```

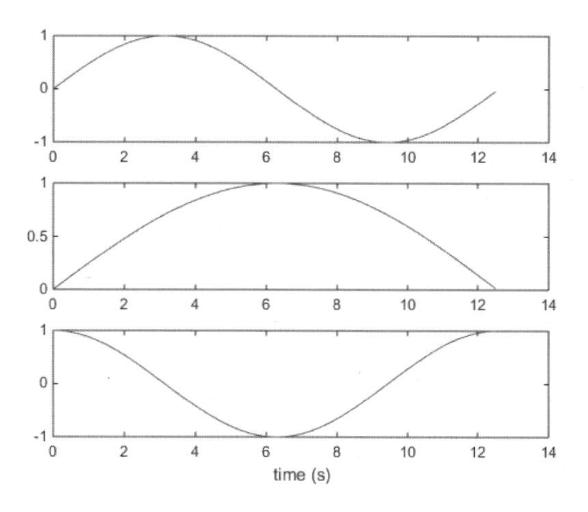

그림 1.16 그림 나누어 그리기

그림을 나누어 그린 다음 다시 하나의 그림으로 돌아가려면 subplot(111) 하면 된다. 때에 따라서는 **clf**를 사용하여 plot을 clear할 필요도 있다.

(5) 그래프를 그리는 명령어 요약

표 1.7 그래프를 그리는 명령어

clg	그래프를 현 화면에서 지운다.
shg	그래프를 다시 보여준다.
plot(a,b)	a벡터를 x축으로, b벡터를 y축으로, 이차원 그래프를 그린다.
loglog(a,b)	a벡터를 x축으로, b벡터를 y축으로, 상용로그 그래프를 그린다.
semilogx(a,b)	a벡터를 상용로그인 x축으로, b벡터를 y축으로 그래프를 그린다.
semilogy(a,b)	a벡터를 x축으로, b벡터를 상용로그인 y축으로 그래프를 그린다.
plot3(a,b,c)	a벡터를 x축으로, b벡터를 y축으로, c벡터를 z축으로 삼차원 그래프를 그린다.
stem	이산 신호의 불연속 그래프를 그린다.
subplot(mnp)	그래프를 m행으로 나누고, n열로 나눈 다음 처음부터 오른쪽으로 p번째 또는 위로부터 p번째 그래프를 나타낸다.

1.7.3 그래프의 모양과 색

여러 데이터 중에서 한 그래프 안에 여러 개의 선으로 그릴 경우 서로 구별하기 위해 선을 구별하여 그리는 것이 필요하다. 그래프 상에서 선을 구별하는 방법에는 다음과 같은 모양과 색이 있다.

표 1.8 그래프의 모양과 색

그래프의 모양			그래프의 색	
_	______	실선	b	파랑
--	- - -	대시선	g	초록
:	......	점선	k	검정
-.	_._._.	대시 점선	r	빨강
o	oooooo	동그라미선	w	하양
x	xxxxxx	엑스선	y	노랑
*	******	*선		
+	++++++	+선		

예를 들면, 위의 예에서 그래프를 서로 구별하기 위해서 다음처럼 하면 한 그래프에 세 가지 선을 그린다.

```
>> plot(t,y1,t,y2,'r--',t,y3,'g:')
```

벡터 y_1은 실선으로, 벡터 y_2는 빨간색 대시선으로, 벡터 y_3는 초록색 점선으로 그린다. 벡터 y_1은 default인 실선으로 지정되었다. 화면에는 여러 색으로 보이지만 컬러 프린터가 아니면 단색으로 출력되므로 보통 선의 모양을 다르게 한다. 이 경우에는 위의 명령어를 다음과 같이 바꾼다.

```
>> plot(t,y1,t,y2,'--',t,y3,':')
```

1.7.4 그래프를 조작하는 명령어

그래프를 그리는 명령어를 실행하면 x축과 y축의 범위는 자동적으로 설정이 된다. 이때 설정된 축의 범위는 같은 크기의 간격이 아니기 때문에 때에 따라서는 축의 범위를 바꾼다거나, x축과 y축의 크기를 같게 한다거나 그래프의 크기를 조절하여 정사각형으로 만든다거나 하는 것이 필요할 때가 있다. 또한 한 그래프 위에 다른 그래프를 덮어 그려서 두 그래프를 비교하는 것이 필요할 때가 있다. 이러한 경우에 유용하게 쓰이는 그래프 조작 명령어들을 알아보자.

(1) 축의 범위를 조절하는 명령어, axis

화면에 나타난 그래프의 크기를 조절하고 싶을 때 축의 크기를 조절하면 된다. 명령어 **axis**는 축의 범위를 조절하며 사용법은 다음과 같다. 먼저 x 축의 시작점 x_0와 끝점 x_f, y 축의 시작점 y_0와 끝점 y_f를 정한 다음 순서에 주의하여 다음과 같이 나열한다.

```
>> axis([x0,xf,y0,yf])
```

일반적으로 default로 그려지는 그래프의 x축과 y축의 크기는 같지 않다. 두 축의 크기를 같게 하려면 다음과 같이 한다.

```
>> axis('equal')
```

하지만 MATLAB이 그리는 그래프는 x축이 y축보다 조금 긴 직사각형으로 나타나기 때문에 축의 단위가 크기는 같더라도 그래프 상에서는 같게 보이지 않는 경우가 있다. 이때 **square**를 사용하면 그래프가 정사각형으로 바뀐다.

```
>> axis('square')
```

(2) 그래프 위에 그래프를 겹쳐 그리는 명령어, hold on

두 그래프를 비교하거나, 어떤 시각적인 선을 나타내기 위해서 한 그래프 위에 다른 그래프를 겹쳐 그리는 것이 필요할 때가 있다. 이때 사용하는 명령어는 **hold on**이다. 먼저 그래프 그리는 명령어로 그래프를 그린 다음 **hold on**을 사용하여 그 그래프를 hold시키고 다시 그 위에 그래프를 그린다.

```
>> t = [0:0.1:4*pi];
>> y1 = sin(t/2);
>> y2 = sin(t/4);
>> y3 = cos(t/2);
>> plot(t,y1)
>> hold on
>> plot(t,y2)
>> plot(t,y3)
>> hold off
```

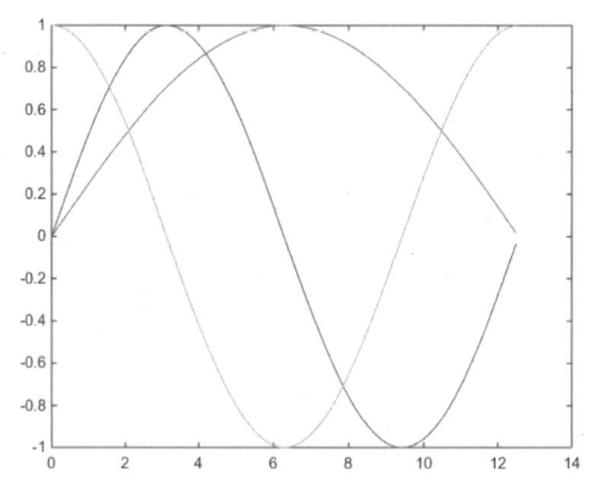

그림 1.17 hold on을 사용하여 그리기

여기서 주의할 점은 **hold on**을 한 뒤에 계속 그래프를 그리면 한 그래프에 계속해서 겹쳐 그리게 되므로 겹쳐 그리는 것을 끝내기 위해서는 반드시 **hold off** 명령어를 사용해야 한다.

(3) 그래프를 조작하는 명령어 요약

표 1.9 그래프를 조작하는 명령어

axis([xmin,xmax,ymin,ymax])	x축의 범위를 $x_{\min}$에서 $x_{\max}$까지, y축의 범위를 $y_{\min}$에서 $y_{\max}$까지로 정한다.
axis('square')	그래프를 정사각형으로 만든다.
axis('equal')	x축과 y축의 눈금의 크기를 같게 한다.
axis('normal')	그래프가 default 상태로 돌아온다.
grid	현 그래프에 격자선을 그린다.
pause	작업실행을 잠깐 멈춘다.
hold on	현 그래프 위에 다른 그래프를 덮어 그릴 경우에 쓴다.
hold off	현 그래프 위에 다른 그래프를 덮어 그리는 것이 끝났을 경우에 쓴다.

1.7.5 그래프에 표제를 써 넣는 명령어

지금까지는 그래프를 그리는 방법에 대하여 알아보았다. 하지만 그래프에 대한 어떤 설명이 주어지지 않는다면 그래프를 이해하기가 어려워진다. 그래프에 대한 이해를 돕기 위해 그래프를 다 그린 뒤에, 각 축이나 그래프 위 또는 안에 표제를 다는 것이 필요할 때가 있다.

(1) 축에 표제를 다는 명령어, xlabel

그래프를 그렸을 경우에 x축은 보통 기준이 되는 시간이나 샘플 등이 된다. 이때 x축에 표제를 써 넣는 명령어는 **xlabel**이다.

```
>> xlabel('time (sec)')
```

마찬가지로 y축에 표제를 달 때는 **ylabel**을 사용한다.

(2) 그래프에 제목을 다는 명령어, title

그래프에 제목을 다는 명령어로 **title**이 있다. 이 명령어를 사용하면 그래프의 맨 위에 제목을 달게 된다.

```
>> title('text')
```

만약 text 안에 따옴표(')가 있다면, 따옴표를 연속으로 두 번('') 쓴다. 간단한 예로 다음의 경우를 보자.

```
>> title('This is a Dorf''s control method.')
```

(3) 그래프 안에 표제를 다는 명령어, legend

지금까지는 그래프 밖에 표제를 다는 명령어들을 알아보았다. 그래프 안에 표제를 달아서 그래프를 분간할 수도 있는데, 이때 사용하는 명령어가 **legend**이다. 명령어 **legend**는 반드시 그래프를 그린 후에 사용한다. 3개의 그래프를 구별할 경우에는 다음과 같이 3개의 **legend**를 사용한다. 앞에서 subplot을 사용해서 나누었으므로 복귀시킨다.

```
>> subplot(111)
>> plot(t,y1,t,y2,t,y3)
>> legend('sin(t/2)','sin(t/4)','cos(t/2)')
```

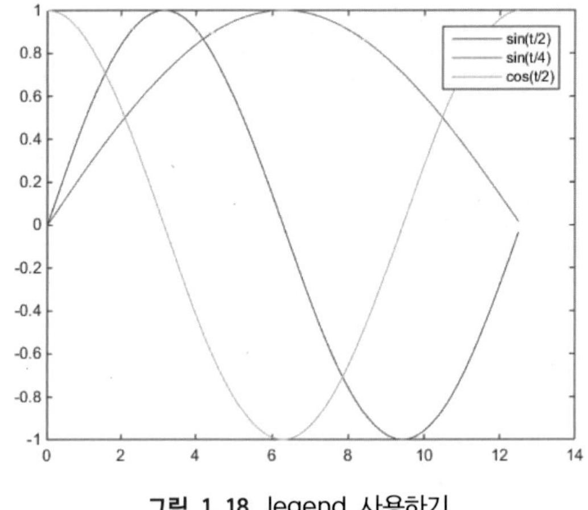

그림 1.18 legend 사용하기

그림 1.18에서 보는 것처럼 **legend**는 작은 상자 안에 자동적으로 그래프 선의 종류를 구분해서 순차적으로 쓴다. 처음에는 오른쪽 위에 나타나는데 마우스를 끌어다가 원하는 위치에 놓으면 된다. 주의할 점은 그래프를 그린 순서와 **legend**의 순서가 일치해야 한다는 것이다. 명령어 **legend** 사용 후에는 박스를 지우려면 **legend off**를 함으로써 명령어 **legend**의 영향을 없앨 수 있다.

(4) 그래프 안에 구절을 다는 명령어, text와 gtext

때로는 그래프 안의 원하는 위치에 구절을 달 필요가 있다. 이런 경우에 그래프 안에 구절을 다는 또 다른 명령어로 **text**가 있다. 현재 그려진 그래프 안의 좌표를 지정함으로써 그 좌표에서 시작하여 구절을 단다. 좌표는 그래프에 나타나 있는 x축과 y축의 범위, 즉 숫자를 기준으로 하여 설정하면 된다.

```
>> text(x,y,'구절')
```

또한 구절이 시작되는 부분은 지정해준 좌표이므로 글자 수를 고려하여 좌표를 설정한다. 예를 들어, 앞의 **legend** 명령어 대신 **text** 명령어를 사용하여 구절을 넣어 보자.

```
>> plot(t,y1,t,y2,t,y3)
>> text(5,0.2, 'sin(t/2)')
>> text(9,0.7, 'sin(t/4)')
>> text(3,-0.2, 'cos(t/2)')
```

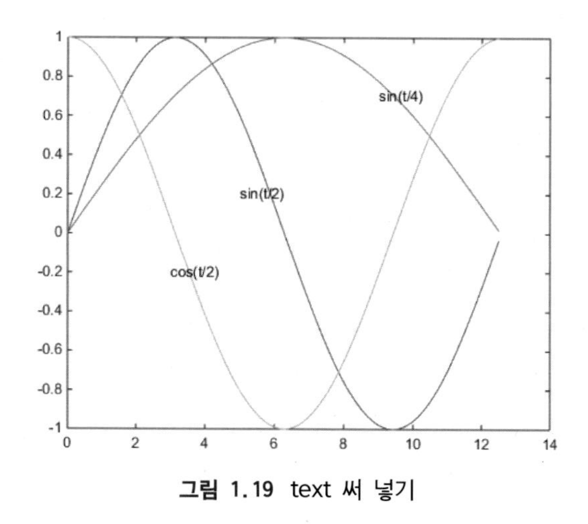

그림 1.19 text 써 넣기

그래프의 좌표를 설정하는 대신에 마우스로 위치를 설정할 수 있다. 명령어 **gtext**를 사용하면 그래프 윈도우 위에 십자 표시 '+'가 생긴다. 구절을 넣기 원하는 위치에 '+'를 마우스로 클릭하면 그 위치에 구절이 써진다. 하지만 마우스로 표시하는 위치에 구절이 정확하게 놓여지지 않으므로 여러 번 반복이 필요할 때가 있다. 따라서 '+'에서부터 구절이 삽입되는 것을 고려하면 된다.

```
>>  gtext('sin(t/2)')
```

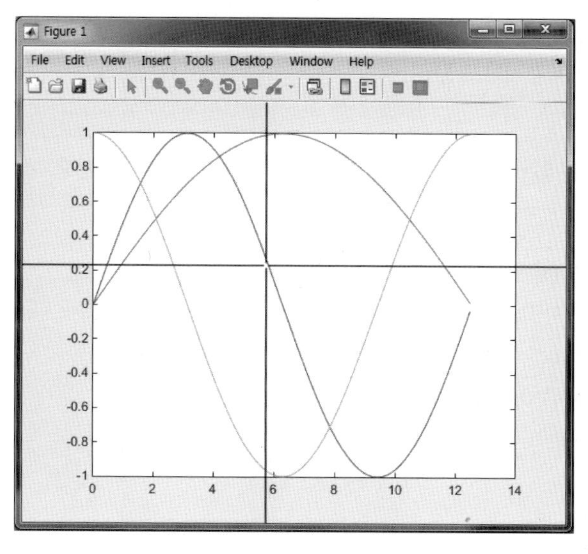

그림 1.20 마우스로 text 써 넣기

(5) 그래프에 표제를 다는 명령어 요약

표 1.10 그래프에 표제를 다는 명령어

명령어	설명
legend('text', 'text')	그래프 안에 표제를 단다.
xlabel('text')	x축에 표제를 단다.
ylabel('text')	y축에 표제를 단다.
zlabel('text')	z축에 표제를 단다.
text(xp,yp, 'text')	그래프 상에서 x축으로 xp만큼, y축으로 yp만큼의 위치에 'text'를 넣는다.
text(xp,yp,'text','sc')	그래프 상에서 왼쪽 밑을 (0.0,0.0)으로 하고, 오른쪽 위를 (1.0,1.0)으로 했을 경우 x축으로 xp만큼, y축으로 yp만큼의 위치에 'text'를 넣는다.
title('text')	그래프 위에 제목을 쓴다.
gtext('text')	그래프 상 안에서 마우스를 사용하여 'text'를 넣는다.

1.7.6 삼차원 그래프 그리기

삼차원 그래프는 이차원의 x, y축에 한 축 z가 더해져서 세 축을 중심으로 그래프를 그린다. 명령어는 다음과 같다.

```
>> plot3(x,y,z)
```

그 밖에 축에 표제를 달거나 제목을 다는 경우는 이차원 그래프에서와 같다. 하나 더 추가되는 것은 z축의 표제를 다는 것이다.

```
>> zlabel('구절')
```

```
>> t = [0:0.1:4*pi];
>> x = cos(-pi/4)*0.2*cos(t);
>> y = 0.2*sin(t);
>> z = -sin(-pi/4)*0.2* cos(t);
>> plot3(x,y,z)
>> grid
>> xlabel('x axis')
>> ylabel('y axis')
>> zlabel('z axis')
```

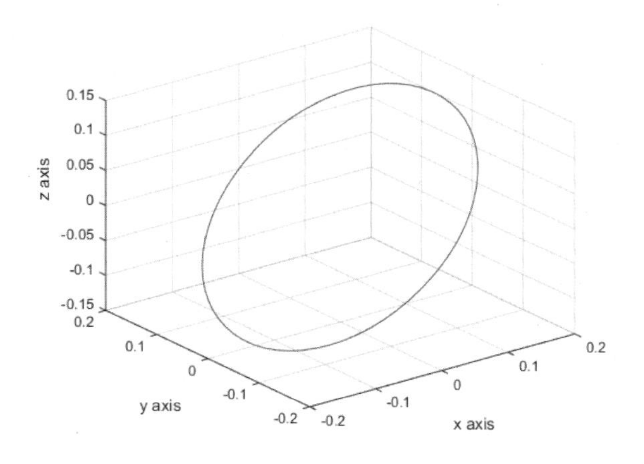

그림 1.21 원그리기

1.7.7 그 밖의 기본적인 명령어들

표 1.11 그 밖의 MATLAB 명령어들

cov	covariance의 행렬을 만든다.
max(x)	x의 최댓값을 계산한다.
mean(x)	x의 평균값을 계산한다.
median(x)	x의 대푯값을 계산한다.
min(x)	x의 최솟값을 계산한다.
ode23	미분방정식의 적분값을 계산한다.
ode45	미분방정식의 적분값을 계산한다.
rand(m,n)	$m \times x$ 행렬의 원소들을 동일 분포의 무작위 숫자로 생산한다.
randn(m,n)	$m \times x$ 행렬의 원소들을 정규 분포의 무작위 숫자로 생산한다.
rem(x,y)	x를 y로 나눈 뒤의 나머지를 계산한다.
sum(x)	x의 합을 계산한다.
sort(x)	x의 증가하는 크기의 순서로 나열한다.
std(x)	x의 표준편차를 계산한다.

1.8 수식의 표현

1.8.1 수식의 표현

MATLAB의 가장 큰 장점은 수식의 연산이다. 수식을 구성하는 변수의 값이 주어지면 그 변숫값이 저장되어 언제든지 다른 연산에 사용할 수 있는 것이다. 이러한 방법은 수식의 오류를 쉽게 발견할 수 있고 연산의 문제점을 알아내기 쉬운 장점이 있다. 데이터 x에 대한 수식을 연산하려면 MATLAB에서 사용하는 수학함수 $f(x)$를 알아야 한다. 데이터를 나타내는 변수 x에 대한 수식연산은 다음과 같다.

$$y = f(x) \tag{1.2}$$

MATLAB에서 사용되는 일반적인 수식은 표 1.12와 같이 표현된다. 변수 'x'는 상수이거나 벡터가 될 수 있다. 주의해야 할 것은 sin이나 cos과 같은 삼각법 함수의 값은 항상 도단위가 아닌 라디안(radian) 단위로 표현된다는 것이다.

표 1.12 MATLAB의 수식 표현

abs(x)	x의 절댓값	**imag(x)**	x의 허숫값
acos(x)	x의 아크코사인	**log(x)**	x의 로그
asin(x)	x의 아크사인	**log10(x)**	x의 상용로그
atan(x)	x의 아크탄젠트	**phase(x)**	x의 위상각
atan2(x,y)	사상한의 아크탄젠트	**real(x)**	x의 실숫값
conj(x)	복소수 x의 켤레복소수(공액복소수)	**round(x)**	x를 가장 가까운 정수로 반올림
cos(x)	x의 코사인	**sqrt(x)**	x의 제곱근
exp(x)	x의 지수함숫값	**tan(x)**	x의 탄젠트

예제 1-17 코사인 계산의 예

예를 들어 X, Y 평면상에서의 한 점 p를 (x, y)라 하자.
원점에서 p까지의 거리와 x, y축의 거리는 다음과 같이 계산될 수 있다.

$$r = \sqrt{a^2 + b^2} \tag{1.3}$$

$$x = r\cos(\theta), \ y = r\sin(\theta) \tag{1.4}$$

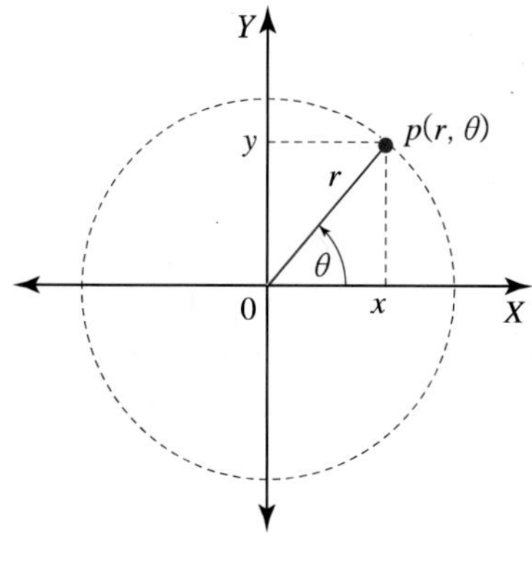

그림 1.22 원 위 좌표

p까지의 거리 r이 5이고 각이 45°일 경우 x, y축의 위치를 구해 보자.

$$x = 5\cos(45),\ y = 5\sin(45)$$

주의할 것은 45°가 radian 단위로 바뀐 다음 계산해야 한다는 것이다.

```
>> x = 5*cos(45*pi/180);
>> y = 5*sin(45*pi/180);
>> r = sqrt(x^2 + y^2)
r =
     5
```

예제 1-18 MATLAB을 사용한 수식 계산의 예

x는 상수이다. 예를 들어, $x = 2$일 때 다음 식을 구해 보자.

$$y = 3(1-x)^2 e^{-x^2}$$

앞에서 배운 수식 기호에 주의하여 다음과 같이 구할 수 있다.

```
>> y = 3*(1-x)^2* exp(-x^2)
y =
    0.0549
```

$x = [1\ \ 2\ \ 3]$이 벡터일 경우에는 주의하여야 한다.

```
>> x = [1 2 3];
>> y = 3*(1-x)^2* exp(-x^2)
Error using  ^
Inputs must be a scalar and a square matrix.
To compute elementwise POWER, use POWER (.^) instead.
```

앞의 원소끼리의 계산을 고려하여 다음과 같이 하면 된다.

```
>> y = 3*(1-x).^2 .* exp(-x.^2)
y =
         0    0.0549    0.0015
```

위의 계산에서 주의할 것은 (.) 기호의 사용이다. (.) 기호의 사용은 나중에 자세히 다루기로 한다. 상수와 벡터와의 계산은 상수끼리의 계산처럼 하면 된다.

1.8.2 복소수의 표현

(1) 직교좌표 형태(rectangular form)

복소수의 일반적인 직교좌표 형태의 표현은 실수와 허수의 합의 형태로 다음과 같다.

$$c = a + jb \tag{1.5}$$

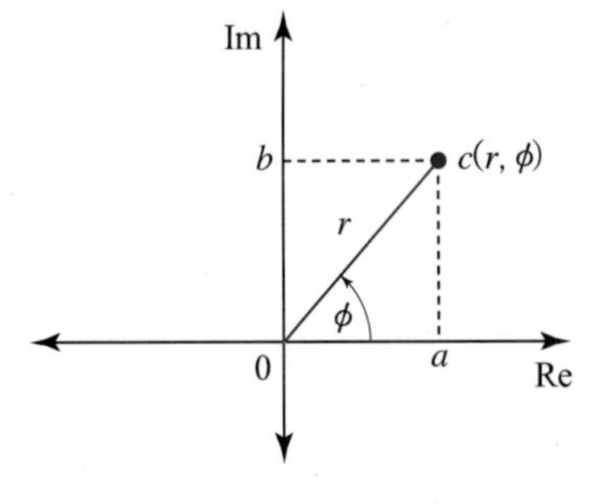

그림 1.23 복소수 좌표

a와 b는 각각 c의 실수와 허수 부분을 나타낸다.

$$a = \mathrm{real(c)}$$
$$b = \mathrm{imaginary(c)}$$

MATLAB에서는 복소수를 다음과 같이 나타낼 수 있다.

$$>>c = a + b * j;$$
$$>>a = \mathrm{real(c)};$$
$$>>b = \mathrm{imag(c)};$$

예를 들어, 복소수 $-3+4j$를 나타내 보자.

```
>> c = -3+4*j
c =
  -3.0000 + 4.0000i
>> a = real(c)
a =
    -3
>> b = imag(c)
b =
     4
```

(2) 지수 형태(exponential form)

복소수를 표현하는 또 다른 형태로 직교좌표 형태를 크기와 위상으로 나타내는 지수함수로 표현할 수 있다. 그림 1.23에서 극좌표 형태의 복소수 표현은 다음과 같다.

$$c = re^{j\phi} \tag{1.6}$$

크기가 r이고 위상이 ϕ이다.

$$r = \sqrt{a^2 + b^2}, \quad \phi = \tan^{-1}\left(\frac{b}{a}\right) \tag{1.7}$$

복소지수함수와 사인함수와는 매우 중요한 관계인 오일러 공식이 있다.

$$e^{j\phi} = \cos\phi + j\sin\phi \tag{1.8}$$

오일러 공식을 사용하여 극좌표 표현이 직교좌표 표현과 같다는 것을 증명해 보자.

$$c = re^{j\phi} = r(\cos\phi + j\sin\phi) = r\left(\frac{a}{r}\right) + j\left(\frac{b}{r}\right) = a + jb$$

복소수는 항상 켤레복소수와 쌍으로 나타나는데 그림 4.3에서 복소수 c의 켤레복소수(complex conjugate number)는 다음과 같이 크기는 같고 허수 부분의 사인이 반대가 된다. 그림 4.3에서 보면 크기는 같고 위상이 반대로 나타남을 볼 수 있다.

$$c^* = a - jb \tag{1.9}$$

c의 켤레복소수의 크기는 복소수 c의 크기와 같다.

$$|c^*| = |c| = r = \sqrt{a^2 + b^2} \tag{1.10}$$

c의 켤레복소수의 허수 부분의 사인이 반대이므로 위상은 복소수 x의 위상과 반대로 다음과 같다.

$$\angle c^* = -\phi = \tan^{-1}\left(\frac{-b}{a}\right) \tag{1.11}$$

예를 들어 $c = -3 + 4j$이므로 크기와 위상을 계산하면 다음과 같다. 여기서 **atan**과 **atan2**의 차이에 주의한다. **atan2**는 $-\pi$에서 π까지의 모든 상한값을 나타낸다.

```
>> abs(c)
ans =
      5
>> phi = atan(b/a)
phi =
   -0.9273
>> phi = atan2(b,a)
phi =
     2.2143
>> phase(c)
ans =
     2.2143
```

1.8.3 복소수의 연산

복소수의 연산은 실수와 허수를 항상 고려한다. 다음 직교공간의 두 복소수의 사칙연산을 해 보자.

$$x = a + jb,\ y = c + jd$$

덧셈 : $x + y = a + jb + c + jd = (a + c) + j(b + d)$ (1.12)

뺄셈 : $x - y = a + jb - (c + jd) = (a - c) + j(b - d)$ (1.13)

곱셈 : $x \cdot y = (a + jb)(c + jd) = ac + jad + jbc + j^2bd = (ac - bd) + j(ad + bc)$ (1.14)

나눗셈 : $x/y = (a + jb)/(c + jd) = \dfrac{(a + jb)(c - jd)}{c^2 + d^2} = \dfrac{(ac + bd) + j(bc - ad)}{c^2 + d^2}$ (1.15)

MATLAB에서는 쉽게 연산할 수 있다.

예제 1-19 복소수 계산의 예

복소수 $x = 2 + 3j$와 $y = -1 - 2j$를 나타내보고, $x + y$, $x - y$, xy, $\dfrac{x}{y}$ 등의 값들을 구해 보자.

```
>> x = 2+3*j;
>> y = -1-2*j;
>> x+y
ans =
   1.0000 + 1.0000i
>> x-y
ans =
   3.0000 + 5.0000i
>> x*y
ans =
   4.0000 - 7.0000i
>> x/y
ans =
  -1.6000 + 0.2000i
```

또한 $(x + y)x^2y$를 구한 뒤 실수와 허수를 각각 나누어서 변수 're'에는 실수를, 변수 'im'에는 허수의 값을 지정해 보자.

```
>> re = real((x+y)*x^2 *y)
re =
```

```
    31
>> im = imag((x+y)*x^2 *y)
im =
    27
```

점검문제 1.18 반지름 r이 10이고 각이 30°일 때 나타나는 점 p를 구해 보시오.

점검문제 1.19 다음의 수식을 MATLAB상에서 표현해 보시오.

$$y = 0.5e^{-3x^2} + \sqrt{\sin\frac{x}{2}} + \cos\frac{\pi}{2}$$

또한 $x = 1$일 경우와 $x = [1\ \ 2\ \ 3]$일 경우 각각 y의 값을 계산해 보시오.

점검문제 1.20 MATLAB을 사용하여 아래 식을 계산한 다음, 실수와 허수로 각각 나누어 RE 변수에는 실수를, IM 변수에는 허수를 지정해 보시오.

$$y = (2+3i)*\frac{(4+5i)}{(1+2i)}$$

1.8.4 복소지수함수의 연산

복소수의 나눗셈은 어떻게 수행할까? 복소수를 극좌표 공간에서 표현한 함수를 복소지수함수(complex exponential function)라 한다. 복소수의 나눗셈의 경우에 있어 직접적인 연산이 어려운 것을 볼 수 있다. 이 경우에는 복소수의 나눗셈을 극좌표 공간에서 수행해 보자. 오일러 공식을 통해 직교좌표 공간의 복소수를 극좌표 공간으로 표현한다.

$$x = re^{j\phi},\ \ y = se^{j\psi} \tag{1.16}$$

곱셈은 크기는 곱하고 위상은 더하게 되고

$$x \cdot y = re^{j\phi}se^{j\psi} = rse^{j(\phi+\psi)} \tag{1.17}$$

나눗셈은 크기는 나누고 위상은 빼면 된다.

$$x/y = re^{j\phi}/se^{j\psi} = r/s\,e^{j(\phi-\psi)} \tag{1.18}$$

극좌표의 표현은 다시 오일러 공식을 통해 직교좌표로 표현할 수 있다.

오일러 공식을 통한 복소지수함수는 사인함수와 매우 중요한 관계를 나타낸다.

$$e^{j\phi} = \cos\phi + j\sin\phi \tag{1.19}$$

마찬가지로 켤레복소수는

$$e^{-j\phi} = \cos\phi - j\sin\phi \tag{1.20}$$

두 식을 더하면 코사인함수를 얻게 되고

$$\cos\phi = \frac{e^{j\phi} + e^{-j\phi}}{2} \tag{1.21}$$

두 식을 빼면 사인함수를 얻게 된다.

$$\sin\phi = \frac{e^{j\phi} - e^{-j\phi}}{2j} \tag{1.22}$$

이러한 관계를 **오일러 공식**이라 하며 복소지수함수를 사인파 복소수로, 사인파 복소수를 복소지수함수로 변환할 수 있게 해 주며 역변환도 가능하다. 주의할 점은 허수가 없는 다음과 다르다는 것이다.

$$\sinh\phi = \frac{e^{\phi} - e^{-\phi}}{2}, \ \cosh\phi = \frac{e^{\phi} + e^{-\phi}}{2} \tag{1.23}$$

식 (1.23)에서 $\sinh\phi/\cosh\phi$는 다음과 같다.

$$\tanh\phi = \frac{e^{\phi} - e^{-\phi}}{e^{\phi} + e^{-\phi}} \tag{1.24}$$

점검문제 1.21 다음 두 복소수 연산을 극좌표 공간에서 수행하고 MATLAB으로 확인하시오.

$$x = 2 - j2, \ y = -1 + j2$$

$x + y, \ x - y, \ xy, \ x/y$

1.8.5 사인함수의 표현

사인함수는 우리 생활에서 가장 많이 사용하는 신호이다. 전기신호가 사인함수이고 통신신호도 사인함수이다. 그 이유는 여러 가지가 있으나 우선 사인함수가 연속함수이며 주기함수라는 것이다. 주기함수의 특징은 나중에 배울 푸리에 시리즈의 정의와 관련이 있다. 사인함수의 합으로 모든 형태의 주기함수를 만들 수 있다.

사인함수는 다음과 같이 표현한다.

$$x(t) = A\cos(wt+\phi) = A\cos(2\pi ft+\phi) = A\cos\left(\frac{2\pi}{T}t+\phi\right) \tag{1.25}$$

여기서 A는 크기, w는 각주파수, T는 주기, ϕ는 위상이다.

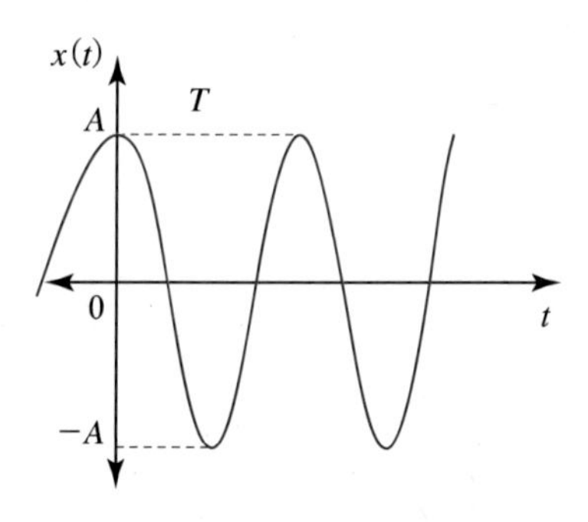

그림 1.24 코사인파형

1.8.6 사인함수의 연산

사인함수의 연산은 직접 할 수 없다. 물론 MATLAB에서는 쉽게 할 수 있지만 손으로 계산할 경우에는 여러 과정을 거쳐야 한다. 먼저 주파수가 w로 같은 다음 두 사인함수의 합을 구해 보자. 크기와 위상이 서로 다르다.

$$x(t) = A\cos(wt+\phi),\ \ y(t) = B\cos(wt+\psi) \tag{1.26}$$

그대로 더할 수 없으므로 오일러 공식을 적용하여 극좌표 형태로 바꾸어 더한다.

$$x(t) = A\left[\frac{e^{j(wt+\phi)}+e^{-j(wt+\phi)}}{2}\right] = \frac{A}{2}\left[e^{jwt}e^{j\phi}+e^{-jwt}e^{-j\phi}\right]$$

$$y(t) = B\left[\frac{e^{j(wt+\psi)}+e^{-j(wt+\psi)}}{2}\right] = \frac{B}{2}\left[e^{jwt}e^{j\psi}+e^{-jwt}e^{-j\psi}\right]$$

더하면

$$\begin{aligned} x(t)+y(t) &= \frac{A}{2}\left[e^{jwt}e^{j\phi}+e^{-jwt}e^{-j\phi}\right]+\frac{B}{2}\left[e^{jwt}e^{j\psi}+e^{-jwt}e^{-j\psi}\right] \\ &= e^{jwt}\left(\frac{A}{2}e^{j\phi}+\frac{B}{2}e^{j\psi}\right)+e^{-jwt}\left(\frac{A}{2}e^{-j\phi}+\frac{B}{2}e^{-j\psi}\right) \end{aligned}$$

오일러 공식을 다시 적용하면

$$x(t)+y(t)$$
$$=e^{jwt}\left(\frac{A}{2}(\cos\phi+j\sin\phi)+\frac{B}{2}(\cos\psi+j\sin\psi)\right)+e^{-jwt}\left(\frac{A}{2}(\cos\phi-j\sin\phi)+\frac{B}{2}(\cos\psi-j\sin\psi)\right)$$
$$=\frac{e^{jwt}}{2}(A\cos\phi+B\cos\psi+j(A\sin\phi+B\sin\psi))+\frac{e^{-jwt}}{2}(A\cos\phi+B\cos\psi-j(A\sin\phi+B\sin\psi))$$

여기서 $C=A\cos\phi+B\cos\psi$, $D=A\sin\phi+B\sin\psi$라 놓고 실수부와 허수부로 정리하면 다음과 같다.

$$x(t)+y(t)=\frac{e^{jwt}}{2}(C+jD)+\frac{e^{-jwt}}{2}(C-jD) \tag{1.27}$$

복소수 $F=C+jD=|F|\angle F$로 치환하여 오일러 공식을 적용하면 다음과 같다.

$$\begin{aligned} x(t)+y(t) &= \frac{e^{jwt}}{2}|F|e^{j\angle F}+\frac{e^{-jwt}}{2}|F|e^{-j\angle F} \qquad (1.28) \\ &= \frac{|F|}{2}(e^{j(wt+\angle F)}+e^{-j(wt+\angle F)}) \\ &= |F|\cos(wt+\angle F) \end{aligned}$$

예제 1-20 사인함수 계산의 예

다음과 같은 두 사인파의 합을 구해 보자.

$$x_1(t)=0.5\cos\left(\pi t+\frac{1}{4}\pi\right),\quad x_2(t)=2\cos\left(\pi t+\frac{1}{2}\pi\right)$$

여기서 $C=0.5\cos\left(\frac{1}{4}\pi\right)+2\cos\left(\frac{1}{2}\pi\right)$, $D=0.5\sin\left(\frac{1}{4}\pi\right)+2\sin\left(\frac{1}{2}\pi\right)$이므로

$$\begin{aligned} x_1(t)+x_2(t) &= e^{j\pi t}(C+jD)+e^{-j\pi t}(C-jD) \\ &= 2.38\sin(\pi t+1.4217) \end{aligned}$$

```
>>  C =0.5*cos(pi/4)+2*cos(pi/2)
C =
    0.3536
>> D = 0.5*sin(pi/4) + 2*sin(pi/2)
D =
    2.3536
>> F = C+j*D
```

```
F =
   0.3536 + 2.3536i
>> abs(F)
ans =
    2.3800
>> phase(F)
ans =
    1.4217
```

점검문제 1.22 다음 두 사인파의 곱을 구하고 MATLAB으로 확인하고 파형을 그리시오.

$$x(t) = 0.5\cos\left(2\pi t + \frac{1}{4}\pi\right), \quad y(t) = 2\cos\left(2\pi t + \frac{1}{2}\pi\right)$$

1.8.7 페이저의 연산

앞 절에서 사인함수의 연산을 복소지수함수로 변환하여 계산한 다음 다시 오일러 공식을 통해 사인함수로 표현했다. 입력되는 신호의 주파수는 시스템 내에서 항상 같고 출력되는 신호의 주파수도 같다는 선형 시스템의 특성을 이용하면 더욱 간단하게 계산할 수 있다. 교류회로 시스템에서는 이를 '페이저'라 정의하며 소자들을 표 1.13의 임피던스 모델로 치환한 다음 옴의 법칙을 통해 전류나 전압을 쉽게 구할 수 있게 해 준다.

표 1.13 임피던스

소자	임피던스 Z	크기	위상
저항 R	$Z_R = R$	R	0
커패시터 C	$Z_C = \frac{1}{jwC}$	$\frac{1}{wC}$	$-90°$
인덕터 L	$Z_L = jwL$	wL	$90°$

그림 1.25는 저항과 인덕터로 이루어진 교류회로를 나타내고 소자들은 표 1.13의 임피던스 Z로 표현하고 입력전압과 전류를 페이저로 표현하였다. 입력전압은 크기가 A, 주파수가 w이고, 위상이 ϕ인 사인함수 형태의 함수는 다음과 같다.

$$v_s(t) = A\cos(wt + \phi) \tag{1.29}$$

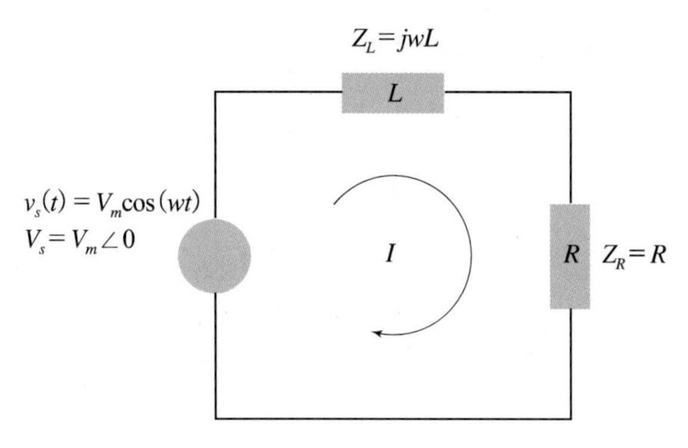

그림 1.25 RL 교류회로

KVL을 적용하면

$$V_s = Z_L I + Z_R I = (Z_L + Z_R) I \tag{1.30}$$

전류를 계산하면

$$I = \frac{V_s}{Z_L + Z_R} \tag{1.31}$$

임피던스 $Z_L = jwL$, $Z_R = R$을 대입하면

$$I = \frac{V_m}{jwL + R} = \frac{V_m}{\sqrt{w^2 L^2 + R^2}} e^{-j\tan^{-1}\left(\frac{wL}{R}\right)} \tag{1.32}$$

그러므로 식 (1.32)으로부터 크기와 위상을 통해 시간영역의 표현은 다음과 같다.

$$i(t) = \frac{V_m}{\sqrt{w^2 L^2 + R^2}} \cos(wt - \phi) \tag{1.33}$$

여기서 $\phi = \tan^{-1}\left(\frac{wL}{R}\right)$이다.

점검문제 1.23 위 회로에서 $v_s(t) = 220\sqrt{2}\cos(2\pi 60t)$이고 L이 0.01H, R이 10 Ω 일 때 전류 $i(t)$와 전압 $v_s(t)$의 파형을 그려 비교해 보자.

1.9 벡터의 표현과 계산

1.9.1 벡터의 입력

한 벡터의 변수에 데이터를 지정할 때, 데이터의 형태로는 상수 또는 벡터의 형태가 가능하다. 또한 숫자가 아닌 다른 변수도 가능하지만 이 경우에는 앞에서 변수를 먼저 지정해야 한다. 기본적인 벡터의 입력은 다음과 같다.

```
>> 변수 = [    ]
```

"="은 변수에 값을 지정해 줄 때 사용한다. 가장 간단한 벡터를 만드는 방법은 "["로 시작하여 원소 사이에 공간을 띄우고 나열한 뒤에 "]"로 닫으면 된다.

a벡터를 지정하기 위해서 가장 간단한 방법으로 다음과 같이 할 수 있다.

```
>>a = [1 2 3]; 또는 a = [1,2,3];
```

이 경우에 a의 크기는 1×3의 행(row)벡터가 된다.

"[ ]"는 행렬이나 벡터를 나타내는 기호이고, 숫자 사이의 공간(space)은 (,)와 같은 역할을 하는데, 이는 한 열(column)을 나타낸다. 줄 끝의 (;)은 화면에 a벡터값이 나타남을 방지하며, 긴 벡터나 행렬 또는 프로그램 안에서는 긴요하게 쓰인다. 예를 들면,

```
>>  a = [1 2 3 ]
a =
     1     2     3
```

그러므로 변숫값들이 화면에 출력되는 시간을 절약할 수 있다. 또한 변수의 값을 지정할 때, 다음의 예처럼 어떤 수식 표현이나 벡터 표현으로도 입력할 수 있다.

```
>> b= [sqrt(2) 2/7 a(1)]
b =
    1.4142    0.2857    1.0000
```

또한 두 행벡터 a, b를 합쳐서 행이 둘인 하나의 행렬 c를 만들 수 있다. 이때 사용하는 기호가 (;)이다.

```
>> c = [b;a]
c =
     1.4142    0.2857    1.0000
     1.0000    2.0000    3.0000
```

만약 (;)을 사용하지 않고 다음과 같이 사용했을 경우에는 b벡터에 계속 연결한 형태의 크기만 달라진 한 벡터로 남는다.

```
>> c =[b  a ]
c =
     1.4142    0.2857    1.0000    1.0000    2.0000    3.0000
```

또한 주의할 것은 벡터 크기가 같아야 한다는 것이다. 예를 들어, 벡터 b에 벡터 c를 붙여 새로운 행렬 A를 만들어 보자.

```
>> A = [b;c]
Error using vertcat
Dimensions of matrices being concatenated are not consistent.
```

벡터의 크기가 다르므로 에러 메시지가 나온다.

a벡터나 b벡터의 부분적인 원소들을 가지고 새로운 행렬을 만들 수 있다. 아래의 $a(2:3)$처럼 중간에 (:) 기호를 사용하면, 벡터 a의 두 번째와 세 번째 원소를 지정한다.

```
>> a(2:3)
ans =
     2     3
>> b(1:2)
ans =
     1.4142    0.2857
```

그러므로 $d = [b(1:2)\,;\,a(2:3)]$은 벡터 b의 첫 번째와 두 번째 원소들을 첫 번째 행으로,

벡터 a의 두 번째와 세 번째 원소를 두 번째 행으로 취하는 새로운 행렬 d가 된다.

```
>> d = [b(1:2);a(2:3)]
d =
    1.4142    0.2857
    2.0000    3.0000
```

아래의 예는 행렬 d에 원소를 하나 더하므로 크기가 2×2였던 행렬이 3×3의 크기로 바뀌는 것을 보여준다.

```
>> d(3,3)=1
d =
    1.4142    0.2857         0
    2.0000    3.0000         0
         0         0    1.0000
```

지금까지 행벡터 위주로 알아보았는데 열(column)벡터도 마찬가지이다. 원소 사이에 (;)이 있으면 다른 행을 나타낸다. 다음은 크기 3×1의 열벡터를 나타낸다.

```
>> e = [1;2;3]
e =
     1
     2
     3
```

행벡터에서 열벡터로, 또는 열벡터에서 행벡터로 바꿀 때는 전치기호인 (′)을 사용한다. 그러므로 열벡터 3×1을 전치하므로 1×3의 행벡터로 바뀌었다.

```
>> e'
ans =
     1     2     3
```

갑(Gap)의 세 게임 볼링 점수는 130, 120, 140이고 을(Eul)은 90, 120, 140, 병(Byung)은 140, 110, 130이다. 이들을 벡터로 만들어 보자.

```
>> Gap = [130 120 140]
Gap =
   130   120   140
>> Eul = [90 120 140];
>> Byung = [140 110 130]'
Byung =

   140
   110
   130
```

벡터로 만들어 계산을 하면 간편하고 쉽게 데이터를 조작할 수 있게 된다. 다음 절에서 다양한 종류의 벡터를 만드는 방법을 알아보자.

1.9.2 벡터 만들기

앞에서 소개한 것처럼 벡터를 만들기 위해서는 "[ ]" 안의 숫자나 수식 사이에 공간을 두고 나열하면 된다. 벡터의 원소들이 어떤 일정한 규칙으로 나열되어 있는 경우를 살펴보자. 이 경우에 일일이 원소들을 쳐서 입력해도 되지만 벡터의 크기가 클 때는 시간이 많이 걸리므로 거의 불가능하다. 이럴 때 필요한 것이 손쉽게 벡터를 만드는 방법이다. 간단한 예로, 어떤 함수의 값을 일정한 주기 동안 계산하려면 일정한 주기를 나타내는 벡터를 만들어야 한다.

예를 들어, 시간의 주기가 $0 \le t \le 2\pi$일 때 사인함수 $y = \sin t$의 값을 계산할 경우를 생각해 보자. 일반적인 프로그램에서는 루프를 $t = 0$에서 $t = 2\pi$까지 돌려서 매번 y의 값을 계산할 것이다. MATLAB에서는 이러한 과정을 루프를 돌리지 않고 벡터를 만들어서 벡터로 계산하도록 해놓았다. 우선 시간벡터 t를 만든 다음 벡터 t의 값을 함수에 넣어 벡터끼리 계산할 수 있다.

그러면 벡터 t를 만드는 방법을 살펴보자. 우선 벡터를 만들려면 시작점과 끝점 그리고 증가율이 주어져야 한다. 증가율이 주어지면 원소들이 어떤 일정한 간격으로 증가하거나 감소하는 벡터를 만들 수 있다. 증가율을 0.5π로 설정하고 0에서 2pi까지의 벡터 t를 설계해 보자. 벡터 $t = [0,\ 0.5\pi,\ \pi,\ 1.5\pi,\ 2\pi]$가 된다. 이러한 벡터는 중간에 (:) 기호를 사용하여 어떤 시작점과 끝점 사이에서 일정한 간격으로 숫자들을 가지는 벡터를 다음과 같이 간단히 만들 수 있다.

벡터 = [초깃값:증가율:마지막값]

그러므로 위의 t벡터는 다음과 같이 만들 수 있다.

```
>> t = [0:0.5*pi:2*pi]
t =
        0    1.5708    3.1416    4.7124    6.2832
>> y = sin(t)
y =
        0    1.0000    0.0000   -1.0000   -0.0000
```

자연히 계산된 변수 y는 t벡터와 같은 크기의 벡터를 만든다. 이렇듯이 MATLAB의 큰 장점 중 하나가 일정한 크기의 간격을 갖는 벡터를 쉽게 만들어서 수식 계산에 응용할 수 있다는 것이다.

예제 1-21 일정한 원소 간격의 벡터 만들기

0부터 10까지 1씩 증가하는 행벡터 t를 만들어 보자. t벡터의 값은 0부터 10까지의 정수로 증가율은 default로 1이다. 다른 증가율 0.1을 주기 위해서는 다음과 같이 하면 된다. t벡터가 0부터 0.1씩 증가하여 0.5까지의 수들을 가지는 경우를 살펴보자.

```
>> t = [0:10]
t =
     0     1     2     3     4     5     6     7     8     9    10
```

또 다른 예로

```
>> t = [0:0.1:0.5]
t =
        0    0.1000    0.2000    0.3000    0.4000    0.5000
>> y = [0:pi/4:pi]
y =
        0    0.7854    1.5708    2.3562    3.1416
```

감소하는 벡터도 만들 수 있다.

```
>> t = [5:-1:0]
t =
     5     4     3     2     1     0
```

이러한 일정한 크기의 원소를 가진 벡터를 만드는 방법은 그래프를 그리는 데 매우 편리하다. 위에서 만든 벡터를 기준인 x축으로 하고, 다른 축을 x축의 함수인 함숫값 y축으로 설정하면 쉽게 그래프를 그릴 수 있다.

예제 1-22 코사인함수 그리기

예를 들면, 1/2주기의 코사인함수 $y = \cos 2t$를 계산해 보자. 시간으로 변수 t를 x축의 좌표로 설정하고, y축을 코사인함수 y로 설정하자.

```
>> t = [0:0.5:pi];          ☜ 0 ≤ t ≤ π
>> y = cos(2*t);            ☜ y = cos 2t
```

($'$) 기호는 벡터나 행렬의 전치를 나타내므로 t나 y가 행벡터였으나 t', y'함으로써 열벡터로 바뀌었다. 명령어 **plot**은 그래프를 그릴 때 사용한다. 사용법은 1.11절에 자세하게 나와 있다. 샘플 개수가 작아 파형이 거칠다.

```
>> t = [0:0.5:pi];
y = cos(2*t);
[t' y']

ans =

         0    1.0000
    0.5000    0.5403
    1.0000   -0.4161
    1.5000   -0.9900
    2.0000   -0.6536
```

```
    2.5000    0.2837
    3.0000    0.9602

>> plot(t,y)
```

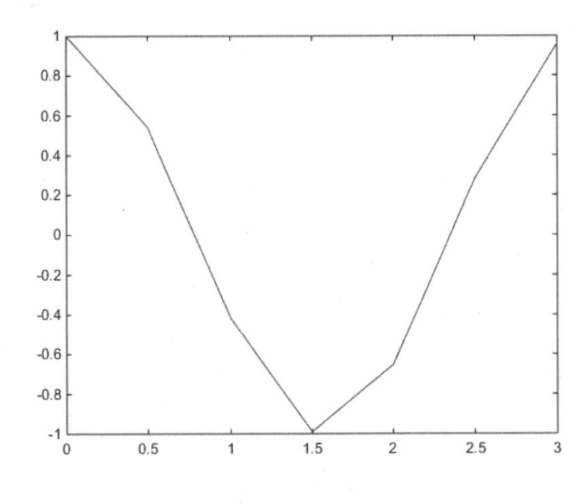

그림 1.26 코사인함수

예제 1-23 상수와 벡터와의 관계

한 벡터에 상수를 더하거나 곱하거나 하는 경우에는 그냥 더하거나 곱하면 된다. 뺄셈과 나눗셈도 마찬가지이다.

```
>> t = [0:0.1:pi/4]*pi
t =
        0    0.3142    0.6283    0.9425    1.2566    1.5708    1.8850    2.1991
>> t = pi*[0:0.1:pi/4]
t =
        0    0.3142    0.6283    0.9425    1.2566    1.5708    1.8850    2.1991
>> t = [0:0.1:pi/4]/pi
t =
        0    0.0318    0.0637    0.0955    0.1273    0.1592    0.1910    0.2228
>> t = pi*[0:0.1:pi/4]/pi
t =
        0    0.1000    0.2000    0.3000    0.4000    0.5000    0.6000    0.7000
```

```
>> t = pi/[0:0.1:pi/4]
Error using  /
Matrix dimensions must agree.
>> t = pi./[0:0.1:pi/4]
t =
       Inf   31.4159   15.7080   10.4720    7.8540    6.2832    5.2360    4.4880
```

예제 1-24 함수의 계산

벡터 x가 0부터 1까지 0.1씩 증가할 때 다음 y의 값을 구해 보자.

$$y = e^{-x} * \sin(x)$$

```
>> x = [0:0.1:1];
>> y = exp(-x)*sin(x);
Error using  *
Inner matrix dimensions must agree.
>> y = exp(-x).*sin(x);
>> [x' y']
ans =
         0         0
    0.1000    0.0903
    0.2000    0.1627
    0.3000    0.2189
    0.4000    0.2610
    0.5000    0.2908
    0.6000    0.3099
    0.7000    0.3199
    0.8000    0.3223
    0.9000    0.3185
    1.0000    0.3096
>> plot(x,y)
```

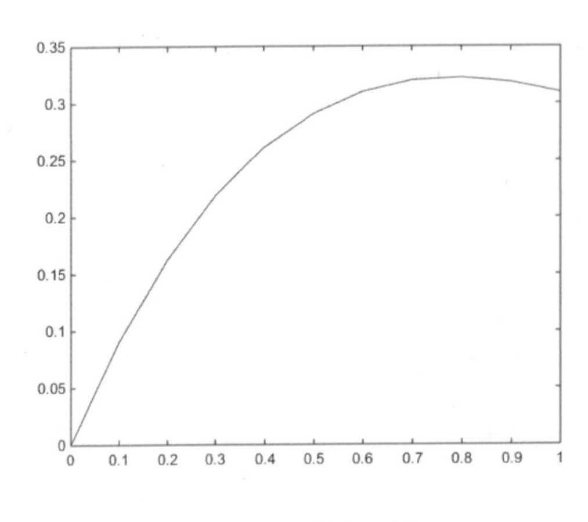

그림 1.27 함수 y(t)

위와 같이 어떤 두 숫자 사이에 일정한 간격으로 떨어져 있는 벡터는 MATLAB의 한 명령어 **linspace**를 사용하여 얻을 수 있다.

변수 = linspace(초깃값, 나중값, 원소의 수)

그러므로 $t=$ [0:0.1:1]은 $t=$ linspace(0,1,11)과 같다.

또 다른 형태의 벡터를 만드는 명령어로 **logspace**가 있다. 이 명령어는 앞의 **linspace** 명령어와 사용방법이 같지만 정수의 벡터를 만드는 대신에 로그값의 벡터를 만든다.

변수 = logspace(초깃값, 나중값, 원소의 수)

예를 들어, 다음을 실행해 보자.

```
>>  t= [0:0.1:1]
t =
         0    0.1000    0.2000    0.3000    0.4000    0.5000    0.6000    0.7000
    0.8000    0.9000    1.0000
>> t= linspace(0,1,11)
t =
         0    0.1000    0.2000    0.3000    0.4000    0.5000    0.6000    0.7000
    0.8000    0.9000    1.0000
```

로그 단위로 나타내는 경우에는 10^{-1}에서 10^{1} 사이에 5개 원소의 벡터를 나타낸다.

```
>> logspace(-1,1,5)
ans =
    0.1000    0.3162    1.0000    3.1623   10.0000
```

지금까지 배운 벡터 만드는 방법을 정리해 보자.

표 1.14 벡터 만들기

v = [1 sin(pi/2) exp(-2*pi)]	숫자나 수식을 나열하므로 행벡터 v를 만든다.
v = [1; sin(pi/2); exp(-2*pi)]	숫자나 수식 사이에 (;)을 넣음으로써 열벡터 v를 만든다.
v = 0:10	0부터 10까지 1씩 증가하는 벡터 v를 만든다.
v = 0:2:10	0부터 10까지 2씩 증가하는 벡터 v를 만든다.
v = linspace(0,10,6)	0부터 10까지 6개의 일정한 크기의 원소들을 가진 벡터 v를 만든다.
v =logspace(0,2,10)	10^0부터 10^2까지 10개의 일정한 크기의 원소들을 가진 벡터 v를 만든다.

점검문제 1.24 0부터 10까지 0.5씩 증가하는 열벡터 t를 만들어 보시오.

점검문제 1.25 1부터 0까지 0.1씩 감소하는 행벡터를 만들어 보시오.

점검문제 1.26 점검문제 1.6을 명령어 **linspace**를 사용하여 만들어 보시오.

열심문제 1.1 시간 t가 0초부터 5초까지 0.1초씩 증가할 때 다음의 함수 y를 구하고 그려 보시오.

$$y = e^{-2t} + e^{-\frac{1}{3}\sqrt{t}} \qquad (0 \le t \le 5)$$

1.9.3 벡터의 출력

한 벡터의 원소값을 출력할 때는 "[ ]" 대신 "( )"를 사용한다. 위에서 a벡터는 행벡터로 3원소 1 2 3을 가지고 있다고 하자. 3원소 중에서 두 번째 원소 2를 지정하여 출력하고 싶으면

```
>> a = [1 2 3]
a =
```

```
     1     2     3
>> a(2)
ans =
     2
```

벡터 a의 첫 번째 원소를 a의 각 원소들을 평균한 값으로 치환하려면

```
>> a(1) = (a(1)+a(2)+a(3))/3
a =
     2     2     3
```

벡터 a의 첫 번째 원소가 바뀐 것을 볼 수 있다.
벡터 a에서 여러 원소를 한 번에 치환할 수도 있다. 예를 들면,

```
>> a(2:3) =[4 5]
a =
     2     4     5
```

1.9.4 벡터의 계산

벡터의 계산에서 가장 중요한 점은 계산하고자 하는 변수들의 크기(dimension)이다. 벡터는 열벡터와 행벡터가 있는데, 벡터의 덧셈이나 뺄셈에서는 벡터의 크기가 같아야 하고, 벡터의 곱셈에서는 크기가 서로 전치 관계에 있어야 한다. 예를 들어 a는 $n\times1$의 열벡터이고, b는 $n\times1$의 열벡터라 하자. 덧셈 $c=a+b$는 가능하고, $c=a^T+b$ 또는 $c=a+b^T$는 불가능하다. 곱셈에서는 직접 두 벡터를 곱하는 $d=a\times b$는 불가능하지만, $d=a^T\times b$나 $d=a\times b^T$는 두 벡터의 내적(dot product)을 계산하므로 가능하다.

예제 1-25 벡터끼리의 수식 계산

다음 행벡터 a와 b의 계산을 실행해 보자.

```
>> a = [1 2 3];
>> b = [4 5 6];
```

```
>> a = [1 2 3];
>> s = a'+b
Error using  +
Matrix dimensions must agree.
>> d = a*b
Error using  *
Inner matrix dimensions must agree.
>> d = a'*b
d =
     4     5     6
     8    10    12
    12    15    18
>> e = a*b'
e =
    32
```

하지만 두 벡터가 서로 전치 관계에 있지 않더라도 크기가 같으면 앞에서 소개한 (.) 기호를 사용하여 원소끼리의 덧셈, 뺄셈, 곱셈과 나눗셈을 할 수 있다.

```
>> f = a .*b
f =
     4    10    18
>> g = a ./b
g =
    0.2500    0.4000    0.5000
```

예제 1-26 벡터의 원소끼리의 계산

벡터나 행렬의 원소들끼리 계산할 경우에는 (.)를 수식 기호 앞에 놓는다. 벡터 a와 b의 크기가 $1\times n$으로 같고 a와 b의 각 원소들의 곱을 변수 c에 저장하기 위해 아래와 같이 하면 벡터의 크기가 맞지 않으므로 다음과 같은 에러 문구가 나온다.

```
>> a = [1 2 3]; b =[4 5 6];
>> c =a*b
```

```
Error using  *
Inner matrix dimensions must agree.
```

이러한 경우에 (.) 기호를 사용하여 다음과 같이 하면 쉽게 원소끼리의 곱을 구할 수 있다. 원소끼리의 나눗셈도 마찬가지이다.

```
>> a = [1 2 3]; b =[4 5 6];
>> c = a .*b
c =
     4    10    18
>> d = b ./a
d =
    4.0000    2.5000    2.0000
```

예제 1-27 원소들의 거듭제곱

한 상수나 벡터의 원소들의 거듭제곱을 나타내려면 (^)를 사용하는데, 위의 a 벡터의 제곱과 b 벡터의 세제곱을 더해서 변수 y에 넣어 보자.

```
>> y = a.^2 + b.^3
y =
    65   129   225
```

점검문제 1.27 다음을 MATLAB에서 실행해 보시오.

```
>> a = [1 2 3]; b = [ 4 5 6];
>> c = a*b
>> c = a .* b
>> d = a^2 - b^3
>> d = a.^2 - b.^3
```

1.10 행렬의 표현과 계산

1.10.1 행렬의 입력

행렬을 입력하는 방법에는 여러 가지가 있다. 가장 쉽고 기본적인 방법은 앞의 벡터를 입력하는 것처럼 원소들을 하나씩 입력하는 것이다. 다른 방법으로는 MATLAB의 기존 기능들을 이용해서 입력하는 방법이 있다. 마지막 방법으로, MATLAB 밖에서 데이터 파일을 만들거나 다른 곳으로부터 얻은 데이터를 1.2.6절에서 설명한 **load** 명령어를 사용하여 입력하는 것이다. 행렬의 경우 가장 간단한 입력은 다음과 같다.

```
>> A  = [1 2 3; 4 5 6; 7 8 9]
A =
      1    2    3
      4    5    6
      7    8    9
```

행렬 안에서의 (;)은 한 행(row)을 나타내고, 공간은 한 열(column)을 나타낸다. 벡터의 경우처럼 행렬의 한 원소나 부분적인 원소들을 입력할 수도 있는데, 이때는 (:) 기호를 사용한다. 위의 행렬 A의 행들을 아래처럼 바꾸어보자.

```
>> A(1:2, 1:3) = [ exp(2) 1/3 2+3j; sin(pi)...
log(2) round(pi/2)]
A =
   7.3891 + 0.0000i   0.3333 + 0.0000i   2.0000 + 3.0000i
   0.0000 + 0.0000i   0.6931 + 0.0000i   2.0000 + 0.0000i
   7.0000 + 0.0000i   8.0000 + 0.0000i   9.0000 + 0.0000i
```

이때 (...) 기호는 줄이 긴 경우, 계속 이어서 쓸 경우에 사용한다.

점검문제 1.28 행렬 $A = [1\ 2\ 3\ ;\ 4\ 5\ 6\ ;\ 7\ 8\ 9]$이고, 벡터 $b = [10\ 11\ 12]$일 때, 새로운 행렬 $B = [A;b]$와 $C = [A:b']$을 구해 보시오.

1.10.2 행렬의 출력

행렬의 원소들을 출력하는 방법을 알아보자. 행렬 A의 m번째 행, n번째 열의 한 원소는 $A(m, n)$으로 나타난다. 행렬 A의 한 행이나 열의 여러 원소들을 나타내기 위해서는 (:)을 사용하면 되는데, (:)은 행렬 A 안의 또 다른 행렬을 나타낼 때 쓸 수 있다. 예를 들면, A (1, 1:2)는 첫 번째 행의 처음 두 열을 나타내는 행벡터이다.

행렬 A가 다음과 같을 때

$$A = \begin{bmatrix} 1 & 2 & 3 \\ 4 & 5 & 6 \\ 7 & 8 & 9 \end{bmatrix}$$

행렬 A의 원소들을 출력해 보자.

```
>> A  = [1 2 3; 4 5 6; 7 8 9];
>> A(1,1:2)
ans =
     1     2
```

위는 첫 번째 행의 처음 두 열의 원소들을 나타낸다. (:)이 혼자 독자적으로 쓰일 경우에는 행 또는 열의 모든 원소들을 나타낸다.

```
>> A(:,3)
ans =
     3
     6
     9
```

위는 A 행렬의 모든 행 중에서 세 번째 열에 해당되는 원소들을 나타낸다.

```
>> A(3,:)
ans =
     7     8     9
```

위는 A 행렬의 세 번째 행에서 모든 열의 원소들을 나타낸다. (:)을 사용하면 행렬 안에서 또 다른 행렬을 표현할 수 있다.

```
>> A(1:2,2:3)
ans =
     2     3
     5     6
```

위는 A행렬의 첫 번째, 두 번째 행과 두 번째, 세 번째 열의 원소를 나타낸다.

```
>> A(2:3,:)
ans =
     4     5     6
     7     8     9
```

위는 A행렬의 두 번째, 세 번째 행과 모든 열을 나타낸다.

점검문제 1.29 점검문제 1.28에서 A행렬의 대각(diagonal) 요소들의 값을 3, 4, 5로 각각 바꾸어 보시오.

열심문제 1.2 벡터 q가 다음과 같을 경우 q의 값을 구해 보시오.

$$q = [1:1:3]*j[1:1:3]$$

표 1.15 벡터와 행렬의 입력과 출력방법 요약

A(r,c)	r번째 행, c번째 열의 A의 원소를 나타낸다.
A(r,:)	r번째 행과 모든 열의 원소들을 나타낸다.
A(:,c)	모든 행과 c번째 열의 원소들을 나타낸다.
A(r1:r2,c1:c2)	r_1부터 r_2까지의 모든 행과 c_1부터 c_2까지의 모든 열의 원소들을 나타낸다.
A(r,c1:c2)	r행과 c_1부터 c_2까지의 모든 열의 원소들을 나타낸다.
A(r1:r2,c)	r_1부터 r_2까지의 모든 행과 c열의 원소들을 나타낸다.
A(:,c1:c2)	모든 행과 c_1부터 c_2까지의 모든 열의 원소들을 나타낸다.
A(r1:r2,:)	r_1부터 r_2까지의 모든 행과 모든 열의 원소들을 나타낸다.
A(i)	A벡터의 i번째 원소를 나타낸다.

1.10.3 행렬의 계산

벡터와 행렬의 계산에 있어서 무엇보다도 중요한 것은 벡터와 행렬의 크기가 맞아야 한다

는 것이다. 벡터와 행렬을 계산하는 수식 기호에는 더하기(+), 빼기(−), 나누기(/), 곱하기(.*), 거듭제곱(.^), 전치(′) 등이 있다. 하나씩 살펴보기로 하자.

(1) 행렬 더하기

같은 크기의 행렬들의 원소끼리 서로 더한다.

$$A = \begin{bmatrix} a_{11} & a_{12} & \cdots & a_{1n} \\ a_{21} & a_{22} & \cdots & a_{2n} \\ \cdot & \cdot & \cdots & \cdot \\ \cdot & \cdot & \cdots & \cdot \\ a_{m1} & a_{m2} & \cdots & a_{mn} \end{bmatrix}, \quad B = \begin{bmatrix} b_{11} & b_{12} & \cdots & b_{1n} \\ b_{21} & b_{22} & \cdots & b_{2n} \\ \cdot & \cdot & \cdots & \cdot \\ \cdot & \cdot & \cdots & \cdot \\ b_{m1} & b_{m2} & \cdots & b_{mn} \end{bmatrix}$$

$$C = A + B = \begin{bmatrix} a_{11}+b_{11} & a_{12}+b_{12} & \cdots & a_{1n}+b_{1n} \\ a_{21}+b_{21} & a_{22}+b_{22} & \cdots & a_{2n}+b_{2n} \\ \cdot & \cdot & \cdots & \cdot \\ a_{m1}+b_{m1} & a_{m2}+b_{m2} & \cdots & a_{mn}+b_{mn} \end{bmatrix} \tag{1.34}$$

```
>> A = [1 2; 3 4];
>> B = [5 6; 7 8];
>> C = A+B
C =
     6     8
    10    12
```

(2) 행렬 빼기

같은 크기의 행렬들의 원소끼리 서로 뺀다.

$$D = A - B = \begin{bmatrix} a_{11}-b_{11} & a_{12}-b_{12} & \cdots & a_{1n}-b_{1n} \\ a_{21}-b_{21} & a_{22}-b_{22} & \cdots & a_{2n}-b_{2n} \\ \cdot & \cdot & \cdots & \cdot \\ \cdot & \cdot & \cdots & \cdot \\ a_{m1}-b_{m1} & a_{m2}-b_{m2} & \cdots & a_{mn}-b_{mn} \end{bmatrix} \tag{1.35}$$

```
>> D = A-B
D =
    -4    -4
    -4    -4
```

(3) 행렬의 전치

$$A^T = \begin{bmatrix} a_{11} & a_{21} & \cdots & a_{m1} \\ a_{12} & a_{22} & \cdots & a_{m2} \\ \cdot & \cdot & \cdots & \cdot \\ \cdot & \cdot & \cdots & \cdot \\ a_{1n} & a_{2n} & \cdots & a_{mn} \end{bmatrix} \tag{1.36}$$

```
>> A'
ans =
     1     3
     2     4
```

복소수를 포함한 벡터나 행렬의 전치를 하면 모든 복소수 값이 공액(켤레)복소수(complex conjugate)로 자동적으로 바뀌는데, 이를 방지하려면 **conj** 명령어를 사용한다. 예를 들면 다음과 같다.

```
>> q =[1:1:3]+j*[1:1:3]
q =
   1.0000 + 1.0000i   2.0000 + 2.0000i   3.0000 + 3.0000i
>> q'
ans =
   1.0000 - 1.0000i
   2.0000 - 2.0000i
   3.0000 - 3.0000i
>> conj(q')
ans =
   1.0000 + 1.0000i
   2.0000 + 2.0000i
   3.0000 + 3.0000i
```

더 간편하게 하는 방법은 원소끼리의 전치기호 (.′)을 사용하면 된다. 그러므로 위에서처럼 두 단계를 거칠 필요 없이 한 번에 구할 수 있다.

```
>> q.'
ans =
```

```
1.0000 + 1.0000i
2.0000 + 2.0000i
3.0000 + 3.0000i
```

(4) 행렬의 거듭제곱

행렬의 각 원소들의 p제곱을 구할 때는

$$A^p = \begin{bmatrix} a_{11}^p & a_{12}^p & \cdots & a_{1n}^p \\ a_{21}^p & a_{22}^p & \cdots & a_{2n}^p \\ \cdot & \cdot & \cdots & \cdot \\ \cdot & \cdot & \cdots & \cdot \\ a_{m1}^p & a_{m2}^p & \cdots & a_{mn}^p \end{bmatrix} \tag{1.37}$$

원소끼리의 계산을 하는 데는 앞에서 배운 (.^)를 사용한다. 만약 (.^)를 사용하지 않고 (^)를 그냥 사용하면 행렬끼리의 곱을 계산하게 되어 답이 틀리게 되므로 주의한다.

```
>> A = [1 2; 3 4];
>> A.^2
ans =
     1     4
     9    16
>> A^2
ans =
     7    10
    15    22
>> A^-1
ans =
   -2.0000    1.0000
    1.5000   -0.5000
>> inv(A)
ans =
   -2.0000    1.0000
    1.5000   -0.5000
```

(5) 행렬의 곱하기

$$E = A \times B = \begin{bmatrix} a_{11}b_{11} + a_{12}b_{21} & a_{11}b_{12} + a_{12}b_{22} \\ a_{21}b_{11} + a_{22}b_{21} & a_{21}b_{12} + a_{22}b_{22} \end{bmatrix} \quad (1.38)$$

행렬의 계산에서는 순서에 주의해야 한다.

```
>> A = [1 2; 3 4];
>> B = [5 6; 7 8];
>> A*B
ans =
    19    22
    43    50
>> B*A
ans =
    23    34
    31    46
```

(6) 행렬의 나누기

행렬을 나누는 방법에는 오른쪽 나누기와 왼쪽 나누기의 두 가지가 있다. 기호로는 오른쪽 나누기가 "/"이고 왼쪽 나누기는 "\"이다. 각각의 사용방법은 다음과 같다.

$Ax = b$에서 x의 값을 구할 때 $x = A \backslash b$

$xA = b$에서 x의 값을 구할 때 $x = b/A$

그러므로 $b/A = (A' \backslash b')'$의 관계가 성립된다.

예제 1-28 연립방정식 풀기

다음의 행렬 관계식에서 벡터 x의 값을 구해 보자. 아래는 세 변수의 연립방정식을 행렬의 형태로 놓은 것이다. 역행렬을 구해 변수벡터 $x = [x_1\ x_2 x_3]'$을 구해 보자.

$$Ax = b$$

$$\begin{bmatrix} 3 & 4 & 2 \\ 6 & 0 & -1 \\ -5 & -2 & 1 \end{bmatrix} \begin{bmatrix} x_1 \\ x_2 \\ x_3 \end{bmatrix} = \begin{bmatrix} 19 \\ 4 \\ -9 \end{bmatrix}$$

간단히 명령어 **inv**를 사용하여 구할 수 있다.

```
>> A =[3 4 2; 6 0 -1; -5 -2 1];
>> b = [19 4 -9]';
>> x = inv(A)*b
x =
     1.0000
     3.0000
     2.0000
```

점검문제 1.30 예제 1.28에서 x와 b가 1×3의 행벡터로 바뀌었을 때 $b/A=(A'\backslash b')'$의 관계가 성립되는지 조사해 보시오.

점검문제 1.31 예제 1.28은 다항식의 연립방정식을 푸는 데 아주 편리하다. 다음의 다항식을 위의 예제처럼 풀어 보시오.

$$5x+3y-3z=-1$$
$$3x+2y-2z=-10$$
$$2x-\ \ y+2z=-8$$

1.11 벡터와 행렬에 관한 명령어

1.11.1 벡터와 행렬을 만드는 명령어들

숫자를 직접 변수에 지정하지 않고, 어떤 특정한 행렬을 만드는 중요한 명령어(function)를 알아보자.

표 1.16 벡터나 행렬에 관한 명령어들

명령어	설명	명령어	설명
ones(m,n)	$m\times n$의 1로 된 행렬을 만든다.	**diag(v)**	벡터 v를 대각 위치에 놓는다.
zeros(m,n)	$m\times n$의 0으로 된 행렬을 만든다.	**inv(A)**	행렬 A의 역행렬을 만든다.
eye(m)	$m\times m$의 항등행렬을 만든다.	**eig(A)**	행렬 A의 고윳값(eigenvalue)과 고유벡터(eigenvector)를 계산한다.

```
>> ones(1,3)
ans =
     1     1     1
>> zeros(3,1)
ans =
     0
     0
     0
>> eye(2)
ans =
     1     0
     0     1
>> v = [1 2 3];
>> diag(v)
ans =
     1     0     0
     0     2     0
     0     0     3

>> A = ones(3,3)+diag(ones(3,1))
A =
     2     1     1
     1     2     1
     1     1     2

>> B = ones(3)+eye(3)
B =
     2     1     1
     1     2     1
     1     1     2
```

예제 1-29 행렬 만들기

행렬의 크기가 3×3이고, 대각의 원소들만 2이고 나머지 모든 원소가 1인 행렬을 만들어 보자.

점검문제 1.32 행렬 F가 다음과 같다.

$$F = \begin{bmatrix} 0.5 & 1 & 1 \\ 1 & 0.5 & 1 \\ 1 & 1 & 0.5 \end{bmatrix}$$

표 1.16의 명령어들을 사용하여 행렬 F를 만들어 보시오.

점검문제 1.33 다음의 수식행렬 A를 프로그램 상에서 입력하시오.

$$A = \begin{bmatrix} \cos\left(\frac{\pi}{2}\right) & \pi^2 & \log 2 \\ 3\sin\left(\frac{3\pi}{4}\right) & \log_{10} 2 & e^{2.1} \\ 3e^{-2} & \sqrt{3} & \tan\left(\frac{1}{2}\right) \end{bmatrix}$$

점검문제 1.34 다음의 행렬을 **ones**, **zeros**, **eye**, **diag** 등의 명령어들을 사용하여 만들어 보시오.

$$H = \begin{bmatrix} 0.1 & 1 & 1 \\ 0 & 0.1 & 1 \\ 0 & 0 & 0.1 \end{bmatrix}$$

1.11.2 벡터와 행렬의 크기를 알려주는 명령어

벡터와 행렬의 크기를 알려면 **length**와 **size** 명령어를 사용한다. 명령어 **length**는 주로 벡터의 크기에, **size**는 벡터와 행렬 모두에 사용된다. 예를 들면 다음과 같이 나타난다.

```
>> a =[1 2 3];
>> n = length(a)
n =
      3
>> [m,n] = size(a)
m =
      1
n =
      3
```

특히 **length**는 한 벡터의 크기를 알려주므로 **for**나 **while**처럼 지수(index)를 사용하여 반복을 요하는 프로그램을 하는 데 요긴하게 사용된다.

점검문제 1.35 명령어 **length**를 사용하여 1부터 벡터 a의 크기까지 1씩 증가하는 벡터 t를 만들어 보시오.

지금까지는 숫자들을 표현하는 방법이나 계산하는 방법 등과 직접 관련된 명령어들을 알아보았다. 다음 장에서는 데이터를 처리하는 기본적인 명령어들을 알아본다.

연 • 습 • 문 • 제

1. 삼차원 좌표에서 원점 (0, 0, 0)을 기준으로 반지름이 1인 구를 그리는 프로그램을 작성해 보시오. 또한 원점 (1, 1, 1)을 기준으로 반지름이 1인 구를 그리는 프로그램을 작성해 보시오.

2. 어떤 정수값 k가 주어졌을 때, 다음 식을 만족하는 가장 작은 정수 n값을 구하는 프로그램을 작성해 보시오.

$$1.5^n \geq k$$

3. $x(t) = e^{-t}u(t)$일 때 t가 10부터 20까지일 때의 $y(t)$값을 다음 식으로부터 계산해 보시오. 여기서 $u(t)$는 스텝으로서 $t < 0$일 때 $u(t) = 0$이고, $t > 0$일 때 $u(t) = 1$이다. $y(-1) = 0$이다.

$$y(t) = y(t-1) + t\,x(t)$$

또한 $x(t)$와 $y(t)$를 시간 t에 대하여 함께 **plot**해 보시오.

4. 다음 함수들을 적분하는 프로그램을 작성해 보시오. 사다리꼴 적분 방식을 사용하시오.

$$y(t) = x(t),\ \ y(t) = e^{-t}\cos(2\pi t)$$

5. 주파수 영역 $w = 0.1$ (rad/s)에서 $w = 1000$ (rad/s)까지 다음 함수의 크기와 위상을 로그축을 기준으로 그려보시오.

$$H(s) = \frac{1}{s^2 + 2s + 2}$$

6. 다음 복소수를 극좌표로 표현하시오.

(a) $2 + 3j$

(b) $2 - 3j$

(c) $\dfrac{1}{2+3j}$

(d) $\dfrac{1}{2-3j}$

(e) $(2+3j)^2$

(f) $\dfrac{1}{(2+3j)^2}$

7. 다음 복소수의 연산을 수행하시오.

(a) $\dfrac{2+3j}{2-3j}$ (b) $\dfrac{2-3j}{2+3j}$

(c) $(2+3j)(2-3j)$ (d) $\dfrac{1+2j}{2-3j}$

(e) $\dfrac{1+2j}{(2+3j)^2}$ (f) $\dfrac{(2+3j)^2}{1+2j}$

8. 다음 두 복소수 $z_1 = 1+2j$, $z_2 = 2-3j$를 복소수 평면에서 표시하고 $z_1 - z_2$를 벡터로 구하고 $|z_1 - z_2|$가 거리가 됨을 확인하시오.

9. 다음 사인함수 연산을 복소수로 수행하시오.

$$x_1 = 2\cos\left(\frac{\pi}{4}\right), \quad x_2 = \cos\left(\frac{3\pi}{4}\right)$$

(a) $x_1 + x_2$ (b) $x_1 - x_2$

(c) $x_1 x_2$ (d) x_1 / x_2

(e) $(x_1 + x_2)^2$ (f) $1/(x_1 + x_2)^2$

10. 다음 복소수 평면에서 연산을 수행해 보고 평면에 표기해 보시오.

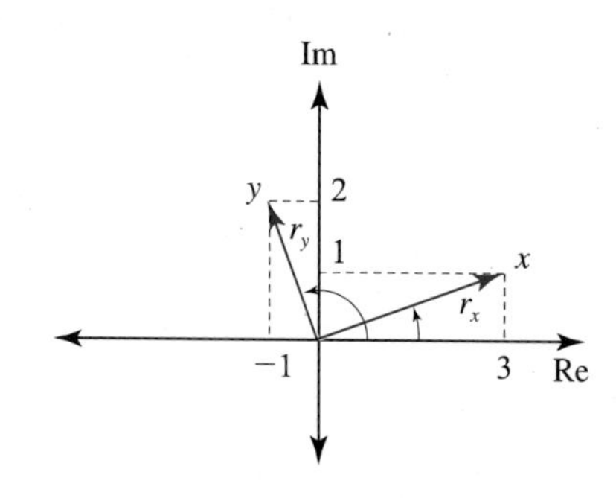

(a) $x+y$ (b) $x-y$

(c) xy (d) x/y

11. 아래 그림 속 회로에서 입력이 다음과 같이 주어질 때 페이저로 표현하고 $i(t)$, $v_0(t)$를 구하시오.

$$v(t) = V_m \cos(wt + \phi)$$

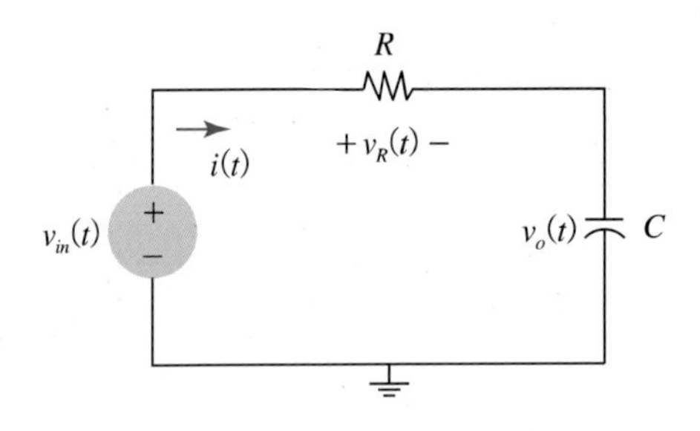

12. 다음 선형방정식을 행렬과 벡터로 표현하고 해를 구하시오.

$$\begin{aligned} 2x_1 - 3x_2 + x_3 &= y_1 \\ x_1 - 3x_2 \quad\quad &= y_2 \\ -3x_1 + x_2 - x_3 &= y_3 \end{aligned}$$

13. 다음은 원점을 공유하는 기준 좌표 OXYZ에 대한 회전 좌표 OUVW에서 x축으로 각도 α만큼 회전했을 때 기준 좌표를 표현하기 위한 회전 행렬을 나타낸다.

$$R_{x,\alpha} = \begin{bmatrix} 1 & 0 & 0 \\ 0 & \cos\alpha & -\sin\alpha \\ 0 & \sin\alpha & \cos\alpha \end{bmatrix}$$

OUVW에서 x축으로 $\alpha = 45°$ 회전했을 때 회전 좌표의 한 점 $P_{UVW} = [0\ 1\ 1]^T$는 기준 좌표 P_{XYZ}로 표현하면 어떻게 되는지 계산하고 좌표에서 확인하시오.

Chapter 02

물리적 시스템의 수학적 모델

2.1 소개

시스템이란 넓은 의미에서 어떤 입력(input)이 주어졌을 때 출력(output)이 나오는 장치(device)를 말한다. 우리 인간의 육체도 하나의 복잡한 시스템이라 볼 수 있다. 우리가 어느 한 물리적 시스템(physical system)을 원하는 대로 제어하기 위해서는 가상의 시스템 모델(model)을 가지고 분석하고 이해하고 실험하는 것이 필요하다. 따라서 그림 2.1에서처럼 입력에 대한 출력을 분석하기 위해서는 시스템 모델이 필요한 것이다. 동적 시스템은 시간영역에서 미분방정식으로 표현하며 미분방정식은 주파수 영역에서 해석이 가능한 라플라스 변환을 한다. 라플라스 변환한 유리함수(rational function)를 시스템 모델이라 한다.

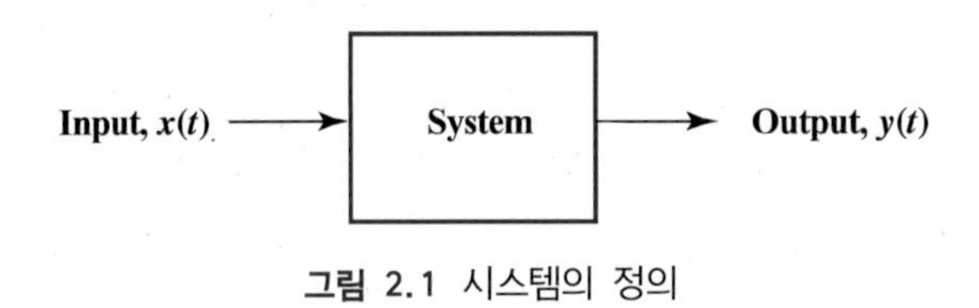

그림 2.1 시스템의 정의

그림 2.2는 동적 시스템 모델로 가장 많이 사용하는 질량-스프링-댐퍼 시스템을 나타낸다. 입력으로 힘 $f(t)$가 주어질 때 출력으로 움직임 $x(t)$가 나타나는 시스템이다. 마찰력을 무시하는 환경에서 질량이 M인 물체에 외부입력 힘 $f(t)$가 적용된다. 뉴턴의 운동법칙 $f = Ma$로 시스템이 움직이게 되는데 입력으로 힘 $f(t)$가 주어졌을 때 댐핑상수 B와 스프링 탄성계수 K의 값에 따라 출력으로 질량 M인 물체의 움직임인 위치 $x(t)$가 바뀐다.

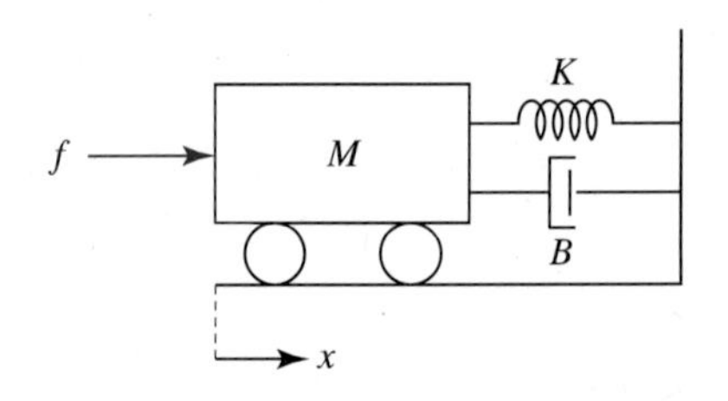

그림 2.2 질량-스프링-댐퍼 시스템

질량-스프링-댐퍼 시스템의 동역학 식을 미분방정식으로 표현하면 다음과 같다. 이 미분방정식은 그림 2.2에서 자유물체도(free body diagram)를 통해 구한 식이다. 뉴턴의 운동방정식으로 질량 M인 물체가 a의 가속도로 움직이는 경우 $f = Ma$가 주어지고 벽으로부터의 반발력 $Kx(t)$와 $B\dot{x}(t)$를 고려하여 전체 힘의 합으로 표현하면 다음과 같다.

$$Ma = f(t) - B\frac{dx(t)}{dt} - Kx(t)$$

$$M\frac{d^2x(t)}{dt^2} + B\frac{dx(t)}{dt} + Kx(t) = f(t) \tag{2.1}$$

여기서 M은 질량이고 B는 감쇠비이고 K는 스프링의 탄성계수이다.

식 (2.1)은 이차 미분방정식이므로 해를 구하면 입력 힘 $f(t)$에 대한 출력 $x(t)$의 움직임을 알 수 있다. 따라서 변수 M, B, K값을 정확하게 알면 정확한 출력을 구할 수 있게 된다.

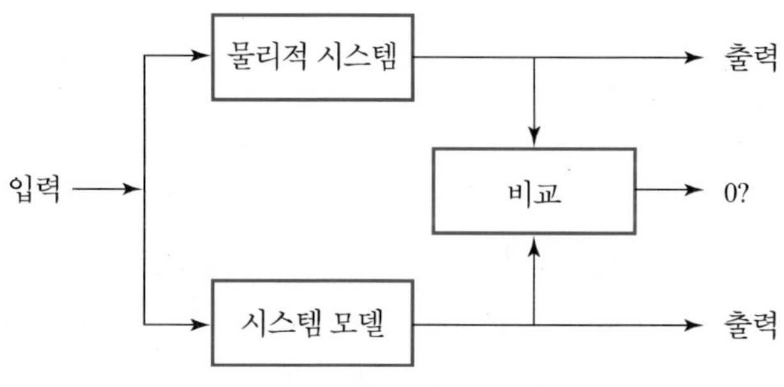

그림 2.3 시스템 모델링의 블록선도

그림 2.3에 나타난 것처럼 시스템을 정확하게 모델링할수록 실제 시스템의 행동을 정확하게 분석하여 제어할 수 있다. 한 시스템의 모델을 만들기 위해서는 우선 수학적인 이론이 뒷받침되어야 한다. 하지만 일반적으로 보통의 모든 시스템은 비선형(nonlinear)이고, 수학적 이론과 모델의 부족, 실제상황에서 나타나는 불확실성 등 때문에 비선형 시스템을 모델링하여 실제 시스템과 똑같이 만들기란 쉬운 일이 아니다. 비선형 시스템을 선형화할 수 있다면, 시스템의 모델을 만드는 데 있어 다소 어려운 점은 없게 된다. 다행히도 기존에 있는 많은 시스템들이 어떤 한정된 영역 안에서는 선형 시스템(linear system)처럼 작동한다. 이 때문에 비선형 시스템을 대략적인 선형 시스템으로 표현하여 모델을 만들고 선형 시스템처럼 쉽게 시뮬레이션할 수 있다.

따라서 이 책에서 다루는 대부분의 시스템은 선형이고 시간에 따라 변하지 않는, 즉 LTI (Linear Time-Invariant) 시스템이다. 이 장에서는 물리적 시스템의 움직임을 나타내는 대략적인 선형 시스템의 역학을 미분방정식으로 표현하고, 표현된 미분방정식을 다시 라플라스(Laplace) 변환을 거쳐 시스템의 입력에 대한 출력을 분석할 수 있는 함수로 바꾸어 표현하는 것을 배울 것이다. 이 장에서 다루는 라플라스 변환은 정의와 기본적인 내용으로 국한되므로 라플라스 변환에 대한 자세한 설명은 기존의 제어 교과서를 참고하기 바란다.

라플라스 변환에서 한 시스템의 입력과 출력의 관계를 나타내는 모델을 표현하는 함수를 **전달함수**(transfer function)라 한다. 입력 신호를 시스템 모델을 거쳐 출력으로 전달하는 함수인 것이다. 물론 비선형 시스템은 미분방정식으로 표현할 수 없기 때문에 전달함수를 구할 수 없다.

그러므로 이 장에서는 실제 시스템을 미분방정식으로 설계하고, 미분방정식의 해를 구하여 MATLAB으로 출력해 본다. 또한 설계한 미분방정식으로부터 라플라스 변환을 통한 시스템의 전달함수를 사용하여 그 특성방정식의 해를 구하고 시스템의 출력을 구하는 과정을 간단한 물리적 모델들을 통해 MATLAB 프로그램과 더불어 설명하고자 한다.

2.2 라플라스 변환

2.2.1 정의

라플라스 변환은 시간영역에서의 함수 $f(t)$를 라플라스 작동자 s변수를 사용하여 복소수 주파수 영역의 함수 $F(s)$로 변환하게 한다. 라플라스 변환의 목적은 시간영역의 함수 $f(t)$를 라플라스 영역의 함수 $F(s)$ 변환하여 시스템을 해석하거나 분석하는 데 편리함을 제공하는 것이다. 작동자 s는 복소수로서 $s=\sigma+j\omega$로 나타내며, σ는 실수이고 ω는 각주파수를 나타낸다.

$$f(t) \Leftrightarrow F(s) \tag{2.2}$$

라플라스 변환 $F(s)$는 다음과 같은 적분의 형태로 정의된다.

$$F(s)=\int_{-\infty}^{\infty} f(t)e^{-st}dt \tag{2.3}$$

$F(s)$는 s의 다항식으로 이루어진 분모 분자의 유리함수(rational function), $F(s)=N(s)/D(s)$로 구성되었으며 다항식의 근은 그림 2.4의 s평면에 놓이게 된다.

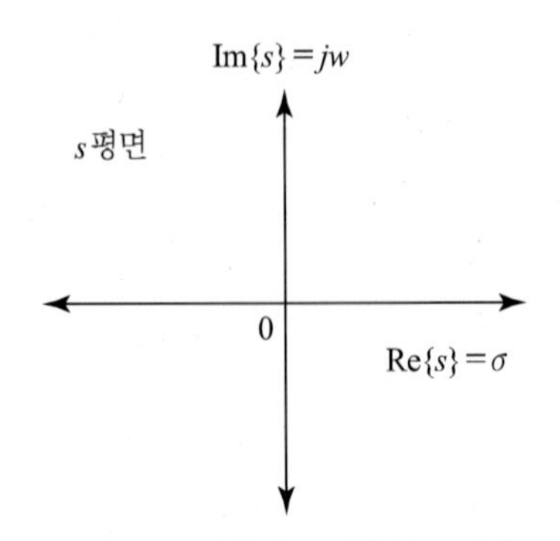

그림 2.4 라플라스 변환의 s평면

라플라스 역변환의 정의는 다음과 같다.

$$f(t) = \frac{1}{2\pi j}\int_{-\infty}^{\infty} F(s)e^{st}dt \tag{2.4}$$

2.2.2 라플라스 변환 예

(1) 임펄스 함수

간단한 예로 임펄스 함수 $f(t) = \delta(t)$의 라플라스 변환을 구해 보자.

식 (2.3)의 라플라스 변환의 정의에 의해서 $f(t) = \delta(t)$를 대입하여 적분하면 다음과 같다. 임펄스 함수의 특성상 0일 때만 1의 값을 가지므로 $\delta(0) = 1$ 구간 적분을 할 필요 없이 다음과 같이 직접 구할 수 있다.

$$\begin{aligned} F(s) &= \int_{-\infty}^{\infty} \delta(t)e^{-st}dt \\ &= \int_{-\infty}^{\infty} \delta(0)e^{-0}dt \\ &= 1 \end{aligned}$$

즉 임펄스 함수의 라플라스 변환은 다음과 같다.

$$\delta(t) \Leftrightarrow 1 \tag{2.5}$$

(2) 스텝함수

다음은 제어에서 시험용 입력으로 많이 사용하는 스텝함수 $f(t) = u(t)$의 라플라스 변환을 구해 보자. 식 (2.3)의 라플라스 변환의 정의에 의하여 $f(t) = u(t)$를 대입하여 적분하면 다음과 같다. 스텝함수의 특성을 고려하여 적분 구간을 설정한다.

$$\begin{aligned} F(s) &= \int_{-\infty}^{\infty} u(t)e^{-st}dt \\ &= \int_{0}^{\infty} 1 \cdot e^{-st}dt \\ &= -\frac{1}{s}e^{-st}\Big|_{t=0}^{t=\infty} \\ &= -\frac{1}{s}[0-1] \\ &= \frac{1}{s} \end{aligned}$$

그러므로 스텝함수 $u(t)$의 라플라스 변환은 다음과 같다.

$$u(t) \Leftrightarrow U(s) = \frac{1}{s} \tag{2.6}$$

(3) 지수함수

미분방정식의 해인 지수함수의 변환을 구해 보자. $f(t) = e^{-at}u(t)$를 대입하여 적분하면 다음과 같다. 스텝함수의 특성을 고려하여 적분 구간을 설정한다.

$$\begin{aligned} F(s) &= \int_0^\infty e^{-at}e^{-st}dt \\ &= -\frac{1}{s+a}[e^{-(s+a)t}]_{t=0}^{t=\infty} \\ &= -\frac{1}{s+a}[0-1] \\ &= \frac{1}{s+a} \end{aligned}$$

지수함수의 라플라스 응답은 다음과 같다.

$$e^{-at}u(t) \Leftrightarrow \frac{1}{s+a} \tag{2.7}$$

(4) 복소지수함수

복소지수함수 $f(t) = e^{-jw_0 t}u(t)$의 라플라스 변환을 구해 보자.

$$\begin{aligned} F(s) &= \int_0^\infty e^{-jw_0 t}e^{-st}dt \\ &= -\frac{1}{s+jw_0}[e^{-(s+jw_0)t}]_{t=0}^{t=\infty} \\ &= -\frac{1}{s+jw_0}[0-1] \\ &= \frac{1}{s+jw_0} \end{aligned} \tag{2.8}$$

마찬가지로 켤레복소지수함수 $f(t) = e^{jw_0 t}u(t)$의 라플라스 변환은 다음과 같다.

$$F(s) = \frac{1}{s-jw_0} \tag{2.9}$$

선형성에 의해 두 복소지수함수의 더한 것의 변환은 각각의 변환의 더한 것과 같게 된다.

$$e^{jw_0 t} + e^{-jw_0 t} \Leftrightarrow \frac{1}{s - jw_0} + \frac{1}{s + jw_0} = \frac{2s}{s^2 + w_0^2}$$

오일러 공식에 의한 코사인함수의 라플라스 변환은 다음과 같다.

$$\cos(w_0 t) = \frac{e^{jw_0 t} + e^{-jw_0 t}}{2} \Leftrightarrow \frac{s}{s^2 + w_0^2} \tag{2.10}$$

같은 방법으로 사인함수는 (2.8)에서 (2.9)를 빼면 된다.

$$\sin(w_0 t) = \frac{e^{jw_0 t} - e^{-jw_0 t}}{2j} \Leftrightarrow \frac{w_0}{s^2 + w_0^2} \tag{2.11}$$

이처럼 어떤 함수의 라플라스 변환은 식 (2.3)의 정의에 대입하여 계산하면 되지만 자주 사용하는 간단한 몇 가지 라플라스 변환 쌍을 외워두면 편하다. 이 변환 쌍은 라플라스 역변환을 취할 경우에 매우 유용하게 사용할 수 있다.

표 2.1에는 기본 라플라스 변환 쌍을 정리하여 나타내었다.

여기서 라플라스 연산자 s가 주파수 성분의 복소수인 $s = j\omega$로 표현될 수 있는데, 이 경우에는 신호처리에서 많이 사용되는 시간영역을 주파수 영역으로 바꾸어 주는 푸리에(Fourier) 변환이 된다. 한 함수 $f(t)$의 푸리에 변환은 다음과 같이 정의된다.

$$F(j\omega) = \int_{-\infty}^{\infty} f(t) e^{-j\omega t} dt \tag{2.12}$$

여기서 ω는 각주파수(rad/s)이다. 시간영역의 함수를 주파수 영역의 함수로 변환하는 결과를 얻게 된다. 따라서 푸리에 변환은 $f(t) \Leftrightarrow F(s)|_{s = jw}$로 간단화될 수 있다.

표 2.1 기본 함수의 라플라스 변환

$f(t) \Leftrightarrow F(s)$	$\delta(t)$	$u(t)$	t^n	e^{-at}	$\sin\omega t$	$\cos\omega t$
	1	$\frac{1}{s}$	$\frac{n!}{s^{n+1}}$	$\frac{1}{s+u}$	$\frac{\omega}{s^2+\omega^2}$	$\frac{s}{s^2+\omega^2}$

점검문제 2.1 표 2.1의 라플라스 변환을 라플라스 변환의 정의 식 (2.3)을 사용하여 모두 구해 보시오.

점검문제 2.2 $x(t) = \cos(w_0 t + \phi)$의 라플라스 변환을 구해 보시오.

2.2.3 라플라스 변환의 특성

라플라스 변환은 선형이므로 비선형 시스템에는 적용이 안 된다. 라플라스 변환에는 다양한 특성이 있는데 이를 알면 매우 편리하다.

(1) 선형성

시간영역에서 각 함수 $f_1(t)$와 $f_2(t)$의 합의 라플라스 변환은 각각의 변환을 합한 것과 같다.

$$f_1(t) \leftrightarrow F_1(s)\text{이고 } f_2(t) \leftrightarrow F_2(s)\text{일 때}$$

각 함수에 상수를 곱해 더한 것은 마찬가지로 라플라스 변환에 상수를 곱해 더한 것과 같다. 이를 중첩(superposition)의 원리라 한다.

$$a_1 f_1(t) + a_2 f_2(t) \leftrightarrow a_1 F_1(s) + a_2 F_2(s) \tag{2.13}$$

여기서 a_1, a_2는 상수이다.

(2) 시간 변수 확장

함수 $f(t)$에서 시간 t에 상수 a를 곱한 것은 시간을 a만큼 확장시키게 된다. $f(at)$의 라플라스 변환은 다음과 같다.

$$f(t) \leftrightarrow F(s)\text{일 때} \quad f(at) \leftrightarrow \frac{1}{|a|}F\left(\frac{s}{a}\right) \tag{2.14}$$

(3) 시간 지연

함수 $f(t)$가 t_0만큼 이동되었을 때 함수 $f(t-t_0)u(t-t_0)$의 라플라스 변환은 다음과 같이 $f(t)$의 라플라스 변환 $F(s)$에 e^{-st_0}를 곱한 것과 같다.

라플라스 정의에 의해

$$\begin{aligned} &\int_{-\infty}^{\infty} f(t-t_0)u(t-t_0)e^{-st}dt \\ &= \int_{t_0}^{\infty} f(t-t_0)e^{-st}dt \end{aligned}$$

여기서 $\tau = t - t_0$라 하면 $t = \tau + t_0$이고 $d\tau = dt$이므로

$$\int_0^{\infty} f(\tau)e^{-s(\tau+t_0)}d\tau = e^{-st_0}\int_0^{\infty} f(\tau)e^{-s\tau}d\tau = e^{-st_0}F(s)$$

그러므로 시간 지연 함수의 라플라스 변환은 다음과 같다.

$$f(t-t_0) \leftrightarrow F(s)e^{-st_0} \tag{2.15}$$

(4) 주파수 이동

함수 $f(t)$에 지수함수 e^{-at}를 곱하면 다음과 같이 주파수 영역에서 a만큼 이동한 형태로 나타난다.

$$f(t)e^{-at} \leftrightarrow F(s+a) \tag{2.16}$$

$$\begin{aligned}\Im\{f(t)e^{-at}\} &= \int_0^{\infty} f(t)e^{-at}e^{-st}dt \\ &= \int_0^{\infty} f(t)e^{-(s+a)t}dt \\ &= F(s+a)\end{aligned}$$

물론 e^{at}를 곱하면 다음과 같다.

$$f(t)e^{at} \leftrightarrow F(s-a) \tag{2.17}$$

(5) 미분

함수 $f(t)$를 미분한 경우의 $\dfrac{df(t)}{dt}$의 라플라스 변환은 $f(t)$의 라플라스 변환인 $F(s)$에 s를 곱한 형태로 나타난다.

$$\frac{df(t)}{dt} \leftrightarrow sF(s) \tag{2.18}$$

식 (2.4)의 라플라스 역변환을 미분하면

$$\begin{aligned}\frac{df(t)}{dt} &= \frac{1}{2\pi j}\frac{d}{dt}\int_0^{\infty} F(s)e^{st}dt \\ &= \frac{1}{2\pi j}\int_0^{\infty} F(s)\frac{d}{dt}e^{st}dt \\ &= \frac{1}{2\pi j}\int_0^{\infty} \{sF(s)\}e^{st}dt \\ &= \frac{1}{2\pi j}\int_0^{\infty} F'(s)e^{st}dt\end{aligned}$$

라플라스 변환의 정의에 의해서 초기조건을 고려한 일차 미분 함수는

$$\frac{df(t)}{dt} \leftrightarrow sF(s) - f(0) \tag{2.19}$$

이차 미분 함수는 다음과 같다.

$$\frac{d^2f(t)}{dt^2} \leftrightarrow s^2F(s) - sf(0) - f'(0) \tag{2.20}$$

일반적으로 n차 미분의 경우에 라플라스 변환은 다음과 같다.

$$\frac{d^nf(t)}{dt^2} \leftrightarrow s^nF(s) - s^{n-1}f(0) - s^{n-2}f'(0) - s^{n-3}f''(0) - \cdots - f^{(n-1)}(0) \tag{2.21}$$

(6) 적분

다음 함수의 적분을 살펴보자.

$$g(t) = \int_0^t f(\tau)d\tau$$
$$f(t) = g'(t)$$
$$L\{f(t)\} = L\{g'(t)\}$$
$$F(s) = sG(s) - g(0)$$

초기조건 $g(0) = \int_0^0 f(\tau)d\tau = 0$ 이므로

$$F(s) = sG(s)$$
$$G(s) = \frac{1}{s}F(s)$$
$$\int_0^\infty f(t)dt \leftrightarrow \frac{1}{s}F(s) \tag{2.22}$$

(7) 시간함수의 곱

함수 $f(t)$에 시간 t를 곱한 형태를 라플라스 변환하면 다음과 같다. 라플라스 변환 정의가 주어지고

$$F(s) = \int_0^\infty f(t)e^{-st}dt$$

양변을 미분해 보자.

$$\frac{dF(s)}{ds} = \int_0^\infty \frac{d}{ds} f(t) e^{-st} dt$$
$$= \int_0^\infty -tf(t) e^{-st} dt$$

시간함수에 시간의 곱은 라플라스의 미분으로 나타난다.

$$tf(t) \leftrightarrow -\frac{dF(s)}{ds} \tag{2.23}$$

(8) 마지막 값 정리

마지막 값 정리(final value theorem)는 시간영역에서의 최종값이 주파수 변환, 즉 라플라스 변환에서 표현되는 관계를 말한다. 즉 시간이 무한으로 다가갈 때 함숫값 $f(\infty)$은 라플라스 변환에서는 s가 0으로 다가갈 때 $sF(s)$의 값을 계산한 것과 같다. $sF(s)$의 모든 근이 s평면에서 왼쪽에 있을 때 다음과 같은 관계가 성립된다는 것이다.

$$\lim_{t\to\infty} f(t) = \lim_{s\to 0} sF(s) \tag{2.24}$$

미분의 라플라스 정의에서

$$\lim_{s\to 0} \int_0^\infty \frac{df(t)}{dt} e^{-st} dt = \lim_{s\to 0} [sF(s) - f(0)] \tag{2.25}$$

식 (2.25)에서 좌항은 다음과 같다.

$$\lim_{s\to 0} \int_0^\infty \frac{df(t)}{dt} e^{-st} dt = \int_0^\infty \frac{df(t)}{dt} \lim_{s\to 0} [e^{-st}] dt \tag{2.26}$$
$$= \int_0^\infty df(t) = f(\infty) - f(0)$$

식 (2.25)와 식 (2.26)은 같으므로 등식으로 놓으면 다음과 같은 마지막 값 정리가 된다.

$$f(\infty) = \lim_{s\to 0} sF(s) \tag{2.27}$$

이 마지막 값 정리는 제어에서 정상상태 오차를 계산하는 데 사용된다. 시간이 흐를수록 오차의 값을 알아 볼 수 있는 정상상태 오차 e_{ss}는 다음과 같이 구할 수 있게 된다.

$$e_{ss} = \lim_{t\to\infty} e(t) = \lim_{s\to 0} sE(s) \tag{2.28}$$

표 2.2에 라플라스 변환의 특성을 정리하였다.

표 2.2 라플라스 변환의 특성

특성	$f(t)$	$F(s)$
선형성	$a_1 f_1(t) + a_2 f_2(t)$	$a_1 F_1(s) + a_2 F_2(s)$
시간 지연	$f(t-t_0)$	$e^{-st_0} F(s)$
변조	$f(t) e^{-at}$	$F(s+a)$
미분	$\frac{d^n f(t)}{dt^n}$	$(s)^n F(s)$
적분	$\int_0^t f(\tau) d\tau$	$\frac{F(s)}{s}$
시간의 역	$f(-t)$	$F(-w)$
함수의 곱	$tf(t)$	$-\frac{dF(s)}{ds}$
초깃값 정리	$\lim_{t \to 0} f(t)$	$\lim_{s \to \infty} sF(s)$
마지막 값 정리	$\lim_{t \to \infty} f(t)$	$\lim_{s \to 0} sF(s)$

2.2.4 미분방정식의 라플라스 변환

미분방정식을 쉽게 푸는 또 다른 방법으로 라플라스 변환의 특성을 이용하는 방법이 있다. 여기서 라플라스 변환 연산자 s는 다음과 같은 미분연산자로 치환하여 나타낼 수 있다.

$$\frac{d}{dt} \equiv s, \quad \frac{d^2}{dt^2} \equiv s^2 \tag{2.29}$$

아래에 주어진 이차 미분방정식은 식 (2.18)을 사용하여

$$a_2 \frac{dy^2(t)}{dt^2} + a_1 \frac{dy(t)}{dt} + a_0 y(t) = f(t) \quad (t > 0) \tag{2.30}$$

식 (2.31)과 같이 변환되어 나타낼 수 있다.

$$a_2 s^2 Y(s) + a_1 s Y(s) + a_0 Y(s) = F(s) \tag{2.31}$$

식 (2.30)에서는 초기조건을 고려하지 않고 나타내었으나, 라플라스 변환의 특성상 일반적인 n차 미분방정식은 다음과 같이 변환된다.

$$\frac{d^n y}{dt^n} \Leftrightarrow s^n Y(s) - s^{n-1} y(0) - s^{n-2} \frac{dy(0)}{dt} - \cdots - s^0 \frac{d^{n-1} y(0)}{dt} \tag{2.32}$$

식 (2.32)의 초기조건을 고려하여 식 (2.30)에 적용하면 다음과 같이 라플라스 변환을 나타낼 수 있다.

$$a_2 s^2 Y(s) - a_2 s y(0) - a_2 s^0 \frac{dy(0)}{dt} + a_1 s Y(s) - a_1 y(0) + a_0 Y(s) = F(s) \tag{2.33}$$

위의 식 (2.33)에서 만약 초기조건이 다음과 같이 주어지면

$$y(0) = y_0, \ \frac{dy(0)}{dt} = 0 \tag{2.34}$$

식 (2.33)은 다음과 같이 표현된다.

$$a_2 s^2 Y(s) - a_2 s y_0 + a_1 s Y(s) - a_1 y_0 + a_0 Y(s) = F(s) \tag{2.35}$$

만약 $f(t) = 0$일 경우 초기에 대한 응답을 살펴보기 위해 식 (2.35)는 다음과 같다.

$$a_2 s^2 Y(s) + a_1 s Y(s) + a_0 Y(s) = a_2 s y_0 + a_1 y_0 \tag{2.36}$$

따라서 식 (2.36)을 $Y(s)$로 표현하면 다항식의 분수 형태로 나타난다.

$$Y(s) = \frac{a_2 s y_0 + a_1 y_0}{a_2 s^2 + a_1 s + a_0} = \frac{n(s)}{d(s)} \tag{2.37}$$

물론 초깃값이 0이고 입력에 대한 응답은 다음과 같다.

$$Y(s) = \frac{1}{a_2 s^2 + a_1 s + a_0} F(s) \tag{2.38}$$

식 (2.38)에서 분모를 0으로 놓으면 $d(s) = 0$, 이를 **특성방정식**(characteristic equation)이라 하는데 그 이유는 이 방정식의 근들이 시스템의 안정성과 시간응답을 특징짓기 때문이다.

예제 2-1 라플라스 변환

식 (2.1)의 질량-스프링-댐퍼 시스템의 동역학 식을 라플라스 변환해 보자. 식 (2.32)로부터

$$M\left(s^2X(s)-s\,x(0)-\frac{dx(0)}{dt}\right)+B(sX(s)-x(0))+KX(s)=F(s) \tag{2.39}$$

초기조건이 모두 0이라 가정하면 다음과 같다.

$$Ms^2X(s)+BsX(s)+KX(s)=F(s) \tag{2.40}$$

예제 2-2 전달함수의 표현

식 (2.37)에서 상수가 $a_2=1,\ a_1=4,\ a_0=3$ 그리고 $y_0=1$이면 식은 다음과 같다.

$$Y(s)=\frac{s+4}{s^2+4s+3}=\frac{s+4}{(s+3)(s+1)} \tag{2.41}$$

식 (2.41)에서 분모와 분자가 s의 다항식으로 이루어진 함수를 유리함수(rational function)라 하며 $Y(s)=\dfrac{n(s)}{d(s)}$에서 분모인 $d(s)$의 근을 **극점**(pole)이라 하고 분자 $n(s)$의 근을 **영점**(zero)이라 한다. 따라서 식 (2.41)에서 영점은 -4이고 극점은 각각 -3과 -1이 된다.

s평면에서 극점을 x로, 영점을 o으로 표기한 그림을 폴-제로 맵이라 한다. 그림 2.5는 식 (2.41)의 폴-제로 맵을 나타낸다.

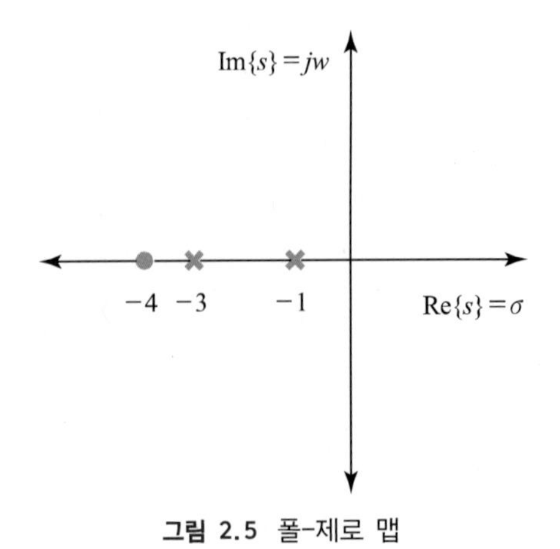

그림 2.5 폴-제로 맵

MATLAB에서는 식 (2.41)의 분자(num)와 분모(den)의 식을 그림 2.6과 같이 입력할 수 있다. 다항식의 입력은 "[ ]"의 기호로 나타내는데, 숫자 사이에 공간을 둠으로써 차수를 구별한다. 다항식은 내림차순으로 적는다.

$$a_2 s^2 + a_1 s + a_0 \rightarrow [a_2\, a_1\, a_0]$$

식 (2.41)에서 분모의 경우 **conv** 명령어를 사용하면 인수분해된 식을 합할 수 있고, **roots** 명령어를 사용하면 다항식의 근을 쉽게 구할 수 있다.

```
>> num = [1 4];
>> den = [1 4 3];
>> den = conv([1 3],[1 1])
den =
     1     4     3
>> roots(den)
ans =
    -3
    -1
```

2.2.5 라플라스 역변환

라플라스 변환이 시간함수를 주파수 함수로 바꾼 것이라면, 라플라스 역변환은 다음과 같이 적분함수를 통하여 주파수 함수를 시간함수로 바꾸어 준다.

$$y(t) = \frac{1}{2\pi j} \int_{\sigma - j\infty}^{\sigma + j\infty} Y(s) e^{st} ds \qquad (2.42)$$

위 식에서 보듯이 간단한 함수의 라플라스 역변환의 적분은 할 수 있지만 복잡한 라플라스의 적분은 간단하지 않다. 또한 함수에 따른 적분이 존재하지 않는 경우가 생긴다. 따라서 라플라스 역변환을 구하기 위해서는 일반적으로 식 (2.42)를 직접 적분하지 않고 표 2.1에서 미리 구한 다양한 라플라스 변환 형태를 적용하면 된다. 예를 들어 라플라스 함수가 다음과 같다고 하자. 인수분해를 통해 폴-제로 형태로 표현할 수 있다.

$$Y(s) = \frac{b_m s^m + b_{m-1} s^{m-1} + \cdots + b_0}{a_n s^n + a_{n-1} s^{n-1} + \cdots + a_0} = \frac{(s+z_1)(s+z_2)\cdots(s+z_m)}{(s+p_1)(s+p_2)\cdots(s+p_n)} \qquad (2.43)$$

식 (2.43)은 부분인수분해 확장을 통해 다음과 같이 표현된다.

$$Y(s) = \frac{k_1}{s+p_1} + \frac{k_2}{s+p_2} + \cdots + \frac{k_n}{s+p_n} \tag{2.44}$$

여기서 k_1, k_2, $\cdots$, k_n를 계수(residue)라 한다. 식 (2.44)에 계수가 구해지면 표 2.1의 라플라스 변환 쌍을 통해 쉽게 역 라플라스 변환을 하여 $y(t)$를 구할 수 있게 된다.

지수함수의 라플라스 응답은 다음과 같다.

$$e^{-pt} \Leftrightarrow \frac{1}{(s+p)} \tag{2.45}$$

식 (2.44)에 적용하면 다음과 같이 시간영역의 함수 $y(t)$를 구한다.

$$y(t) = k_1 e^{-p_1 t} + k_2 e^{-p_2 t} + \cdots + k_n e^{-p_n t} \tag{2.46}$$

그렇다면 계수값을 어떻게 구할 수 있을까? 등식으로 놓고 연립방정식을 풀면 되지만 복잡하고 시간이 오래 걸린다. 따라서 아래의 계수를 구하는 방식을 사용한다. 일반적으로 i 번째 계수 k_i는 $\frac{n(s)}{d(s)}$에 i 번째 근의 식 $(s+p_i)$를 곱한 뒤에 남은 s의 함수 $(s+p_i)\frac{n(s)}{d(s)}$에서 s를 근 $-p_i$로 대입한 뒤 계산하여 구한다.

$$k_i = (s+p_i)\frac{n(s)}{d(s)}\bigg|_{s=-p_i} \tag{2.47}$$

예제 2-3 라플라스 변환의 역변환 예

다음의 라플라스 변환을 역변환하여 시간함수를 구해 보자.

$$Y(s) = \frac{s+4}{s^2+4s+3} = \frac{n(s)}{d(s)}$$

먼저 $Y(s)$의 분자, 분모를 인수분해하고 부분인수분해 확장(partial fraction expansion)을 통해 계수를 구해 보자.

$$\begin{aligned} Y(s) &= \frac{s+4}{s^2+4s+3} = \frac{s+4}{(s+1)(s+3)} \\ &= \frac{k_1}{s+1} + \frac{k_2}{s+3} \end{aligned}$$

첫 번째 계수 k_1을 구해 보자. 아래처럼 $\frac{n(s)}{d(s)}$에 $(s+1)$을 곱한 뒤에 $s=-1$을 대입하여 계산한다.

$$k_1 = (s+1)\frac{n(s)}{d(s)}\bigg|_{s=-1} = \frac{s+4}{s+3}\bigg|_{s=-1} = \frac{3}{2}$$

마찬가지로 하면 계수 k_2는 다음과 같다.

$$k_2 = (s+3)\frac{n(s)}{d(s)}\bigg|_{s=-3} = \frac{s+4}{s+1}\bigg|_{s=-3} = -\frac{1}{2}$$

결과적으로 구한 계수를 부분인수분해 확장으로 표현하면 다음과 같다.

$$Y(s) = \frac{s+4}{s^2+4s+3} = \frac{3/2}{s+1} - \frac{1/2}{s+3} \tag{2.48}$$

표 2.1의 라플라스 변환 쌍으로부터 역변환하면 다음과 같이 쉽게 시간응답을 구할 수 있다.

$$y(t) = \left(\frac{3}{2}e^{-t} - \frac{1}{2}e^{-3t}\right)u(t) \tag{2.49}$$

MATLAB을 사용하여 식 (2.47)에서 $y(t)$의 응답을 구해 보자. 먼저 그림 2.6에 나타난 것처럼 수식 (2.49)를 그대로 계산하여 구할 수도 있고, 라플라스 변환을 사용하여 구할 수도 있다. 표 2.1로부터 입력이 델타함수인 경우의 라플라스 변환은 1인 것을 알 수 있으므로 식 (2.48)의 $Y(s)$는 다음과 같이 입력 $X(s)$가 델타함수인 경우의 출력인 임펄스응답과 같다고 볼 수 있다.

$$Y(s) = \frac{s+4}{s^2+4s+3}X(s) \tag{2.50}$$

$$= \frac{s+4}{s^2+4s+3} \cdot 1$$

따라서 시간영역에서 미분방정식을 직접 풀어 구한 식 (2.49)의 출력과 입력이 델타함수일 경우, 출력을 임펄스 함수 명령어 **impulse**를 사용하여 구한 식 (2.50)의 출력을 구한 값은 서로 같아야 한다. MATLAB을 사용하여 두 가지 경우의 결과를 고려해 보면 그림 2.6에서 나타난 것처럼 같음을 알 수 있다.

```
>> n = [1 4];
>> d = [1 4 3];
>> t= [0:0.1:10];
>> y1 = impulse(n,d,t);
>> y2 = 3/2*exp(-t)-1/2*exp(-3*t);
>> plot(t,y1,t,y2,'o')
>> xlabel('time (s)')
>> ylabel('y(t)')
```

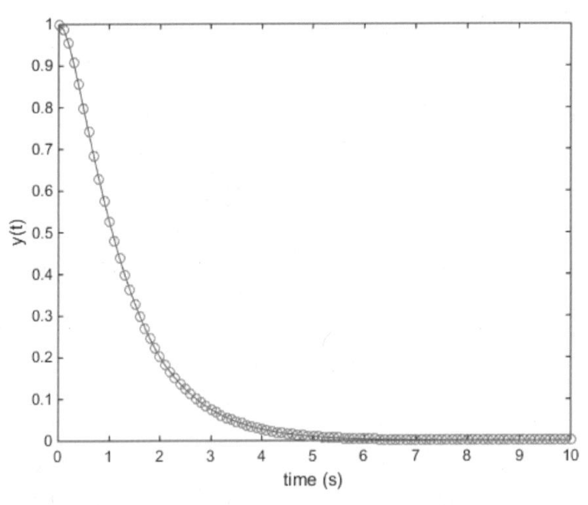

그림 2.6 임펄스응답

예제 2-4 라플라스 변환의 역변환 예

다음의 라플라스 변환을 역변환하여 시간함수를 구해 보자. 식 (2.50)에서는 입력으로 임펄스 함수에 대한 응답을 살펴보았으나 여기에서는 램프입력에 대한 응답을 살펴보자. 램프 함수는 다음과 같다.

$$t \leftrightarrow \frac{1}{s^2} \tag{2.51}$$

전달함수는 다음과 같다. 역변환을 통해 $y(t)$를 구해 보자.

$$Y(s) = \frac{s+4}{s^2+4s+3} \cdot \frac{1}{s^2} \tag{2.52}$$

먼저 $Y(s)$의 분모를 인수분해하고 부분인수분해 확장을 통해 계수를 구해 보자. 식 (2.52)의 경우에는 중근이 속해 있으므로 다음과 같이 주의하여 구한다.

$$\begin{aligned} Y(s) &= \frac{s+4}{s^2+4s+3}\frac{1}{s^2} = \frac{s+4}{s^2(s+1)(s+3)} \\ &= \frac{k_{11}}{s} + \frac{k_{12}}{s^2} + \frac{k_2}{s+1} + \frac{k_3}{s+3} \end{aligned} \tag{2.53}$$

계수 k_2를 구하려면 예제 2-3에서처럼 하면 된다.

$$\begin{aligned} k_2 &= (s+1)\frac{n(s)}{d(s)}\bigg|_{s=-1} \\ &= \frac{s+4}{s^2(s+3)}\bigg|_{s=-1} \\ &= \frac{3}{2} \end{aligned}$$

마찬가지로 하면 계수 k_3, k_{12}는 다음과 같이 구할 수 있다.

$$\begin{aligned} k_3 &= (s+3)\frac{n(s)}{d(s)}\bigg|_{s=-3} \\ &= \frac{s+4}{s^2(s+1)}\bigg|_{s=-3} \\ &= -\frac{1}{18} \end{aligned}$$

$$\begin{aligned} k_{12} &= s^2\frac{n(s)}{d(s)}\bigg|_{s=0} \\ &= \frac{s+4}{(s+1)(s+3)}\bigg|_{s=0} \\ &= \frac{4}{3} \end{aligned} \tag{2.54}$$

하지만 근이 중근일 경우 계수 k_{11}은 다음과 같이 구할 수 있다.

$$\begin{aligned} k_{11} &= \frac{d}{dt}\left[s^2\frac{n(s)}{d(s)}\right]\bigg|_{s=0} \\ &= \frac{d}{dt}\left[\frac{s+4}{(s+1)(s+3)}\right]\bigg|_{s=0} \\ &= \left[\frac{1}{s^2+4s+3} - \frac{(s+4)(2s+4)}{(s^2+4s+3)^2}\right]\bigg|_{s=0} \\ &= \frac{1}{3} - \frac{16}{9} \\ &= -\frac{13}{9} \end{aligned} \tag{2.55}$$

결과적으로 구한 계수값으로부터 부분인수분해 확장으로 표현하면 다음과 같다.

$$Y(s) = \frac{-13/9}{s} + \frac{4/3}{s^2} + \frac{3/2}{s+1} - \frac{1/18}{s+3} \tag{2.56}$$

표 2.1을 사용하여 라플라스 역변환을 하면 다음과 같이 시간영역에서의 응답 $y(t)$를 구할 수 있다. (2.45)와 (2.51)을 이용하여 역변환하면 다음과 같다.

$$y(t) = \left(-\frac{13}{9} + \frac{4}{3}t + \frac{3}{2}e^{-t} - \frac{1}{18}e^{-3t}\right)u(t) \tag{2.57}$$

마찬가지로 식 (2.48)에서 입력을 램프함수 t라 가정하고 명령어 **lsim**을 사용하여 구한 출력과 식 (2.57)을 함께 나타내면 그림 2.7에 나타난 것처럼 기준입력을 벗어나 잘 추종하지는 않지만 일치함을 알 수 있다.

```
>> y1 = -13/9+(4/3)*5 + (3/2)*exp(-t)-(1/18)*exp(-3*t);
>> y2 = lsim(n,d,t,t);
>> plot(t,y1,t,y2,'o')
>> y1 = -13/9+(4/3)*t + (3/2)*exp(-t)-(1/18)*exp(-3*t);
>> plot(t,y1,t,y2,'o')
>> plot(t,y1,t,y2,'o',t,t,'--')
>> grid
>> xlabel('time (s)')
>> ylabel('y(t)')
```

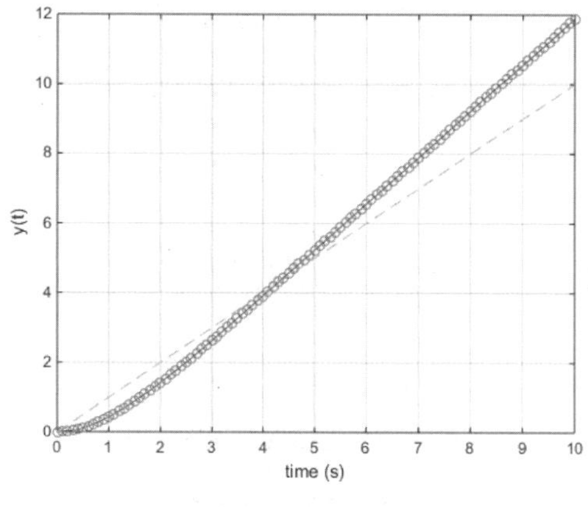

그림 2.7 램프 응답

점검문제 2.3 식 (2.50)에서 입력이 스텝일 경우에는 다음과 같다.

$$Y(s) = \frac{s+4}{s^2+4s+3} \cdot \frac{1}{s}$$

부분인수분해 확장법을 사용하여 시간영역에서의 출력 $y(t)$를 구하시오. MATLAB으로 스텝함수 명령어 **step**을 사용하여 5초간 출력해 보시오. 그리고 결과를 비교해 보시오.

점검문제 2.4 다음 식의 라플라스 역변환을 구해 보시오.

$$Y(s) = \frac{2(s\cos\phi - w_0 \sin\phi)}{s^2 + w_0^2}$$

2.3 선형 시스템의 정의

보통 우리가 학부에서 다루는 대부분의 시스템은 선형 시스템이다. 라플라스 변환이나 푸리에 변환도 선형 시스템에만 적용이 가능하다. 한 시스템이 선형인지 아니면 비선형인지는 입력의 자극에 대한 출력응답의 관계를 조사함으로써 구분할 수 있다. 보통 한 시스템이 자극입력(excitation)에 대한 시스템의 응답(response)을 일관성 있게 나타내면, 그 시스템을 선형으로 정의할 수 있다. 즉, 자극입력 $x_1(t)$가 주어졌을 경우에 나타난 시스템의 출력응답은 $y_1(t)$이고, 자극입력 $x_2(t)$에 대한 시스템의 출력응답은 $y_2(t)$라 하자. 시스템이 선형이기 위해서는 다음과 같은 매우 중요한 원리를 만족해야 한다. 즉, 자극입력이 각 자극입력의 합 $x_1(t)+x_2(t)$로 주어졌을 때의 시스템의 출력응답도 각 출력응답의 합인 $y_1(t)+y_2(t)$로 나타나야 한다는 것이다.

$$\begin{matrix} x_1(t) \to y_1(t) \\ x_2(t) \to y_2(t) \end{matrix} \text{ 일 때}$$

$$x_1(t)+x_2(t) \to y_1(t)+y_2(t) \tag{2.58}$$

또한 선형 시스템에서는 비례상수가 보존된다. 예를 들면, 입력자극 $x(t)$에 a라는 비례상수가 곱해질 경우, 시스템의 응답은 $ay(t)$가 되어야 한다. 이러한 원리를 '비례상수의 원리(homogeneity)'라 한다.

$$ax(t) \to ay(t) \tag{2.59}$$

결론적으로 시스템이 선형이기 위해서는 이 두 원리를 만족해야 한다. 이 두 원리를 하나로 쓰면 다음과 같다.

$$ax_1(t)+bx_2(t) \to ay_1(t)+by_2(t) \tag{2.60}$$

이것을 **중첩의 원리**라 한다.

결과적으로 시스템이 선형이기 위한 조건을 블록선도로 나타내면 그림 2.8과 같다.

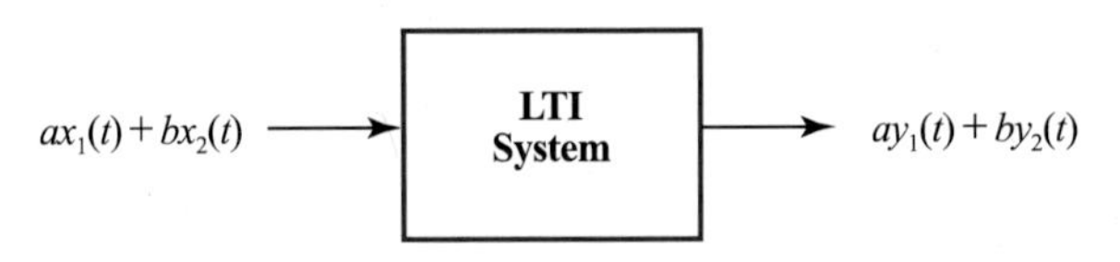

그림 2.8 선형 시스템의 중첩의 원리

예제 2-5 선형 시스템

한 시스템의 입력이 $x_1(t)=e^{-t}$와 $x_2(t)=e^{-3t}$인 두 가지를 고려하고 출력이 $y=ax$로 나타나는 경우를 살펴보자. 선형 시스템의 정의를 조사해 보면, 입력이 $x_1(t)$일 때의 출력은

$$y_1 = ax_1 = ae^{-t} \tag{2.61}$$

이고, 입력이 $x_2(t)$일 때의 출력응답은

$$y_2 = ax_2 = ae^{-3t} \tag{2.62}$$

가 된다. 그러면 입력이 각각의 합인 $x_1(t)+x_2(t)$일 때의 출력응답은 다음과 같다.

$$y = a(x_1(t) + x_2(t)) = a(e^{-t} + e^{-3t}) \tag{2.63}$$

선형 시스템이 되기 위해서는 각 입력이 주어졌을 때 출력응답 (2.61)과 (2.62)의 합이 같아야 한다. 식 (2.63)은 식 (2.61)과 (2.62)를 더한 형태가 된다.

$$y = y_1 + y_2 = ax_1(t) + ax_2(t) \tag{2.64}$$

따라서 식 (2.63)과 (2.64)가 같으므로 시스템 $y = ax$는 선형 시스템이다.

아래 프로그램은 식 (2.63)과 식 (2.64)를 그린다. 결과적으로 그림 2.9에 선형 시스템의 응답이 일치함을 보여준다.

```
>> t= [0:0.1:10];
>> y1 = 2*exp(-t);
>> y2 = 2*exp(-3*t);
>> y3 = y1+y2;
>> y4 = 2*(exp(-t)+exp(-3*t));
>> plot(t,y3,t,y4,'o');
>> grid
>> xlabel('time (s)')
>> ylabel('y(t)')
```

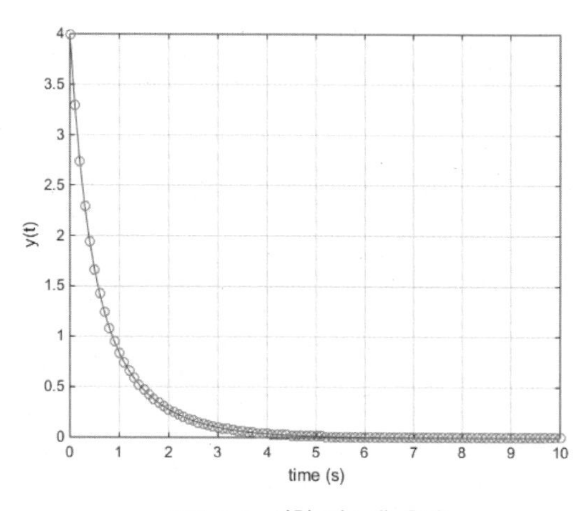

그림 2.9 선형 시스템 응답

점검문제 2.5 한 시스템이 다음과 같은 일차식일 경우에 선형 시스템인지를 조사해 보고, $a=2$, $b=4$일 때 x의 영역을 0에서 10까지 설정하여 출력을 그래프 상에서 비교해 보시오.

$$y = ax + b$$

예제 2-6 비선형 시스템의 예

비선형 시스템의 간단한 예로 한 시스템 $y(t) = x^2(t)$를 살펴보자. 우선 중첩의 원리를 조사하여 보면, 자극이 $x_1(t) + x_2(t)$일 때, 응답은 $y = (x_1(t) + x_2(t))^2 = x_1^2(t) + x_2^2(t) + 2x_1(t)x_2(t)$로 선형이 되기 위한 응답 $y = x_1^2(t) + x_2^2(t)$와 다름을 알 수 있다.

$$x_1(t) + x_2(t) \rightarrow x_1^2(t) + x_2^2(t) + 2x_1(t)x_2(t)$$
$$\neq x_1^2(t) + x_2^2(t)$$

그러므로 이 시스템은 중첩의 원리를 만족하지 않기 때문에 비선형이다. 이 시스템의 출력을 그래프로 그려봄으로써 확실하게 알 수 있다. 입력 x_1과 x_2가 주어졌을 때, $y = x^2$이 선형인지 비선형인지 그래프를 통하여 본다. x_1과 x_2가 각각 따로 주어진 후에 더한 출력은 y_1이고, $(x_1 + x_2)$를 입력으로 주었을 때의 출력은 y_2이다. 이 시스템은 비선형이므로 그림 2.10에 나타난 것처럼 두 출력은 일치하지 않는다.

MATLAB Program 2-6 : 선형과 비선형 비교

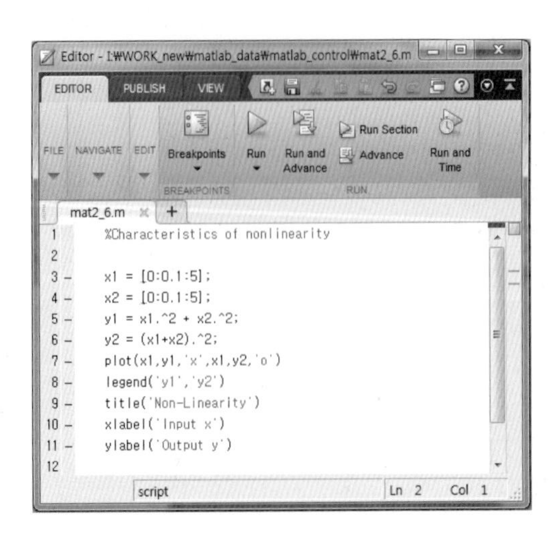

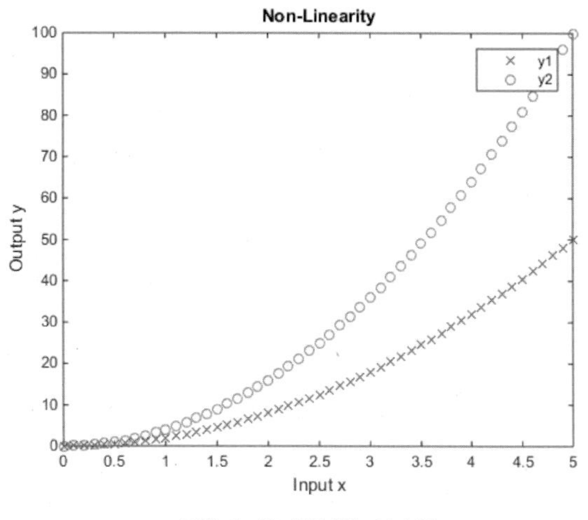

그림 2.10 비선형 시스템

점검문제 2.6 다음의 각 함수들이 선형인지 비선형인지를 조사해 보시오.

$$y = \dot{x}, \qquad y = e^{-x}, \qquad y = 2x,$$
$$y = \cos x, \quad y = e^{-x} + 1, \quad y = \int dx$$

열심문제 2.1 다음은 링크가 하나인 로봇의 동적 방정식이다. 이 시스템이 선형인지 비선형인지를 알아보시오. m과 l은 링크의 무게와 길이를 나타내는 상수이고 θ는 각이다.

$$\tau = \frac{1}{3}Ml^2\ddot{\theta} + \frac{1}{2}Mlg\cos\theta \tag{2.65}$$

또한 $M = 4.0\,\text{kg}$, $l = 0.5\,\text{m}$, $g = 9.81\,\text{m/s}^2$이고 $\theta_1 = \frac{\pi}{4}$, $\theta_2 = \frac{\pi}{2}$일 때 각각의 토크값을 계산해 보시오.

2.4 시스템의 움직임 모델

이차 미분방정식으로 표현되는 간단한 물리적 시스템으로서 그림 2.2에서 보여지는 질량-스프링-댐퍼 시스템(mass-spring-damper)을 들 수 있다. 입력되는 힘의 크기(f)에 따라, 출력되는 스프링과 댐퍼에 의한 질량 M인 물체의 움직임(x)이 달라진다. 일정한 힘의 입력이 주어졌을 때 스프링 상수(K)와 댐퍼 상수(B)의 값에 따라 질량이 M인 물체의 진동폭과 진동시간을 조절할 수도 있다.

이러한 질량-스프링-댐퍼 시스템의 움직임은 다음과 같은 이차 미분방정식으로 표현된다.

$$M\ddot{x}(t) + B\dot{x}(t) + Kx(t) = f(t) \tag{2.66}$$

초기조건을 고려하여 라플라스 변환을 하면 다음과 같다.

$$Ms^2X(s) - Msx(0) - M\frac{dx(0)}{dt} + BsX(s) - Bx(0) + KX(s) = F(s) \tag{2.67}$$

초기조건을 $\frac{dx(0)}{dt} = 0,\ x(0) = x_0$라 할 때에 (2.67)은 다음과 같다.

$$(Ms^2 + Bs + K)X(s) = F(s) + (Ms + B)x_0 \tag{2.68}$$

식 (2.68)에서 $F(s) = 0$일 때, 초기조건에 의한 응답 $x(t)$를 살펴보자.

$$X(s) = \frac{(s + B/M)x_0}{s^2 + B/Ms + K/M} \tag{2.69}$$

식 (2.69)을 다음과 같이 감쇠비 ζ와 고유진동수 w_n의 함수로 표현해 보자.

$$X(s) = \frac{(s + 2\zeta w_n)x_0}{s^2 + 2\zeta w_n s + w_n^2} \tag{2.70}$$

여기서 $B/M = 2\zeta w_n$, $K/M = w_n^2$이다.

식 (2.70)의 특성방정식의 근을 구하면 다음과 같다.

$$s = -\frac{B}{2M} \pm \sqrt{\left(\frac{B}{2M}\right)^2 - \frac{K}{M}} = -\zeta\omega_n \pm \omega_n\sqrt{\zeta^2 - 1} \tag{2.71}$$

여기서 $\zeta < 1$인 경우에는 두 복소수 근을 갖게 되는데 그림 2.11에서처럼 다음과 같이 표현할 수 있다. 원점에서 근까지의 거리는 w_n이고 실수축의 거리는 ζw_n이며, 사잇각은 θ이다.

$$s_{1,2} = -\zeta\omega_n \pm j\omega_n\sqrt{1 - \zeta^2} \tag{2.72}$$

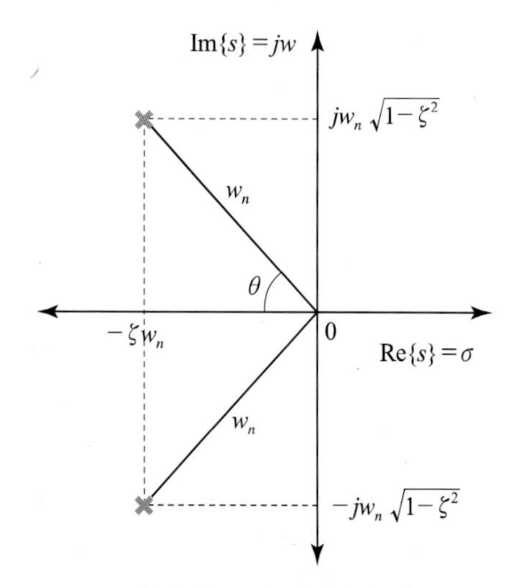

그림 2.11 s평면에서 근의 위치와 ζ, w_n과의 관계

두 복소수 근을 대입하여 식 (2.70)을 다시 표현하면 다음과 같다.

$$X(s)=\frac{(s+2\zeta w_n)x_0}{(s+\zeta w_n-jw_n\sqrt{1-\zeta^2})(s+\zeta w_n+jw_n\sqrt{1-\zeta^2})} \tag{2.73}$$

$x(t)$의 응답을 구하기 위해 먼저 식 (2.73)의 $X(s)$의 역 라플라스 변환을 한다. 부분인수분해 확장을 통해 다음과 같이 복소수 근을 나누어 표현한다.

$$X(s)=\frac{C_1}{s+\zeta w_n-jw_n\sqrt{1-\zeta^2}}+\frac{C_2}{s+\zeta w_n+jw_n\sqrt{1-\zeta^2}} \tag{2.74}$$

계수값 C_1은 다음과 같이 구한다.

$$C_1=\left.\frac{(s+2\zeta w_n)x_0}{(s+\zeta w_n+jw_n\sqrt{1-\zeta^2})}\right|_{s=-\zeta w_n+jw_n\sqrt{1-\zeta^2}} \tag{2.75}$$

대입하면

$$\begin{aligned}C_1&=\frac{(-\zeta w_n+jw_n\sqrt{1-\zeta^2}+2\zeta w_n)x_0}{(-\zeta w_n+jw_n\sqrt{1-\zeta^2}+\zeta w_n+jw_n\sqrt{1-\zeta^2})}\\&=\frac{(\zeta w_n+jw_n\sqrt{1-\zeta^2})x_0}{(2jw_n\sqrt{1-\zeta^2})}\end{aligned} \tag{2.76}$$

$$= \frac{(\zeta + j\sqrt{1-\zeta^2})x_0}{(2j\sqrt{1-\zeta^2})}$$

C_1이 복소수이므로 그림 2.11에서 ζ, w_n과의 관계를 이용하여 극좌표 표현을 하면 다음과 같다. $\measuredangle(-j) = -\frac{\pi}{2}$이므로 위상은 $\measuredangle C_1 = \tan^{-1}(\sqrt{1-\zeta^2}/\zeta) - \frac{\pi}{2}$이다.

$$C_1 = \frac{e^{j\theta}x_0}{2\sqrt{1-\zeta^2}\,e^{j\frac{\pi}{2}}} = \frac{x_0}{2\sqrt{1-\zeta^2}}e^{j(\theta - \frac{\pi}{2})} \tag{2.77}$$

여기서 $\theta = \tan^{-1}(\sqrt{1-\zeta^2}/\zeta) = \cos^{-1}\zeta$이다.

마찬가지로 $C_2 = C_1^*$는 켤레복소수이므로

$$C_2 = \frac{x_0}{2\sqrt{1-\zeta^2}}e^{-j(\theta - \frac{\pi}{2})} \tag{2.78}$$

식 (2.74)의 역라플라스 변환을 하면 $x(t)$는 다음과 같다.

$$x(t) = C_1 e^{-\zeta w_n t} e^{j(w_n\sqrt{1-\zeta^2})t} + C_2 e^{-\zeta w_n t} e^{-j(w_n\sqrt{1-\zeta^2})t} \tag{2.79}$$

여기서 계수값을 식 (2.79)에 대입하여 정리하면

$$x(t) = \frac{x_0 e^{-\zeta w_n t}}{2\sqrt{1-\zeta^2}}\left[e^{j\left[\left(w_n\sqrt{1-\zeta^2}\right)t + \theta - \frac{\pi}{2}\right]} + e^{-j\left[\left(w_n\sqrt{1-\zeta^2}\right)t + \theta - \frac{\pi}{2}\right]}\right] \tag{2.80}$$

$$= \frac{x_0 e^{-\zeta w_n t}}{\sqrt{1-\zeta^2}}\left[\cos\left(w_n\sqrt{1-\zeta^2}\,t + \theta - \frac{\pi}{2}\right)\right]$$

초깃값 $x(0) = x_0$이 주어질 경우 계수 C_1, C_2를 구하면 질량-스프링-댐퍼 시스템의 응답은 다음과 같다.

$$x(t) = \frac{x(0)}{\sqrt{1-\zeta^2}}e^{-\zeta\omega_n t}\sin(\omega_n\sqrt{1-\zeta^2}\,t + \cos^{-1}\zeta) \tag{2.81}$$

물체의 위치 x는 감소함수인 지수함수의 포락선(envelope) 안에서 사인함수처럼 진동하면서 정지함을 알 수 있다.

ζ와 ω_n은 물체의 진동폭과 진동주기, 운동의 감쇠율 등과 관계가 있으며, 계수들 M, B,

K를 적당히 선택하므로 출력인 x의 움직임을 조절할 수 있다.

점검문제 2.7 식 (2.81)을 다시 자세하게 유도하시오.

예제 2-7 질량-스프링-댐퍼 시스템의 움직임

MATLAB을 사용하여 그림 2.2의 질량-스프링-댐퍼 시스템의 움직임을 나타내 보자. 시스템의 동적 방정식의 계수들 M, B, K들을 키보드로부터 입력한 뒤 초기 위치 $x_0 = 1$에서 시작하는 시스템의 움직임 x를 시간함수로 나타내보자.

시스템 응답 그래프는 그림 2.12에 나타내었다. 물체의 움직임은 초기 위치 1에서 시작하여 시간이 지남에 따라 점점 상쇄되어 7초 이후에는 거의 0에 가깝다.

MATLAB Program 2-7 : 질량-스프링-댐퍼 시스템 움직임

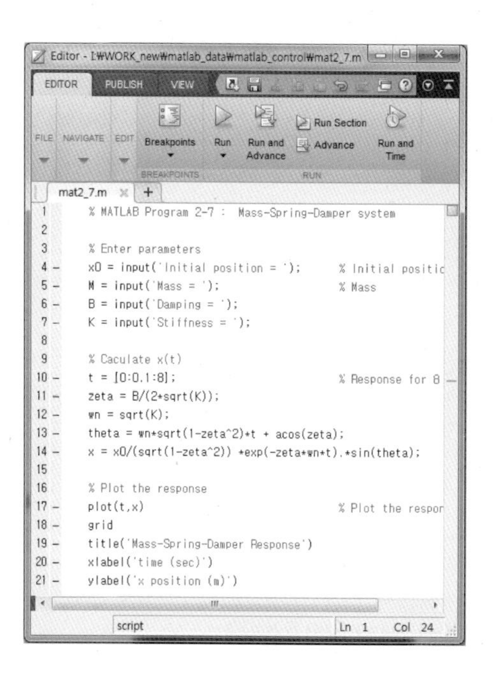

```
% MATLAB Program 2-7 :  Mass-Spring-Damper system

% Enter parameters
x0 = input('Initial position = ');          % Initial positic
M = input('Mass = ');                       % Mass
B = input('Damping = ');
K = input('Stiffness = ');

% Caculate x(t)
t = [0:0.1:8];                              % Response for 8
zeta = B/(2*sqrt(K));
wn = sqrt(K);
theta = wn*sqrt(1-zeta^2)*t + acos(zeta);
x = x0/(sqrt(1-zeta^2)) *exp(-zeta*wn*t).*sin(theta);

% Plot the response
plot(t,x)                                   % Plot the respor
grid
title('Mass-Spring-Damper Response')
xlabel('time (sec)')
ylabel('x position (m)')
```

```
>> mat2_7
Initial position = 1
Mass = 1
Damping = 2
Stiffness = 10
```

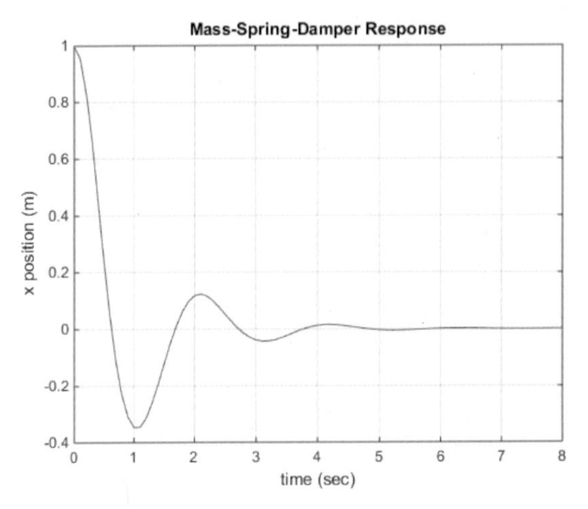

그림 2.12 질량-스프링-댐퍼 시스템 움직임

```
>> mat2_7
Initial position = 1
Mass = 1
Damping = 2
Stiffness = 4
>> x1=x;
>> mat2_7
Initial position = 1
Mass = 1
Damping = 0.5
Stiffness = 2
>> x2=x;
>> plot(t,x1,t,x2,'--');
>> grid
>> xlabel('time (s)')
>> ylabel('x(t)')
>> legend('M=1,B=2,K=4','M=1,B=0.5,K=2')
```

만약 한 그래프에 변수의 값들을 바꾸어 가면서 여러 형태의 응답을 그리고자 한다면, 다음과 같이 매번 같은 파일 'mat2_7.m'을 실행한 뒤에 각각의 데이터를 다른 변수로 저장하고 명령어 **plot**을 사용하여 함께 그린다. 결과는 그림 2.13에 나타나 있다.

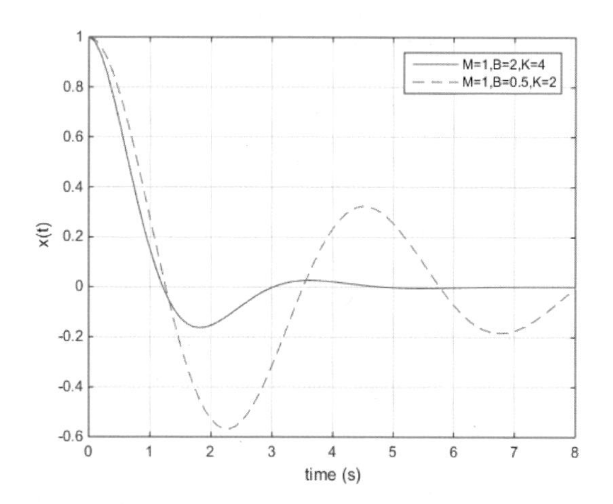

그림 2.13 질량-스프링-댐퍼 시스템 움직임

또는 변수들 x_1, x_2를 사용하지 않고 명령어 **hold on**을 사용하여 첫 번째 데이터(x_1)의 그림 위에 두 번째 데이터(x_2)를 덮어 그리는 방법도 있다. 그리는 것이 끝난 뒤에는 명령어 **hold off**를 사용하여 덮어 그리는 것을 종료한다. 덮어 그리는 방법은 위의 방법에 비해 그림에 넣는 문자열들을 매번 다시 쓸 필요는 없지만, 그림 2.14에서 보듯이 두 그래프 선을 구별해서 그릴 수 없는 단점이 있다.

```
>> mat2_7
Initial position = 1
Mass = 1
Damping = 2
Stiffness = 4
>> hold on
>> mat2_7
Initial position = 1
Mass = 1
Damping = 0.5
Stiffness = 2
>> hold off
```

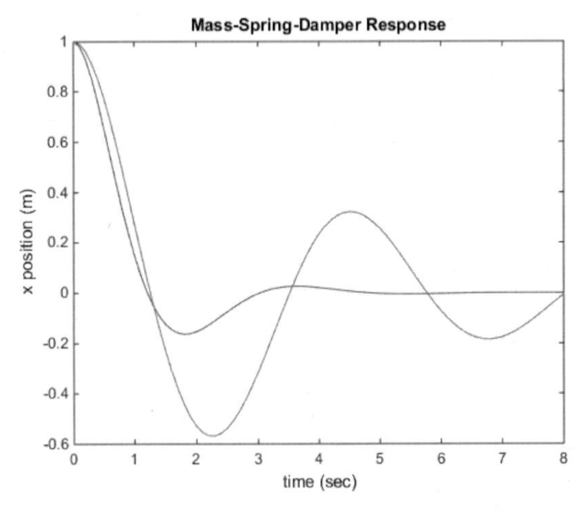

그림 2.14 질량-스프링-댐퍼 시스템 움직임

점검문제 2.8 위의 스프링 움직임의 실행을 **hold on**을 사용하여 디자인해 보시오.

열심문제 2.2 예제 2.4에서 보여진 라플라스 변환을 통한 질량-스프링-댐퍼의 응답과 위의 미분방정식의 답을 통한 응답을 MATLAB의 그림으로 비교해 보시오.

2.5 비선형 시스템의 선형화

일반적으로 모든 시스템은 비선형이다. 하지만 어떤 작동점, 즉 평형점에서는 선형처럼 작동한다. 이때 비선형인 시스템을 선형처럼 작동하는 어떤 작동점에서 선형화하여 사용할 수 있다. 한 시스템을 선형화하기 위해서는 테일러 급수(Taylor series)를 사용한다.

예제 2-8 비선형 시스템의 선형화

위의 예에서 다음과 같은 이차식은 비선형임을 알 수 있었다.

$$y = x^2 \tag{2.82}$$

만약 위의 시스템이 작동점 $x = 2$에서 선형처럼 작동한다고 하자. 그러면 테일러 급수에 의해 다음과 같이 선형화하여 나타낼 수 있다.

$$y = y_0 + \left.\frac{dy}{dx}\right|_{x=2}(x - x_0) \tag{2.83}$$

x의 초깃값을 $x_0 = 0$이라 하면 다음과 같은 식을 얻는다.

$$y = y_0 + 4x \tag{2.84}$$

$x = 2$에서 식 (2.82)와 식 (2.84)의 조건을 만족하려면 $y_0 = -4$가 되어야 한다. 그러므로 선형화된 식은 다음과 같다.

$$y = 4x - 4 \tag{2.85}$$

MATLAB을 통하여 알아보자. 그림 2.15의 $x = 2$에서 선형처럼 작동하는 것을 알 수 있다.

```
>> t = 0:0.1:5;
>> y1 =t.^2;
>> y2 = 4*t-4;
>> plot(t,y1,t,y2,'--');
>> grid
>> xlabel('time (s)')
>> ylabel('y(t)')
```

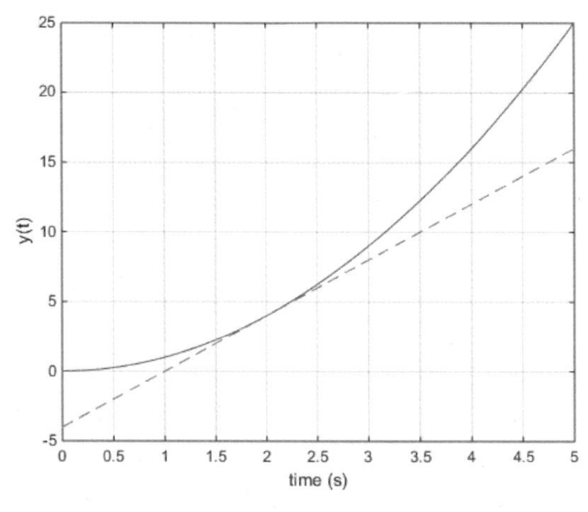

그림 2.15 선형화

예제 2-9 진자의 선형화

다음 진자의 움직임을 통해 선형화를 공부해 보자. 질량이 m인 진자가 길이가 L인 막대에 매달려 있다. 이때 움직이는 각도를 θ라 하자.

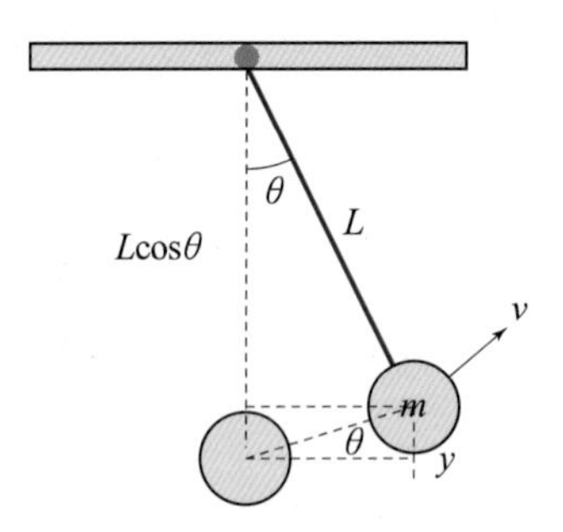

그림 2.16 진자의 움직임

진자의 동역학 식은 다음과 같이 설정된다.

$$mL^2\ddot{\theta}+mgL\sin\theta=0 \tag{2.86}$$

테일러 급수로부터 진자의 작은 움직임, 즉 θ의 값이 작을 경우, 다음과 같이 대략적으로 선형화할 수 있다.

$$\sin\theta \cong \theta \tag{2.87}$$

따라서 식 (2.86)은 다음과 같이 간단히 선형화될 수 있다.

$$L\ddot{\theta}+g\theta=0 \tag{2.88}$$

식 (2.88)을 라플라스 변환하면 다음과 같다.

$$(Ls^2+g)\theta(s)=0 \tag{2.89}$$

예제 2-10 역진자 시스템의 선형화

수레 위의 역진자 시스템을 고려해 보자. 그림에서 보듯이 시스템의 입력은 수레를 움직이는 힘이고 출력은 수레의 움직임과 수레 위에 있는 역진자의 움직임이다.

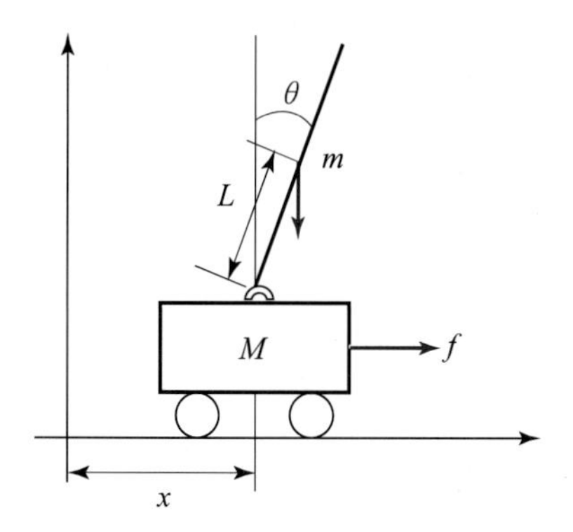

M : 수레의 질량(kg)
x : 수레의 위치(m)
f : 입력힘(N)
J : 진자의 무게중심에서의 회전관성
m : 진자의 질량(kg)
g : 중력가속도(N/kg)
L : 축에서 진자의 무게중심까지의 길이(m)
θ : 진자의 기울어진 각도(rad)
b_x : 수레의 마찰계수(N/m/sec)
b_θ : 진자의 마찰계수(N/rad/sec)

그림 2.17 수레와 역진자 시스템

역진자와 수레의 동역학 식을 나누어 구하면 아래와 같다.

$$\text{수레}: (M+m)\ddot{x}+mL\cos\theta\ddot{\theta}-mL\sin\theta\dot{\theta}^2+b_x\dot{x}=f$$
$$\text{진자}: (J+mL^2)\ddot{\theta}+mL\cos\theta\ddot{x}-mLg\sin\theta+b_\theta\dot{\theta}=0 \tag{2.90}$$

식 (2.90)은 비선형으로 입력은 수레에 적용되는 힘 f이고 출력은 수레의 움직임 x, $\dot{x}$ 그리고 진자의 움직임 θ, $\dot{\theta}$인 것을 쉽게 알 수 있다. 회전관성은 $J=\frac{mL^2}{3}$으로 나타내고, 역진자를 세우는 것이 목적이므로 진자의 움직임 θ가 작다고 가정한다. 선형화하기 위해 테일러 급수를 적용하면 다음과 같이 사인함수를 선형화할 수 있다.

$$\sin\theta \cong \theta,\ \cos\theta \cong 1 \tag{2.91}$$

식 (2.90)에 식 (2.91)을 대입하여 정리하면 선형화된 역진자와 수레의 동역학 식은 다음과 같이 된다.

$$(M+m)\ddot{x}+mL\ddot{\theta}+b_x\dot{x}=f$$
$$\frac{4}{3}mL^2\ddot{\theta}+mL\ddot{x}-mLg\theta+b_\theta\dot{\theta}=0 \tag{2.92}$$

식 (2.92)에서 높은 차수 $\dot{\theta}^2$은 선형화 과정에서 일반적으로 무시된다. 식 (2.92)에서 보듯이 선형화되었지만 두 식이 서로 연관되어 나타나는 것을 알 수 있다.

점검문제 2.9 위의 역진자 시스템이 왜 비선형인지 설명해 보시오.

점검문제 2.10 수레의 마찰계수가 0일 때($b_x = 0$) 위의 두 식 (2.92)를 연립하여 힘 f와 θ의 함수로만 표현하시오($\ddot{x}$의 소거).

2.6 전달함수

한 시스템의 입력과 출력의 관계를 나타내는 함수를 전달함수(transfer function)라 한다. 신호처리에서는 전달함수가 필터가 된다. 따라서 전달함수는 입력의 신호를 출력으로 어떻게 바꾸어 전달하는가 하는 함수이다. 전달함수는 시스템의 모델이라고도 하며 시간영역에 있는 미분방정식을 주파수 영역으로 변환할 수 있는 라플라스 변환을 통하여 구할 수 있다. 전달함수를 알면 시스템의 행동을 분석하고 연구하는 데 많은 도움이 된다. 어떤 특정한 입력을 한 시스템에 주었을 때 출력되어 나오는 응답을 분석함으로써 시스템의 성격을 해석할 수 있다. 또한 출력이 입력을 추종하도록 제어기를 설계하는 데 필요하다.

전달함수는 분수로 된 다항식으로 표현한다. 앞의 질량-스프링-댐퍼 시스템의 모델 방정식 (2.1)에서 초기조건을 모두 0이라 하고 라플라스 변환을 하면 다음과 같다.

$$Ms^2 X(s) + Bs X(s) + KX(s) = F(s) \tag{2.93}$$

여기서 라플라스 연산자 s는 $\frac{d}{dt}$로 선형이다. 입력 $F(s)$와 출력 $X(s)$의 전달함수 $G(s)$는 다음과 같다.

$$G(s) = \frac{X(s)}{F(s)} = \frac{1}{Ms^2 + Bs + K} \tag{2.94}$$

$X(s)$는 출력이고, $F(s)$는 입력인데 출력과 입력과의 관계는 전달함수인 식 (2.94)로 표현된다. 일반적인 전달함수는 분자와 분모의 다항식인 유리함수로 다음과 같이 표현된다.

$$G(s) = \frac{n(s)}{d(s)} = \frac{b_m s^m + b_{m-1} s^{m-1} + \cdots + b_1 s + b_0}{s^n + a_{n-1} s^{n-1} + \cdots + a_1 s + a_0} \tag{2.95}$$

이때 분자의 차수는 분모의 차수보다 같거나 작아야 BIBO(Bounded-Input-Bounded-Output) 시스템의 안정한 조건이 된다($m \le n$). 즉, 입력이 한정되었을 때 출력 또한 한정되어서 나온다는 것이다. 시스템의 안정성에 대한 자세한 설명은 4장에서 설명하기로 한다.

식 (2.95)에서 분모를 0으로 놓은 식

$$d(s) = s^n + a_{n-1}s^{n-1} + \cdots + a_1 s + a_0 = 0 \tag{2.96}$$

을 **특성방정식**(characteristic equation)이라 한다. 이 특성방정식의 근을 전달함수의 '극점(pole)'이라 하는데, 이 극점값에 따라서 시스템의 안정성과 시간응답성능에 밀접한 관계가 있다. 이와는 달리 분자 $n(s)$의 근은 전달함수의 **영점**(zero)이라 한다. 한 시스템의 전달함수의 극점과 영점이 모두 s평면에서 왼쪽에 놓이게 되면 이를 **최소위상**(minimum phase) 시스템이라 하고 그렇지 않은 시스템을 **비최소위상**(non-minimum phase) 시스템이라 한다. 최소위상 전달함수의 장점은 분모, 분자의 차수가 같을 경우 뒤집어 역으로 해도 안정성을 만족한다는 것이다.

그러면 MATLAB상에서는 전달함수를 어떻게 표현하는지 알아보자. 질량-스프링-댐퍼 시스템 식 (2.93)에서 $M=1$, $B=4$, $K=3$일 경우 전달함수의 다항식을 다음과 같이 표현한다.

이 경우 특성방정식의 근을 구하고자 한다면 **roots** 명령어를 사용하면 된다. 반대로 근으로부터 다항식을 구하고자 할 때는 **poly** 명령어를 쓴다.

```
>> n=1;
>> d=[1 4 3];
>> r = roots(d)
r =
     -3
     -1
>> d = poly(r)
d =
      1     4     3
```

식 (2.4)처럼 전달함수로 나타내려면 **printsys** 명령어를 사용한다.

```
>> printsys(n,d)
num/den =
            1
    -------------
    s^2 + 4 s + 3
```

또한 분모와 분자로 된 전달함수를 나타내는 명령어로 **tf**라는 함수가 있다. 이 함수를 사용하여 한 시스템의 전달함수를 나타내는 변수를 '**sys**'라 할 때 다음과 같이 나타난다.

```
>> sys = tf(n,d)
sys =
         1
  -------------
  s^2 + 4 s + 3
```

위에서 정의한 변수 '**sys**'는 다른 함수를 사용할 때마다 전달함수의 분자와 분모를 매번 입력하는 불편을 덜어주고 어떤 명령어에서는 '**sys**'를 전달함수로 정의하여 사용해야만 한다. 따라서 간단히 '**sys**'를 입력하는 많은 MATLAB 함수에서 사용할 수 있다. 예를 들면, 전달함수의 분모가 'den'이고 분자가 'num'일 때 **step(num, den)**은 간단히 **step(sys)**으로, **lsim(num, den)**은 간단히 **lsim(sys)**으로 나타낼 수 있다.

점검문제 2.11 점검문제 2.10에서 f와 θ의 함수로 표현된 식을 라플라스 변환하여 입력이 $F(s)$이고 출력이 $\theta(s)$인 전달함수를 구해 보시오. 단 초깃값은 모두 0으로 간주한다.

전달함수가 식 (2.94)처럼 보통 다항식으로 되어 있을 때 역라플라스 변환을 하려면, 다음처럼 부분인수분해 확장이 필요하다.

$$G(s) = k(s) + \frac{r_1}{s+p_1} + \frac{r_2}{s+p_2} + \cdots + \frac{r_n}{s+p_n} \tag{2.97}$$

MATLAB에서는 간단히 **residue** 명령어를 사용하면 식 (2.97)의 형태를 구할 수 있다. 앞의 예를 들면 r은 계수값을, p에는 극점의 값을, k는 몫의 값을 각각 갖는다. 위에서는 분모의 차수가 분자의 차수보다 크므로 k의 값은 0이 되었다.

다음 전달함수를 고려해 보자.

$$G(s) = \frac{1}{s^2 + 4s + 3}$$

```
>> [r,p,k] = residue(n,d)
>> n=1;
>> d=[1 4 3]
>> [r,p,k] = residue(n,d)
r =
```

```
      -0.5000
       0.5000
   p =
       -3
       -1
   k =
        []
```

시스템을 나타내는 전달함수의 모양은 다양하다. 특히 원점에 극점이 몇 개 있는지, 즉 적분이 몇 개 있는지에 따라 다음과 같이 형번호(type)로 구별한다.

❶ 형번호 0인 시스템 : 원점에 극점이 없는 시스템

$$\frac{1}{(s+a)},\ \frac{1}{(s+a)(s+b)},\ \frac{1}{(s+a)(s+b)(s+c)}$$

❷ 형번호 1인 시스템 : 원점에 극점이 하나 있는 시스템

$$\frac{1}{s},\ \frac{1}{s(s+a)},\ \frac{1}{s(s+a)(s+b)}$$

❸ 형번호 2인 시스템 : 원점에 극점이 둘 있는 시스템

$$\frac{1}{s^2},\ \frac{1}{s^2(s+a)}$$

점검문제 2.12 다음 전달함수의 극점과 영점을 구해 보고 **residue** 명령어를 사용하여 인수분해하고 역라플라스 변환을 통해 $y(t)$를 구하시오.

$$Y(s)=\frac{2s^3+5s^2+3s+6}{s^3+6s^2+11s+6}$$

2.7 열린 블록선도의 합성

입력과 출력 그리고 전달함수의 관계를 도식화하여 표현한 것을 **블록선도**(bolck diagram)라 하며 그림 2.18과 같다. 블록선도의 입력, 출력과 전달함수는 라플라스 변환 형태로 표기하므로 입력에 대한 출력의 라플라스 변환식을 쉽게 도출해 낼 수 있다. 이러한 출력으로부

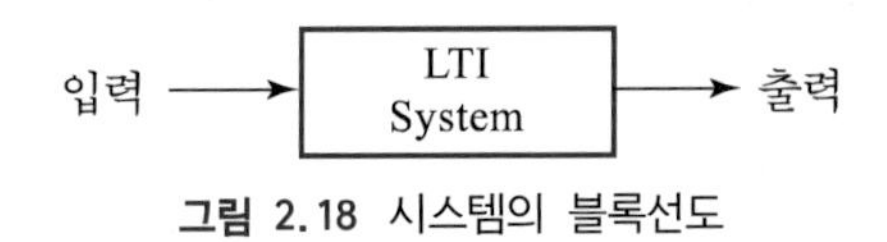

그림 2.18 시스템의 블록선도

터 라플라스 역변환하므로 시간응답을 쉽게 구할 수 있다. 라플라스 변환은 시간함수로 표현되는 시스템을 분석하는 데 있어서 매우 편리하다.

이상적인 전달함수는 1로서 입력이 그대로 출력으로 전달되어 출력이 입력과 똑같게 되는 경우이다. 하지만 이러한 시스템의 전달함수는 실제로 존재하지 않으므로 원하는 출력을 얻기 위해서는 제어기가 필요하고 출력신호의 귀환(feedback)이 필요한 것이다. 그러면 라플라스 영역에서 제어기를 사용할 경우에 제어기(controller)와 공정(plant)의 두 시스템의 블록선도를 합성하는 방법을 알아보자.

2.7.1 개직렬방식(open series connection)

두 전달함수가 직렬로 놓여 있을 때 수식상으로는 직접 곱하여 전개하면 된다. $C(s)$는 제어기의 전달함수이고, $G(s)$는 공정의 전달함수이다. 합성된 전달함수 $G(s)\,C(s)$를 **개루프 전달함수**(open loop transfer function)라 한다.

MATLAB에서 직렬로 놓인 두 전달함수를 하나로 합성하려면, **series** 명령어를 사용하거나 **conv** 명령어를 사용하여 합성하면 된다. **conv** 명령어를 사용할 경우에는 분자는 분자끼리, 분모는 분모끼리 합성한다. 예를 들어, 'ng', 'nc'는 각각 공정과 제어기의 분자이고, 'dg', 'dc'는 각각 공정과 제어기의 분모라 하면 합성된 개루프 전달함수의 분자는 'ngc'라 하고 'dgc'라 하면 다음과 같다.

```
>>ngc = conv(ng,nc);        ☜ ngc = ng(s)*nc(s)
>>dgc = conv(dg,dc);        ☜ dgc = dg(s)*dc(s)
```

또는 간단히 **series** 명령어를 사용하면 위의 두 문장을 하나로 할 수 있는데, 이때 분자와 분모의 순서에 주의해야 한다.

```
>>[ngc,dgc] = series(nc,dc,ng,dg);
```

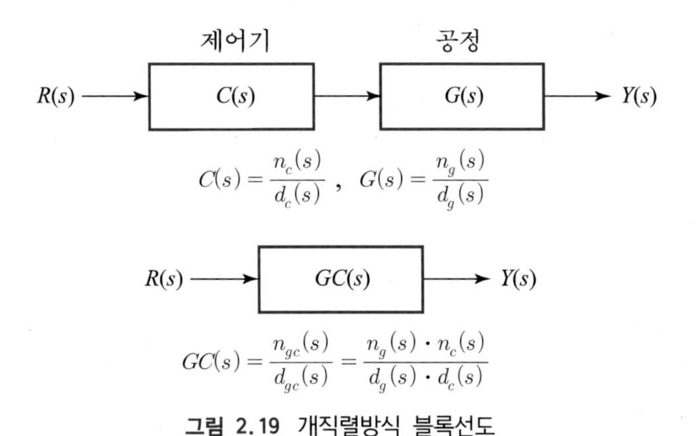

그림 2.19 개직렬방식 블록선도

예제 2-11 개루프 전달함수 구하기

그림 2.19에서 $G(s)=\frac{1}{s(s+3)}$이고 $C(s)=\frac{s+1}{s}$일 때, 합성된 개루프 전달함수를 구해 보자.

$$G(s)\,C(s)=\frac{s+1}{s^2(s+3)}$$

```
>> nc = [1 1];
>> dc = [1 0];
>> ng = 1;
>> dg = conv([1 0],[1 3]);
>> ngc = conv(ng,nc)
ngc =
     1     1
>> dgc = conv(dg,dc)
dgc =
     1     3     0     0
>> printsys(ngc,dgc)
num/den =
      s + 1
   -----------
   s^3 + 3 s^2
```

점검문제 2.13 제어기의 전달함수와 공정의 전달함수가 다음과 같을 때, 개루프 전달함수 $G(s)\,C(s)$를 구하는 프로그램을 써 보시오.

$$C(s) = \frac{K_D\,s^2 + K_P s + K_I}{s}, \quad G(s) = \frac{s+2}{s^2 + 3s + 4}$$

$K_D = 1,\ K_P = 3,\ K_I = 2$일 때 $G(s)\,C(s)$를 **printsys** 명령어로 나타내 보시오.

2.7.2 개병렬방식(open parallel connection)

두 전달함수가 병렬로 놓여 있을 때 하나로 합성하려면 두 전달함수를 더하면 된다. 이때 사용하는 명령어는 **parallel**이다.

프로그램에서는 분자와 분모의 순서에 주의하여 다음과 같이 하면 된다.

```
>>[ng,dg] = parallel(n1,d1,n2,d2);
```

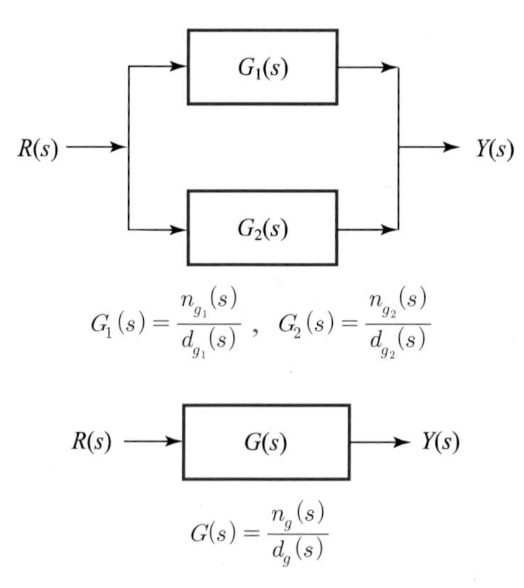

그림 2.20 개병렬방식 블록선도

예제 2-12 개병렬방식

그림 2.20에서의 전달함수가 다음과 같을 때, 합성된 전달함수 $G(s)$를 구해 보자.

$G_1(s) = \dfrac{1}{s+5}$이고 $G_2(s) = \dfrac{s+1}{s^2+3s+3}$이면 $G(s)$는

$$G(s) = \frac{s+1}{(s+5)(s^2+3s+3)}$$

이다.

```
>> ng1 = 1;
>> dg1 = [1 5];
>> ng2 = [1 1];
>> dg2 = [1 3 3 ];
>> [ng dg] = parallel(ng1,dg1,ng2,dg2)
ng =
     0     2     9     8

dg =
     1     8     18     15
>> printsys(ng,dg)
num/den =
        2 s^2 + 9 s + 8
    ----------------------
    s^3 + 8 s^2 + 18 s + 15
```

점검문제 2.14 그림 2.20에서 $G_1(s) = \frac{1}{s^2+4s+5}$ 이고, $G_2(s) = \frac{s+2}{s^2+0.1s+0.5}$ 일 때 합성된 전달함수 $G(s)$를 구해 보시오.

2.8 폐블록선도의 합성

2.8.1 폐직렬방식(closed series connection)

그림 2.21에 나타난 것처럼 두 시스템의 전달함수가 직렬로 놓인 상태에서 루프가 닫혔을 경우의 전달함수 $T(s)$를 **폐루프 전달함수**(closed loop transfer function)라고 하는데, 이 $T(s)$는 **cloop** 명령어를 사용하여 구할 수 있다. 명령어 **cloop**는 SISO(single input single output) 시스템의 단일귀환(a unity feedback) 시스템에 사용된다.

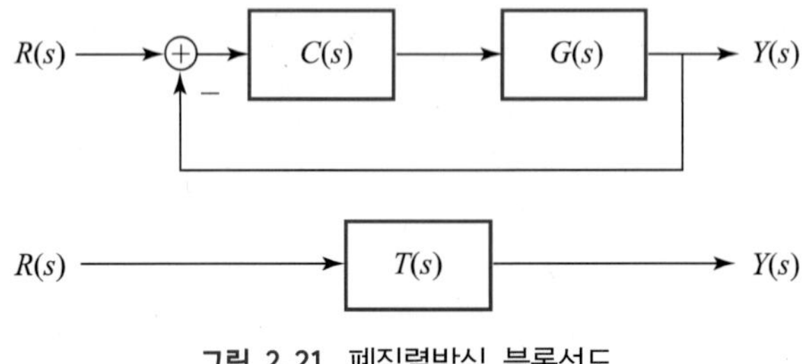

그림 2.21 폐직렬방식 블록선도

직렬방식일 경우에는 먼저 앞에서 설명한 **series** 명령어를 사용하여 개루프 전달함수 $G(s)\,C(s)$를 만든 다음, 명령어 **cloop**를 사용하면 폐루프 전달함수 $T(s)$를 얻게 된다.

```
>>[ngc,dgc] = series(nc,dc,ng,dg);
>>[nt,dt] = cloop(ngc,dgc,−1);
```

'−1'은 음귀환 공정을 나타내고, '1'은 양귀환 공정을 나타낸다. default로는 음귀환 공정으로 된다. 일반적으로 제어시스템은 기준입력과 출력의 차이를 제어기에 입력하는 음귀환을 사용하므로 앞으로는 음귀환만을 다룬다.

예제 2-13 폐직렬 방식

그림 2.21과 같은 구조에서 공정 $G(s)=\dfrac{1}{s^2(s+1)}$, 제어기 $C(s)=\dfrac{s^3+2s^2+2s+1}{s}$ 일 때 $T(s)$를 구해 보자.

```
>> nc = [ 1 2 2 1];
>> dc =[1 0];
>> ng = 1;
>> dg = conv([1 0 0],[1 1]);
>> ngc = conv(ng,nc);
>> dgc = conv(dg,dc);
>> [nt,dt] = cloop(ngc,dgc,-1)
nt =
     0     1     2     2     1
dt =
     1     2     2     2     1
```

```
>> printsys(nt,dt)
num/den =
        s^3 + 2 s^2 + 2 s + 1
    ----------------------------
    s^4 + 2 s^3 + 2 s^2 + 2 s + 1
```

위의 식에서 명령어 **series**를 사용하여 구하면 다음과 같은 에러 메시지가 발생한다. 그 이유는 제어기 $C(s)$ 분모의 차수가 분자의 차수보다 더 낮기 때문이다. 이러한 경우에는 위에서 사용한 명령어 **conv**를 사용해야 한다.

```
>> [ngc,dgc]=series(nc,dc,ng,dg)
Error using tfchk (line 29)
Transfer function not proper.

Error in series (line 65)
  [num1,den1] = tfchk(a1,b1);
```

점검문제 2.15 $C(s)$와 $G(s)$가 점검문제 2.11과 같다면 폐루프 전달함수 $T(s)$를 구해 보시오.

도전문제 2.1 위에서 폐루프 전달함수 $T(s)$를 명령어 **cloop**를 사용하지 않고 직접 프로그램하여 구해 보시오.

$$T(s) = \frac{G(s)\,C(s)}{1 + G(s)\,C(s)}$$

또한 위의 예제 2.5에 쓰인 전달함수를 사용하여 $T(s)$를 구한 뒤, **cloop**를 사용했을 때와 비교해 보시오.

2.8.2 폐병렬방식(closed parallel connection)

귀환하는 방식이 단일귀환이 아닐 경우에는 **cloop**를 사용할 수 없다. 그림 2.22에 나타난 것처럼 두 시스템의 전달함수가 병렬방식으로 놓인 상태에서 닫혔을 경우는 **feedback** 명령어를 사용하면 된다.

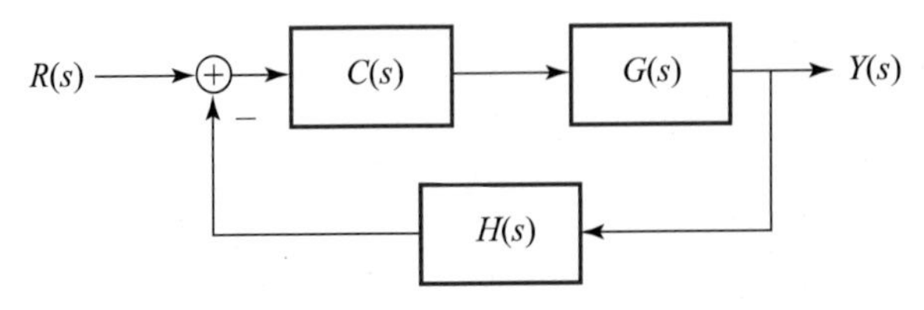

그림 2.22 폐병렬방식 블록선도

이 경우는 먼저 **series** 명령어로 $C(s)$와 $G(s)$를 합성한 다음 **feedback** 명령어를 사용하여 폐루프 전달함수 $T(s)$를 구하면 된다.

```
>>[ngc,dgc] = series(nc,dc,np,dp);
>>[nt,dt] = feedback(ngc,dgc,nh,dh,−1);
```

'-1'은 마찬가지로 음귀환을 나타낸다. $nh=1$이고 $dh=1$이면, 결과는 단일귀환에 사용하는 명령어 **cloop**를 사용하는 경우와 같음을 알 수 있다.

예제 2-14 폐병렬방식 전달함수 구하기

그림 2.22에서 공정의 전달함수가 $G(s)=\dfrac{1}{s^2(s+1)}$이고, 제어기의 전달함수가 $C(s)=\dfrac{s^3+2s^2+2s+1}{s}$, $H(s)=\dfrac{1}{s+2}$일 때 전달함수 $T(s)$를 구해 보자.

```
>> nc =[1 2 2 1];
>> dc =[1 0];
>> ng = 1;
>> dg = conv([1 0 0],[1 1]);
>> nh =1;
>> dh = [1 2];
>> ngc = conv(ng,nc);
>> dgc = conv(dg,dc);
>> [nt,dt] = feedback(ngc,dgc,nh,dh,-1)
nt =
     0     1     4     6     5     2
dt =
     1     3     3     2     2     1
```

```
>> printsys(nt,dt)
num/den =
        s^4 + 4 s^3 + 6 s^2 + 5 s + 2
    ------------------------------------
    s^5 + 3 s^4 + 3 s^3 + 2 s^2 + 2 s + 1
```

점검문제 2.16 $C(s)$와 $G(s)$가 점검문제 2.15와 같고 $H(s)=\dfrac{1}{s+1}$일 경우 폐루프 전달함수 $T(s)$를 구해 보시오.

2.8.3 직렬과 병렬의 혼합방식

간단한 예로 그림 2.23의 폐병렬구조에 예비필터(prefilter)를 입력에 더한 구조를 살펴보자. 예비필터는 기준입력을 조정하므로 시스템의 출력을 조절할 수 있다.

폐루프 전달함수를 구해 보면 다음과 같다.

```
>>[ngc,dgc] = series(nc,dc,np,dp);
>>[nt,dt] = feedback(ngc,dgc,nh,dh,−1);
>>[nn,dd] = series(np,dp,nt,dt);
```

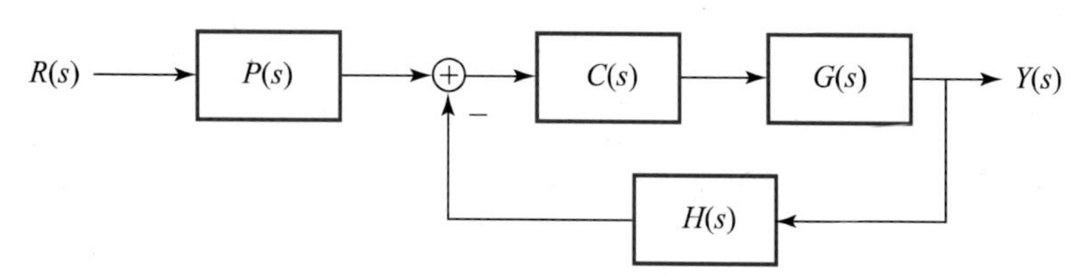

그림 2.23 예비필터가 있는 시스템의 블록선도

예제 2-15 예비필터가 있을 때의 전달함수

그림 2.23에서 공정의 전달함수가 $G(s)=\dfrac{1}{(s+1)(s+3)}$이고, 제어기의 전달함수가 $C(s)=\dfrac{s+2}{s+10}$, $P(s)=\dfrac{1}{s+2}$일 때, 전달함수 $T(s)$를 구해 보자.

```
>> nc = [1 2];
>> dc = [1 10];
```

```
>> ng = 1;
>> dg = conv([1 1],[1 3]);
>> np =1;
>> dp =[1 2];
>> [ngc,dgc]=series(nc,dc,ng,dg)
ngc =
     0     0     1     2
dgc =
     1    14    43    30
>> [nt,dt] = cloop(ngc,dgc,-1)
nt =
     0     0     1     2


dt =
     1    14    44    32
>> [npt,dpt]=series(np,dp,nt,dt);
>> printsys(npt,dpt)
num/den =
                          s + 2
    -----------------------------------
    s^4 + 16 s^3 + 72 s^2 + 120 s + 64
```

또 다른 예로 선행(feedforward) 보상기 $F(s)$를 더해 보자. 일반적으로 선행 보상기의 목적은 공정 전달함수의 역으로 설정하여 전체적인 입력에 대한 출력의 전달함수가 1에 가깝도록 선택하는 데 있다.

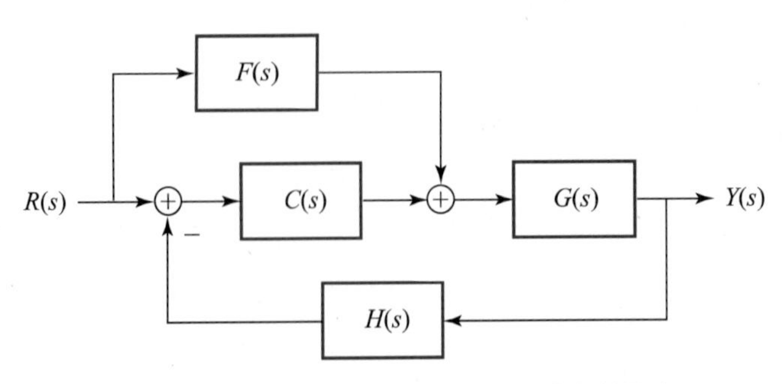

그림 2.24 선행 보상기가 있는 제어시스템의 블록선도

전달함수를 구하기 위해 출력을 계산하면 다음과 같다.

$$Y(s) = G(s)F(s)R(s) + G(s)C(s)E(s) \tag{2.98}$$

이고, 오차는

$$E(s) = R(s) - H(s)Y(s) \tag{2.99}$$

이다. 식 (2.98)과 (2.99)를 연립해서 풀면 폐루프 전달함수를 구할 수 있다.

$$T(s) = \frac{Y(s)}{R(s)} = \frac{G(F+C)}{1+GCH} = \frac{F+C}{C}\frac{GC}{1+GCH} \tag{2.100}$$

이는 그림 2.24의 폐병렬방식 전달함수에 예비필터 $P(s) = \dfrac{F+C}{C}$를 사용한 것과 같으므로 이 경우에도 앞의 경우처럼 예비필터를 가진 블록선도로 나타낼 수 있다.

그러므로 **conv**를 사용하면 전달함수를 쉽게 나타낼 수 있다.

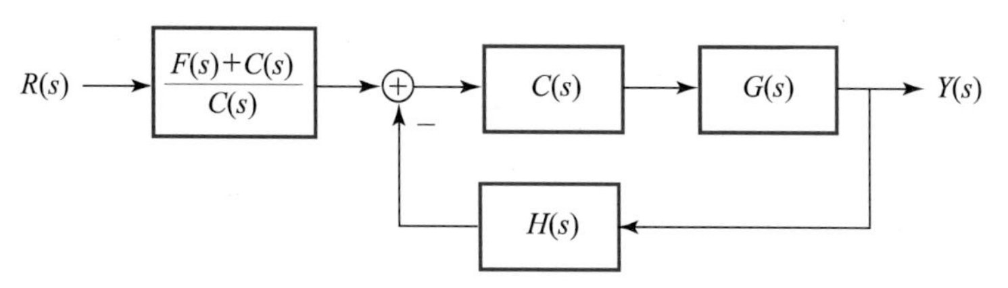

그림 2.25 예비필터 구조로의 표현

점검문제 2.17 제어기 전달함수가 $C(s) = \dfrac{s+2}{s+10}$이고 $F(s) = \dfrac{s+2}{s+3}$일 때에 위의 예비 필터 $\dfrac{F(s)+C(s)}{C(s)}$를 MATLAB에서 나타내 보시오.

점검문제 2.18 예제 2-15의 전달함수 $G(s)$와 점검문제 2-17의 전달함수 $C(s)$, $F(s)$를 사용해서 식 (2.98)의 전달함수를 구해 보시오.

2.9 개루프와 폐루프의 비교

앞에서 개루프와 폐루프의 전달함수를 구해 보았다. 개루프는 귀환신호가 없이 직접 구동기(actuator)를 사용하여 시스템의 응답을 제어한다. 폐루프에서는 귀환신호를 입력과 비교하여 그 오차로 구동기를 구동하기 때문에 시스템의 출력을 측정하는 감지장치나 비교장치, 추가의 회로장치 등 비용이 개루프에 비해 많이 든다. 이처럼 비용이 많이 듦에도 불구하고 폐루프를 사용하는 것은 그에 상응하는 중요한 이점들이 있기 때문이다. 그러면 출력신호를 귀환하는 폐루프가 개루프에 비해 어떤 장점들이 있는지 알아보자.

☞ 첫째, 외부로부터 외란을 차단할 수 있다.

다음의 두 블록선도를 통하여 출력에 대한 외란의 영향에 대해 알아보자.

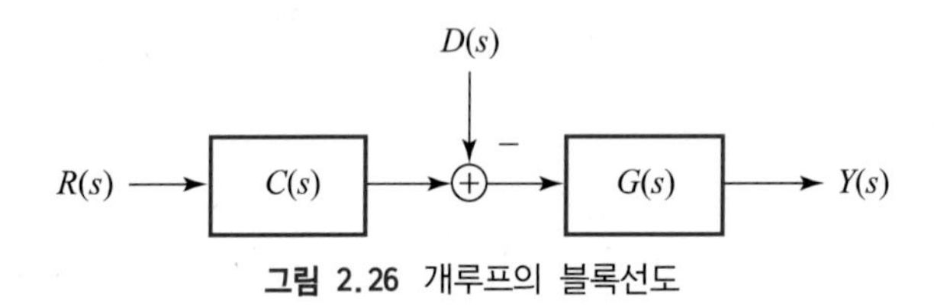

그림 2.26 개루프의 블록선도

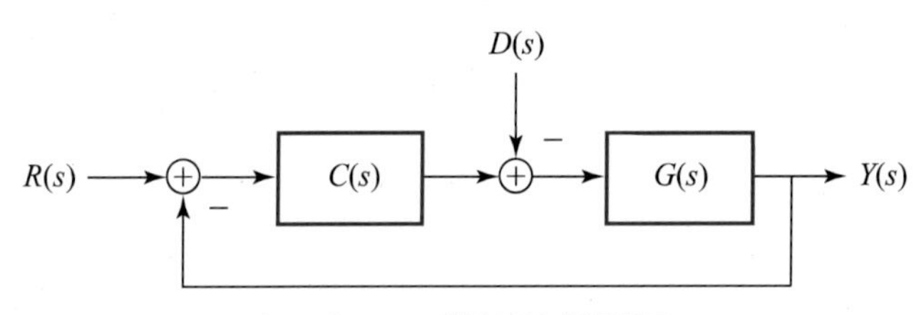

▶**그림 2.27** 폐루프의 블록선도

외란이 출력에 미치는 영향을 알아보기 위해 전달함수를 구할 경우에는 선형 시스템의 중첩의 원리에 의해 입력 $R(s)$를 0으로 놓고 $D(s)$를 입력으로 간주한 후에 전달함수를 구한다. 반대로 입력 $R(s)$에 대한 출력의 전달함수를 구할 경우에는 외란의 입력 $D(s)$를 0으로 놓고 구한다.

위의 두 경우에서 외란 $D(s)$에 대한 출력 $Y(s)$를 보면 그림 2.26의 개루프의 경우는 $\frac{Y_o(s)}{D(s)} = G(s)$이고, 그림 2.27의 폐루프의 경우는 $\frac{Y_c(s)}{D(s)} = -\frac{G(s)}{1+G(s)C(s)}$가 된다.

폐루프의 경우, 외란의 영향이 개루프의 경우보다 $\frac{1}{(1+GC)}$만큼 감소됨을 알 수 있다. 왜냐하면 일반적으로 $|G(s)C(s)| > 1$이기 때문이다. 그러므로 폐루프를 사용하면 외란의 영향을 최소화할 수 있다.

☞ 둘째, 공정의 변화에 따른 시스템의 감도를 줄일 수 있다.

공정의 변수가 변하게 되면 시스템의 출력이 변하게 되는데 이때의 변화율을 감도(sensitivity)라 한다. 귀환신호를 사용하면 감도의 영향력을 줄일 수 있다. 만약에 공정의 전달함수 $G(s)$가 $G(s)+\Delta G(s)$로 바뀌었을 경우를 보자. 개루프의 경우 입력 $R(s)$에 대한 출력 $Y_o(s)$는

$$\frac{Y_o(s)}{R(s)} = (G(s)+\Delta G(s))\,C(s) = G(s)\,C(s)+\Delta G(s)\,C(s) \tag{2.101}$$

가 되고, 폐루프의 경우는

$$\frac{Y_c(s)}{R(s)} = \frac{G(s)\,C(s)+\Delta G(s)\,C(s)}{1+(G(s)+\Delta G(s))\,C(s)} \tag{2.102}$$

가 된다. 두 경우를 비교해 보면, 개루프의 경우 공정의 변화가 제어기에 곱해져서 나타난 반면에 폐루프의 경우 감도의 영향이 작게 됨을 알 수 있다.

☞ 셋째, 시스템의 과도응답을 조절할 수 있다.

개루프의 경우, 어떤 한 공정에 대해 어떠한 제어기를 사용하더라도 원하는 과도응답(transient response)을 얻지 못할 수 있다. 귀환신호(feedback signal)를 사용하여 쉽게 출력응답을 조절할 수 있도록 한다.

☞ 넷째, 정상상태 오차를 줄일 수 있다.

개루프에서 오차는

$$E(s) = R(s) - Y_o(s) = [1-G(s)\,C(s)]R(s) \tag{2.103}$$

이고, 입력이 스텝인 경우의 정상상태 오차(steady state error)는

$$e_{ss} = \lim_{s\to 0} sE(s) = \lim_{s\to 0} s\,[1-G(s)\,C(s)]\,\frac{1}{s} = 1-G(0)C(0) \tag{2.104}$$

이다. 폐루프에서 오차는

$$\begin{aligned} e_{ss} &= \lim_{s\to 0} s\,[R(s)-Y(s)] = \lim_{s\to 0} s\,R(s)\left[1-\frac{G(s)C(s)}{1+G(s)C(s)}\right] \\ &= \lim_{s\to 0} s\,\frac{1}{s}\,\frac{1}{1+G(s)C(s)} \end{aligned} \tag{2.105}$$

이고, 정상상태에서의 오차는

$$e_{ss} = \lim_{s \to 0} sE(s) = \frac{1}{1 + G(0)\,C(0)} \tag{2.106}$$

이다. 일반적으로 $|G(0)\,C(0)| > 1$ 이기 때문에 식 (2.104)와 (2.106)을 비교해 보면, 폐루프의 오차가 훨씬 작음을 알 수 있다.

점검문제 2.19 그림 2.27에서 나타난 것처럼 공정 $G(s) = \dfrac{s+4}{s^2+4s+3}$ 의 램프응답은 발산하고 있다. 시스템의 정상상태 오차를 계산하여 발산되는 것을 확인하시오.

2.10 속도계 제어의 예

다음에서 속도를 제어하는 속도계 제어의 예를 통해 폐루프의 장점들을 자세히 알아보도록 하자. 속도계에서 대표적인 선풍기 모터의 속도는 토크에 비례하고 토크는 전류에 비례하므로, 전류를 조절하면 속도를 조절할 수 있게 된다. 선풍기에 달려 있는 회전수를 나타내는 단추는 그림 2.28의 저항 R_a값을 바꾸어 궁극적으로는 전류 I_a를 바꾸는 것이라 볼 수 있다.

모터를 모델링할 경우 J가 모터관성상수이고 f가 마찰상수일 때, 모터의 기본전달함수는 다음과 같이 나타낼 수 있다.

$$G(s) = \frac{1}{Js + f} \tag{2.107}$$

기본적인 속도계의 블록선도가 그림 2.28에 잘 나타나 있다. 입력으로 전압 V_a가 주어지면 저항 R_a를 통해 전기자(armature) 전류 I_a를 발생한 뒤에 모터상수 K_i를 거쳐서 모터 토크를 생산한다. 이 토크는 외란의 토크와 비교되어서 그 차이가 모터를 조정하게 된다. K_b는 역기전력(back emf) 상수이다.

입력에 대한 개루프 출력을 구해 보면 다음과 같다.

$$W_m(s) = \frac{K_i}{R_a Js + R_a f + K_i K_b} V_a(s) \tag{2.108}$$

외란에 대한 개루프 출력을 구해 보면 다음과 같다.

$$W_m(s) = -\frac{R_a}{R_a Js + R_a f + K_i K_b} D(s) \tag{2.109}$$

식 (2.108)과 (2.109)에서 전달함수의 변수들은 실제적인 값들로 고정되어 있으므로 원하는 대로 출력을 조작하기가 매우 어렵다.

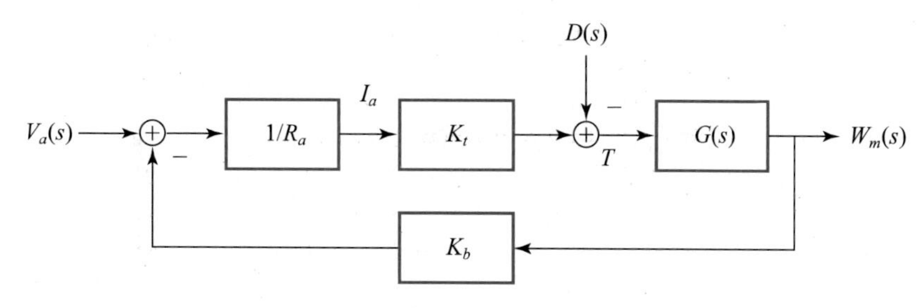

그림 2.28 속도계 개루프 제어의 블록선도

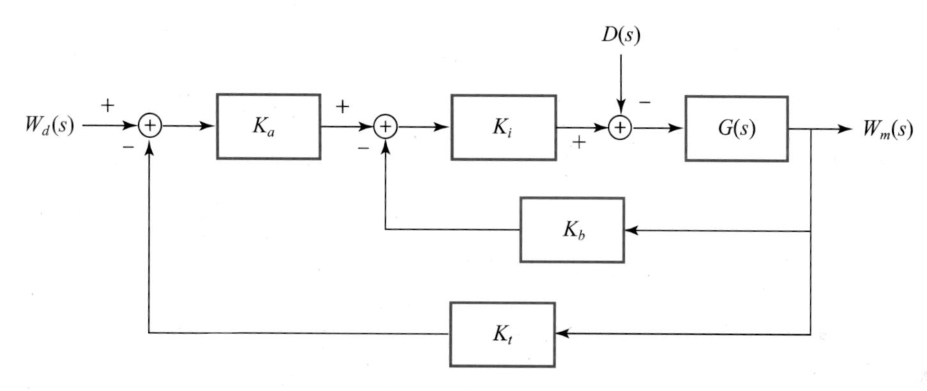

그림 2.29 속도계 폐루프 제어의 블록선도

그림 2.29는 속도계 제어의 폐루프 블록선도를 보여주고 있는데, 개루프 속도계에 해당하는 속도계 시스템으로 선풍기를 들 수 있다.

그림 2.28의 개루프 블록선도에서 속도를 귀환함으로써 그림 2.29의 폐루프가 된다. 폐루프와 개루프와의 차이점은 귀환 루프에 타코미터 K_t가 있어서 속도를 측정한 뒤, 측정된 속도는 기준의 입력속도 W_d와 비교되어 그 오차는 증폭기 K_a를 통하게 된다. 증폭기는 조절이 가능하므로 원하는 대로 수행능력을 향상시킬 수 있는 큰 장점이 있다. 이러한 폐루프 속도계 시스템의 예로 엑셀 페달을 밟지 않고도 일정한 속도로 유지시켜주는 자동차의 자동속도장치 시스템(cruise control system)을 들 수 있다.

입력 $W_d(s)$에 대한 위의 폐루프의 출력 $W_m(s)$를 구하면 다음과 같다.

$$W_m(s) = \frac{K_a K_i}{R_a Js + R_a f + K_i K_b + K_a K_i K_t} W_d(s) \tag{2.110}$$

입력 $D(s)$에 대한 출력 $W_m(s)$를 구하면 다음과 같다.

$$W_m(s) = -\frac{R_a}{R_a Js + R_a f + K_i K_b + K_a K_i K_t} D(s) \tag{2.111}$$

개루프의 경우와는 달리 식 (2.110)에서는 증폭기의 값 K_a를 조절할 수 있다. 개루프와 폐루프의 전달함수 (2.109)와 (2.111)의 외란에 대한 응답의 크기를 조사해 보면, 같은 크기의 분자에 식 (2.111)의 분모가 $K_a K_i K_t$만큼 더 큼을 알 수 있다. 그러므로 식 (2.111)은 식 (2.109)에서 외란 $D(s)$에 대한 응답보다 작으므로 외란에 대한 영향이 작다고 할 수 있다.

정상상태 오차의 경우도 마찬가지이다. 정상상태에서 식 (2.106)과 식 (2.108)을 비교하면, 식 (2.106)의 정상상태 오차가 큼을 알 수 있다. 또한 식 (2.108)의 전달함수에서는 K_a를 조절할 수 있으므로 과도응답을 다소 원하는 대로 얻을 수 있다.

그러면 직접출력응답을 조사함으로써 자세히 알아보자. 그림 2.30에서 변수들이 $R_a = 1$, $K_i = 2\ \mathrm{N \cdot m/A}$, $J = 2\ \mathrm{N \cdot m \cdot sec^2/rad}$, $f = 0.5$, $K_b = 0.1\ \mathrm{N \cdot m/A}$, $K_t = 1$일 때, 위의 개루프와 폐루프의 입력과 외란에 대한 스텝응답을 그래프를 통해 비교해 보자.

폐루프 응답은 기준입력을 신속히 따라가는 반면 개루프 응답은 오차가 크고 늦게 따라감을 알 수 있다. 개루프의 경우, 외란에 대한 출력에 있어서도 크게 나타남을 볼 수 있다. $K_a = 1$일 때 응답을 알아본다.

예제 2-16 속도 제어

MATLAB Program 2-16 : 속도 제어

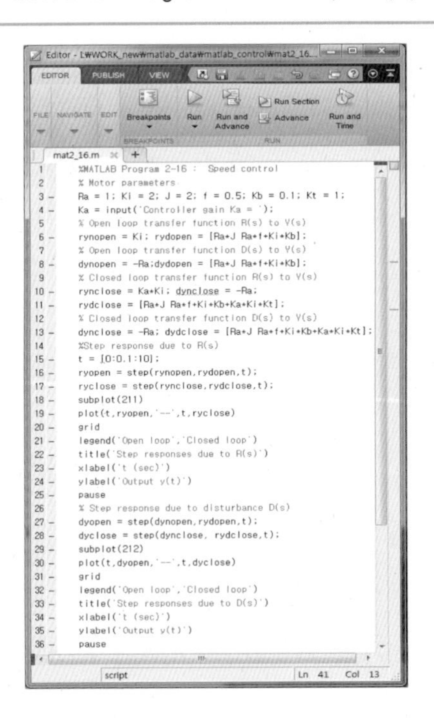
```
%MATLAB Program 2-16 :  Speed control
% Motor parameters
Ra = 1; Ki = 2; J = 2; f = 0.5; Kb = 0.1; Kt = 1;
Ka = input('Controller gain Ka = ');
% Open loop transfer function R(s) to Y(s)
rynopen = Ki; rydopen = [Ra*J Ra*f+Ki*Kb];
% Open loop transfer function D(s) to Y(s)
dynopen = -Ra;dydopen = [Ra*J Ra*f+Ki*Kb];
% Closed loop transfer function R(s) to Y(s)
rynclose = Ka*Ki; dynclose = -Ra;
rydclose = [Ra*J Ra*f+Ki*Kb+Ka*Ki*Kt];
% Closed loop transfer function D(s) to Y(s)
dynclose = -Ra; dydclose = [Ra*J Ra*f+Ki*Kb+Ka*Ki*Kt];
%Step response due to R(s)
t = [0:0.1:10];
ryopen = step(rynopen,rydopen,t);
ryclose = step(rynclose,rydclose,t);
subplot(211)
plot(t,ryopen,'--',t,ryclose)
grid
legend('Open loop','Closed loop')
title('Step responses due to R(s)')
xlabel('t (sec)')
ylabel('Output y(t)')
pause
% Step response due to disturbance D(s)
dyopen = step(dynopen,rydopen,t);
dyclose = step(dynclose, rydclose,t);
subplot(212)
plot(t,dyopen,'--',t,dyclose)
grid
legend('Open loop','Closed loop')
title('Step responses due to D(s)')
xlabel('t (sec)')
ylabel('Output y(t)')
pause
```

```
>> mat2_16
Controller gain Ka = 1
```

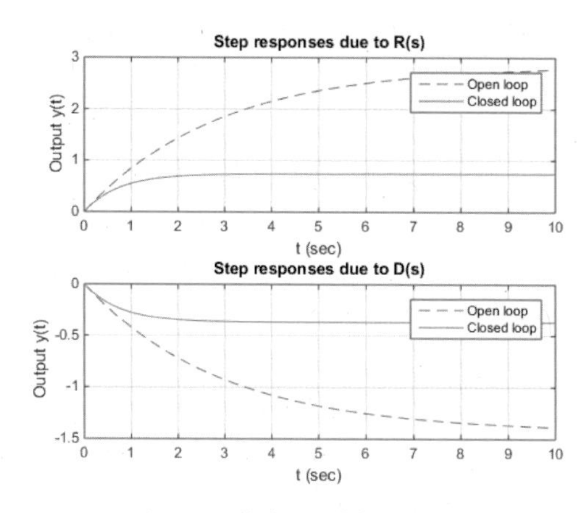

그림 2.30 개회로, 폐회로 응답 비교

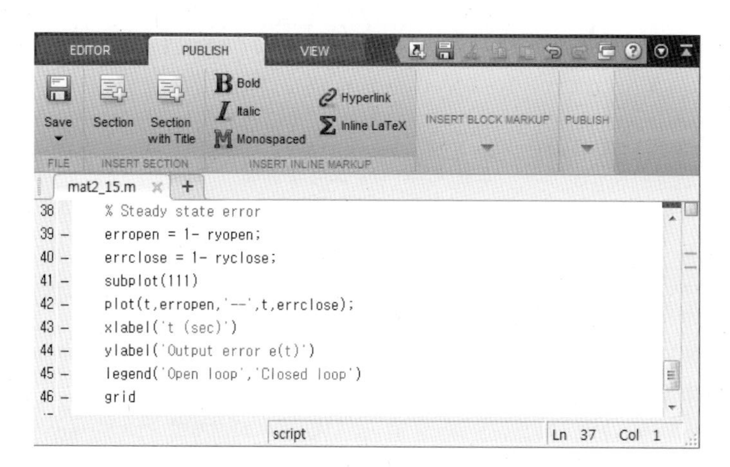


```
38      % Steady state error
39 -    erropen = 1- ryopen;
40 -    errclose = 1- ryclose;
41 -    subplot(111)
42 -    plot(t,erropen,'--',t,errclose);
43 -    xlabel('t (sec)')
44 -    ylabel('Output error e(t)')
45 -    legend('Open loop','Closed loop')
46 -    grid
```

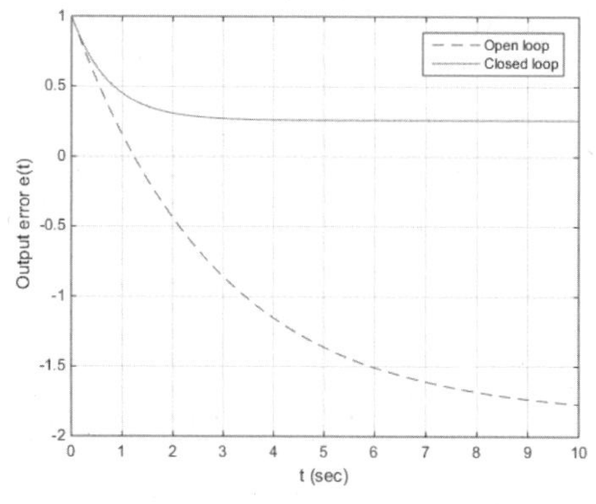

그림 2.31 외란에 대한 개회로, 폐회로 응답 비교

2.11 DC 모터의 수학적 모델

위의 내용을 정리하기 위한 한 예로서 DC 모터의 모델을 구해 보자. 모터는 제어시스템에서 많이 쓰이고, 일상생활과 밀접한 관계가 있으므로 관심을 가지고 공부할 필요가 있다. 여기서는 간단한 DC 모터를 소개하고자 한다.

DC 모터의 구조를 보면 바깥쪽의 정류자(stator)는 고정되어 있고, 안쪽의 회전자(rotor)는 움직이게 되어 있다. 정류자와 회전자 사이에 공간이 있는데 그곳에 자기장(magnetic flux)이 존재하게 된다.

모터 구조를 회로로 그려보면 그림 2.32와 같다.

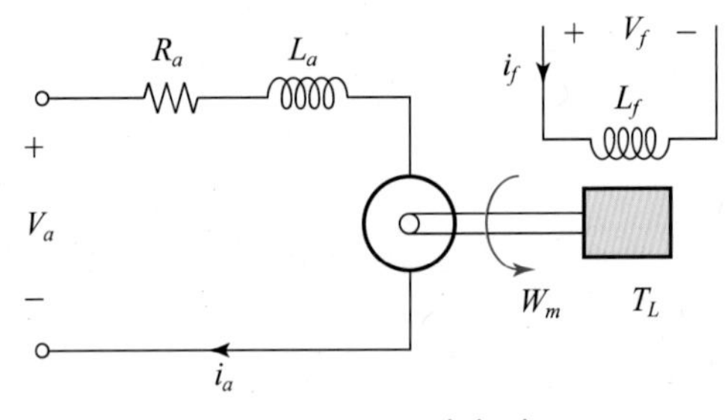

그림 2.32 DC 모터의 회로

표 2.3 모터 요소들

V_a	전기자 전압(V)	$\Phi(t)$	air-gap flux
V_f	자장전압(V)	J_m	회전자의 관성(N · m · s²/rad)
L_a	전기자 인덕턴스(H)	f_m	마찰상수
R_a	전기자 저항(Ω)	W_m	회전자의 각속도(rad/s²)
L_f	자장 인덕턴스(H)	T_L	부하 토크(N · m)
i_a	전기자 전류(A)	K_m	모터상수(N · m/A)
i_f	자장전류(A)	K_b	역기전력 상수(N · m/A)

플럭스는 자장전류에 상수를 곱한 형태로 다음과 같다.

$$\Phi(t) = K_f I_f = \text{상수} \tag{2.112}$$

토크 입력은 전기자 전류 $I_a(t)$에 비례하므로 토크 상수와 곱해져서 다음과 같다.

$$\begin{aligned} T_m &= K_t \Phi(t) I_a(t) \\ &= K_t K_f I_f I_a(t) \end{aligned} \tag{2.113}$$

$$= K_m I_a(t)$$

$$K_m = K_t K_f I_f$$

토크는 모터상수에 곱해진 전류에 비례한다.

위의 회로를 블록선도로 그려보면 그림 2.33과 같다.

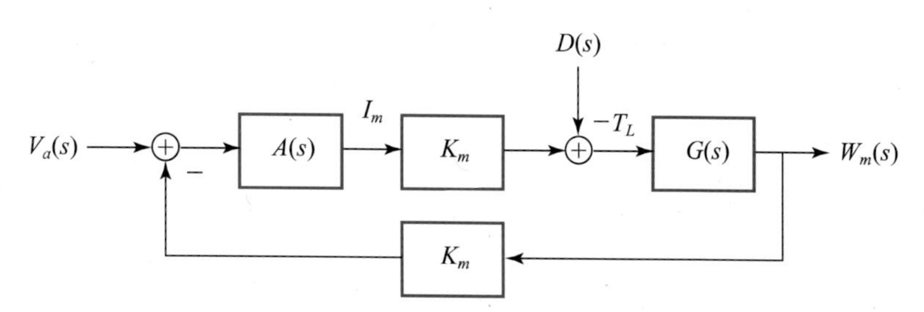

그림 2.33 속도를 제어하는 DC 모터의 블록선도

$$A(s) = \frac{1}{L_a s + R_a}, \quad G(s) = \frac{1}{J_m s + f_m} \tag{2.114}$$

전달함수를 구하면 다음과 같다.

$$\frac{W(s)}{V_a(s)} = \frac{K_m}{L_a J_m s^2 + (L_a f_m + R_a J_m)s + (R_a f_m + K_m K_b)} \tag{2.115}$$

예제 2-17 모터 제어

모터 요소들의 값을 다음과 같이 주고 프로그램상에서 모터 출력을 구해 보자.

$$K_m = K_b = 0.5\ \mathrm{N \cdot m/A}, \quad J_m = 0.1\ \mathrm{N \cdot m \cdot s^2/rad},$$

$$f_m = 0.5, \qquad L_a = 1, \qquad R_a = 1$$

MATLAB Program 2-17 : 모터응답

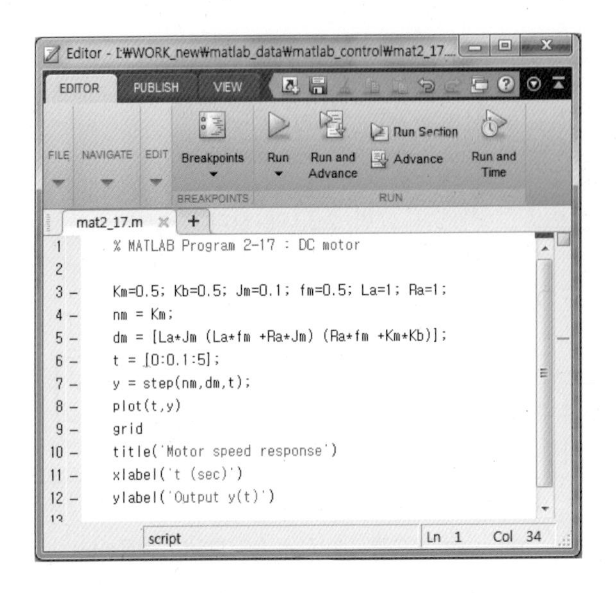

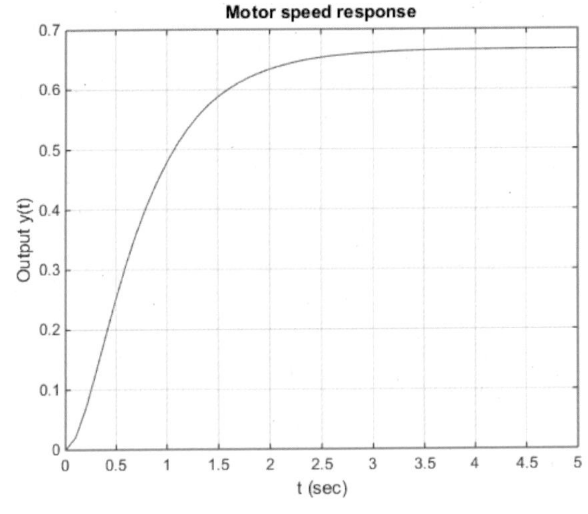

그림 2.34 모터응답

위의 모터속도응답은 원하는 속도에 미치지 못하고 큰 정상상태 오차를 주고 있다. 이 경우 간단히 이득값을 증폭하면 정상상태 오차를 0으로 할 수 있다.

예제 2-18 제어기를 사용한 모터 제어

증폭이득 K_p를 첨가해서 출력의 응답을 다시 구해 보자. 이때는 예제 2-17의 프로그램을 그대로 사용하고, 맨 첫 줄만 다음과 같이 바꾼 뒤에 실행하면 된다.

MATLAB Program 2-18 : 제어 이득 K가 있을 때의 모터응답

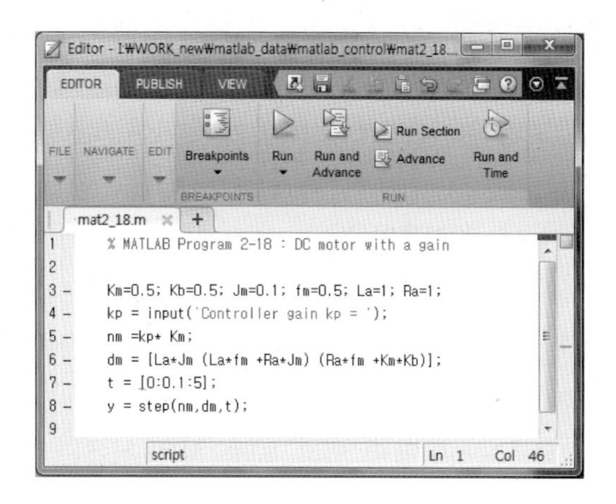

MATLAB상에서는 다음과 같이 실행한다.

```
>> mat2_18
Controller gain kp = 1
>> y1=y;
>> mat2_18
Controller gain kp = 1.5
>> plot(t,y1,'+',t,y,'o');
>> xlabel('time (s)')
>> ylabel('y(t)')
>> grid
>> legend('kp=1','kp=1.5')
```

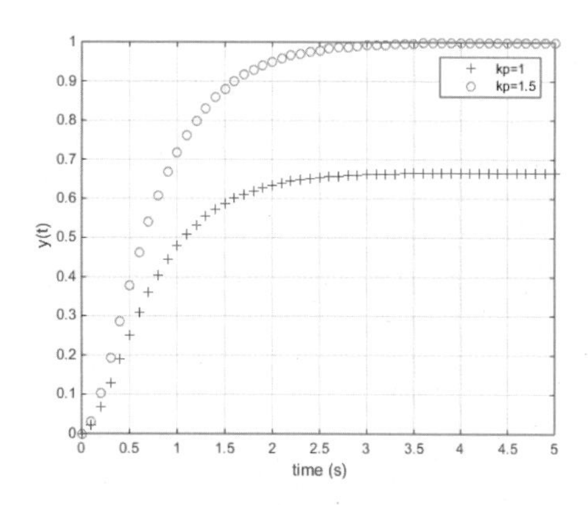

그림 2.35 제어기에 따른 모터응답

정상상태 오차가 0으로 수렴함을 볼 수 있다. 만약 그림 2.35의 그래프에서 첨두치시간이나 정착시간을 좀 더 빠르게 하기 위해서는 모터 요소들의 값을 바꾸어야 한다. 이 요소들의 값은 보통 고정되어 있고, 실제적으로 매번 바꾸기 어렵기 때문에 이를 위해서는 제어기가 필요하다. 제어기를 모터 시스템에 도입함으로써 원하는 출력응답을 얻을 수 있다. 원하는 시스템의 응답을 얻기 위해 제어기를 설계하는 것이 이 책의 주요 내용이고, 제어 엔지니어들이 해야 하는 일이다.

여기서 쓰인 간단한 제어기를 **비례제어기**(proportional controller)라 한다. 비례제어기의 입력으로서 오차는 제어기를 통해 비례하게 증폭된다. 위의 경우 비례제어기를 사용함으로써 정상상태 오차는 현격하게 줄어들었지만, 첨두치시간이나 정착시간을 줄이지는 못했다. 일반적으로 기본적인 제어기의 종류에는 비례제어기, 오차의 미분값과 비례하는 미분제어기, 오차의 적분값과 비례하는 적분제어기 등이 있고, 보통 사용 시에는 이들 제어기를 합성하여 사용한다. 예를 들면, PD, PI, 또는 PID 제어기 등이 그 예이다.

열심문제 2.3 다음은 간단화된 AC 모터의 블록선도이다. 전달함수를 구하고 시스템의 스텝 응답을 구해 보시오. PI 제어기를 사용하여 응답을 최적화해 보시오.

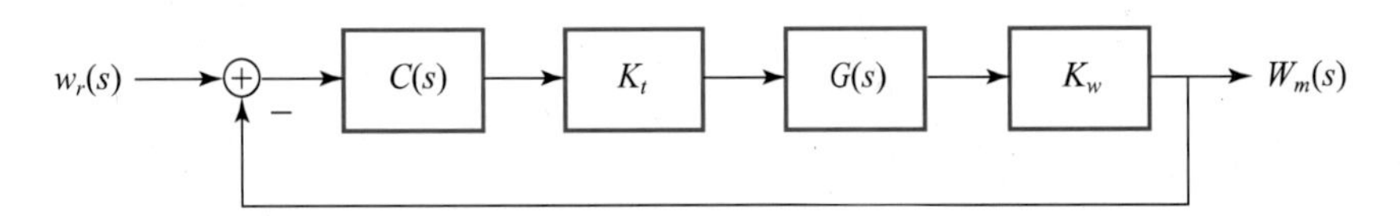

그림 2.36 AC Induction 모터의 블록선도

$$C(s) = K_p + \frac{K_I}{s},\quad G(s) = \frac{1}{Js+B} = \frac{1}{0.5s+1}$$

$K_t = 0.5,\ K_w = 0.02$이다.

2.12 MATLAB 명령어의 요약

이 장에서 새로 배운 명령어들을 정리해 보자.

표 2.4 MATLAB 명령어들

명령어	설명	명령어	설명
cloop	단일귀환 시스템의 폐루프 전달함수를 구한다.	**printsys**	전달함수를 보여준다.
		residue	전달함수를 인수분해한다.
conv	두 다항식을 하나로 합성한다.	**roots**	다항식의 근을 구한다.
feedback	폐루프 전달함수를 구한다.	**series**	직렬로 놓인 두 전달함수를 하나로 합성한다.
parallel	병렬로 놓인 두 전달함수를 하나로 합성한다.	**step**	스텝입력에 대한 시스템의 출력을 구한다.
poly	근을 가지고 다항식을 구한다.	**tf**	전달함수를 나타낸다.

연 • 습 • 문 • 제

1. 다음 함수의 라플라스 변환을 구하시오.

(a) t^{n+1}

(b) $e^{at}\cos wt$

(c) $e^{at}\sin wt$

(d) $\cos(wt+\phi)$

(e) $\sin(wt+\phi)$

(f) $\cos^2(wt+\phi)$

2. 식 (2.14)를 증명해 보시오.

3. 다음 함수의 역변환을 구하시오.

(a) $\dfrac{1}{s^2-4}$

(b) $\dfrac{s+1}{s^2+3s+2}$

(c) $\dfrac{1}{s(s^2-4)}$

(d) $\dfrac{s+1}{s(s^2+3s+2)}$

4. 다음 미분함수의 해를 구하시오.

(a) $y''+3y'+2y=0$

(b) $y''-4y=0$

(c) $y''+y'+4y=0$

(d) $y''+2y'=0$

5. 다음 미분함수의 해를 구하시오.

(a) $y''+3y'+2=u(t)$

(b) $y''+3y'+2=e^{-3t}u(t)$

(c) $y''+3y'+2=e^{-t}u(t)$

(d) $y''+3y'+2=\cos(\pi t)$

(e) $y''+3y'+2=tu(t)$

6. 다음 전달함수의 폴과 제로를 구하고 폴-제로 맵에 표기하고 MATLAB으로 확인하시오.

(a) $G(s)=\dfrac{2s^2+1}{s^3+3s^2+3s+1}$

(b) $H(s)=\dfrac{s^2+3s+2}{s^3+3s^2+2s+6}$

(c) $G(s)H(s)$

7. 다음 블록선도에서 $Y(s)/R(s)$를 구하시오.

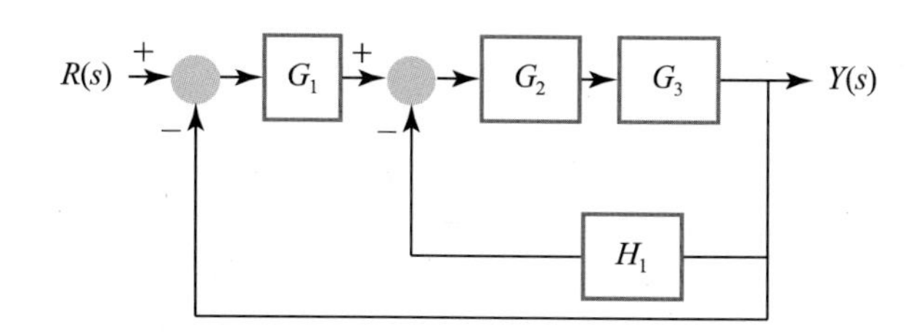

$$G_1 = \frac{(s+1)}{s},\ G_2 = 10,\ G_3 = \frac{1}{s(s+2)},\ H_1 = \frac{s+0.5}{s+1.5}$$

8. 다음 블록선도에서 $Y(s)/R(s)$를 구하시오.

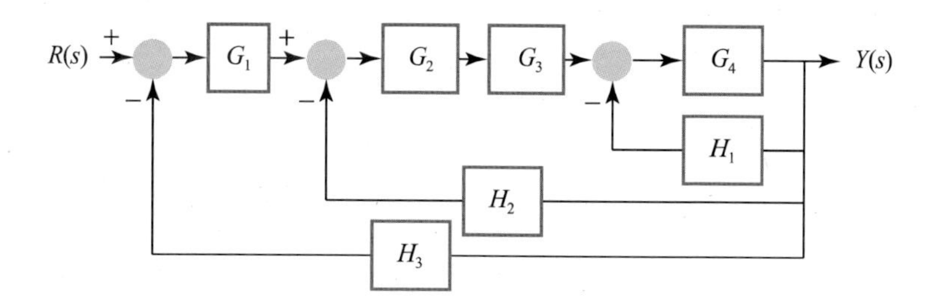

9. 문제 8의 블록선도에서 전달함수가 주어질 때 $Y(s)/R(s)$를 구하시오.

$$G_1 = K_1\frac{(s+a)}{s},\ G_2 = K_2,\ G_3 = \frac{1}{s+b},\ G_4 = \frac{1}{s(s+c)},$$
$$H_1 = H_2 = H_3 = 1$$

10. 문제 8의 블록선도에서 전달함수가 주어질 때 $Y(s)/R(s)$를 구하시오. $Y(s)/R(s)$의 폴과 제로를 구하시오.

$$G_1 = \frac{(s+1)}{s},\ G_2 = 10,\ G_3 = \frac{1}{s+3},\ G_4 = \frac{1}{s(s+2)},$$
$$H_1 = \frac{s+0.5}{s+1.5},\ H_2 = H_3 = 1$$

Chapter 03

시스템의 응답 및 분석

3.1 소개

지금까지는 한 물리적 시스템을 수학적으로 모델로 표현하고 그 수학적 모델을 라플라스 변환함으로써 전달함수를 구하는 방법을 설명했다. 또한 전달함수로 구성된 여러 블록을 합성하는 방법을 살펴보았다.

이제는 구한 전달함수를 통하여 시스템의 특성을 살펴보기로 하자. 한 시스템의 특성은 일정한 입력이 시스템의 전달함수에 주어질 경우, 시스템이 어떻게 응답하는지를 통해서 알 수 있다. 그림 3.1에서 보면 입력신호 $x(t)$가 주어졌을 때 나타나는 출력신호 $y(t)$가 시스템의 응답이다. 일정한 입력, 즉 테스트 입력신호를 주었을 때, 시스템의 출력이 어떻게 입력을 따라가는지를 분석하는 것은 시스템의 특성을 해석하는 데 매우 중요하다. 입력의 가장 간단한 형태로는, 어떤 특정한 시간에서의 값을 1로 간주하는 임펄스 입력과 시간이 0보다 클 경우에 항상 1인 단위 스텝입력, 시간과 비례하는 램프입력, 그리고 사인파 함수(정현파) 등이 있다. 제어에서 가장 많이 사용하는 입력 함수는 스텝함수이다.

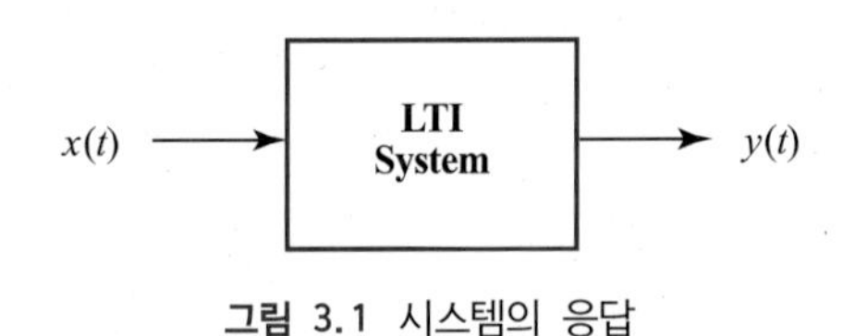

그림 3.1 시스템의 응답

이 책에서는 보통 이차 시스템을 주로 다루지만, 삼차 시스템일 경우에는 대략적인 이차 시스템으로 간소화할 수 있다. 시스템의 특성을 알아보는 이상적인 시스템이라면 출력이 주어진 입력과 같아야 한다. 하지만 이상적인 입력에 대한 실제 시스템의 출력은 계속적인 과도응답(transient response)과 정상상태응답(steady state response)으로 표현되기 때문에 과도응답은 다를지라도 정상상태에서의 출력응답은 입력과 같아야 한다. 정상상태에서 출력응답이 입력과 다를 경우에는 오차가 생기게 되므로 바람직하지 않게 되는데, 이 오차를 0으로 만들기 위해 제어기를 사용한다. 제어기 사용과 설계방법은 후에 설명하기로 하고 이 장에서는 우선 주어진 입력에 따른 시스템의 출력을 분석해 보고자 한다. 주어진 입력에 대하여 시스템마다 요구되는 출력응답의 특성이 다르기 때문에, 이 장에서는 이러한 시스템의 과도응답과 정상상태응답을 이해하고 분석하고자 한다.

3.2 임펄스응답

임펄스응답은 시스템이 가지고 있는 고유의 응답으로 마치 우리의 이름과 같다. 입력 $x(t)$로 임펄스 함수 $\delta(t)=1$이 주어졌을 때 나타나는 응답은 $y(t)=h(t)$이다. 그림 3.2에서 보면 이때의 임펄스응답은 시스템의 고유의 응답이므로 특별히 $h(t)$라 한다.

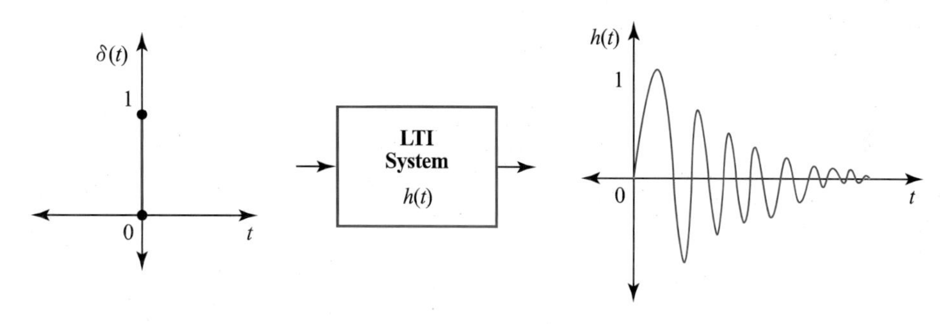

그림 3.2 임펄스응답

그림 3.2에서 어떤 한 시스템의 임펄스응답 $h(t)$를 구했다고 하자. 이때 임의의 입력 $x(t)$에 대한 출력응답 $y(t)$는 다음과 같은 컨볼루션에 의해 구한다.

$$y(t)=x(t)*h(t)=\int_{-\infty}^{\infty}x(\tau)h(t-\tau)d\tau \tag{3.1}$$

이 컨볼루션의 개념은 신호처리에서 중요하게 사용되는데 앞에서 직렬로 연결된 두 시스템의 라플라스 변환을 곱하여 하나로 만들 수 있도록 해 준다. 그럼 이차 시스템에서 임펄스 함수가 입력으로 주어질 때 응답을 구해 보자.

$$G(s)=\frac{Y(s)}{X(s)}=\frac{\omega_n^2}{s^2+2\zeta\omega_n s+\omega_n^2} \tag{3.2}$$

여기서 ζ는 감쇠율(damping factor), ω_n은 고유진동수(natural frequency)이다. ζ와 ω_n의 값이 정해지면 식 (3.2)의 전달함수가 결정되어 폐루프 특성방정식 근의 값을 좌우하기 때문에 ζ와 ω_n에 따라서 시스템의 응답이 달라지게 된다.

다음 이차 전달함수에서 $X(s)=1$일 때 출력을 구하기 위한 전달함수는 다음과 같다.

$$Y(s)=\frac{w_n^2}{s^2+2\zeta w_n s+w_n^2}\quad X(s)=\frac{w_n^2}{s^2+2\zeta w_n s+w_n^2} \tag{3.3}$$

시간영역에서 응답 $y(t)$를 구하기 위해 부분인수분해 확장을 적용하면 다음과 같다.

$$\begin{aligned} Y(s) &= \frac{w_n^2}{(s+\zeta w_n - jw_n\sqrt{1-\zeta^2})(s+\zeta w_n + jw_n\sqrt{1-\zeta^2})} \\ &= \frac{C_1}{s+s_1} + \frac{C_2}{s+s_2} \end{aligned} \tag{3.4}$$

계수값 C_1을 구하면

$$C_1 = \left.\frac{w_n^2}{(s+\zeta w_n + jw_n\sqrt{1-\zeta^2})}\right|_{s=-\zeta w_n + jw_n\sqrt{1-\zeta^2}}$$

대입하면

$$\begin{aligned} C_1 &= \frac{w_n^2}{(-\zeta w_n + jw_n\sqrt{1-\zeta^2} + \zeta w_n + jw_n\sqrt{1-\zeta^2})} \\ &= \frac{w_n^2}{(2jw_n\sqrt{1-\zeta^2})} \\ &= \frac{w_n}{2j\sqrt{1-\zeta^2}} \end{aligned}$$

크기와 위상($j = e^{\frac{\pi}{2}}$)의 극좌표 형태로 표현하면

$$C_1 = \frac{w_n}{2\sqrt{1-\zeta^2}} e^{-j\frac{\pi}{2}} \tag{3.5}$$

마찬가지로 C_2는 $C_2 = C_1^*$ 켤레복소수이므로 다음과 같다.

$$C_2 = \frac{w_n}{2\sqrt{1-\zeta^2}} e^{j\frac{\pi}{2}} \tag{3.6}$$

식 (3.5)와 (3.6)을 (3.4)에 대입한 뒤에 역변환하면 다음과 같다.

$$\begin{aligned} y(t) &= \frac{w_n}{2\sqrt{1-\zeta^2}} \left(e^{-j\frac{\pi}{2}} e^{-(\zeta w_n + jw_n\sqrt{1-\zeta^2})t} + e^{j\frac{\pi}{2}} e^{-(\zeta w_n - jw_n\sqrt{1-\zeta^2})t} \right) \\ &= \frac{w_n}{2\sqrt{1-\zeta^2}} e^{-\zeta w_n t} \left(e^{-j(w_n\sqrt{1-\zeta^2}t + \frac{\pi}{2})} + e^{j(w_n\sqrt{1-\zeta^2}t + \frac{\pi}{2})} \right) \end{aligned} \tag{3.7}$$

오일러 공식을 통해 식 (3.7)은 다음과 같다.

$$\begin{aligned} y(t) &= \frac{w_n}{\sqrt{1-\zeta^2}} e^{-\zeta w_n t} \cos\left(w_n \sqrt{1-\zeta^2}\, t + \frac{\pi}{2}\right) \\ &= \frac{w_n}{\sqrt{1-\zeta^2}} e^{-\zeta w_n t} \sin(w_n \sqrt{1-\zeta^2}\, t) \end{aligned} \tag{3.8}$$

여기서 $\zeta = 0.5$, $w_n = 4$일 때 임펄스응답 $y(t)$는 다음과 같다.

```
>> t = [0:0.01:3];
>> zeta = 0.5; wn=4;
>> y = wn/(sqrt(1-zeta^2 ))*exp(-zeta*wn*t).*cos(wn*sqrt(1-zeta^2)*t+pi/2);
>> plot(t,y)
>> grid
>> xlabel('time (s)')
>> ylabel('y(t)')
```

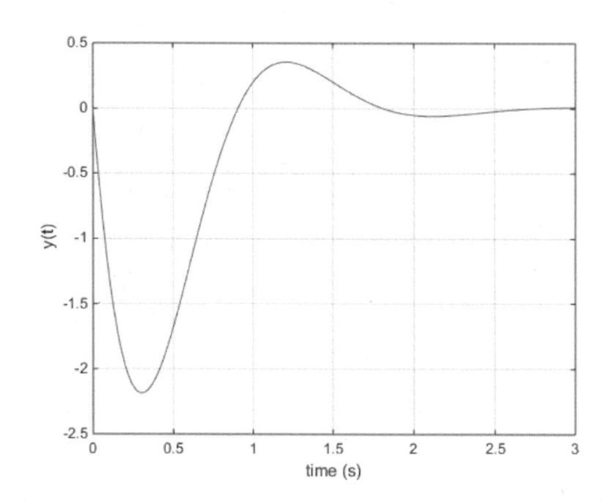

그림 3.3 $\zeta = 0.5$, $w_n = 4$일 때 임펄스응답

점검문제 3.1 식 (3.8)에서 $\zeta = 0.7$, $w_n = 2$일 때 응답을 그려보시오.

3.3 스텝응답의 분석적인 요소

스텝응답은 시스템응답의 가장 기본적인 종류의 하나로, 입력이 0에서 1의 계단 모양으로 갑자기 바뀔 때 나타나는 시스템의 출력이다. 이때 출력은 입력과는 달리 시스템이 응답하는 데 시간이 걸리므로 시간에 대한 계속적인 함수로 나타나기 때문에 그 모양의 다양성을 갖는다. 우리 주위에서 흔히 경험하거나 볼 수 있는 스텝응답의 예로 정지상태에 있던 기차의 출발, 자동차 출발 시 변속, 선풍기의 속도 조절, 로봇 팔의 움직임, 스위치 등 많은 예를 찾아 볼 수 있다.

시스템의 과도응답은 출력이 반응한 그 순간부터 안정상태에 도달하기 전까지의 순간적인 출력을 말하고, 정상상태응답은 그 이후의 안정한 상태를 말한다. 과도응답의 그래프를 분석하기 위해서는 시스템의 출력이 얼마나 일찍 수렴하고, 수렴했을 때의 오차는 얼마이며, 오버슈트(overshoot)의 크기는 어느 정도 되는지 등 여러 가지 분석적인 요소들이 있다. 시스템에 따라서 요구되는 기준이 다르기 때문에 이 요소들의 값도 다르게 된다. 예를 들면, 모터처럼 빠른 응답을 요구할 경우에는 빠른 정착시간이 요구되고, 로봇처럼 다소 위험성이 있는 시스템은 오버슈트가 없는 출력을 선호한다.

이처럼 다양한 응답을 조사하기 위해 일반적인 이차 시스템의 전달함수를 고려해 보자. 입력은 $r(t)$이고 출력은 $y(t)$이다. 스텝입력에 대한 (3.9)의 응답을 구해 보자.

$$Y(s) = \frac{\omega_n^2}{s(s^2 + 2\zeta\omega_n s + \omega_n^2)} \tag{3.9}$$

특성방정식의 근을 구하여 부분인수분해 확장을 하면 다음과 같다.

$$\begin{aligned} Y(s) &= \frac{\omega_n^2}{s(s+\zeta w_n - jw_n\sqrt{1-\zeta^2})((s+\zeta w_n + jw_n\sqrt{1-\zeta^2})} \\ &= \frac{C_1}{s} + \frac{C_2}{s+\zeta w_n - jw_n\sqrt{1-\zeta^2}} + \frac{C_3}{s+\zeta w_n + jw_n\sqrt{1-\zeta^2}} \end{aligned} \tag{3.10}$$

계수값을 구해 식 (3.10)의 역라플라스 변환을 하면 $y(t)$는 다음과 같다.

$$y(t) = 1 - \frac{1}{\sqrt{1-\zeta^2}} e^{-\zeta\omega_n t} \sin(\omega_n\sqrt{1-\zeta^2}\, t + \cos^{-1}\zeta) \tag{3.11}$$

식 (3.11)은 이차 시스템에서 스텝응답을 나타낸다. ζ와 ω_n은 시스템의 특성을 나타내는 매우 중요한 변수들로 ζ와 ω_n의 값에 따라 응답 곡선이 달라지게 된다.

다음의 MATLAB 프로그램을 통해서 특정한 ζ와 ω_n의 값이 주어졌을 경우, **step** 명령어를 사용하여 시스템의 응답을 조사해 보자.

```
>> zeta = 0.5;
>> wn = 2;
>> t = [0:0.01:6];
>> y = 1-1/(sqrt(1-zeta^2 ))*exp(-zeta*wn*t).*sin(wn*sqrt(1-zeta^2)*t+acos(zeta));
>> plot(t,y)
>> axis([0 6 0 1.4])
>> grid
>> xlabel('time (s)')
>> ylabel('y(t)')
```

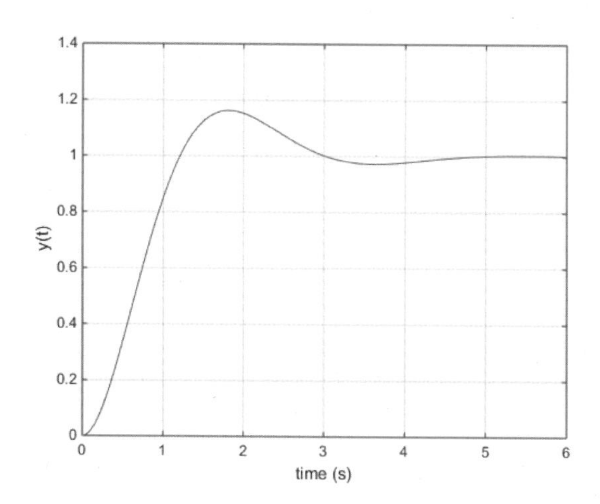

그림 3.4 $\zeta = 0.5$, $w_n = 2$일 때 스텝응답

점검문제 3.2 식 (3.11)을 유도하시오.

점검문제 3.3 식 (3.11)에서 $\zeta = 0.7$, $w_n = 4$일 때 응답을 그려보시오.

예제 3-1 이차 시스템의 응답

감쇠율(ζ)이 0.5이고, 고유진동수(ω_n)가 2이며, 입력으로 스텝 $R(s) = \dfrac{1}{s}$이 주어질 경우의 이차 시스템 $G(s) = \dfrac{Y(s)}{R(s)} = \dfrac{\omega_n^2}{s^2 + 2\zeta\omega_n s + \omega_n^2}$의 출력 $Y(s)$를 조사해 보자.

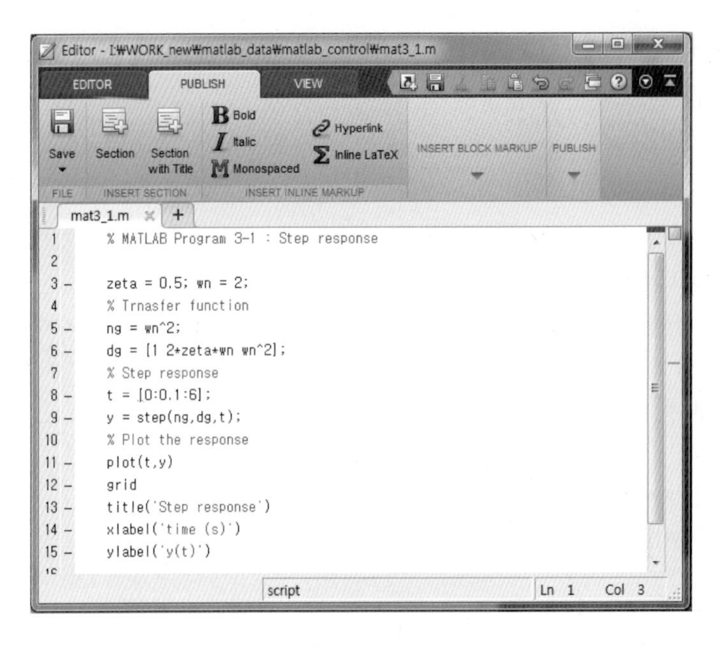

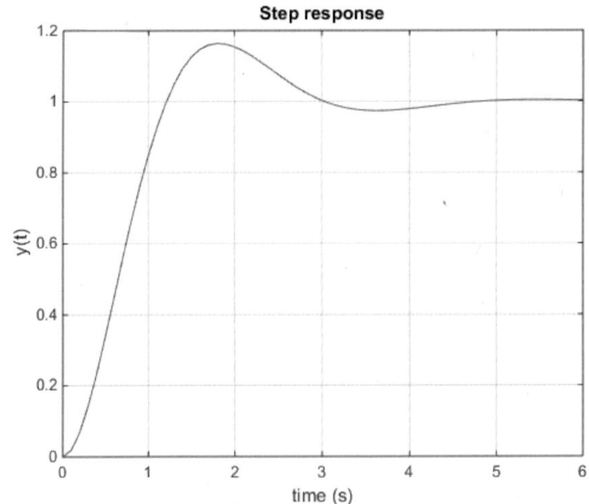

그림 3.5 스텝응답

그림 3.5는 감쇠율 $\zeta = 0.5$이고, 고유진동수 $\omega_n = 2$일 경우의 스텝입력에 대한 출력을 나타낸다. 시스템의 출력 $y(t)$가 $t = 0$에서 응답하기 시작하여 기준입력을 초과한 뒤에 $t = 1.8$초경에서 최고점에 달한 뒤, $t = 3$초 이후에서 점차 입력과 같아짐을 알 수 있다. 결과가 그림 3.4와 같음을 확인할 수 있다.

그림 3.5에 나타난 것처럼 시스템의 스텝응답은 1.8초 정도에서 최댓값을 나타내고 5초에

서 정착하는 것을 볼 수 있다. 이와 같이 한 시스템의 스텝응답의 특성을 나타내는 요소들이 있는데 예를 들면 다음과 같다.

1) 오버슈트

오버슈트(overshoot)는 스텝으로 입력을 주었을 경우에 순간출력과 정상상태출력 사이의 최대 차이를 나타낸다. 퍼센트 오버슈트(percent overshoot)는 출력이 기준의 입력에 비해 얼마만큼 과도하게 나타났는지를 나타내는 비율이다. 최대의 출력값이

$$M_p = 1 + e^{-\zeta\pi/\sqrt{1-\zeta^2}} \tag{3.12}$$

와 같을 경우 오버슈트의 크기는

$$\text{오버슈트 크기} = \text{최대의 출력값} - \text{마지막 출력값}$$

$$\text{퍼센트 오버슈트} = \frac{\text{최대의 출력값} - \text{마지막 출력값}}{\text{마지막 출력값}} \times 100\% \tag{3.13}$$

로 나타난다.

$$\mathrm{PO} = 100\, e^{-\zeta\pi/\sqrt{1-\zeta^2}} \qquad (0 < \zeta < 1) \tag{3.14}$$

감쇠비가 $0 < \zeta < 1$일 때 오버슈트가 생긴다.

앞의 예제에서 $\zeta = 0.5$이면 Mp = 1.1630이 되고 PO는 16%가 된다.

```
>> zeta = 0.5;
>> po = 100*exp(-zeta*pi/sqrt(1-zeta^2))
po =
   16.3034

>> Mp = 1+exp(-zeta*pi/sqrt(1-zeta^2))
Mp =
    1.1630
```

일반적으로 오버슈트가 과하면 안 되므로 5% 미만이 되도록 한다. 역으로 PO가 주어지고 감쇠비 ζ를 계산해 보자. 식 (3.14)에서 양변을 100으로 나누고 log를 취하면 다음과 같다.

$$\log\left(\frac{\mathrm{PO}}{100}\right) = -\zeta\pi/\sqrt{1-\zeta^2}$$

양변을 제곱하고 ζ를 계산하면 다음과 같다. 이 식은 나중에 시스템응답 조건에 따른 제어기를 설계하는 기본식이 된다.

$$\zeta = \sqrt{\frac{\left[\log\left(\frac{\mathrm{PO}}{100}\right)\right]^2}{\pi^2 + \left[\log\left(\frac{\mathrm{PO}}{100}\right)\right]^2}} \tag{3.15}$$

역으로 5%가 되려면 감쇠비는 $\zeta = 0.6901$이 된다.

```
>> zeta = sqrt((log(5/100))^2 /(pi^2 + (log(5/100))^2))
zeta =
    0.6901
```

2) 정착시간

정착시간(settling time) T_s는 시스템의 응답이 얼마만큼 빨리 안정되게 입력을 따라가는지를 나타낸다. 정착시간은 단일스텝으로 입력을 주었을 경우 출력이 보통 출력의 마지막 값의 ± 0.02로 되었을 때, 즉 1 ± 0.02 사이일 때의 시간을 나타낸다. 2% 정착시간일 경우 식 (3.4)로부터 포락선을 나타내는 사인함수의 크기 부분을 살펴보자.

$$1 + \frac{1}{\sqrt{1-\zeta^2}} e^{-\zeta\omega_n T_s} = 1.02 \tag{3.16}$$

정리하면

$$T_s = -\frac{\ln\left(0.02\sqrt{1-\zeta^2}\right)}{\zeta w_n}$$

ζ값에 따라 달라지므로 정확한 값을 구할 수는 없으나 $\zeta = 0.5$인 경우에는 대략 다음과 같다.

$$T_s \approx \frac{4}{\zeta\omega_n} \tag{3.17}$$

때론 5%를 고려하는 경우도 있는데 $\zeta = 0.5$인 경우에는 다음과 같다.

$$T_s \approx \frac{3.1}{\zeta\omega_n} \tag{3.18}$$

ζ값이 0과 1의 범위 안에서 크면 클수록, ω_n값이 크면 클수록 정착시간은 빨라진다.

```
>> log(0.02*sqrt(1-0.5^2))
ans =
   -4.0559
>> log(0.05*sqrt(1-0.5^2))
ans =
   -3.1396
```

3) 첨두치시간

이 밖에 시스템이 얼마나 빠르게 응답하는지를 나타내는 것으로 오버슈트가 최고일 때 시간을 나타내는 첨두치시간(peak time)이 있다.

$$t_{peak} = \frac{\pi}{\omega_n \sqrt{1-\zeta^2}} \qquad (0 < \zeta < 1) \tag{3.19}$$

감쇠율 ζ값이 0과 1의 범위 안에서 작을수록 t_{peak}값이 작아짐을 알 수 있다.

위의 예제에서 $\zeta = 0.5$이고 $w_n = 2$이면 $t_{peak} = 1.8138$초가 된다.

```
>> wn= 2;
>> tp = pi/(wn * sqrt(1- 0.5^2))
tp =
    1.8138
```

4) 상승시간

시스템이 응답한 뒤에 응답이 출력 마지막 값의 10%부터 90%가 되는 데 걸리는 시간을 상승시간(rise time)이라 한다.

5) 정상상태 오차

정상상태 오차(steady state error)는 시스템의 안정한 상태에서의 응답을 나타내는 척도이다. 기준의 입력과 시스템이 안정되었을 때의 출력의 차이를 정상상태 오차라 한다. 입력 $r(t)$와 출력 $y(t)$의 차이인 오차로 표현한다.

$$e_{ss} = \lim_{t \to \infty} e(t) = \lim_{t \to \infty} [r(t) - y(t)] \tag{3.20}$$

마지막 값 정리를 사용하여 라플라스 변환의 S 영역에서는 다음과 같이 표현한다.

$$e_{ss} = \lim_{s \to 0} sE(s) = \lim_{s \to 0} s[R(s) - Y(s)] \tag{3.21}$$

각 입력에 대한 공정의 형태에 따른 정상상태 오차는 표 3.1과 같다.

표 3.1 각 입력에 대한 공정의 형태에 따른 정상상태 오차

Type number	Step input, $r(t) = A$	Ramp input, $r(t) = At$	Parabola, $r(t) = At^2/2$
0	$e_{ss} = \frac{A}{1+K_p}$	$e_{ss} = \infty$	$e_{ss} = \infty$
1	$e_{ss} = 0$	$e_{ss} = \frac{A}{K_v}$	$e_{ss} = \infty$
2	$e_{ss} = 0$	$e_{ss} = 0$	$e_{ss} = \frac{A}{K_a}$

여기서 각 오차 상수는 다음과 같이 정의된다.

❶ 위치 오차 상수 $K_p = \lim_{s \to 0} G(s)C(s)$

❷ 속도 오차 상수 $K_v = \lim_{s \to 0} sG(s)C(s)$

❸ 가속도 오차 상수 $K_a = \lim_{s \to 0} s^2 G(s)C(s)$

따라서 응답요소들을 통해 ζ와 w_n 의 요건이 주어지면 그림 3.6처럼 원하는 근의 위치 영역이 정해지게 된다.

위의 응답요소들은 계산을 통해 얻을 수 있지만 주어진 스텝출력의 데이터 y를 통해 오버슈트와 첨두치시간을 구해 보자. 오버슈트와 첨두치시간은 MATLAB 명령어 중에서 주어진 데이터에서 가장 큰 값을 찾는 **max** 명령어를 사용하여 y의 최댓값과 그 값에서의 시간, 첨두치시간을 구하면 쉽게 구할 수 있다.

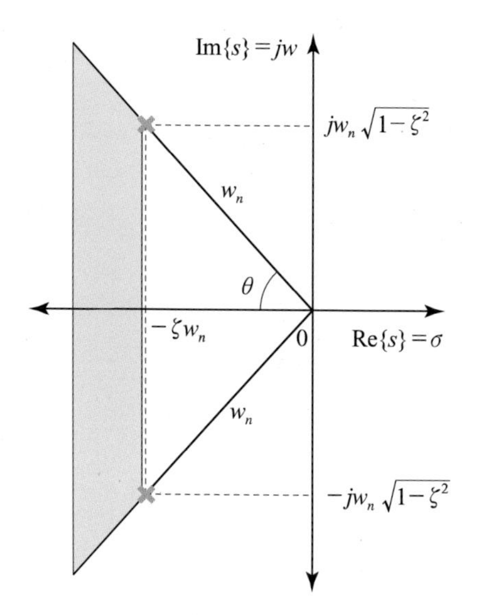

그림 3.6 원하는 근의 위치 영역

```
>> mat3_1
>> [Mp,index] = max(y)
Mp =
    1.1630
index =
    19
>> Po = (Mp-1)*100
Po =
   16.2971
>> tp = t(index)
tp =
    1.8000
```

또한 스텝응답의 그래프 상에서 정착시간을 나타내는 선을 표시할 수 있으면 그래프로부터 쉽게 정착시간을 구할 수 있다. 다음처럼 스텝응답 출력의 크기와 같은 크기의 벡터를 만든 후에 함께 그리면 된다.

```
>> ul =1+0.02*ones(length(t),1);
>> ll = 1-0.02*ones(length(t),1);
>> plot(t,y,t,ul,'--',t,ll,'--')
>> grid
```

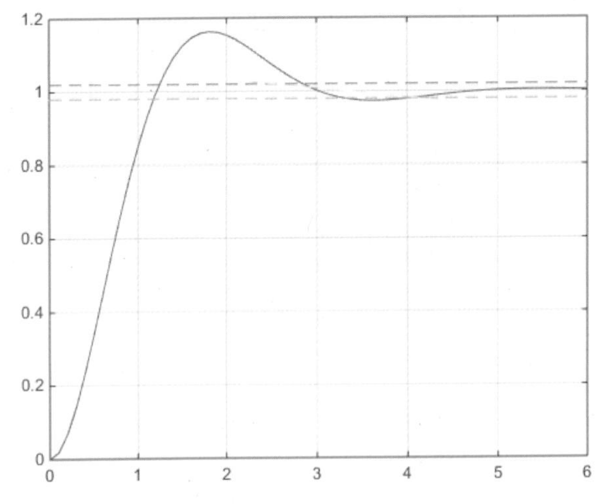

그림 3.7 정상상태 오차를 표기한 스텝응답

상승시간을 나타낼 경우도 마찬가지로 위와 같이 하면 된다.

점검문제 3.4 그림 3.7에서 오버슈트가 5%를 넘지 않도록 시스템을 설계할 경우 오버슈트가 실제로 5% 미만인지를 쉽게 볼 수 있도록 하기 위해서 선을 그려 보시오.

점검문제 3.5 $G(s) = \dfrac{25}{s^2 + 5s + 25}$의 스텝응답을 그리고 오버슈트, 정착시간, 정상상태 오차, 첨두치시간을 구하시오.

예제 3-2 감쇠율의 영향

시스템이 이차공정으로 식 (3.1)과 같을 경우, 감쇠율이 $0 < \zeta < 0.95$일 때, 위에서 주어진 시스템의 성능규격들 (3.4), (3.5), (3.6)과 감쇠율과의 관계를 그래프로 나타내 보자.

그림 3.8에서 보듯이 댐핑이 $\zeta = 1$이면 오버슈트가 0이고 $\zeta = 0.707$이면 오버슈트가 5%인 것을 알 수 있다. 댐핑이 $\zeta = 0$이면 오버슈트가 100%로 출력이 사인파 형태가 되는 것을 알 수 있다.

MATLAB Program 3-2 : mat3_2.m

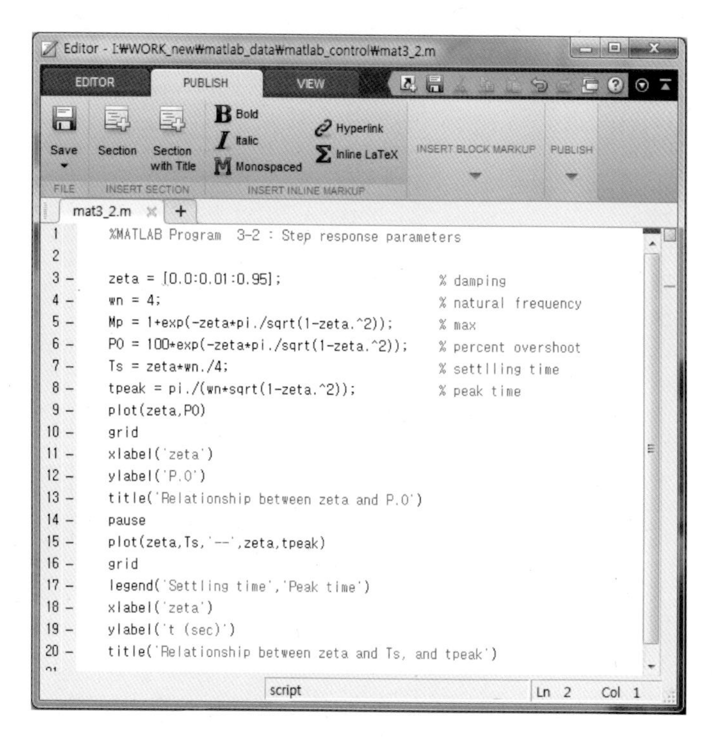

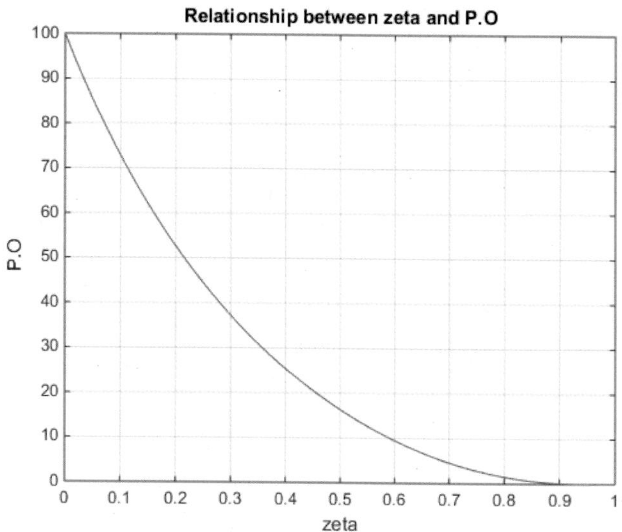

그림 3.8 ζ와 P.O의 비교

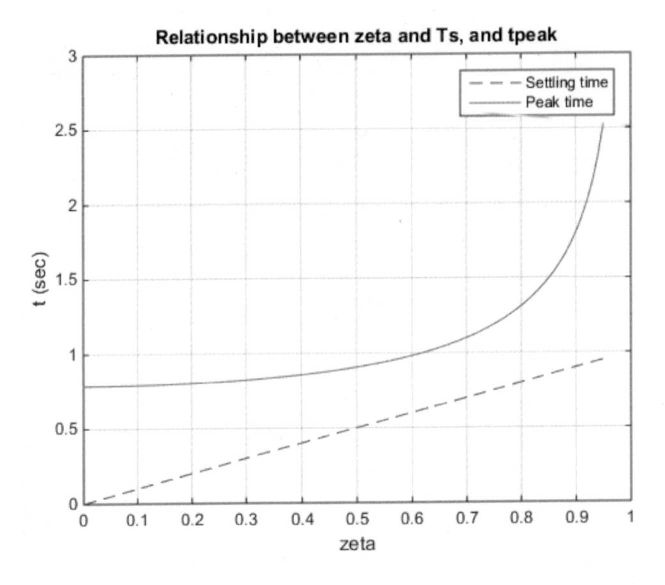

그림 3.9 ζ와 T_s, t_{peak}의 비교

점검문제 3.6 감쇠율이 $\zeta = 0.707$이고 고유진동수 $\omega_n = 8$일 때 P.O, t_{peak}, M_p 등을 MATLAB을 사용하여 구하시오.

점검문제 3.7 점검문제 3.1에서 정상상태 오차를 구하시오.

3.4 스텝응답의 종류

스텝입력에 대한 다음 이차 시스템의 출력은 응답 형태에 따라 세 가지로 구분한다. 이처럼 다양한 출력의 응답은 전달함수의 극점의 위치에 따라 결정된다.

$$G(s) = \frac{\omega_n^2}{s^2 + 2\zeta\omega_n s + \omega_n^2} \tag{3.22}$$

위 식에서 특성방정식의 근을 구해 보자.

$$s_{1,2} = \frac{-2\zeta\omega_n \pm \sqrt{(2\zeta\omega_n)^2 - 4\omega_n^2}}{2} = -\zeta\omega_n \pm \omega_n\sqrt{\zeta^2 - 1} \tag{3.23}$$

다음 세 가지 근의 특성에 따라 응답이 다르게 나타난다.

1) $\zeta^2 - 1 < 0$인 경우 : 과소감소(under-damped response)

첫 번째 응답은 그림 3.10에 보인 것과 같은 과소감쇠(under-damped)의 경우인데, 이 경우는 정착시간이 빨라 출력의 응답이 빠른 대신 불필요한 오버슈트가 생긴다. 이 경우에 $\zeta^2 - 1 < 0$이므로, 감쇠율은 양수값만을 취해 $0 < \zeta < 1$이 된다. 근은 복소수 근이다.

$$s_{1,2} = -\zeta\omega_n \pm j\omega_n\sqrt{1-\zeta^2} \qquad (0 < \zeta < 1) \tag{3.24}$$

전달함수는 다음과 같다.

$$G(s) = \frac{\omega_n^2}{(s + \zeta w_n + j w_n\sqrt{1-\zeta^2})(s + \zeta w_n - j w_n\sqrt{1-\zeta^2})} \tag{3.25}$$

안정한 극점은 다음과 같은 복소수가 된다.

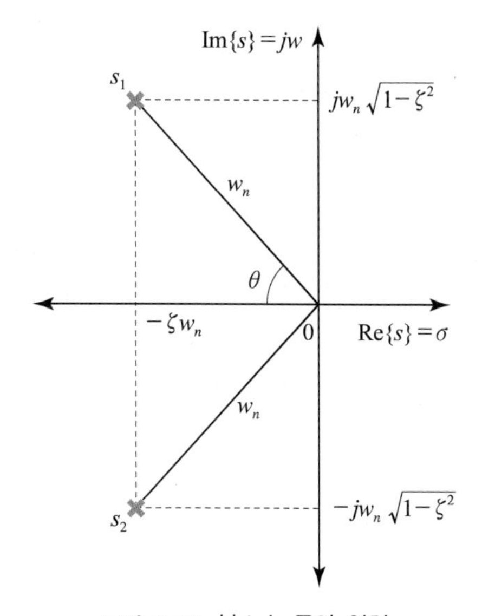

그림 3.10 복소수 근의 위치

2) $\zeta^2 - 1 = 0$인 경우 : 임계감소(critically-damped response)

두 번째 경우는 임계감쇠(critically-damped)의 경우로, 오버슈트가 없고 $\zeta = 1$인 경우이다. 이 경우 극점은 실수인 중근이다. 근은 실수로 중근이다. 그림 3.11에 보인 것처럼 2개의 극점이 겹쳐 있다.

$$s_{1,2} = -\zeta\omega_n \tag{3.26}$$

전달함수는 다음과 같다.

$$G(s) = \frac{\omega_n^2}{(s+\zeta w_n)^2} = \frac{\omega_n^2}{(s+p)^2} \tag{3.27}$$

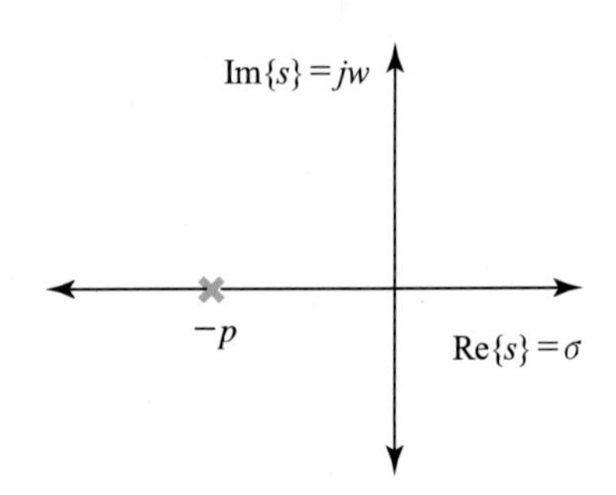

그림 3.11 중근의 위치

3) $\zeta^2 - 1 > 0$인 경우 : 과다감소(over-damped response)

마지막 응답 모형으로는 과다감쇠(over-damped)인데, 오버슈트가 없는 대신 응답시간이 다소 느리다($\zeta > 1$). 극점은 서로 다른 실근으로 그림 3.12와 같이 위치한다.

$$s_{1,2} = -\zeta\omega_n \pm \omega_n\sqrt{\zeta^2 - 1} \quad (\zeta > 1) \tag{3.28}$$

전달함수는 다음과 같다.

$$G(s) = \frac{\omega_n^2}{(s+\zeta w_n + w_n\sqrt{\zeta^2-1})(s+\zeta w_n - w_n\sqrt{\zeta^2-1})} = \frac{\omega_n^2}{(s+p_1)(s+p_2)} \tag{3.29}$$

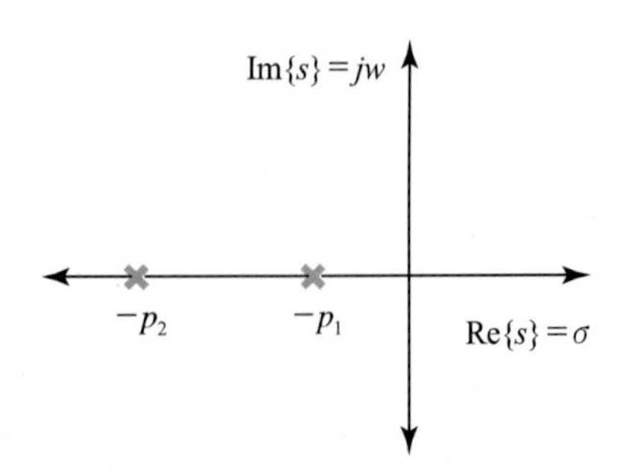

그림 3.12 두 실근의 위치

4) $\zeta=0$인 경우 : 진동 또는 발산(oscillatory response)

$\zeta=0$이면 시스템은 불안정한 상태가 되고, 이때의 출력은 사인함수 곡선과 같다.

$$s_{1,2}=\pm j\omega_n \tag{3.30}$$

전달함수는 다음과 같다. 근이 jw축에 놓여 있다.

$$G(s)=\frac{\omega_n^2}{(s+jw_n)(s-jw_n)}=\frac{\omega_n^2}{(s+p_1)(s+p_2)} \tag{3.31}$$

$\zeta=0$인 경우는 시스템이 불안정하게 된다.

일반적으로 로봇 제어에서는 임계나 과다감쇠응답이 많이 쓰인다. 아래의 예제에서 보여주는 그림은 이 세 가지 응답 형태를 보여준다.

예제 3-3 세 가지 종류의 스텝응답

시스템이 이차로 식 (3.3)과 같을 때, 고유진동수 $\omega_n=4$로 같고 감쇠율이 각각 다른 세 종류의 응답, 즉 과소($\zeta=0.6$), 임계($\zeta=1$), 과다($\zeta=1.6$) 응답을 함께 그려보자.

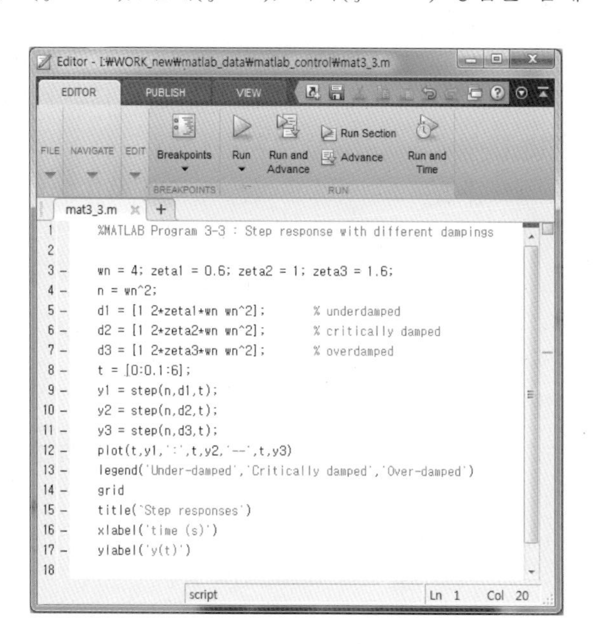

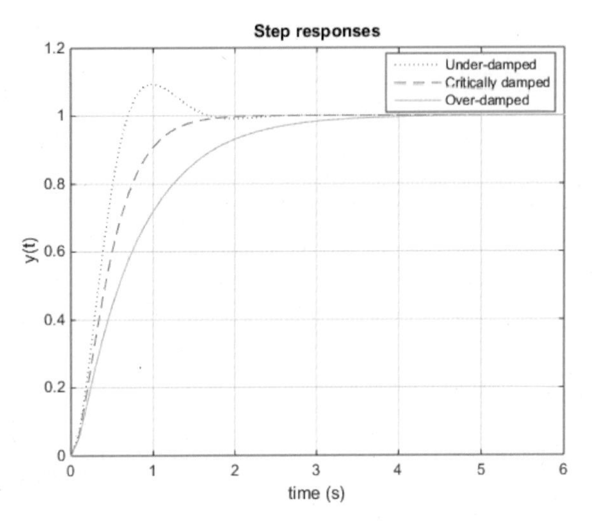

그림 3.13 스텝응답의 종류

3.5 임펄스와 램프응답

스텝이 아닐 경우에 쓰이는 입력으로 임펄스와 램프입력 그리고 사인파 입력이 있다. 임펄스입력은 스텝입력을 미분한 형태로서 실제로 정의하기 어렵지만 시스템을 분석하는 데 편리하기 때문에 사용된다. 램프입력은 스텝입력의 적분 형태로 시간과 비례한다.

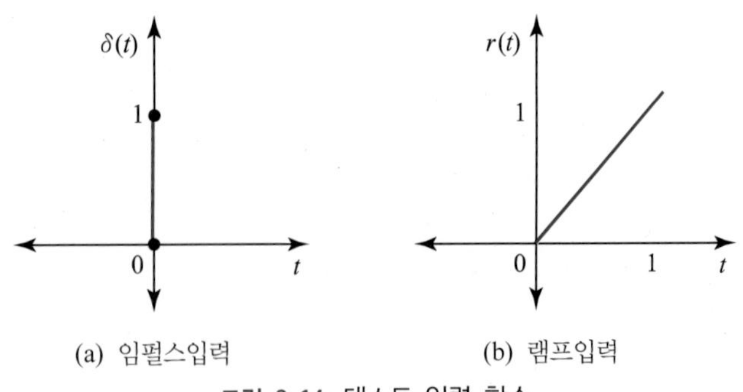

(a) 임펄스입력 (b) 램프입력

그림 3.14 테스트 입력 함수

MATLAB에서는 이러한 입력에 대한 출력을 다음의 명령어를 사용하면 쉽게 구할 수 있다. n_t와 d_t는 폐루프 전달함수의 분자와 분모이다.

```
t = [초기 시간 : 간격 : 최종 시간];          ☜ 응답시간
r = t;                                      ☜ 램프응답의 입력
yi = impulse(nt,dt,t);                      ☜ 임펄스응답
ys = step(nt,dt,t);                         ☜ 스텝응답
yr = lsim(nt,dt,r,t);                       ☜ 램프응답
```

변수 y_i, y_s, y_r은 t와 같은 크기의 벡터를 가진 출력을 나타낸다. 스텝이나 임펄스입력에 대한 출력을 나타내는 명령어가 있지만, 램프입력에 대한 출력을 나타내는 명령어는 따로 없다. 하지만 명령어 **lsim**을 사용하면 램프응답뿐만 아니라, 다른 입력에 대한 응답들도 계산할 수 있다. 예를 들어, 코사인함수의 입력에 대한 시스템의 출력을 구하려면 위에서 $r = t$의 램프입력 대신에 코사인 입력 $u = \cos(t)$로 바꾸고, 명령어 **lsim**을 사용한다.

```
>> u= cos(t);
>> yc = lsim(nt,dt,u,t);
```

즉, 입력 $u = t^2$을 원하는 입력으로 바꾸고 바꾼 입력을 출력하는 데 사용하면 된다. 만약 입력으로 포물선 함수(parabola)를 사용하고 싶으면 다음과 같이 한다.

```
>> u = t.^2;
>> y = lsim(nt,dt,u,t);
```

예제 3-4 임펄스와 램프응답

임펄스와 램프응답의 예로 감쇠율(ζ)이 0.5이고, 고유진동수(ω_n)가 2일 경우 시스템 $G(s) = \dfrac{\omega_n^2}{s^2 + 2\zeta\omega_n s + \omega_n^2}$의 임펄스와 램프응답을 출력해 보자.

MATLAB Program 3-4 : 임펄스와 램프응답

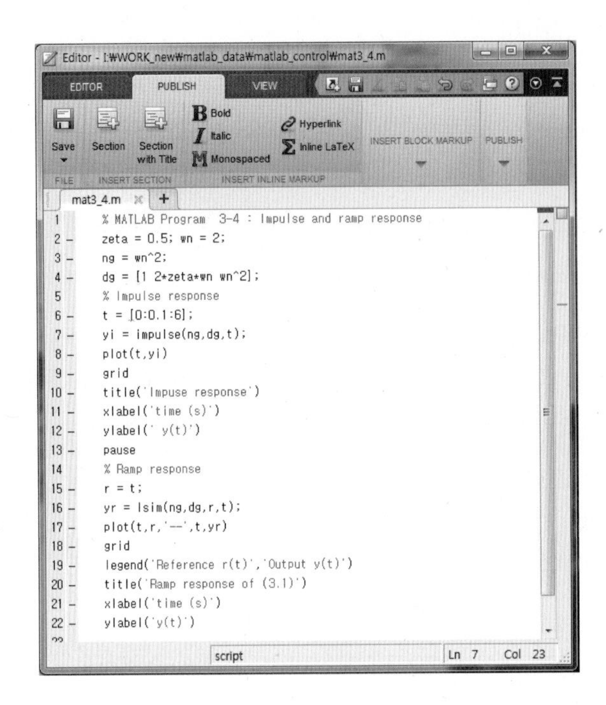

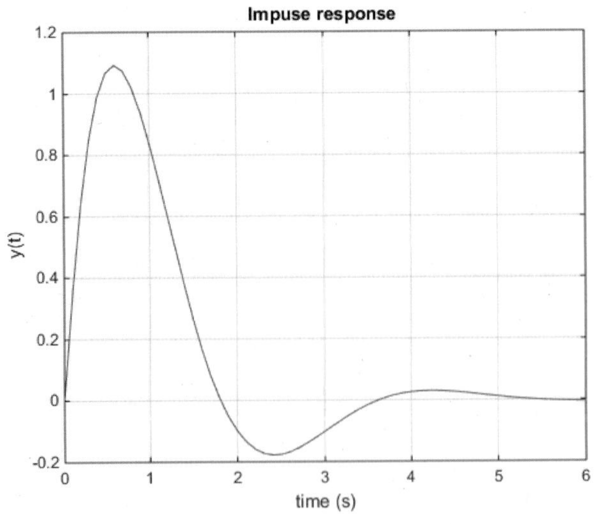

그림 3.15 임펄스응답

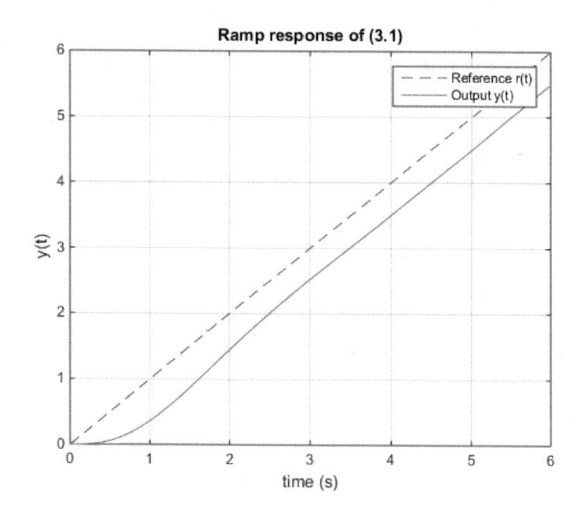

그림 3.16 램프응답

3.6 이차공정의 설계 예제

한 예로서 공정 $G(s)$가 제어기 $C(s)$로 제어되는 다음의 폐루프 시스템을 고려해 보자. 전달함수는 다음과 같다.

$$T(s) = \frac{Y(s)}{R(s)} = \frac{G(s)C(s)}{1+G(s)C(s)} \tag{3.32}$$

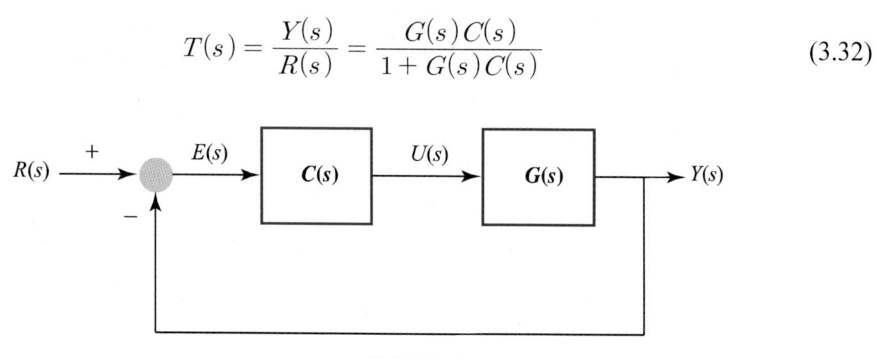

그림 3.17 제어블록선도

예제 3-5 감쇠율에 따른 스텝응답

그림 3.17에서 공정 $G(s) = \dfrac{1}{s(s+2)}$이고, $C(s) = K$일 때, 세 가지 응답의 형태에 따라 각각 제어기 이득 K의 값을 구해 보자.

먼저, 폐루프 방정식을 구해 보면 다음과 같다.

$$T(s) = \frac{K}{s^2 + 2s + K} \tag{3.33}$$

식 (3.2)와 비교하면 $\zeta\omega_n = 1$이고 $\omega_n^2 = K$이다. 과소감쇠응답의 경우$(0<\zeta<1)$ 요구되는 감쇠율은 $\zeta=0.707$이라 하자.

$$\omega_n = 1.4144,\ K = 2.006$$

임계감쇠응답의 경우$(\zeta=1)$,

$$\omega_n = 1,\ K = 1$$

이고, 과다감쇠응답의 경우$(\zeta>1)$ 요구되는 감쇠율이 $\zeta=1.2$라 하면

$$\omega_n = 0.8333,\ K = 0.6944$$

이다. K의 값을 바꿈에 따라 시스템의 응답이 바뀌는 것을 볼 수 있다. K의 값을 바꾸어 가면서 시스템의 응답을 조사하는 프로그램의 파일을 아래와 같이 만들 수 있다.

MATLAB Program 3-5 : Step Response

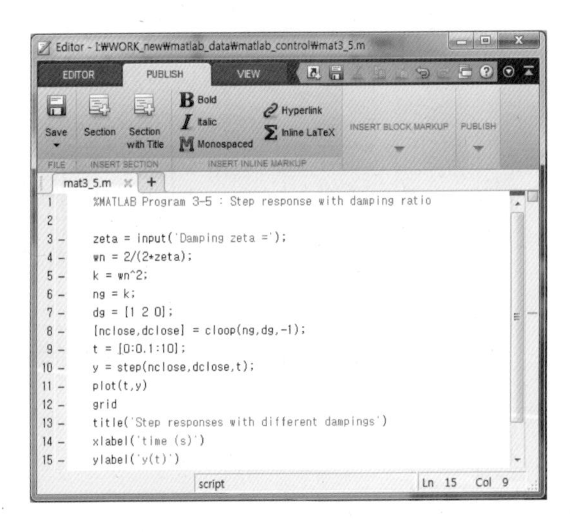

```
%MATLAB Program 3-5 : Step response with damping ratio

zeta = input('Damping zeta =');
wn = 2/(2+zeta);
k = wn^2;
ng = k;
dg = [1 2 0];
[nclose,dclose] = cloop(ng,dg,-1);
t = [0:0.1:10];
y = step(nclose,dclose,t);
plot(t,y)
grid
title('Step responses with different dampings')
xlabel('time (s)')
ylabel('y(t)')
```

```
>> mat3_5
Damping zeta =0.707
>> hold on
```

```
>> mat3_5
Damping zeta =1
>> mat3_5
Damping zeta =1.2
>> hold off
```

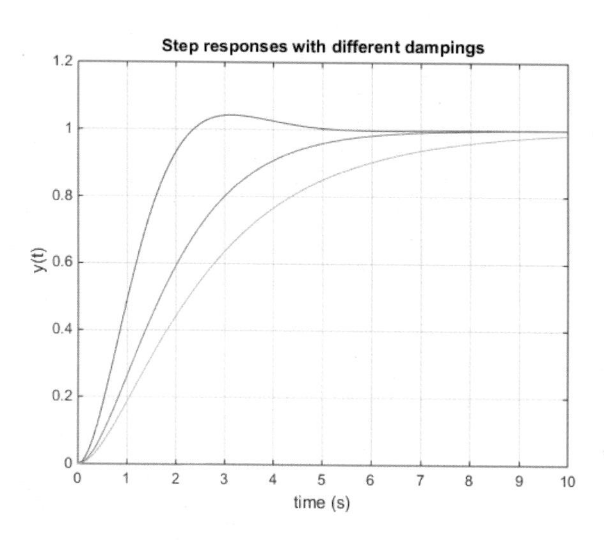

그림 3.18 다른 감쇠율에 따른 스텝응답

상호작용을 하는 **input** 명령어가 키보드로부터 'zeta'값을 지정하라고 화면에 나타난다. 'zeta'값을 지정하면 그 값에 따른 출력이 그려진다. 위에서 보여준 세 종류의 응답을 한 그래프 안에 모두 그리기를 원하면, 다음의 프로그램과 같이 하면 된다.

명령어 **hold on**은 앞에서 설명한 것처럼 한 그래프에 다른 그래프를 덮어서 그릴 경우에 유용하게 쓸 수 있다. 앞에서 설명한 것처럼 **hold on** 사용 시에는 각각의 선을 구별할 수가 없으므로 그래프 안에 문자열 'text'를 넣어 각각의 응답을 구별해 보자.

```
>> text(3,1.1,'zeta = 0.707')        ☜ 좌표 (3, 1. 1)의 위치
>> text(2.5,0.92,'zeta = 1')         ☜ 좌표 (2.5, 0.92)의 위치
>> text(4,0.7,'zeta = 1.2')          ☜ 좌표 (4, 0.7)의 위치
```

예제 3-6 시스템응답

이번에는 그림 3.18의 경우와는 다르게 같은 감쇠율 ζ를 가지고 고유진동수 ω_n이 바뀜에

따른 시스템응답의 모습을 살펴보자. 시스템 (3.33)에서 감쇠율이 $\zeta = 0.707$로 정해졌을 경우 여러 종류의 고유진동수 ω_n에 따른 변수 K를 구하고, 그에 따른 시스템응답을 그려 본다.

MATLAB상에서 다음을 실행한다. 매번 프로그램 'mat3_6.m'을 실행할 때마다 새로운 변수를 만들어 현재 값을 저장한 뒤 모든 변수들의 값을 함께 그린다.

MATLAB Program 3-6 : 시스템응답

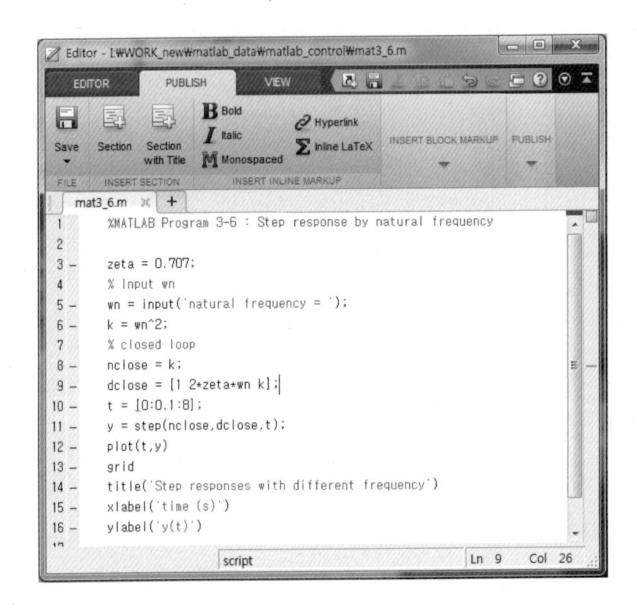


```
>> mat3_6
natural frequency = 1
>> y1=y;
>> mat3_6
natural frequency = 2
>> y2=y;
>> mat3_6
natural frequency = 3
>> y3=y;
>> plot(t,y1,':',t,y2,'--',t,y3)
>> legend('wn=1', 'wn=2', 'wn=3')
>> grid
>> xlabel('time (s)')
>> ylabel('y(t)')
```

식 (3.16)으로부터 ω_n은 정착시간과 관계가 있고, 오버슈트와는 관계가 없음을 그래프를 통해 알 수 있다. ω_n의 값이 크면 클수록 정착시간이 빨라지는 것을 그림 3.19를 통하여 볼 수 있다.

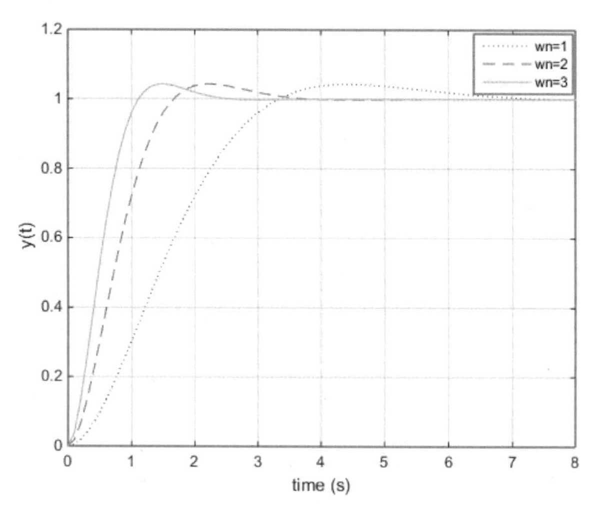

그림 3.19 고유주파수에 따른 스텝응답

열심문제 3.1 그림 3.19의 스텝응답에서 보여지는 기준입력, 오버슈트의 최댓값과 정상상태 오차를 표시하는 선을 나타내는 프로그램을 만들어 보시오.

3.7 외란에 의한 시스템응답

외란이란 기준입력을 제외하고 시스템의 출력에 나쁜 영향을 미치는 원하지 않는 다른 입력을 말한다. 흔하게 접할 수 있는 외란의 예로는 드론이 날아가는데 바람이 분다던지 자동차를 운전하는데 도로에 노면홈이 있어 차량에 영향을 미치는 것, 모터에 링크가 연결되어 있어 링크의 움직임에 따른 모터에의 영향 등이 있다. 지금까지는 외란이 없을 경우의 입력에 대한 시스템의 출력을 알아보았다. 하지만 실제 시스템에 있어서는 항상 외란이 존재하기 때문에 외란에 대한 시스템의 출력을 조사해 보는 것이 중요하다. 그림 3.20은 외란의 입력 $D(s)$를 보여준다.

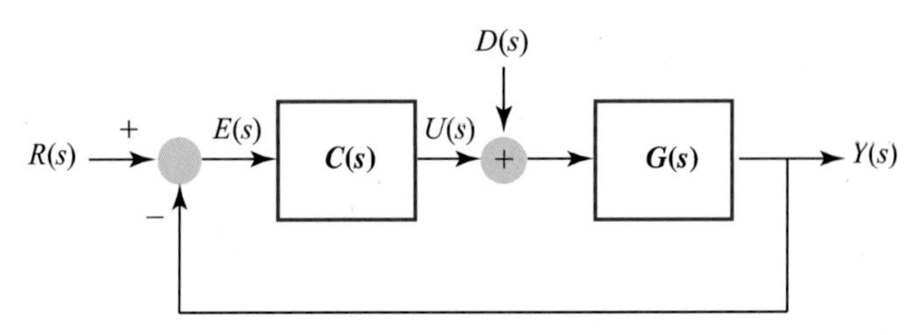

그림 3.20 외란이 있는 제어블록선도

그림 3.20으로부터 외란에 의한 응답을 구하려면 우선 입력 $R(s)$를 0으로 놓고 외란입력 $D(s)$에서 출력 $Y(s)$로의 전달함수를 구한다.

$$\frac{Y(s)}{D(s)} = -\frac{G(s)}{1+G(s)C(s)} \tag{3.34}$$

예제 3-7 외란에 대한 응답

그림 3.20에서 시스템이 $G(s) = \dfrac{1}{s(s+2)}$이고 제어기 이득이 $C(s) = K = 2$일 때, 외란이 없을 경우에 입력 $R(s)$에 대한 출력인 y_1과 외란입력 $D(s)$에 대한 출력 y_2를 함께 비교해 보자.

$$Y_1(s) = \frac{K}{s^2+2s+K}R(s), \quad Y_2(s) = \frac{-1}{s^2+2s+K}D(s)$$

MATLAB Program 3-7 : Step Response due to disturbance

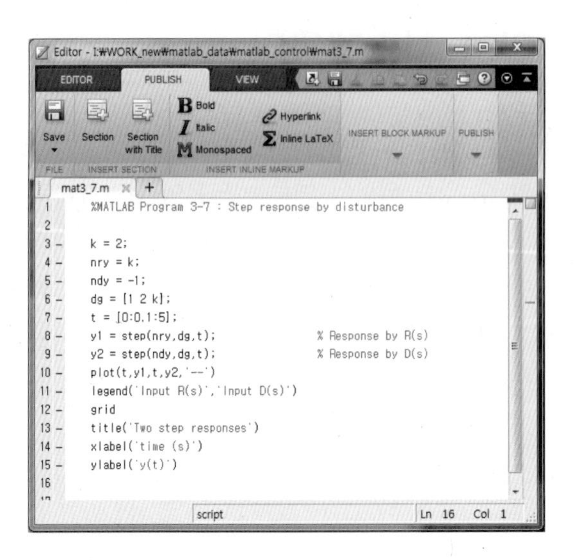

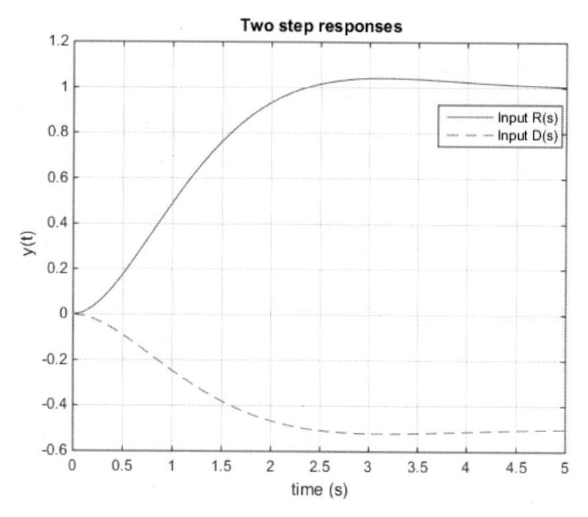

그림 3.21 외란에 따른 스텝응답

3.8 삼차공정의 설계 예제: Induction 모터

앞에서 이차공정의 응답을 알아보았다. 실제로는 이차뿐만 아니라 삼차 또는 높은 차수의 공정들이 존재한다. 삼차공정을 기존의 제어기로 제어하기 어렵기 때문에 먼저 대략적인 이차공정으로 바꾼 다음 제어하는 방법이 있다. 예로서 Induction 모터를 가지고 공부해 보기로 하자. Induction 모터는 DC 모터에 비해 작은 크기를 가지고 있지만 좋은 회전력을 생산할 수 있기 때문에 산업용으로 많이 쓰이고 있다. 하지만 그 동적 모델이나 구조가 앞의 2장에서 소개한 DC 모터보다 훨씬 복잡하고 비선형이다. 정류자(stator)가 고정되어 있지 않고 회전하기 때문에, 회전자(rotor)와의 관계에서 발생하는 자기장을 제어해야 하는 등의 여러 가지 동적 현상을 고려해야 한다. 이처럼 실제로는 비선형이지만 간단하게 선형화해서 PI 제어기로 제어를 하면 그림 3.22와 같이 나타낼 수 있다.

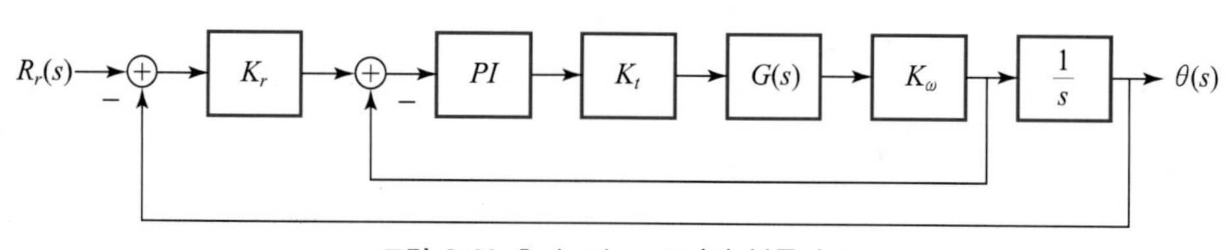

그림 3.22 Induction 모터의 블록선도

K_r은 위치제어기 이득이고, K_t는 토크상수, K_ω는 속도를 전압으로 바꾸는 변환상수이다. 모터공정 $G(s)=\dfrac{1}{Js+B}$일 때, J는 관성이고 B는 마찰상수이다. 보통 모터를 제어하는 데 PI 제어기를 많이 쓰는데, 그 이유는 안정상태에서 오차를 없애기 때문이다. PI 제어기는 $C(s)=\dfrac{K_P s+K_I}{s}$이다. 그림 3.22 안쪽의 속도제어기 부분의 개루프 전달함수를 구하면 이차함수로 다음과 같다.

$$\frac{W(s)}{W_r(s)}=\frac{K_t K_\omega (K_P s+K_I)}{Js^2+(B+K_t K_\omega K_P)s+K_t K_\omega K_I} \tag{3.35}$$

폐루프 전달함수를 구하면

$$\frac{\theta(s)}{\theta_r(s)}=\frac{K_M(K_P s+K_I)}{Js^3+(B+K_t K_\omega K_P)s^2+(K_t K_\omega K_I+K_M K_P)s+K_M K_I} \tag{3.36}$$

여기서 $K_M=K_r K_t K_\omega$이다. 특성방정식이 삼차가 된다.

예제 3-8 Induction 모터응답

모터 모형의 관성이 $J=0.3$, 마찰상수 $B=0.2$, 위치제어기 이득 $K_r=1$, 토크상수 $K_t=0.5$, PI 속도제어기 이득 $K_P=30$, $K_I=90$, 그리고 속도를 전압으로 바꾸는 변수 $K_\omega=0.02$일 때, 전달함수 (3.36)의 특성방정식의 근을 구해서 다시 쓰면

$$\frac{\theta(s)}{\theta_r(s)}=\frac{0.3s+0.9}{0.3s^3+0.5s^2+1.2s+0.9} \tag{3.37}$$

이다. 식 (3.37)의 스텝응답을 MATLAB을 사용하여 그려 보자.

MATLAB Proram 3-8 : 삼차공정의 응답

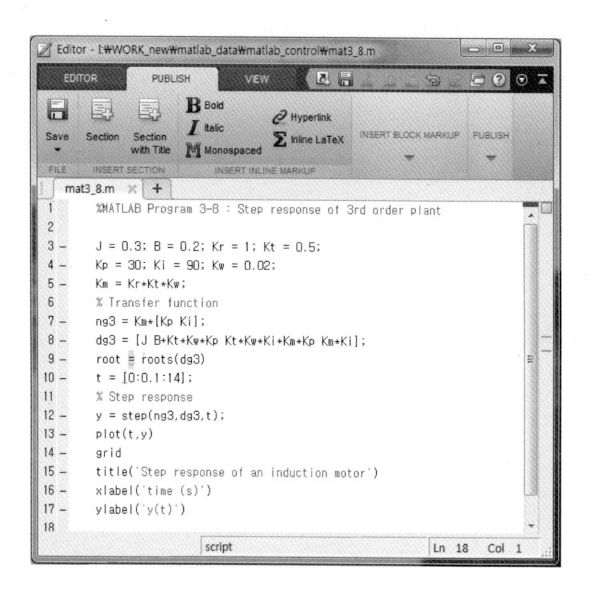

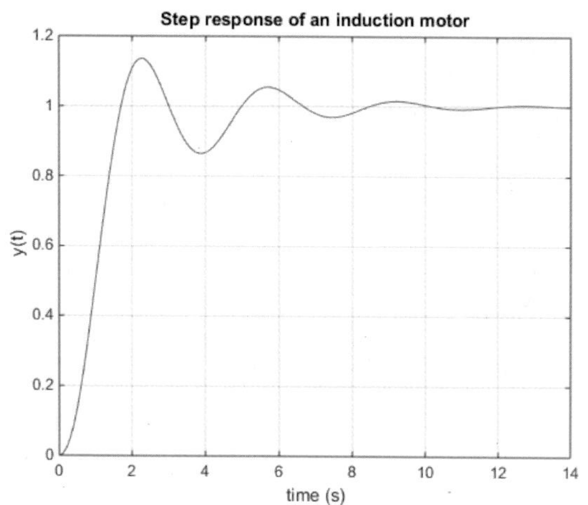

그림 3.23 삼차공정 스텝응답

3.9 삼차공정의 간소화

만약 삼차공정의 극점들 중 두 극점은 허수축에 가까이 있고 한 극점은 멀리 떨어져서 위치할 경우 원점에 가까이 있는 극점을 우세근이라 하고 원점으로부터 멀리 있는 극점을 열세근이라 한다. 우세근(dominant pole)이란 허수축에 가까이 있으면서 시스템의 순간적인 과도응답을 주도하는 근들을 말한다. 그러므로 우세근이 열세근과 함께 있을 경우 열세근을 무시하더라도 시스템의 응답에 큰 차이를 주지 않는다. 다음의 예를 통하여 우세근들의 응답을 알아보자.

예제 3-9 삼차공정의 간소화

한 예로 삼차공정이 다음과 같다.

$$G(s) = \frac{60}{s(s+2)(s+20)} \tag{3.38}$$

-20에 위치한 극점은 -2에 위치한 극점보다 시간상수가 10배 가량 늦으므로 간단히 무시할 수 있다. 열세근을 전달함수에서 그냥 빼면 되지만, 정상상태에서의 오차를 고려하여 아래처럼 조작한 후에 이차식으로 바꿀 수 있다.

$$G(s) = \frac{60/20}{s(s+2)} \tag{3.39}$$

주의할 것은 모든 삼차식들이 이차공정으로 간소화되는 것은 아니라는 것이다. 한 근이 다른 우세근에 비해 상대적으로 약할 때, 즉 열세근의 시간상수가 지배적인 시간상수보다 10배 이상 느릴 때 가능하다. 그렇지 않은 경우 간소화하게 되면 간소화한 이차공정의 응답이 전혀 달라지기 때문에 아무런 의미가 없다. 그림 3.24는 원래의 삼차공정과 간소화한 이차공정의 스텝입력에 대한 출력을 보여준다.

삼차공정(ng3/dg3)과 이차공정(ng2/dg2)으로 간소화한 시스템의 응답을 비교한다. 삼차공정의 출력 y_1과 간소화된 이차공정의 출력 y_2를 같은 그래프에 그려 보자.

MATLAB Program 3-9 : 간단화된 삼차공정의 응답

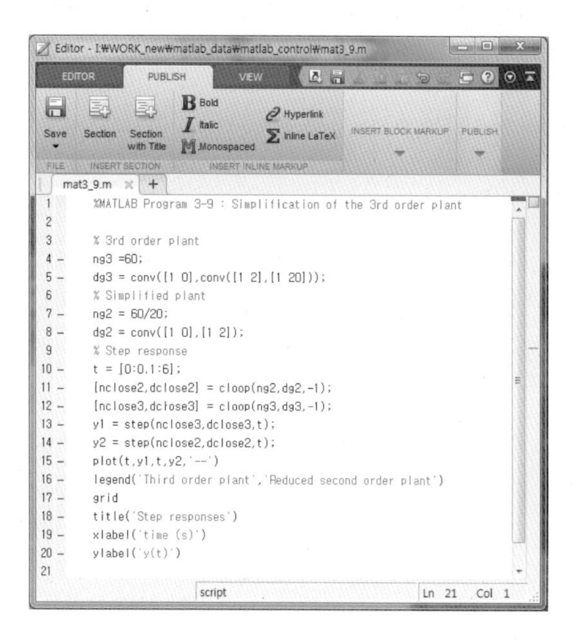

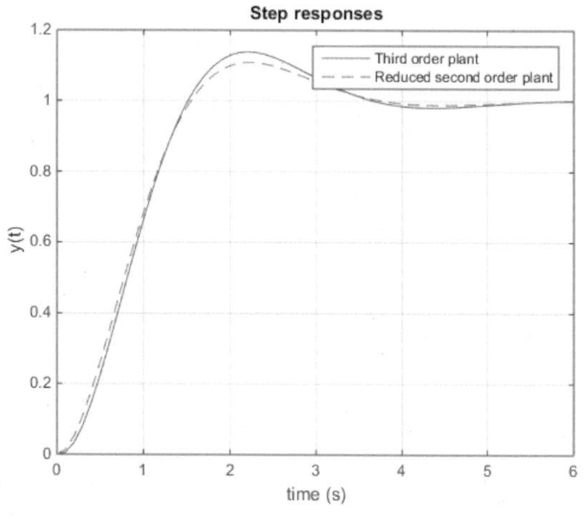

그림 3.24 이차와 삼차공정의 스텝응답

그림 3.24에서 보면 시스템 출력응답이 거의 비슷함을 알 수 있다. 삼차공정의 극점들이 비슷하게 우세할 경우에는 이차로 간소화하기가 어렵다. 이러한 경우 PID(Proportional-Integral-Derivative) 제어기를 사용하면 시스템의 출력응답을 성능규격에 맞도록 조절하기가 어렵게 된다. 이러한 경우를 위하여 이 책에서는 삼차공정을 PIDA(Proportional-Integral-Derivative-Acceleration) 제어기를 사용하여 간단하게 분석적으로 제어하는 방법을 8장에서 자세하게 설명한다. 나중에 자세하게 공부하기로 하자.

연 • 습 • 문 • 제

1. $Y(s) = \dfrac{w_n^2}{s^2 + 2\zeta w_n s + w_n^2}$에서 $w_n = 3$일 때 ζ가 0, 0.51인 경우 응답을 그리고 오버슈트를 구하여 비교해 보시오.

2. 다음 블록선도에서 $Y(s)/R(s)$를 구하고 $w_n = 4$이고 $\zeta = 0.707$일 때 임펄스응답을 구하고 그리시오. 오버슈트와 첨두치시간은 얼마인가?

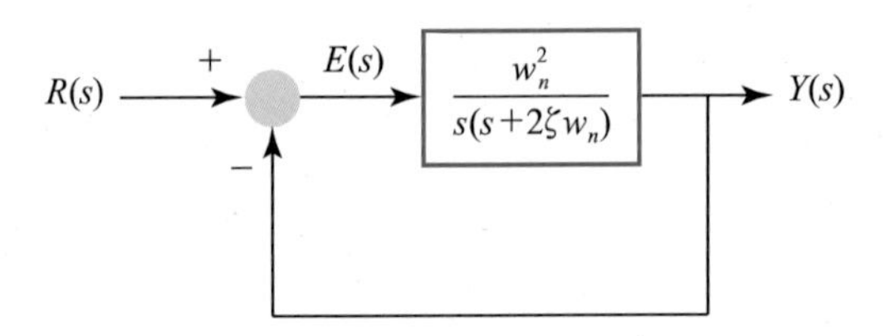

3. 다음 블록선도에서 $Y(s)/R(s)$를 구하고 스텝응답을 구해 보시오.

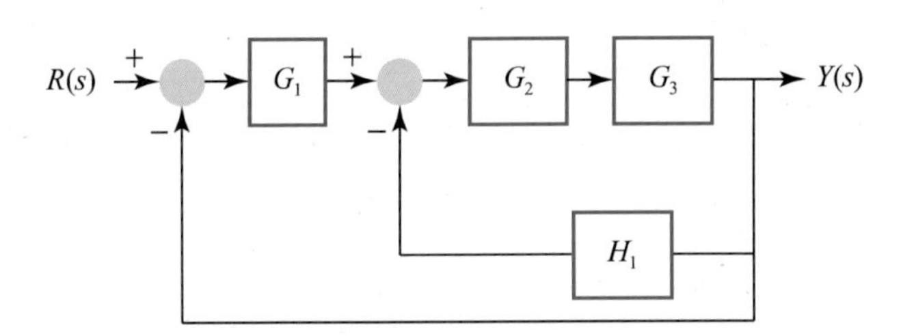

$$G_1 = (s+1),\ G_2 = 10,\ G_3 = \frac{1}{s(s+2)},\ H_1 = 1$$

오버슈트와 정상상태 오차는 얼마인가? $G_1 = \dfrac{(s+1)}{s}$로 바꾸고 응답을 다시 구해 보시오. 어떤 변화가 발생하는지 설명하시오.

4. 위의 문제 3에서 램프응답을 구해 보시오.

Chapter 04

시스템의 안정성

4.1 소개

시스템 제어에서 가장 중요한 것이 시스템의 안정성이다. 왜냐하면 시스템이 안정해야 입력에 대한 출력이 발산하지 않고 한정되어 분석할 수 있기 때문이다. 시스템이 불안정하면 실제로 입력에 대한 출력을 분석하지도 못할 뿐만 아니라, 시스템 그 자체의 가치를 잃게 된다. 간단한 예로, 냉장고의 온도를 제어하는 시스템을 보자. 냉장고의 온도를 제어하는 냉각 시스템이 불안정해서 기준온도로 설정한 온도를 유지하지 못하고 계속 올라가면, 냉장고 안의 온도가 높아져서 음식이 상하므로 냉장고로서의 가치를 잃게 된다. 하지만 온도가 기준온도를 맞추진 못하지만 1도만 차이가 난다고 하면 큰 문제는 없다. 이처럼 시스템의 안정성은 시스템 성능보다 제어시스템에 있어서 제일 먼저 만족되어야 할 가장 중요한 요건이다.

일반적으로 LTI(Linear Time-Invariant) SISO(Single-Input Single-Output) 시스템에서는 모든 한정된(bounded) 크기의 입력값에 대하여 한 시스템의 출력값이 한정된 크기가 되면 그 시스템은 안정하고, 그렇지 못하면 안정하지 않다고 한다. 즉 bounded input이 입력으로 주어졌을 때 bounded output이 출력되면 안정하다고 한다. 이를 BIBO 안정성이라 한다. 입력과 출력의 관계에 따른 시스템의 안정성은 특성방정식의 근 또는 시스템의 고윳값(eigenvalue)들을 가지고 쉽게 조사할 수 있다. 일반적으로 제어기를 사용하는 이유는 시스템의 수행을 증진시키기 위함이지만 불안정한 시스템을 안정하게 하는 더 중요한 역할이 있다는 것을 염두에 두어야 한다.

이 장에서는 특성방정식의 근을 가지고 시스템의 안정성을 조사하는 기본적인 BIBO 안정성 분석방법과 Routh-Hurwitz 안정성 판별법, 그리고 시스템이 안정하도록 하기 위해 제어기를 설계하는 방법을 공부한다.

4.2 BIBO 안정성

시스템의 안정성을 점검하는 가장 기본적인 방법으로 BIBO(Bounded-Input Bounded-Output) 안정성 방법이 있다. 이 방법은 말 그대로 모든 한정된 크기의 입력들이 한 시스템에 주어졌을 경우, 각각 한정된 크기의 출력이 나오는지를 점검하는 것이다. '한 실수 함수가 한정된다'라는 정의는 그 함수의 절댓값이 0보다 큰 어떤 상수보다 작을 경우를 말한다.

$|f(x)| < k \quad (k > 0$일 때$)$ ☜ 상수 k에 의해 한정된 $f(x)$

시스템의 BIBO 안정성은 폐루프 전달함수의 근들을 조사함으로써 쉽게 알아볼 수 있다. 전달함수의 분모, 분자의 차수를 조사하거나 특성방정식의 근을 조사함으로써 시스템이 안정한지를 판단할 수 있다. 다음의 각 경우를 통해 불안정한 시스템의 특성을 자세히 알아보자.

예제 4-1 전달함수 분자의 차수가 분모의 차수보다 더 큰 경우

보통 시스템이 안정하기 위해서는 전달함수의 분모와 분자의 차수가 같은 진함수(proper function)이거나 분모의 차수가 분자의 차수보다 큰 참진함수(strictly proper function)이어야 한다. 간단한 예로, 한 전달함수 분자의 차수가 분모의 차수보다 하나 더 큰 경우를 살펴보자. 이 경우 폐루프 전달함수는 다음과 같은 형태로 나타낼 수 있다.

$$T(s) = s + \text{나머지} \tag{4.1}$$

나머지 부분의 경우는 분모의 차수가 분자의 차수보다 같거나 크게 된다. 즉, 진함수이거나 참진함수의 형태가 된다.

예를 들어, 폐루프 전달함수가 다음과 같이 주어졌을 경우를 고려해 보자.

$$T(s) = \frac{s^2 + 3s + 4}{s + 3} = s + \frac{4}{s + 3} \tag{4.2}$$

입력 $R(s)$가 주어졌을 때 출력은 위 식의 전달함수를 사용하여 $Y(s) = T(s)R(s)$로 나타낸다. 위의 시스템이 안정한 시스템인지 알아보자.

우선 BIBO 안정성에 의해 다음과 같은 크기가 ±1로 한정된 코사인 입력 $r(t)$(bounded input)를 시스템 $T(s)$에 가해 보자.

$$r(t) = \cos(2t^2) \tag{4.3}$$

코사인함수 입력의 크기는 어떠한 시간 t값에서라도 ±1 안으로 한정되므로 입력은 한정된다고 할 수 있다. 입력 $r(t)$가 식 (4.2)의 전달함수를 통하게 되면, 출력 $Y(s)$의 성분 s는 시간영역에서 $s = \frac{d}{dt}$이므로 그에 대한 성분은 아래와 같이 출력 $y(t)$에서 식 (4.3)에서의 입력 $r(t)$의 미분값으로 출력된다.

$$r(t)' = -4t\sin(2t^2) \tag{4.4}$$

따라서 출력 y는 식 (4.2)의 s에 상응하는 부분으로 출력되어 입력의 미분 형태로 다음의 값을 한 성분으로 갖게 된다.

$$y(t) = -4t\sin(2t^2) + \cdots \tag{4.5}$$

식 (4.5)는 시간이 점점 증가함에 따라, 즉 $t \to \infty$ 일 때 출력은 $y(t) \to -\infty$ 로 발산함을 알 수 있다. 출력식 (4.5)는 시간 t가 커짐에 따라 출력값 $y(t)$는 음의 무한한 값이 된다. 결과적으로 한정된 코사인값을 입력으로 주었으나, 무한한 출력이 생기므로 시스템 (4.2)는 안정하지 못하다. 즉, 이러한 경우를 '시스템 BIBO는 안정하지 못하다'라고 한다. 식 (4.5)에 보인 $y(t)$의 부분적인 출력을 MATLAB을 사용하여 그래프로 나타내 보면 확실히 알 수 있다.

```
>> t = [0:0.1:5];
>> y = -4*t.*sin(2*t.^2);
>> plot(t,y)
>> grid
>> xlabel('time (s)')
>> ylabel('y(t)')
>> title('Unstable system response : y = -4 t sin(2t^2)')
```

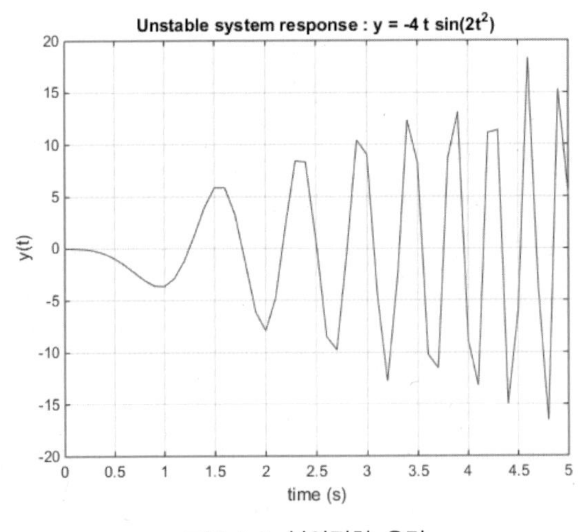

그림 4.1 불안정한 응답

그림 4.1의 그래프는 출력값이 시간에 따라 발산하는 것을 알 수 있다.

점검문제 4.1 식 (4.3)에서 입력이 $r(t) = \sin(2\sqrt{t})$일 때, 식 (4.5)처럼 출력의 일부분을 t가 0초에서 5초까지일 때 그래프로 그려 보시오.

점검문제 4.2 한 공정의 전달함수가 다음과 같을 때, 즉 미분제어기일 때, 시스템의 안정성을 점검해 보시오.

$$T(s) = Ks$$

> 그러므로 시스템이 안정하기 위해서는 전달함수 분자의 차수는 항상 분모의 차수보다 작거나 같아야 한다.

예제 4-2 극점 하나가 원점에 있는 경우

BIBO 안정성을 조사해 보자. 폐루프 전달함수의 극점 하나가 원점에 있는 경우를 살펴보자.

$$T(s) = \frac{1}{s(s+1)} \tag{4.6}$$

입력으로 한정된 스텝입력을 고려하면, 출력은

$$Y(s) = T(s)R(s) = \frac{1}{s(s+1)} \cdot \frac{1}{s} = -\frac{1}{s} + \frac{1}{s^2} + \frac{1}{s+1} \tag{4.7}$$

이고, 식 (4.7)의 라플라스 역변환을 하면 다음과 같다.

$$y(t) = (-1 + t + e^{-t})u(t) \quad (t \geq 0) \tag{4.8}$$

식 (4.8)에서 시간 t가 커짐에 따라 출력 y는 무한으로 커지므로 BIBO 안정하지 않다. 따라서 폐루프 전달함수의 극점이 원점에 있으면 시스템은 안정하지 않다. MATLAB을 사용하여 출력을 구하면 출력이 무한으로 크게 됨을 그림 4.2를 통하여 알 수 있다.

```
>> t = [0:0.1:5];
>> y = -1+t+exp(-t);
>> plot(t,y)
>> grid
>> xlabel('time (s)')
>> ylabel('y(t)')
>> title('Unstable system response : y = -1+t+exp(-t)')
```

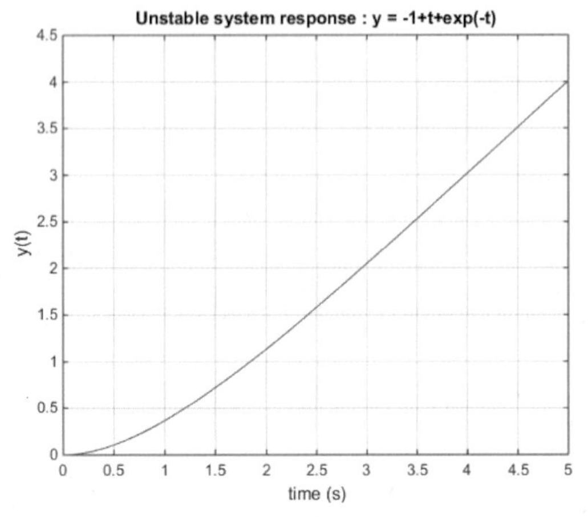

그림 4.2 불안정한 응답

점검문제 4.3 식 (4.6)에서 $T(s)=\dfrac{1}{s(s+3)}$ 이고 스텝입력에 대한 출력 t가 0초에서 5초까지일 때 그래프로 그려 보시오.

예제 4-3 극점이 허수축에 놓여 있을 경우(주파수가 다를 경우)

이번에는 폐루프 전달함수의 극점이 허수축에 놓여 있을 경우를 알아보자.

$$T(s)=\frac{1}{s^2+9} \tag{4.9}$$

두 극점이 $\pm 3j$로 s평면상의 허수축 선상에 놓여 있음을 알 수 있다. 한정된 입력으로 아래와 같은 코사인함수가 주어졌다고 하자.

$$r(t)=\cos t \tag{4.10}$$

라플라스 변환하여 출력을 계산해 보면 다음과 같다.

$$Y(s)=\frac{1}{s^2+9}\frac{s}{s^2+1}=\frac{s}{(s+3j)(s-3j)(s+j)(s-j)} \tag{4.11}$$

식 (4.11)을 라플라스 역변환하여 시간영역에서의 응답을 살펴보면 아래 식과 같다.

$$Y(s)=\frac{k_1}{(s+3j)}+\frac{k_2}{(s-3j)}+\frac{k_3}{(s+j)}+\frac{k_4}{(s-j)}$$

$$k_1 = \frac{s}{(s-3j)(s+j)(s-j)}\bigg|_{s=-3j} = \frac{-3j}{-6j \cdot -2j \cdot -4j} = -\frac{1}{16}$$

$$k_2 = \frac{s}{(s+3j)(s+j)(s-j)}\bigg|_{s=3j} = \frac{3j}{6j \cdot 4j \cdot 2j} = -\frac{1}{16}$$

$$k_3 = \frac{s}{(s+3j)(s-3j)(s-j)}\bigg|_{s=-j} = \frac{-j}{2j \cdot -4j \cdot -2j} = \frac{1}{16}$$

$$k_4 = \frac{s}{(s+3j)(s-3j)(s+j)}\bigg|_{s=j} = \frac{j}{4j \cdot -2j \cdot 2j} = \frac{1}{16}$$

역라플라스 변환은

$$\begin{aligned} y(t) &= -\frac{1}{16}(e^{-3jt} + e^{3jt}) + \frac{1}{16}(e^{-jt} + e^{jt}) \quad (t \geq 0) \\ &= -\frac{1}{8}\cos(3t) + \frac{1}{8}\cos(t) \end{aligned} \tag{4.12}$$

MATLAB을 사용하여 출력을 살펴보면, 그림 4.3에 보인 것처럼 출력이 진동하는 것을 볼 수 있다. 진동은 하지만 발산하지는 않으므로 안정하다고 볼 수 있다.

```
>> t = [0:0.01:20];
>> y = -1/8*cos(3*t) + 1/8* cos(t);
>> plot(t,y)
>> xlabel('time (s)')
>> ylabel('y(t)')
```

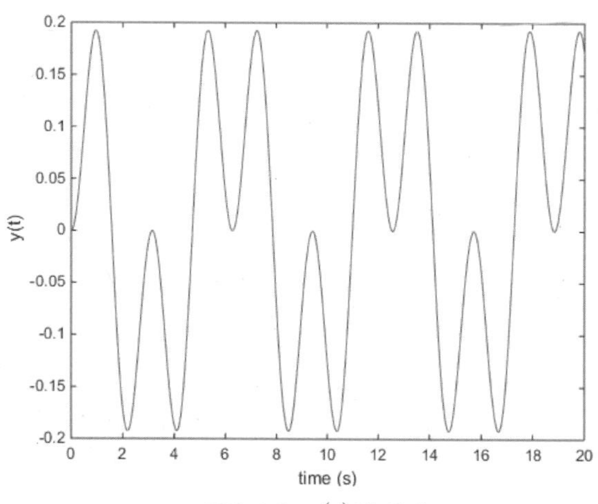

그림 4.3 $y(t)$의 응답

마찬가지로 다음과 같이 하면 같은 응답을 구할 수 있다.

```
>> t = [0:0.01:20];
>> u = cos(t);
>> n = 1;
>> d= [1 0 9];
>> y = lsim(n,d,u,t);
>> plot(t,y)
```

예제 4-4 극점이 허수축에 놓여 있을 경우(주파수가 같을 경우)

이번에는 폐루프 전달함수의 극점이 허수축에 놓여 있을 경우를 알아보자.

$$T(s) = \frac{1}{s^2+9}$$

두 극점이 $\pm 3j$로 s평면상의 허수축 선상에 놓여 있음을 알 수 있다. 한정된 입력으로 아래와 같은 코사인함수가 주어졌다고 하자. 입력 함수의 주파수가 시스템의 주파수와 $w=3(\mathrm{rad/s})$으로 동일함을 알 수 있다.

$$r(t) = \cos 3t \tag{4.13}$$

라플라스 변환하여 출력을 계산해 보면 다음과 같다.

$$Y(s) = T(s)R(s) = \frac{1}{s^2+9} \cdot \frac{s}{s^2+9} = \frac{s}{(s^2+9)^2} \tag{4.14}$$

식 (4.14)를 라플라스 역변환하여 시간영역에서의 응답을 살펴보면 아래 식과 같다.

$$y(t) = \frac{1}{6} t \sin 3t \quad (t \geq 0) \tag{4.15}$$

식 (4.15)는 시간이 $t \to \infty$일 때 출력 $y(t) \to \infty$임을 알 수 있다. 이 경우에는 출력이 발산하므로 시스템은 불안정하다. 그러므로 두 근이 허수축에 있으면 시스템은 진동하거나 불안정하다. 따라서 근이 jw축에 놓여 있는 경우를 조건부 안정(conditionally stable)하다고도 하나 일반적으로 불안정하다고 한다.

MATLAB을 사용하여 출력을 살펴보면, 그림 4.4에 보인 것처럼 시간이 지남에 따라 출력이 점점 크게 됨을 알 수 있다.

```
>> t = [0:0.1:5];
>> y = 1/6*t.*sin(3*t);
>> plot(t,y)
>> grid
>> xlabel('time (s)')
>> ylabel('y(t)')
>> title('Unstable system response : y = 1/6 t sin(3t)')
```

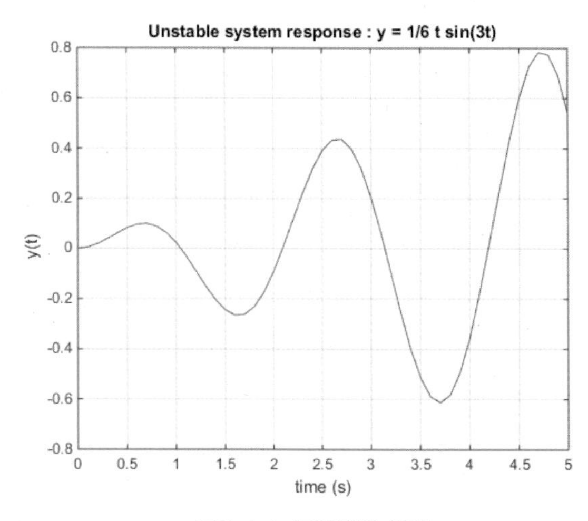

그림 4.4 불안정한 응답

점검문제 4.4 $T(s) = \dfrac{1}{s^2+4}$ 이고, 입력으로 $r(t) = \cos t$ 일 때 출력 t가 0초에서 5초까지일 때 그래프로 그려 보시오.

점검문제 4.5 $T(s) = \dfrac{1}{s^2+4}$ 이고, 입력으로 $r(t) = \cos 2t$ 일 때 출력 t가 0초에서 5초까지일 때 그래프로 그려 보시오.

지금까지 간단히 특성방정식의 근을 가지고 안정성을 점검해 보았는데, 한 시스템이 안정하기 위한 조건들을 결론적으로 정리하면 다음과 같다.

> 폐루프의 전달함수 $T(s)$가 적어도 진함수(proper function)이고, s평면상에서 특성방정식의 모든 근들이 허수축을 제외한 왼쪽 평면에 놓이게 되면 시스템은 안정하다.

4.3 Routh-Hurwitz 안정성 판별법

BIBO 안정성을 점검하는 방법으로 특성방정식의 근을 구하지 않고, 특성방정식의 다항식의 각 항의 계수의 부호를 통해 안정성을 점검하는 방법이 있는데, 이를 Routh-Hurwitz 안정성 판별법이라 한다. Routh-Hurwitz 안정성 판별법은 시스템의 안정성뿐만 아니라 몇 개의 근이 불안정한 근인지, 즉 몇 개의 근들이 s 평면상의 오른쪽에 위치하는지를 알려준다.

일반적인 특성방정식은 다음과 같이 표현된다.

$$d(s) = s^n + a_1 s^{n-1} + a_2 s^{n-2} + \cdots + a_{n-1}s + a_n = 0 \tag{4.16}$$

특성방정식이 이차일 경우에는 다항식의 변수들 모두 양수가 되면 시스템이 안정하다고 할 수 있으나, 특성방정식이 삼차 이상일 경우에 다항식의 변수들이 양수인 것은 시스템의 안정성을 위한 필요조건은 되지만 충분조건은 되지 않는다. 그러므로 우선 필요조건을 만족하기 위해 모든 변수가 양수이어야 하는데 그렇지 않으면 일단 시스템이 안정하지 않은 것이다. 만약 변수가 모두 양수일지라도 안정하다고 할 수가 없고, 다음과 같이 Routh array를 만들어 안정성을 조사할 필요가 있다.

표 4.1 Routh array

s^n	1	a_2	a_4	a_6	…
s^{n-1}	a_1	a_3	a_5	a_7	…
s^{n-2}	b_1	b_2	b_3	…	…
s^{n-3}	c_1	c_2	c_3	…	…
…	…	…	…	…	…
s^0					…

여기서,

$$b_1 = -\frac{(1*a_3 - a_1*a_2)}{a_1}, \quad b_2 = -\frac{(1*a_5 - a_1*a_4)}{a_1}, \cdots$$

$$c_1 = -\frac{(a_1*b_2 - a_3*b_1)}{b_1}, \quad c_2 = -\frac{(a_1*b_3 - a_5*b_1)}{b_1}, \cdots$$

이 경우에 안정성은 위의 Routh array에서 첫 번째 열의 모든 값들이 양수일 경우에만 시스템이 안정하다. 즉, $a_1, b_1, c_1 > 0$일 때 안정하다.

예를 들어, 다음 특성방정식을 고려해 보자.

$$d(s) = s^4 + 3s^3 + 2s^2 + 5s + k = 0 \tag{4.17}$$

특성방정식 (4.17)은 변수 k값에 따라 안정성이 좌우됨을 알 수 있다. 우선, 변수 k가 양수이어야 함은 필요조건으로 알 수 있지만 충분조건을 만족하기 위해 무슨 값이어야 하는지를 조사해야 한다. Routh-Hurwitz 분석방법으로 안정성을 점검하려면 표 4.1과 같은 표 Routh array를 만들고,

s^4	1	2	k
s^3	3	5	
s^2	$\dfrac{2*3-1*5}{3} = \dfrac{1}{3}$	k	
s^1	$\dfrac{5*\frac{1}{3} - 3*k}{\frac{1}{3}} = 5-9k$		
s^0	k		

첫 번째 열의 부호를 조사하면 된다. 첫 번째 열의 모든 부호가 같아야 시스템이 안정하다. 만약 부호가 바뀌면 바뀐 수에 따라 불안정한 근의 수가 정해진다. 위의 표에서 시스템의 안정성을 만족하기 위해 첫 번째 열의 값이 모두 양수로 같게 되려면 다음 두 식이 동시에 성립되어야 한다.

$$k > 0 \text{이고}, \ 5 - 9k > 0 \tag{4.18}$$

그러므로 $0 < k < \dfrac{5}{9}$일 때 시스템은 안정하게 된다.

만약 $k = 1$이면 안정성의 영역을 벗어나는데, 위의 경우에 부호가 두 번 바뀌게 되므로 s 평면의 오른쪽에 두 근이 존재함을 나타낸다. 이는 BIBO 안정성에 위배되므로 불안정하다. 그러면 $k = 1$일 경우 MATLAB을 통해 근이 s평면의 오른쪽에 위치하는지를 확인해 보자.

```
>> k=1;
>> d = [1 3 2 5 k];
>> roots(d)
ans =
  -2.8681 + 0.0000i
   0.0404 + 1.2796i
   0.0404 - 1.2796i
  -0.2127 + 0.0000i
```

위에서 두 복소수 근들(0.0404 ± 1.2797)이 s 평면의 허수축의 오른쪽에 있음을 알 수 있다. 또한 k가 안정한 범위 안에 있을 때의 근들을 알아보자. k의 값을 변화시키면서 근의 값이 변하는 것을 알고 싶으면 먼저 k 벡터를 정한 다음, 명령어 **for**를 사용하여 k의 점차적인 값에 따른 특성방정식의 근들을 구한 뒤, 근의 실수 부분과 허수 부분을 구별하여 **plot**하면 된다.

예제 4-5 근의 움직임

식 (4.17)의 특성방정식에서 이득값 k를 달리했을 때, 폐루프 방정식의 근들을 구해서 그 근들의 움직임을 그림으로 본다.

MATLAB Program 4-5 : 근의 움직임

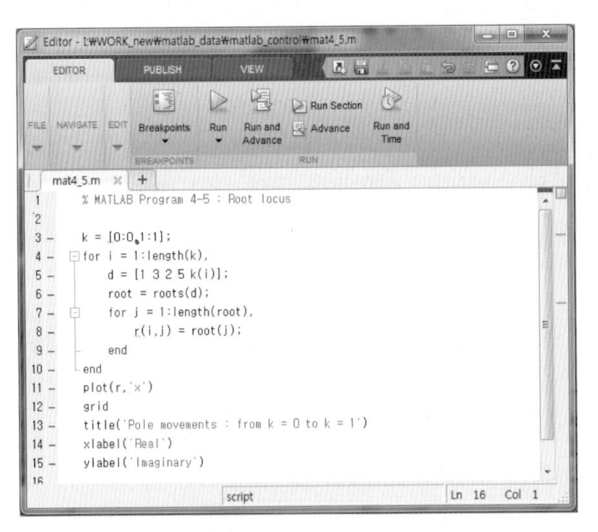

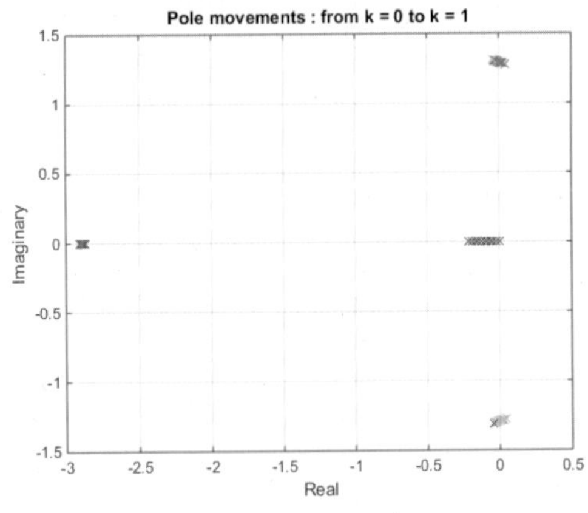

그림 4.5 근궤적

그림 4.5에 k 값에 따른 극점의 위치가 나타나 있다. $k=\dfrac{5}{8}$일 경우, 극점이 허수축 위에 있음을 알 수 있다. k가 커질수록 근이 오른쪽으로 이동하여 불안정해지는 것을 알 수 있다.

연 • 습 • 문 • 제

1. 개루프 전달함수는 다음과 같다. 시스템이 안정하도록 k의 영역을 구해 보시오.

(a) $G(s) = \dfrac{k}{s^2 + 3s + k}$

(b) $G(s) = \dfrac{k}{s^3 + 2s^2 + 2s + k}$

(c) $G(s) = \dfrac{k}{s^4 + 3s^2 + s + k}$

(d) $G(s) = \dfrac{k}{s^5 + 2s^4 + 3s^2 + 1s + k}$

2. 다음에서 안정한 k값에 따른 근의 값들을 프로그램을 사용하여 s평면에 표기하고 스텝응답을 그려보시오.

$$G(s) = \frac{k}{s^4 + 3s^2 + s + k}$$

3. $T(s) = \dfrac{5}{s^2 + 3s + 5}$이다. 램프입력은 점선으로, 램프입력에 대한 출력은 실선으로 0초에서 3초까지 그래프에 나타내 보시오.

4. 다음 전달함수를 고려해 보자. 이 시스템은 안정한가?

$$G(s) = \frac{16}{s^2 + 16}$$

(a) 스텝응답을 구해 보시오.

(b) 입력이 $r(t) = \cos(2t)$일 때 출력을 그려보시오.

(c) 입력이 $r(t) = \cos(4t)$일 때 출력을 그려보시오.

5. 다음 전달함수를 고려해 보자. 이 시스템은 안정한가?

$$G(s) = 16\frac{(s+3)}{s^2 + 16}$$

(a) 스텝응답을 구해 보시오.

(b) 입력이 $r(t) = \cos(2t)$일 때 출력을 그려보시오.

(c) 입력이 $r(t) = \cos(4t)$일 때 출력을 그려보시오.

(d) 무슨 변화가 생긴 것인지 연습문제 4번과 비교하여 설명하시오.

6. 다음 블록선도를 고려해 보자. 이 시스템이 안정하도록 K값을 구하시오. 램프응답을 구해 보시오.

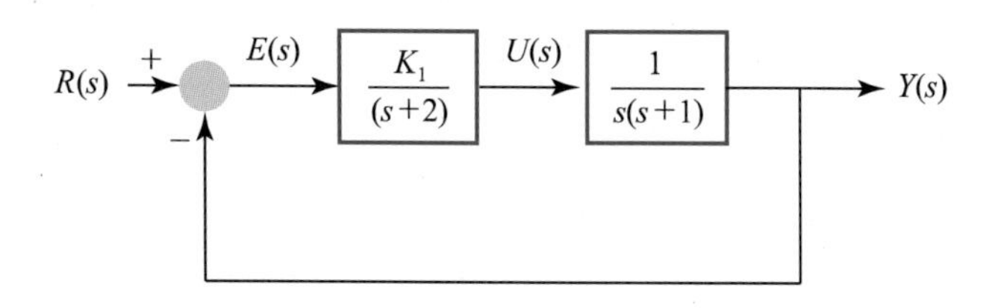

Chapter 05

제어기의 종류

5.1 제어기의 개념

우리가 운전을 배울 때 면허시험에 합격하기 위해 선을 밟지 않으려고 핸들을 조작하여 차의 움직임을 제어한 경험이 있을 것이다. 또한 운전하는 게임에서 앞선 차들과 충돌을 하지 않으려고 핸들을 조작한 경험이 있을 것이다. 여기서 눈은 센서에 해당하고 머리는 제어기, 손의 조작을 통한 핸들에 연결된 조향시스템은 구동기에 해당된다고 볼 수 있다. 그림 5.1에서 보면 운전자는 눈으로 선을 센싱하면서 잘 추종하지 못하면 손으로 핸들을 돌려 오차를 줄인다. 이처럼 제어란 한 시스템이 주어졌을 경우에 원하는 기준입력이 시스템에 주어질 경우에 시스템의 출력이 기준입력을 추종하도록 제어기를 설계하여 시스템에 들어가는 입력을 조절하는 것을 말한다.

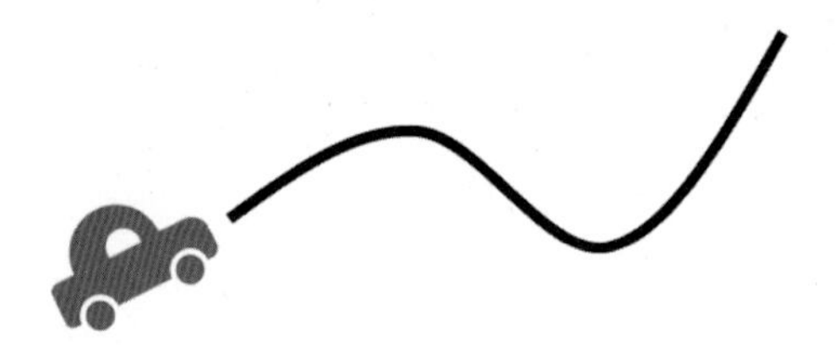

그림 5.1 제어의 개념: 차량의 선 추종

앞에서 안정성을 먼저 만족하는 것이 제어의 첫 번째 목적이고 제어의 성능을 높이는 것이 제어의 두 번째 목적임을 배웠다. 여기서는 선형 시스템만을 다루므로 선형 제어기로 국한한다. 제어기로는 비례 제어기, 미분 제어기, 적분 제어기 등이 있고 이 제어기를 합성하여 비례 미분 제어기, 비례 적분 제어기, 그리고 비례 미분 적분 제어기 등이 있다. 이 장에서는 다양한 제어기를 소개하고 각 제어기의 특성을 살펴본다.

그림 5.2의 질량-스프링-댐퍼 카트 시스템에서의 제어는 입력힘 f를 조정해서 카트를 원하는 위치 x_d로 움직이게 하는 것이다. 여기서 그림 5.3에서처럼 오차 $e = x_d - x$를 줄이기 위해 입력힘 f를 만들어 내는 것이 바로 제어기의 역할이다.

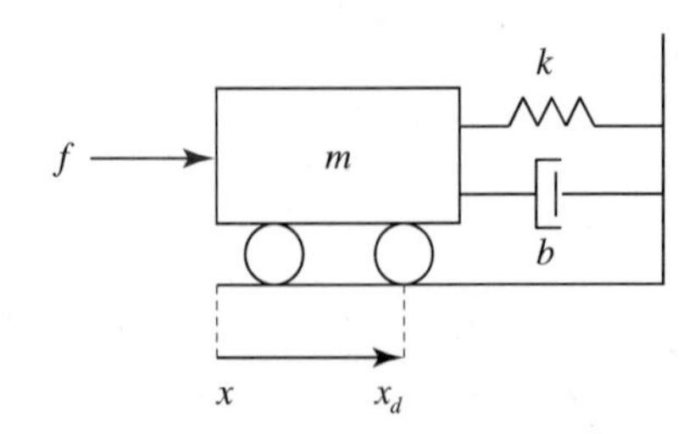

그림 5.2 질량-스프링-댐퍼 카트

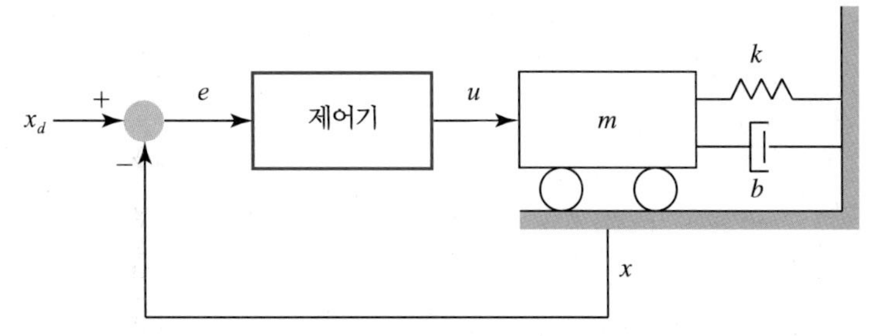

그림 5.3 제어 개념의 질량-스프링-댐퍼 카트 시스템

제어기의 목적은 오차를 영($e(t)=0$)으로 만들기 위한 시스템의 입력을 만드는 것이다. 그림 5.3에서 보면 오차 $e(t)$를 기준으로 제어기가 시스템의 입력 $u(t)$를 만들어 낸다. 일반적으로 시스템의 입력을 나타내는 변수, 즉 제어기의 출력변수로 $u(t)$를 많이 사용한다. 오차가 크면 시스템 입력도 커지고 오차가 0이면 시스템 입력도 0이다. 위치 오차와 속도 오차는 다음과 같다.

$$e(t)=x_d(t)-x(t),\ \dot{e}(t)=\dot{x}_d(t)-\dot{x}(t) \tag{5.1}$$

따라서 제어기의 출력인 시스템 입력 $u(t)$는 게인 상수 k_i와 오차의 함수이다.

$$u(t)=f(k_i,\ e(t),\ \dot{e}(t)) \tag{5.2}$$

제어기는 추종 오차 $e(t)$와 $\dot{e}(t)$를 제어기 이득상수와 조합해서 $u(t)$를 만들어 내는 시스템이다.

5.2 비례 제어기

그림 5.3에서 제어기가 없을 경우 $C(s)=1$인 경우의 페루프 전달함수를 구해 보자.

$$T(s)=\frac{G(s)}{1+G(s)} \tag{5.3}$$

시스템의 전달함수가 $G(s)=\dfrac{1}{ms^2+bs+k}$이면 식 (5.3)의 전달함수는 다음과 같이 바뀐다. 식 (5.4)의 전달함수를 살펴보면 우리가 조절할 수 있는 변수가 없으므로 원하는 응답을 얻을 수 없게 된다.

$$T(s)=\frac{1}{ms^2+bs+k+1} \tag{5.4}$$

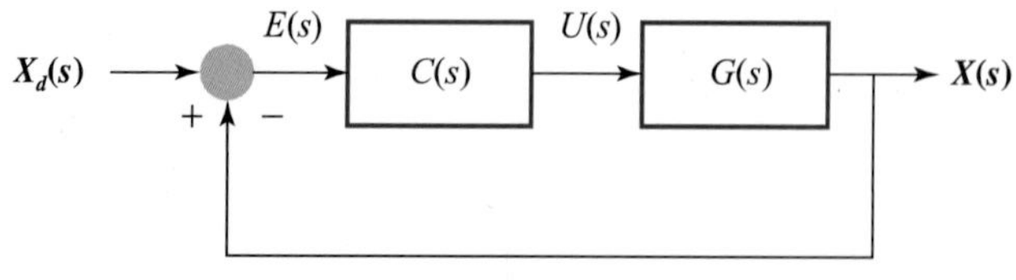

그림 5.4 시스템의 제어 블록 선도

그러므로 목적에 맞는 제어기 $C(s)$를 설계해서 원하는 응답을 얻는 것이 제어기 설계의 목적이다.

다양한 제어기 중에서 가장 간단한 제어기는 오차가 크면 제어 입력을 크게 해서 줄이고 오차가 작으면 작게 줄이는 비례 제어기(proportional controller)이다. 비례 제어기는 오차에 상수를 곱한 형태로 다음과 같다.

$$u_P(t) = k_P\, e(t) \tag{5.5}$$

라플라스 변환하면 다음과 같다.

$$U_P(s) = k_P E(s) \tag{5.6}$$

입력과 제어기 출력과의 관계를 나타내는 전달함수, 비례 제어기의 라플라스 변환은 다음과 같다.

$$C_P(s) = \frac{U_P(s)}{E(s)} = k_P \tag{5.7}$$

비례 제어기는 라플라스 변환에서 단지 상수에 불과하다. 라플라스 영역에서 제어블록을 표현하면 그림 5.4와 같다.

폐루프 전달함수를 구하면 다음과 같다.

$$T(s) = \frac{G(s)C_P(s)}{1 + G(s)C_P(s)} \tag{5.8}$$

제어기는 $C_P(s) = k_P$, 시스템의 전달함수는 $G(s) = \dfrac{1}{ms^2 + bs + k}$ 이므로 (5.8)에 대입하면 다음과 같은 전달함수를 얻게 된다.

$$T(s) = \frac{\dfrac{k_P}{ms^2 + bs + k}}{1 + \dfrac{k_P}{ms^2 + bs + k}} = \frac{k_P}{ms^2 + bs + k + k_P} \tag{5.9}$$

식 (5.4)와 비교하면 비례 제어기를 추가하므로 특성방정식을 바꾸게 되고 이는 폴의 값을 바꾸게 된다. 결국 폴의 값을 바꾸는 것은 시스템의 응답을 바꾸게 되는 것이다. 이것이 바로 제어의 원리이다. 스텝입력이 주어졌을 때 시간이 지남에 따른 정착(정상)상태에서의 오차를 구해 보자.

정상상태 오차는 다음과 같다.

$$e_{ss} = \lim_{s \to 0} sE(s) = \lim_{s \to 0} s(R(s) - Y(s)) \tag{5.10}$$
$$= \lim_{s \to 0} s(R(s) - T(s)R(s)) = \lim_{s \to 0} sR(s)(1 - T(s))$$

스텝입력 $R(s) = \frac{1}{s}$에 대한 정상상태 오차는 다음과 같다.

$$e_{ss} = \lim_{s \to 0} (1 - T(s)) = (1 - T(0)) = 1 - \frac{k_P}{k + k_P} = \frac{k}{k + k_P} \tag{5.11}$$

비례 제어기를 사용하는 경우에 스텝입력이 주어지면 정상상태를 0으로 만들 수 없게 된다. 비례 제어기 이득값 k_P를 크게 하면 줄긴 하지만 0이 되진 않는다. 또한 오차를 줄이기 위해 제어기 이득값을 크게 하는 데는 구동기의 한계가 있어 제한적이다. 이 점이 비례 제어기의 한계이다.

예제 5-1 카트 시스템의 움직임

질량-스프링-댐퍼 카트 시스템에서 $m = 1$, $b = 2$, $k = 2$이면 전달함수 $G(s) = \frac{1}{s^2 + 2s + 2}$이다. 비례 제어기로 제어해 보자. 먼저 비례 제어기 $k_P = 1$일 때의 응답을 살펴보자.

```
>> n = 1;
>> d = [1 2 2];
>> sys = tf(n,d);
>> step(sys)
```

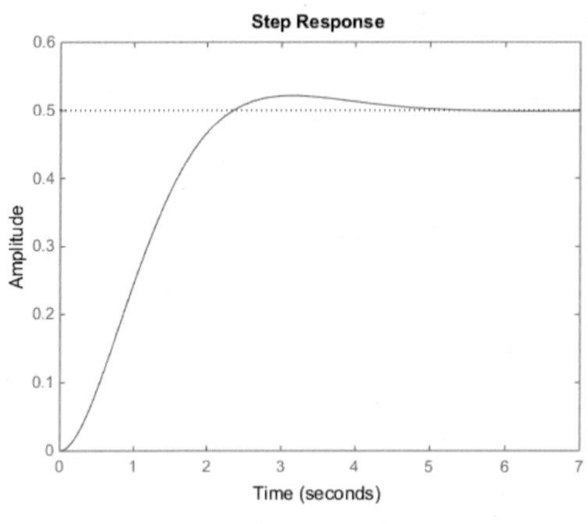

그림 5.5 시스템의 스텝응답

그림 5.5에서 보면 스텝응답, 즉 1 m를 기준으로 하였으나 0.5 m에 멈춘 것을 알 수 있다. 큰 이득의 비례 제어기를 사용해 보자. $k_P = 10$인 경우를 살펴보자.

```
>> np = 10;
>> dp = [1 2 12];
>> psys = tf(np,dp);
>> step(psys)
```

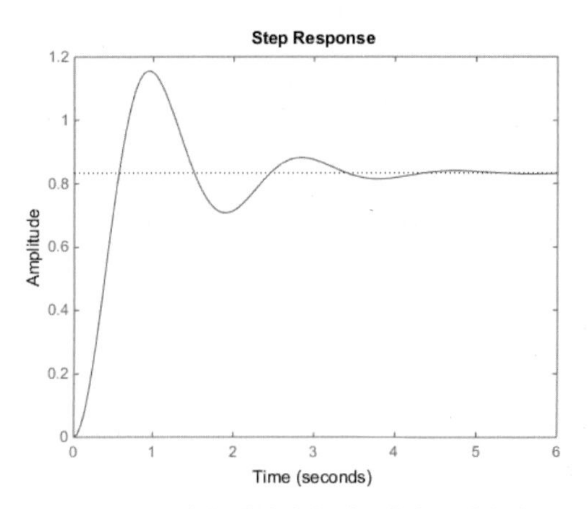

그림 5.6 비례 제어기의 시스템의 스텝응답

그림 5.6에서 보면 이득값을 10으로 했을 경우 응답이 빨라지고 오차가 줄긴 줄었으나 오버슈트가 커지고 오차가 남아 있는 것을 확인할 수 있다. 따라서 비례 제어기는 응답을 빠르게 하지만 오버슈트가 커지게 한다는 것을 알 수 있다.

점검문제 5.1 다음 공정을 비례 제어기 $k_P = 2$로 제어해 보자. $G(s) = \frac{1}{s^2 + 3s + 2}$ 스텝응답을 그리고 정상상태 오차를 구해 보시오.

5.3 미분 제어기

다음 제어기는 오차의 미분을 제어하는 미분 제어기(derivative controller)로 속도 오차에 상수를 곱한 형태이며 다음과 같다.

$$u_D(t) = k_D \dot{e}(t) \tag{5.12}$$

라플라스 변환하면 다음과 같다.

$$U_D(s) = k_D s E(s) \tag{5.13}$$

미분 제어기는 다음과 같다.

$$C_D(s) = \frac{U_D(s)}{E(s)} = k_D s \tag{5.14}$$

폐루프 전달함수를 구하면 다음과 같다.

$$T(s) = \frac{G(s) C_D(s)}{1 + G(s) C_D(s)} \tag{5.15}$$

시스템의 전달함수는 $G(s) = \frac{1}{ms^2 + bs + k}$ 이므로 식 (5.15)에 대입하면 전달함수는 영점이 하나 추가되고 댐핑이득값이 변화된 것을 볼 수 있다.

$$T(s) = \frac{\frac{k_D s}{ms^2 + bs + k}}{1 + \frac{s k_D}{ms^2 + bs + k}} = \frac{k_D s}{ms^2 + (b + k_D)s + k} \tag{5.16}$$

식 (5.16)을 보면 미분 제어기를 추가하므로 특성방정식의 감쇠비를 바꾸게 되는 것을 볼 수 있다. 스텝입력 $R(s) = \frac{1}{s}$에 대한 정상상태 오차는 다음과 같다.

$$e_{ss} = \lim_{s \to 0} (1 - T(s)) = (1 - T(0)) = 1 \tag{5.17}$$

하지만 오차가 0으로 수렴하지 못하는 것을 볼 수 있다. 오차를 제어하지 않고 오차의 미분값을 제어하므로 제어가 안 되는 것을 볼 수 있다.

예제 5-2 미분 제어기의 카트 시스템의 움직임

질량-스프링-댐퍼 카트 시스템에서 $m=1$, $b=2$, $k=2$이면 전달함수 $G(s)=\dfrac{1}{s^2+2s+2}$ 이다. 미분 제어기로 제어해 보자. $k_D=2$.

```
>> nd = [2 0];
>> dd = [1 (2+2) 2];
>> dsys = tf(nd,dd);
>> step(dsys)
```

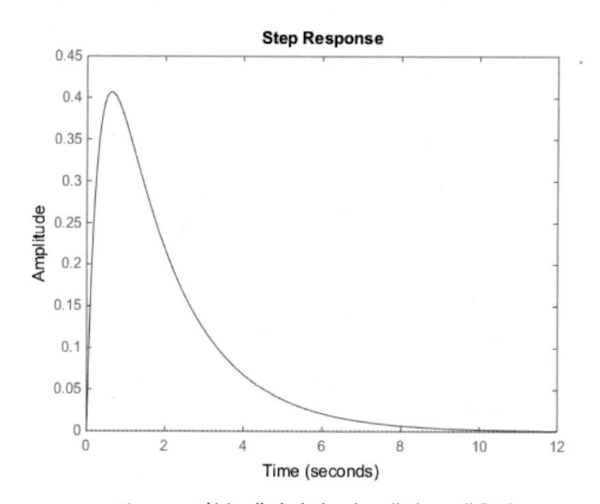

그림 5.7 미분 제어기의 시스템의 스텝응답

그림 5.7의 응답을 보면 시스템이 입력을 전혀 추종하지 못하는 것을 볼 수 있다. 미분 제어기로는 원하는 응답을 얻을 수 없고 독립적으로 사용할 필요가 없다.

점검문제 5.2 다음 공정을 미분 제어기 $k_D=2$로 제어해 보자. $G(s)=\dfrac{1}{s^2+3s+2}$ 스텝응답을 그리고 정상상태 오차를 구해 보시오.

5.4 적분 제어기

다음 제어기는 적분 제어기(integral controller)로 오차를 적분하여 상수를 곱한 형태로 다음과 같다. 쉽게 설명하면 적분 제어기는 누적된 오차의 합이다. 오차를 더해 게인을 곱한 제어기는 다음과 같다.

$$u_I(t) = k_I \int e(t)dt \tag{5.18}$$

라플라스 변환하면 다음과 같다.

$$U_I(s) = k_I \frac{1}{s} E(s) \tag{5.19}$$

적분 제어기는 다음과 같다.

$$C_I(s) = \frac{U_I(s)}{E(s)} = \frac{k_I}{s} \tag{5.20}$$

폐루프 전달함수를 구하면 다음과 같다.

$$T(s) = \frac{G(s)C_I(s)}{1 + G(s)C_I(s)} \tag{5.21}$$

시스템의 전달함수는 $G(s) = \dfrac{1}{ms^2 + bs + k}$ 이므로 식 (5.21)에 대입하면

$$T(s) = \frac{\dfrac{k_I/s}{ms^2 + bs + k}}{1 + \dfrac{k_I/s}{ms^2 + bs + k}} = \frac{k_I}{ms^3 + bs^2 + ks + k_I} \tag{5.22}$$

적분 제어기를 추가하므로 특성방정식의 차수가 늘어나는 것을 볼 수 있다.

스텝입력 $R(s) = \dfrac{1}{s}$ 에 대한 정상상태 오차는 다음과 같다.

$$e_{ss} = \lim_{s \to 0} (1 - T(s)) = (1 - T(0)) = 1 - \frac{k_I}{k_I} = 0 \tag{5.23}$$

적분 제어기를 추가함으로써 오차가 0으로 수렴하는 것을 볼 수 있다.

예제 5-3 적분 제어기의 카트 시스템의 움직임

질량-스프링-댐퍼 카트 시스템에서 $m=1$, $b=2$, $k=2$이면 전달함수 $G(s)=\frac{1}{s^2+2s+2}$이다. 적분 제어기로 제어해 보자. $k_I=1$.

```
>> ni = 1;
>> di = [1 2 2 1];
>> isys = tf(ni,di);
>> step(isys)
```

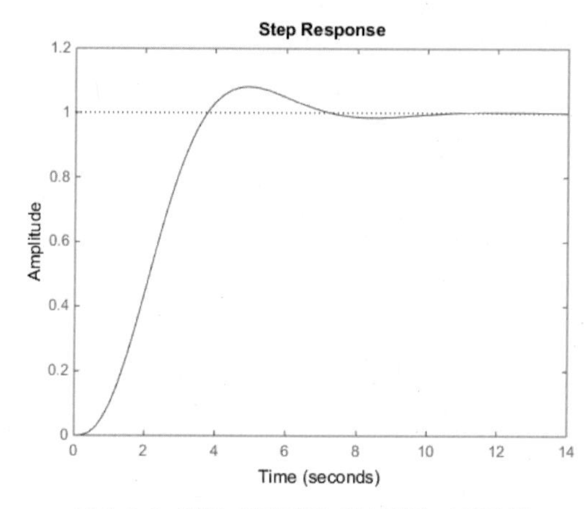

그림 5.8 적분 제어기의 시스템의 스텝응답

그림 5.8에서 보면 적분 제어기의 경우 오차가 0으로 수렴하는 것을 볼 수 있다. 하지만 응답시간이 늦어지는 것을 볼 수 있다.

점검문제 5.3 다음 공정을 적분 제어기 $k_I=2$로 제어해 보자. $G(s)=\frac{1}{s^2+3s+2}$ 스텝응답을 그리고 정상상태 오차를 구해 보시오.

이처럼 각각의 제어기 특성을 알아보았다. 각 제어기를 독립적으로 사용하기보다는 합성하여 사용한다.

5.5 비례 미분 제어기

비례 미분 제어기(PD controller)는 비례 제어기와 미분 제어기를 합한 형태이다.

$$u_{PD}(t) = u_P(t) + u_D(t) = k_P e(t) + k_D \dot{e}(t) \tag{5.24}$$

라플라스 변환하면 다음과 같다.

$$U_{PD}(s) = (k_P + k_D s)E(s) \tag{5.25}$$

비례 미분 제어기는 다음과 같이 영점을 나타낸다.

$$C_{PD}(s) = \frac{U_{PD}(s)}{E(s)} = (k_D s + k_P) \tag{5.26}$$

폐루프 전달함수를 구하면 다음과 같다.

$$T(s) = \frac{\dfrac{(k_D s + k_P)}{ms^2 + bs + k}}{1 + \dfrac{(k_D s + k_P)}{ms^2 + bs + k}} = \frac{k_D s + k_P}{ms^2 + (b + k_D)s + k_P + k} \tag{5.27}$$

특성방정식에서 댐핑과 강성 게인을 바꿀 수 있게 된다.

스텝입력 $R(s) = \frac{1}{s}$에 대한 정상상태 오차는 다음과 같다.

$$e_{ss} = \lim_{s \to 0}(1 - T(s)) = (1 - T(0)) = 1 - \frac{k_P}{k + k_P} = \frac{k}{k + k_P} \tag{5.28}$$

제어기 이득값을 크게 함으로써 오차가 0으로 줄어들지만 0으로 수렴하지 않는 것을 볼 수 있다. 일반적으로 PD 제어기는 불안정한 이차 시스템의 경우 안정화한다.

예제 5-4 비례 미분 제어기의 카트 시스템의 움직임

질량-스프링-댐퍼 카트 시스템에서 $m = 1$, $b = 2$, $k = 2$이면 전달함수 $G(s) = \frac{1}{s^2 + 2s + 2}$이다. 비례 미분 제어기로 제어해 보자. $k_D = 2$, $k_P = 10$.

```
>> npd = [2 10];
>> dpd = [1 (2+2) 2+10];
>> pdsys = tf(npd,dpd);
>> step(pdsys)
```

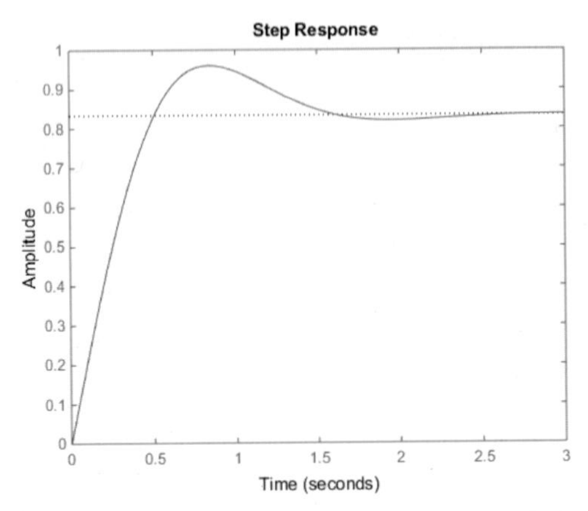

그림 5.9 비례 미분 제어기의 시스템의 스텝응답

응답시간을 빨리 할 수 있으나 오차는 줄일 수 없었다. 그림 5.9에서 보면 정상상태 오차가 약 17% 정도이다.

점검문제 5.4 다음 공정을 비례 미분 제어기로 제어해 보자. $G(s) = \dfrac{1}{s^2+3s+2}$ 스텝응답을 그리고 정상상태 오차를 구해 보시오. 오버슈트를 5% 이내로 만들기 위한 게인값을 구해 보시오.

5.6 비례 적분 제어기

비례 적분 제어기(PI controller)는 비례 제어기와 적분 제어기를 합한 형태이다.

$$u_{PI}(t) = u_P(t) + u_I(t) = k_P e(t) + k_I \int e(t)dt \tag{5.29}$$

라플라스 변환하면 다음과 같다.

$$U_{PI}(s) = \left(k_P + \frac{k_I}{s}\right)E(s) = \left(\frac{k_P s + k_I}{s}\right)E(s) \tag{5.30}$$

비례 적분 제어기는 다음과 같이 극점과 영점을 하나씩 나타낸다.

$$C_{PI}(s) = \frac{U_{PI}(s)}{E(s)} = \frac{k_P s + k_I}{s} \tag{5.31}$$

폐루프 전달함수를 구하면 다음과 같다.

$$T(s) = \frac{\frac{(k_P s + k_I)/s}{ms^2 + bs + k}}{1 + \frac{(k_P s + k_I)/s}{ms^2 + bs + k}} = \frac{k_P s + k_I}{ms^3 + bs^2 + (k_P + k)s + k_I} \tag{5.32}$$

스텝입력 $R(s) = \frac{1}{s}$에 대한 정상상태 오차는 다음과 같다.

$$e_{ss} = \lim_{s \to 0} (1 - T(s)) = (1 - T(0)) = 1 - \frac{k_I}{k_I} = 0 \tag{5.33}$$

적분 제어기로 인해 오차가 0으로 수렴하는 것을 볼 수 있다. 이러한 이유로 PI 제어기는 실제로 모터나 모션 제어기로 많이 사용된다.

예제 5-5 비례 적분 제어기의 카트 시스템의 움직임

질량-스프링-댐퍼 카트 시스템에서 $m = 1$, $b = 2$, $k = 2$이면 전달함수 $G(s) = \frac{1}{s^2 + 2s + 2}$이다. 비례 적분 제어기로 제어해 보자. $k_I = 2$, $k_P = 1$.

```
>> npi = [1 2];
>> dpi = [1 2 (1+2) 2];
>> pisys = tf(npi,dpi);
>> step(pisys)
```

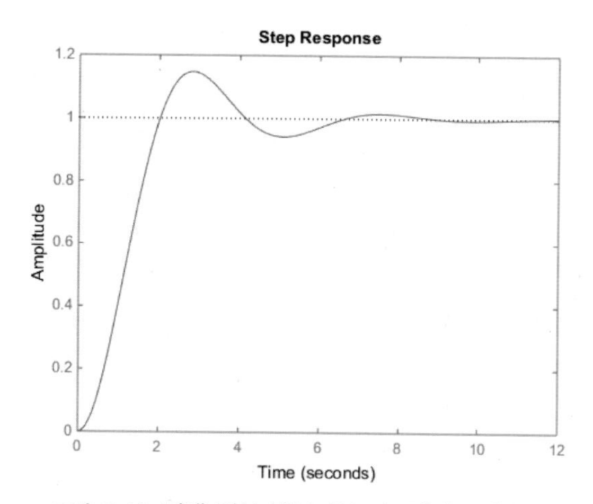

그림 5.10 비례 적분 제어기의 시스템의 스텝응답

그림 5.10에서 보면 적분기의 영향으로 오차가 0으로 수렴한다. 하지만 응답이 다소 늦게 나타나는 것을 볼 수 있다. 정착시간이 약 8초로 그림 5.9의 2초보다 매우 늦어짐을 알 수 있다. 그러므로 비례 미분 제어기와 비례 적분 제어기를 합하면 오차도 0으로 하고 응답도 빠르게 할 수 있다. 이 제어기가 바로 PID 제어기이다.

점검문제 5.5 다음 공정을 비례 적분 제어기로 제어해 보자. $G(s)=\dfrac{1}{s^2+3s+2}$ 스텝응답을 그리고 정상상태 오차를 구해 보시오. 오버슈트를 5% 이내로 만들기 위한 게인값을 구해 보시오.

5.7 비례 적분 미분 제어기

비례 적분 미분 제어기(PID controller)는 비례 제어기와 미분 제어기, 그리고 적분 제어기를 합한 형태이다. 가장 많이 사용되는 제어기로 다른 제어기에 비해 성능이 우수하다.

$$u_{PID}(t)=u_P(t)+u_I(t)+u_D(t)=k_Pe(t)+k_I\int e(t)dt+k_D\dot{e}(t) \tag{5.34}$$

라플라스 변환하면 다음과 같다.

$$U_{PID}(s)=\left(k_P+\frac{k_I}{s}+sk_D\right)E(s)=\left(\frac{k_Ds^2+k_Ps+k_I}{s}\right)E(s) \tag{5.35}$$

비례 적분 미분 제어기는 다음과 같다. 2개의 제로와 하나의 폴을 가지고 있다.

$$C_{PI}(s)=\frac{U_{PI}(s)}{E(s)}=\frac{k_Ds^2+k_Ps+k_I}{s} \tag{5.36}$$

폐루프 전달함수를 구하면 다음과 같다.

$$T(s)=\frac{\dfrac{(k_Ds^2+k_Ps+k_I)/s}{ms^2+bs+k}}{1+\dfrac{(k_Ds^2+k_Ps+k_I)/s}{ms^2+bs+k}}=\frac{k_Ds^2+k_Ps+k_I}{ms^3+(b+k_D)s^2+(k_P+k)s+k_I} \tag{5.37}$$

특성방정식에서 댐핑과 강성 게인을 바꿀 수 있게 된다. 정상상태 오차는 다음과 같다.

$$e_{ss} = \lim_{s \to 0}(1 - T(s)) = (1 - T(0)) = 1 - \frac{k_I}{k_I} = 0 \tag{5.38}$$

적분 제어기로 인해 오차가 0으로 수렴하는 것을 볼 수 있다. 식 (5.37)의 비례 적분 미분 제어기는 2개의 제로와 하나의 폴을 가지고 있어 자체만으로는 불안정하다. 실제로 이러한 문제를 해결하기 위해서는 영향력이 없는 극점을 하나 추가하여 안정성을 확보한다.

$$C_{PI}(s) = \frac{U_{PI}(s)}{E(s)} = \frac{k_D s^2 + k_P s + k_I}{s(s+p)} \tag{5.39}$$

예제 5-6 비례 적분 미분 제어기의 카트 시스템의 움직임

질량-스프링-댐퍼 카트 시스템에서 $m=1$, $b=2$, $k=2$이면 전달함수 $G(s) = \frac{1}{s^2+2s+2}$ 이다. 비례 적분 미분 제어기로 제어해 보자. $k_I = 2$, $k_P = 1$, $k_D = 1$.

```
>> npid = [1 1 2];
>> dpid = [1 2 (2+1) 2];
>> pidsys = tf(npid,dpid);
>> step(pidsys)
```

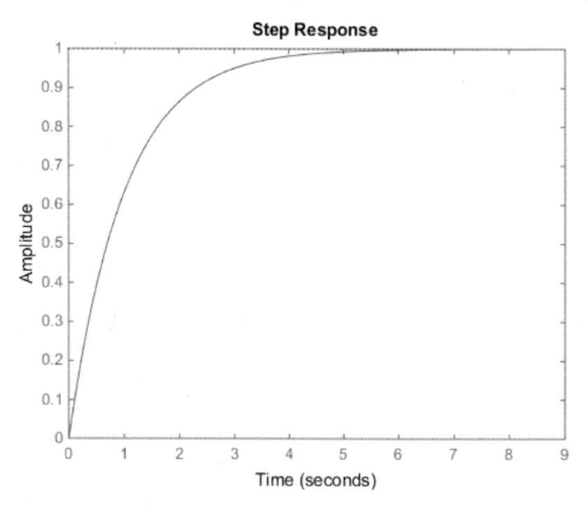

그림 5.11 비례 적분 미분 제어기의 시스템의 스텝응답

그림 5.11의 응답을 보면 오차도 0으로 수렴하고 응답도 빠르게 나타나는 것을 볼 수 있다. 비례 적분 미분 제어기의 시스템의 스텝응답이 가장 좋게 나타나는 것을 볼 수 있다.

점검문제5.6 다음 공정을 비례 적분 미분 제어기로 제어해 보자. $G(s) = \frac{1}{s^2+3s+2}$ 스텝 응답을 그리고 정상상태 오차를 구해 보시오. 오버슈트를 5% 이내로 만들기 위한 게인값을 구해 보시오.

5.8 시스템의 안정을 위한 제어기 설계방법

5.8.1 P 제어기를 사용한 안정화

간단한 예로 자주 사용되는 쌍적분 시스템을 고려해 보자. 앞에서 배운 것처럼 jw축에 근이 있는 경우는 불안정하다고 했다.

$$G(s) = \frac{1}{s^2} \tag{5.40}$$

제어기가 없을 경우, 특성방정식의 두 근이 허수축에 놓여 있기 때문에 앞에서 공부한 것처럼 시스템이 불안정함을 알 수 있다. 비례 제어기를 사용하는 경우에 개루프 전달함수는 다음과 같이 극점이나 영점에는 변화가 없이 게인값만 추가된 형태이다. 게인값을 크게 만들어도 식 (5.41)의 근은 계속 jw축에 놓여 있게 되어 불안정한 시스템이 된다.

$$G(s)C(s) = \frac{k_p}{s^2} \tag{5.41}$$

따라서 비례 제어기는 쌍적분 시스템을 안정하게 만들 수 없다.

5.8.2 PD 제어기를 사용한 안정화

불안정한 두 극점을 안정한 영역에 놓이도록 하려면 임의의 영점이 필요함을 알 수 있다. 안정한 위치, 즉 s평면의 왼쪽에 놓인 영점은 각각의 극점을 안정한 위치로 끌어들일 수 있다. 식 (5.26)에서

$$G(s)C(s) = \frac{sk_D + k_P}{s^2} = \frac{k_D(s + k_P/k_D)}{s^2} \tag{5.42}$$

불안정한 이차 시스템의 안정화를 위해서 PD 제어기를 사용해 보자. PD 제어기는 영점을 하나 추가하므로 jw축이나 jw축 오른쪽에 놓여 불안정한 이차 시스템의 극점을 jw축 왼쪽

으로 이동시킨다. 이는 근궤적이 극점에서 시작해서 영점에서 끝나기 때문에 영점을 jw축 왼쪽에 놓으면 근이 영점으로 이동하는 효과를 이용하게 된다. 하지만 영점이 하나이므로 원하는 응답까지 만족하기에는 다소 어렵다.

5.8.3 PI 제어기를 사용한 안정화

PI 제어기는 0에 극점을 추가하고 영점을 jw축의 왼쪽에 추가한다. PI 제어기를 사용하는 경우 개루프 전달함수는 다음과 같다. 식 (5.31)에서

$$G(s)C(s) = \frac{k_P s + k_I}{s^3} = \frac{k_P(s + k_I/k_P)}{s^3} \tag{5.43}$$

식 (5.43)에서 보면 PD 제어기와 다르게 0에 극점이 하나 추가되는 것을 볼 수 있다. 영점이 근을 안정하게 끌어올 수 있지만 PD 제어기처럼 확실하게 안쪽으로 끌어오지는 못한다.

5.8.4 PID 제어기를 사용한 안정화

불안정한 2차 시스템에 PID 제어기를 사용하면 시스템을 안정하게 만들 수 있다.

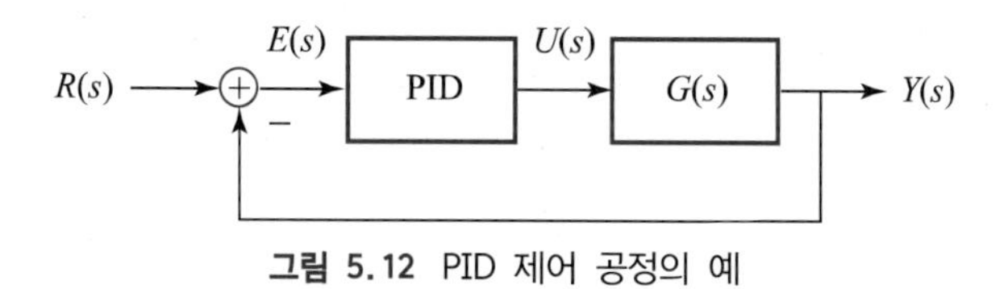

그림 5.12 PID 제어 공정의 예

PID 제어기는 두 영점을 추가한다. PID 제어기는 현재 가장 많이 쓰이는 제어기로서 간단하며 수행 능력이 뛰어나다. 시스템을 안정하게 만들기 위해서 PID 제어기를 사용해 보자.

시간영역에서 PID 제어기는 다음과 같이 표현된다. 오차신호는 기준입력에서 출력을 뺀 편차로 $e(t) = r(t) - y(t)$라 하며 제어입력을 만든다. 제어입력(control input)은 한 물리적 시스템의 출력이 기준입력을 추종하기 위해 필요한 구동 토크로 제어기에서 만들어진다. PID 제어기에서 만들어진 구동 토크 $u_{PID}(t)$는 다음과 같다.

$$u_{PID}(t) = K_P e(t) + K_I \int e(t)dt + K_D \frac{de(t)}{dt} \tag{5.44}$$

따라서 편차 $e(t)$가 0으로 수렴하여 출력값이 입력값과 같게 되면 제어입력은 제로가 되어 시스템은 더 이상 구동 토크가 필요 없게 된다. 식 (5.44)를 라플라스 변환하면

$$U_{PID}(s) = K_P E(s) + \frac{K_I}{s} E(s) + K_D s E(s) \tag{5.45}$$

$$= \frac{K_D s^2 + K_P s + K_I}{s} E(s)$$

여기서 $E(s) = R(s) - Y(s)$이다.

결과적으로 PID 제어기는

$$C_{PID}(s) = \frac{U(s)}{E(s)} = \frac{K_D s^2 + K_P s + K_I}{s} \tag{5.46}$$

$$= \frac{K_D\left(s^2 + \frac{K_P}{K_D}s + \frac{K_I}{K_D}\right)}{s}$$

이다.

앞에서 배운 대로 하면 식 (5.46)의 제어기는 분자의 차수가 분모의 차수보다 크므로 제어기 그 자체가 불안정한 것을 알 수 있다. 안정된 PID 제어기로 만들기 위해서는 분자와 분모의 차수가 같은 식 (5.47)과 같이 표현할 수 있다. 결과적으로 식 (5.46)은 식 (5.47)의 PID 제어기의 하나의 극점이 시간 상수 τ가 작으므로 무시되었다고 가정한다.

$$C_{PID}(s) = \frac{U(s)}{E(s)} = \frac{K_D s^2 + K_P s + K_I}{s(\tau s + 1)} \tag{5.47}$$

종종 MATLAB에서 PID 제어기를 식 (5.46)으로 구성할 경우 에러 메시지가 나타난다. 그런 경우에는 식 (5.49)와 같이 동등한 식으로 구성하여야 한다. 식 (5.40)의 쌍적분 공정에 식 (5.48)의 PID 제어기를 사용하면 개루프 전달함수 $GC(s)$는 다음과 같다.

$$G(s)\,C(s) = \frac{K_D s^2 + K_P s + K_I}{s^3} \tag{5.48}$$

특성방정식은

$$1 + G(s)C(s) = s^3 + K_D s^2 + K_P s + K_I = 0 \tag{5.49}$$

이 된다.

식 (5.49)의 특성방정식의 근은 PID 제어기의 이득값에 따라 위치하는 곳이 다르지만, 시스템을 안정하게 하려면 모든 근들이 s평면에서 허수축의 왼쪽에 거주하도록 이득값을 선택하면 된다. 시스템이 안정하기 위한 필요조건으로는 K_D, K_P, $K_I > 0$이어야 한다. 또한 충분

조건을 만족하기 위해 위의 Routh-Hurwitz 안정성 판별법을 따르면 다음 조건을 얻는다.

$$K_P > \frac{K_I}{K_D},\ K_D > 0,\ K_I > 0 \tag{5.50}$$

이 조건들을 만족하도록 제어기 이득값들을 설정하면 시스템은 안정하게 된다.

예제 5-7 PID 제어기를 사용한 쌍적분 공정의 안정화

원점에 극점이 2개 있는 공정 $G(s) = \dfrac{1}{s^2}$ 을 안정하게 만들기 위해 PID 제어기를 사용하고, 제어기 이득값에 따른 시스템의 변화를 알아보자.

MATLAB Program : PID 제어기

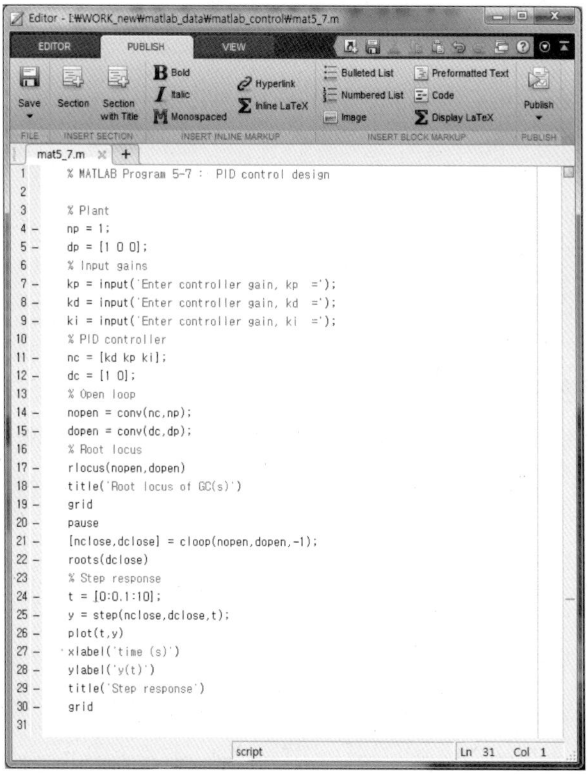
Editor - I:₩WORK_new₩matlab_data₩matlab_control₩mat5_7.m
EDITOR
PUBLISH
VIEW
Save
Section
Section with Title
Bold
Italic
Monospaced
Hyperlink
Inline LaTeX
Bulleted List
Numbered List
Image
Preformatted Text
Code
Display LaTeX
Publish
FILE
INSERT SECTION
INSERT INLINE MARKUP
INSERT BLOCK MARKUP
PUBLISH
mat5_7.m
% MATLAB Program 5-7 : PID control design
% Plant
np = 1;
dp = [1 0 0];
% Input gains
kp = input('Enter controller gain, kp =');
kd = input('Enter controller gain, kd =');
ki = input('Enter controller gain, ki =');
% PID controller
nc = [kd kp ki];
dc = [1 0];
% Open loop
nopen = conv(nc,np);
dopen = conv(dc,dp);
% Root locus
rlocus(nopen,dopen)
title('Root locus of GC(s)')
grid
pause
[nclose,dclose] = cloop(nopen,dopen,-1);
roots(dclose)
% Step response
t = [0:0.1:10];
y = step(nclose,dclose,t);
plot(t,y)
xlabel('time (s)')
ylabel('y(t)')
title('Step response')
grid
script
Ln 31 Col 1

MATLAB상에서는 다음과 같이 실행한다.

```
>> mat5_7
Enter controller gain, kp  =2
Enter controller gain, kd  =2
Enter controller gain, ki  =4

ans =

  -2.0000 + 0.0000i
   0.0000 + 1.4142i
   0.0000 - 1.4142i
```

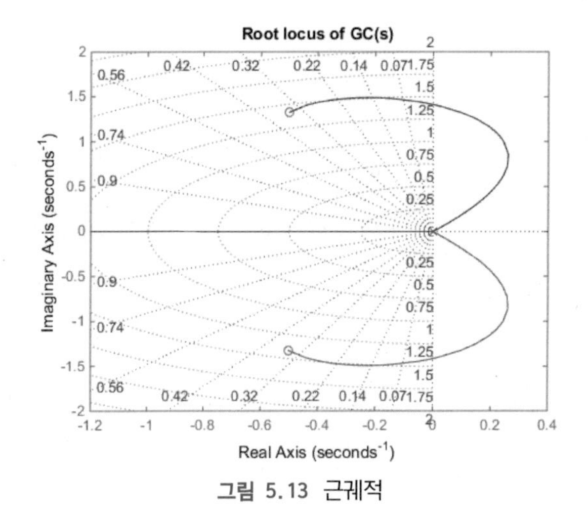

그림 5.13 근궤적

그림 5.13은 쌍적분 시스템을 PID 제어기로 제어했을 때의 근궤적 그래프이다. 식 (5.51)의 통합(Cascade) 이득 K가 커짐에 따라 원점에 있던 불안정한 극점들이 왼쪽의 안정한 영역에 놓인 두 영점의 위치로 움직이는 것을 볼 수 있다. 개루프 전달함수는

$$GC(s) = K\frac{2s^2 + 2s + 4}{s^3} \tag{5.51}$$

이다. Cascade 이득 K가 1보다 작을 경우에는 불안정했다가 K가 1보다 커지면서 시스템이 안정하게 되는 것을 볼 수 있다. 식 (5.50)의 안정성 조건을 만족하지 않는 경우의 이득을 가지고 근을 조사해 보면, $K=1$, $K_P = 2 = \frac{K_I}{K_D}$일 때 식 (5.50)의 조건을 만족하지 않으므로 두 근이 허수축에 놓여 있음을 알 수 있다. 이때 시스템응답은 그림 5.14에 나타나 있는 것처럼 불안정하게 진동한다.

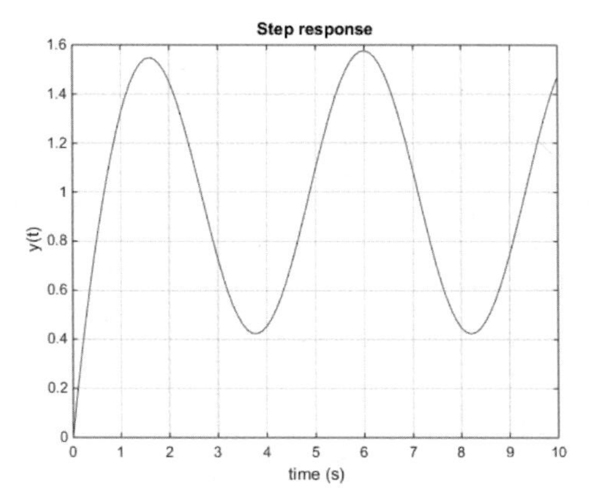

그림 5.14 불안정한 진동 응답

K_P가 안정성 조건을 만족하지 않으므로 시스템응답이 진동한다. 안정성을 만족하는 $K_P = 8$을 선택하여 다시 스텝응답을 조사해 보자.

```
>> mat5_7
Enter controller gain, kp  =8
Enter controller gain, kd  =2
Enter controller gain, ki  =4

ans =

  -0.7221 + 2.5838i
  -0.7221 - 2.5838i
  -0.5558 + 0.0000i
```

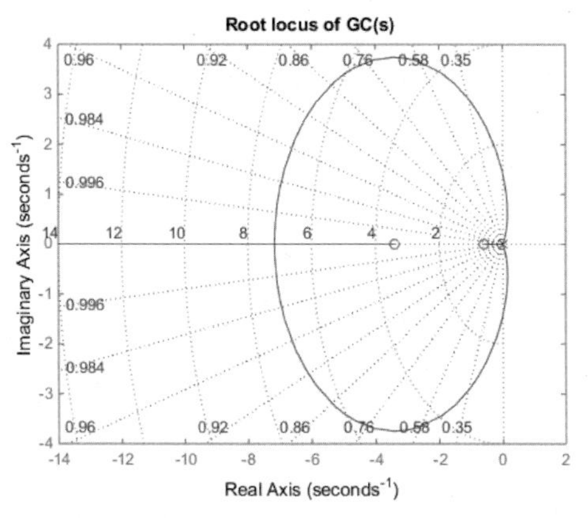

그림 5.15 $K_P = 8$일 때 근궤적 그래프

모든 근들이 s평면의 왼쪽에 놓여 있음을 알 수 있다. 하지만 그림 5.16에서 보면 오버슈트가 성능규격보다 다소 큼을 알 수 있는데, 앞으로 오버슈트를 규격에 맞게 조작하기 위해 제어기를 설계하는 방법을 공부한다.

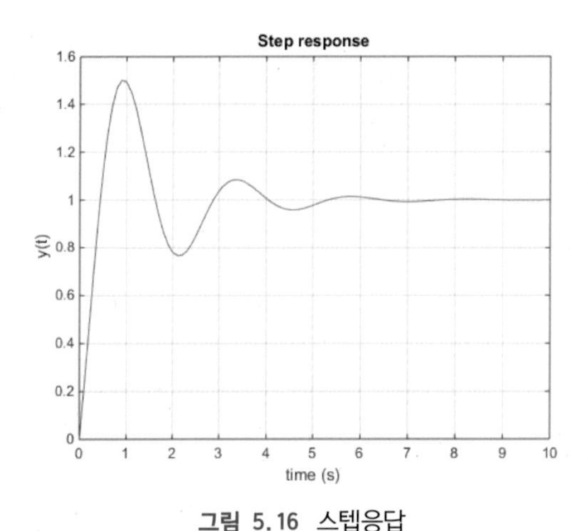

그림 5.16 스텝응답

여기서는 간단히 PID 제어기를 사용하므로 불안정한 시스템을 안정하게 만들었지만 오버슈트가 약 50%로 크므로 적당한 제어기를 선택하는 것 또한 매우 중요하다.

제어기의 또 다른 역할은 시스템이 주어진 성능을 만족하도록 하는 것인데, 다음 장에서 PID 제어기 변수들의 값에 따른 특성방정식 근의 위치를 그려봄으로써 자세히 알아보기로 하자.

점검문제 5.7 특성방정식 (5.51)로부터 시스템이 안정하기 위한 K_D, K_P, K_I의 조건을 구해 보시오. 조건을 만족하는 임의의 값들을 가지고 근을 구하여 확인해 보시오.

연 • 습 • 문 • 제

1. 다음 이차 공정의 안정성을 확인하고 오버슈트가 5% 이내로 오도록 K값을 선정하여 보시오.

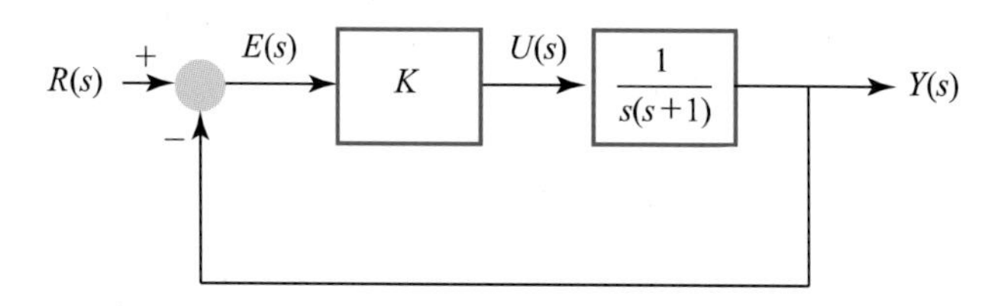

2. 다음 삼차 공정의 안정성을 확인하고 안정화하기 위해 K값을 선정하여 보시오.

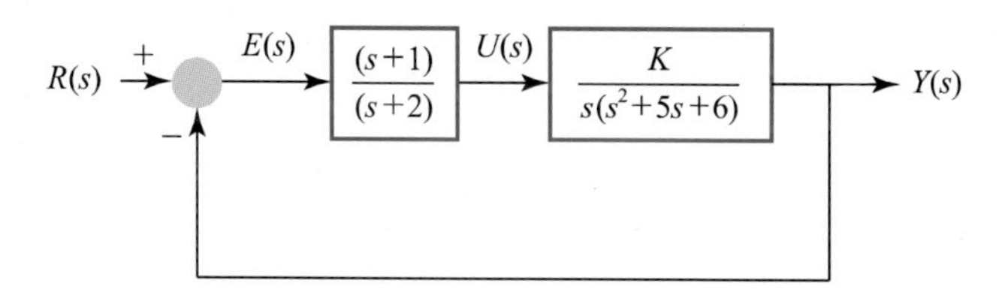

3. 다음 이차 공정의 안정성을 확인하고 안정화하기 위해 PD 제어기를 선정하여 근을 확인해 보시오.

$$G(s) = \frac{1}{(s+1)(s-1)}$$

4. 공정이 다음과 같이 비최소위상(non-minimum phase)이다. 먼저 시스템의 안정성을 조사하고, 만약 불안정하다면 왜 불안정한지를 예를 들어 설명하고, 시스템이 안정화하기 위해 제어기를 선정한 뒤 설계해 보시오.

$$G(s) = \frac{1}{s-1}$$

끝으로 스텝응답을 MATLAB을 사용하여 출력해 보시오.

5. 다음 삼차 공정의 안정성을 확인하고 안정화하기 위해 제어기를 선정하여 근을 확인해 보시오. 무슨 문제가 발생하는가?

$$G(s) = \frac{1}{s^3}$$

Chapter 06

근궤적 기법을 사용한 제어기의 설계

6.1 소개

폐루프 특성방정식의 근은 시스템의 안정성과 깊은 관계가 있음을 앞에서 공부하였다. 또한 이 근들은 시스템 수행에도 밀접한 관계가 있음을 배웠다. 특성방정식의 근의 값에 따라 시스템의 출력에 미치는 영향이 크게 달라지게 되고 응답성능이 달라진다. 따라서 원하는 응답을 얻기 위해서는 근의 위치를 조절해야 하는데 어떻게 하는지 살펴보자.

먼저 s 평면상에서 근의 움직임이 어떻게 나타나는지 공부해 보자. 제어기의 이득값 K의 값이 변함에 따라 변하는 근들의 값을 s 평면상에 계속적인 위치로 표시함으로써 근들의 움직임을 한눈에 알아볼 수 있도록 그린 그림을 **근궤적**(root locus) **그림**이라 한다. 근궤적 그림을 사용하여 LTI 시스템의 제어기를 설계하는 방법은 가장 자주 사용되는 고전적이고, 간단하면서 효과적인 방법 중의 하나이다.

원하는 시스템의 수행, 오버슈트의 크기, 정착시간 등의 규격들이 주어질 경우, s 평면상에서 근들이 위치할 영역을 구할 수 있다. 설정한 영역 안에서 요구되는 우세근들의 위치를 구하고, 그 위치에서의 이득값을 구하면 시스템은 **성능규격**(performance index)을 만족하게 된다. 근궤적 그래프는 s 평면에서 근의 움직임을 관찰하여 제어기를 쉽게 설계하는 데 사용한다. 이 장에서는 제어기 설계과정들을 MATLAB을 사용하여 공부하기로 한다.

6.2 근궤적 그래프

6.2.1 근궤적 그래프 소개

제어기로 제어된 시스템에서 특성방정식의 근은 그 시스템응답을 특징지으므로 근의 움직임에 대한 분석은 매우 중요하다. 시스템이 원하는 제어성능을 만족하기 위해서는 현재 설계된 제어기의 설계가 잘 되었는지, 문제점이 무엇인지, 어떻게 개선하여 설계를 해야 하는지에 대한 분석이 필요하다. 이처럼 근의 움직임을 s 평면에서 나타낸 그래프를 근궤적(root locus) 그래프라 한다. 근궤적 그래프에 대해 알아보자.

특성방정식에 따른 입력과 출력이 나타난 시스템의 예는 그림 6.1과 같다.

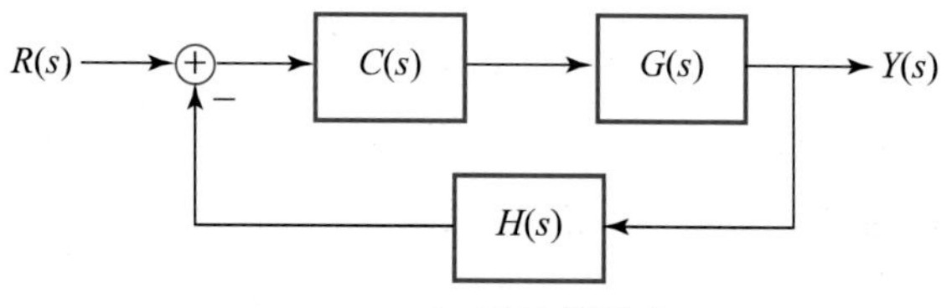

그림 6.1 시스템의 블록선도

다음의 폐루프 전달함수를 통하여 근궤적 기법의 특성을 살펴보자. 그림 6.1에서 폐루프 전달함수는 다음과 같다.

$$T(s) = \frac{KG(s)\,C(s)}{1+KG(s)\,C(s)\,H(s)} \tag{6.1}$$

식 (6.1)의 분모에서 다음과 같이 다항식의 분모 분자 형태의 유리함수로 놓자.

$$KG(s)\,C(s)\,H(s) = K\frac{N(s)}{D(s)} \tag{6.2}$$

여기서 K는 상수이다.

식 (6.1)에서 $1+KGCH=0$은 특성방정식을 나타내는데, 식 (6.2)를 특성방정식에 대입하면 다음과 같다.

$$1+K\frac{N(s)}{D(s)} = 0 \tag{6.3}$$

식 (6.3)을 풀어 방정식을 세우면 다음과 같다.

$$D(s)+KN(s)=0 \tag{6.4}$$

식 (6.4)의 근은 폐루프 특성방정식의 근, 즉 폐루프 전달함수의 극점이 된다. K가 0일 때 폐루프 극점은 $D(s)$의 근, 즉 전달함수 $G(s)\,C(s)\,H(s)$의 극점이 되고, K가 무한으로 커짐에 따라 $N(s)$의 근, 전달함수 $G(s)\,C(s)\,H(s)$의 영점이 됨을 알 수 있다. 일반적으로 단일귀환 시스템에서는 $H(s)=1$이므로 근궤적 그래프는 개루프 전달함수 $G(s)\,C(s)$의 극점에서 출발하여 영점에 도달하게 되며, 이는 폐루프 특성방정식의 근의 움직임을 나타낸다. 따라서 근궤적이 극점에서 출발하는 수와 도착하는 수가 같아야 한다.

$$KGC(s) = \frac{K(s+z_1)(s+z_2)\cdots(s+z_m)}{(s+p_1)(s+p_2)\cdots(s+p_n)} \tag{6.5}$$

> 다시 말하면, 근궤적은 폐루프 특성방정식의 근의 위치를 나타내는데, 이 궤적은 이득값 K가 점점 증가함에 따라 전달함수 $G(s)C(s)H(s)$의 극점의 위치에서 출발하여 전달함수 $G(s)C(s)H(s)$의 영점의 위치에 도달하게 된다.

근궤적은 K값에 따른 근의 움직임을 복소수 평면에서 나타내는 것이므로 K값과 근과의 상관관계를 알아보자. 식 (6.2)와 (6.3)에서 개루프 전달함수는 다음과 같다.

$$KG(s)C(s) = -1 \tag{6.6}$$

식 (6.6)은 복소수이므로 크기와 위상을 나누어 표기하면 다음과 같다.

$$|KG(s)C(s)| \angle KG(s)C(s) = -1 \tag{6.7}$$

식 (6.6)에서 크기와 위상은 다음과 같다.

$$|KG(s)C(s)| = 1 \tag{6.8}$$

$$\angle KG(s)C(s) = 180° + n360°,\ n = 0,\ \pm 1,\ \pm 2,\ \cdots \tag{6.9}$$

식 (6.5)에서 크기는 다음과 같다.

$$|KGC(s)| = \frac{K|s+z_1||s+z_2|\cdots|s+z_m|}{|s+p_1||s+p_2|\cdots|s+p_n|} = 1$$

K는 다음과 같이 극점의 거리의 곱을 영점의 거리 곱으로 나눈다.

$$K = \frac{|s+p_1||s+p_2|\cdots|s+p_n|}{|s+z_1||s+z_2|\cdots|s+z_m|} \tag{6.10}$$

식 (6.5)에서 위상은 다음과 같다.

$$\begin{aligned}\angle KGC(s) &= \angle(s+z_1) + \angle(s+z_2) + \cdots + \angle(s+z_m) \\ &\quad - [\angle(s+p_1) + \angle(s+p_2) + \cdots (\angle s+p_n)]\end{aligned} \tag{6.11}$$

예를 들어 개루프 전달함수의 분모, 분자의 차수가 다른 경우를 살펴보자. 극점은 2이고 영점은 없다. 이 경우에 극점 -1, -3에서 출발하는 근궤적이 모두 2개가 생기는데 모두 무한대의 영점으로 간다.

$$KGC(s) = \frac{K}{(s+1)(s+3)}$$

그림 6.2를 보면 근궤적은 극점 -1과 -3 사이인 -2에서 분기점이 생기고 무한의 영점

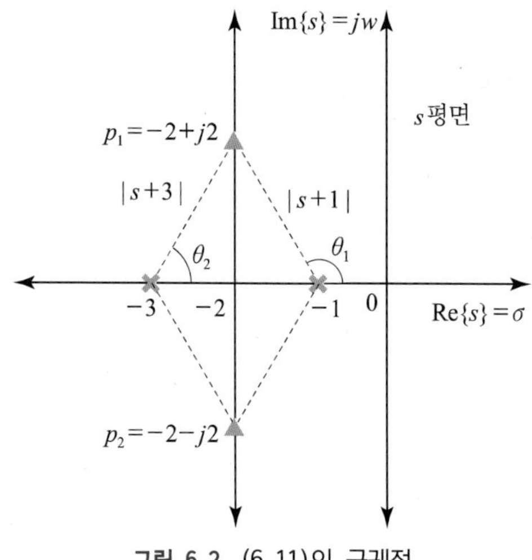

그림 6.2 (6.11)의 근궤적

으로 간다. 근 $(s+2-2j)$에서 K값을 구해 보자.

$$K=|s+1||s+3|=\sqrt{1+2^2}\sqrt{1+2^2}=5$$

위상은 다음과 같다.

$$\angle KGC(s)=-[\angle(s+1)+\angle(s+3)]=-[120°+60°]=-180°$$

점검문제 6.1 $KGC(s)=\dfrac{K}{s(s+1)}$일 때 $s=-0.5+2j$에서 K값을 계산해 보시오.

6.2.2 근궤적 그래프 그리는 과정

근궤적을 손으로 그리는 방법을 알아보자.

1. 개루프 전달함수의 극점과 영점을 s평면에 표기한다.
2. 궤적은 실수축에 영점과 극점의 합의 개수가 홀수인 왼쪽에 그린다.
3. 이 따라갈 궤도(asymptotes)를 계산한다. asymptotes의 실수축과 만나는 점을 계산한다. 극점의 개수 n과 영점의 개수 m일 때

$$\sigma=\frac{\sum_{1}^{n}(-p_i)-\sum_{1}^{m}(-z_j)}{n-m} \tag{6.12}$$

4. 실수축과 만나는 궤도의 asymptotes의 각을 계산한다.

$$\phi_\sigma = \frac{2k+1}{n-m}180° \tag{6.13}$$

근궤적은 asymptotes를 따라간다.

5. 근이 실수축에서 나뉘는 분깃점(break point)을 계산한다. 분깃점은 서로 인접한 두 극점 사이에서 생긴다. 대략적으로 계산하면 두 극점 사이의 중간을 분깃점으로 취하면 된다. 손으로 근궤적을 그리는 경우에는 정확할 필요가 없고 정확한 분깃점은 MATLAB 연산을 통해 한다. 근궤적은 이 분깃점에서 나뉘어 asymptote를 따라간다.

예제 6-1 근궤적 그래프 그리기

예를 들어 $KGC(s) = \dfrac{K}{(s+1)(s+3)}$ 일 때, 근궤적을 그려보자.

asymptotes의 실수축과 만나는 점은 $\sigma = \dfrac{(-1-3)}{2} = -2$이고 asymptotes의 각 $\phi_\sigma = \dfrac{1}{2}180° = 90°$이다. 그림 6.3에서 확인할 수 있다. 극점의 홀수 왼쪽에 궤적이 생기므로 -1 왼쪽에 생기는 것을 알 수 있다. 주어진 영점으로 가지 않는 두 극점 사이에는 궤적이 나뉘게 되므로 분깃점을 계산하면 -1과 -3과의 중간값인 -2가 된다.

MATLAB을 사용하여 간단히 그릴 수도 있다. MATLAB이 자동적으로 모든 범위를 설정하므로 그 움직임의 전체적인 윤곽을 볼 수 있다.

```
>> ngc = 1;
>> dgc = conv([1 1], [1 3]);
>> rlocus(ngc,dgc)
```

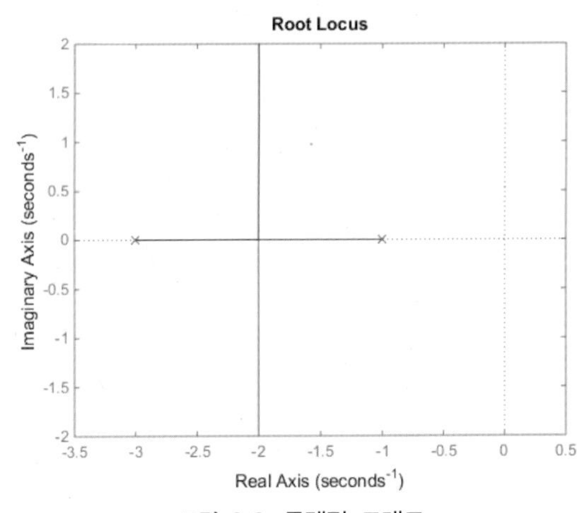

그림 6.3 근궤적 그래프

또한 **rlocfind** 명령어를 사용하면 근궤적 그래프에서 마우스로 원하는 위치의 궤적에서 근의 위치를 클릭하면 K값과 근의 값을 알 수 있다.

```
>> sys = tf(ngc,dgc);
>> rlocfind(sys)
Select a point in the graphics window
selected_point =
  -1.9976 + 1.9938i
ans =
    4.9753
```

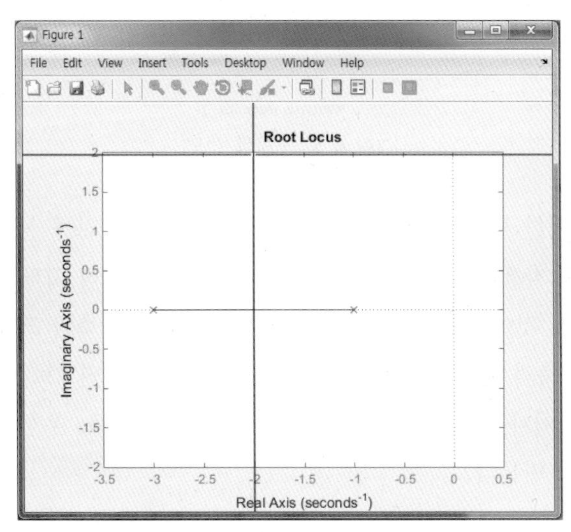

그림 6.4 rlocfind 사용 근궤적 그래프

예제 6-2 근궤적 그래프 그리기

예를 들어 $N(s)=s+3$이고 $D(s)=s^2+2s$일 때, 근궤적을 그리면 MATLAB이 자동적으로 모든 범위를 설정하므로 그 움직임의 전체적인 윤곽을 볼 수 있다.

```
>> ng = [1 3];
>> dg = [1 2 0];
>> rlocus(ng,dg)
>> grid
```

프로그램이 자동으로 K값의 범위를 설정하고, 근궤적 그래프를 그린다. 그림 6.5에 근궤적이 잘 나타나 있다. 원점과 -2에 극점이 있고 그 사이에서 브레이크가 일어나서 근이 영점으로 이동하는데, 하나는 영점 -3으로 가고 다른 하나는 무한대의 영점으로 간다.

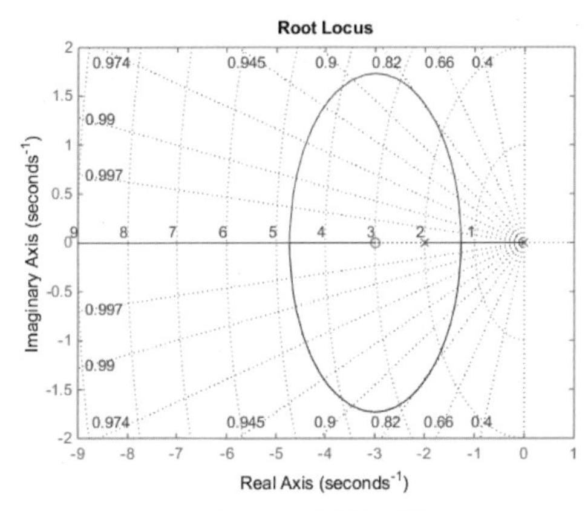

그림 6.5 근궤적 선도

만약 K의 값을 특정한 범위에서 정하고 싶으면 사용자가 범위를 설정해 원하는 부분에서 근의 움직임의 윤곽을 자세하게 볼 수 있다. 때에 따라서 근궤적 그래프에서 실수축과 허수축을 같은 크기로 보는 것이 효과적일 때가 있다. 이 경우에는 축의 크기와 간격을 조절하는 명령어를 사용하면, x축과 y축의 크기가 같은 정사각형의 s평면으로 나타난다. 만약 x축과 y축의 크기가 너무 차이가 나면 근궤적 그래프가 작게 보이므로, 우선 축을 같은 크기로 만든 다음 정사각형으로 만든다.

```
>>axis[xi, xf, yi, yf];        ☜ xi, yi는 x, y축의 시작이고, xf, yf는 끝점이다.
>>axis('square')               ☜ 같은 크기의 정사각형을 그린다.
>>axis('normal')               ☜ 원래의 그래프 모양으로 돌아간다.
```

점검문제 6.2 $KGC(s) = \dfrac{K}{s(s+3)}$일 때 근궤적을 손으로 그려보고 MATLAB과 비교하시오.

예제 6-3 사용자 설정 근궤적 그래프 그리기

$N(s) = s+3$이고 $D(s) = s^2 + 2s$일 때, 정해진 K의 범위($0 < K < 10$)에서 근궤적을 구해 보자.

```
>> ng = [1 3];                    % Plant
>> dg = [1 2 0];
>> k = [0:0.1:10];                % Gain range
>> r = rlocus(ng,dg,k);           % Root locus
>> plot(r)
>> hold on
>> pzmap(ng,dg)                   % pole and zero map
>> hold off
>> grid
```

그림 6.6에 사용자가 설정한 범위 내에서 근궤적이 보기 좋게 나타나 있다. 근궤적은 이득값에 따른 근의 움직임을 나타내므로 근궤적 그래프 상에서 어떤 한 점의 근의 값이나 K의 값을 알면 제어기 설계를 하는 데 많은 도움이 된다. 이때 사용하는 명령어가 **rlocfind**이다. 이 명령어는 입력으로 전달함수를 취하고, 출력은 이득값과 근의 값이다.

```
>>[p,k] = rlocfind(ng,dg);
```

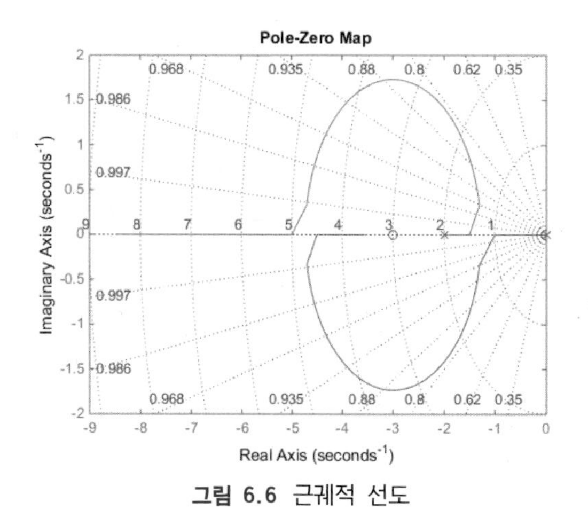

그림 6.6 근궤적 선도

위의 명령어를 입력하면, MATLAB은 화면에 있는 근궤적 그래프로부터의 입력을 기다린다. 이때 마우스로 원하는 근궤적 상의 점을 찍으면 p는 그 점에서의 특성방정식의 근의 값들, k는 이득의 값을 저장한다. 마우스로 점을 표시하기 때문에 정확도는 다소 떨어지지만 대략적인 값을 알 경우에는 편리하게 사용할 수 있다.

점검문제 6.3 공정이 $G(s)=\dfrac{1}{s(s+5)}$ 이고 $C(s)=\dfrac{s^2+4s+8}{s}$ 일 때, 근궤적 그래프를 그려 보시오. 단일귀환이라 가정한다.

예제 6-4 근궤적 그래프 그리기

$GC(s)=\dfrac{K(s+2)}{s^2(s+10)}$ 일 때, 근궤적을 구해 보자.

```
>> n= [1 2];
>> d = [1 10 0 0 ];
>> rlocus(n,d)
```

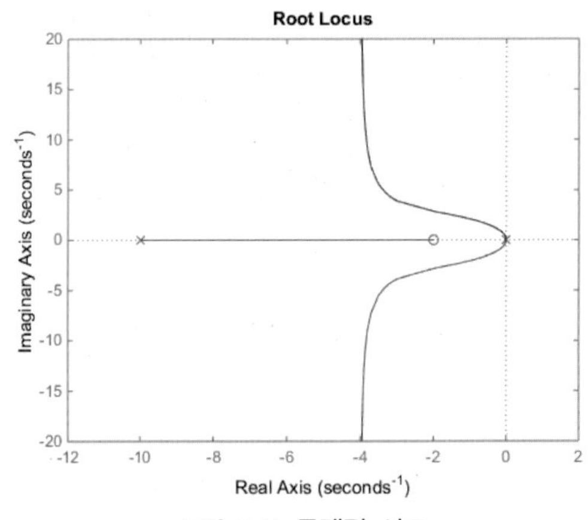

그림 6.7 근궤적 선도

6.3 원하는 폐루프 근의 영역

s 평면상에서 제어기를 설계하려면 우선 시스템이 수행할 때 요구되는 규격을 알아야 한다. 보통 제어기 수행의 기준으로 오버슈트(L)의 크기나 정착시간(M) 등이 있다. L과 M이 주어지면, 다음의 수식을 통해서 요구되는 근의 영역을 알 수 있다.

$$\text{(a) P.O.} < L \rightarrow \zeta = \sqrt{\frac{\left(\ln\frac{L}{100}\right)^2}{\pi^2+\left(\ln\frac{L}{100}\right)^2}} \rightarrow \theta = \cos^{-1}(\zeta) \tag{6.14}$$

(b) $T_s < M$

2%의 정착시간을 고려하면

$$T_s = \frac{4}{\zeta\,\omega_n} < M \rightarrow \zeta\,\omega_n > \frac{4}{M} \tag{6.15}$$

구해진 θ값과 $\zeta\,\omega_n$값은 다음의 영역을 만든다.

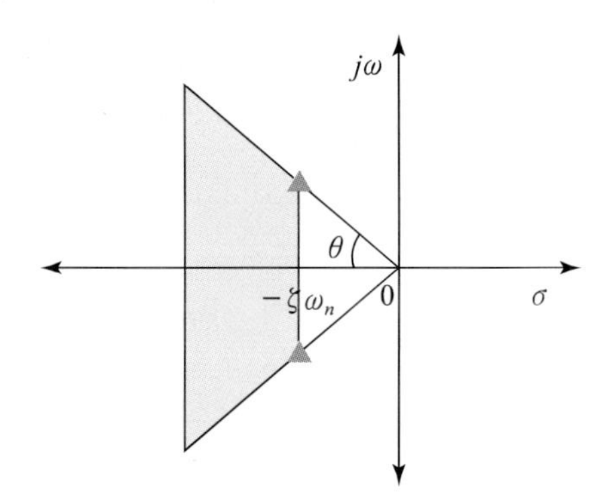

그림 6.8 원하는 영역의 근의 위치

원하는 근의 위치는 빗금 친 영역 안에서 설정하면 되지만 보통 약간의 여유를 주기 위하여 경계선에서 다소 안쪽인 곳으로 정한다.

점검문제 6.4 오버슈트가 $L < 5\%$이고, 정착시간이 $M < 2$초일 때 요구되는 근의 영역을 s 평면 위에 나타내 보시오.

점검문제 6.5 오버슈트 L이 5%일 때 감쇠율 ζ의 값을 구해 보시오.

6.4 근궤적 그래프를 사용한 제어기의 설계

한 공정을 제어하는 제어기를 설계할 때 가장 중요한 것은 그 공정의 성능에 맞는 제어기를 선택하는 것이다. 주어진 수행기준에 맞는 적당한 제어기를 선정하는 것은 90%의 설계작업을 완수한 것과 다름없다. 가장 간단하게 생각되는 제어기 설계방법은 공정의 나쁜 극점 또는 영점을 제어기를 사용해서 상쇄시키는 것인데 이 방법은 실제로 효율적이지 못하다. 왜냐하면 실제 공정으로부터 얻은 전달함수의 극점과 영점은 정확한 값이 아닌 대략적인 값이고, 실제 공정의 차수가 실제로는 더 높을 수도 있기 때문이다. 또한 실제 공정의 변수들이 바뀜에 따라 그에 따른 극점이나 영점의 위치도 바뀌기 때문이다. 그러므로 공정의 극점과 영점을 직접 상쇄시키는 대신, 근을 원하는 위치로 움직이도록 제어기를 설계하는 것이 바람직하다. 이처럼 중요한 제어기 선택에 기본적인 방향을 제시하여 주는 것이 바로 근궤적 그래프이다.

이 장에서는 적당한 제어기를 설정한 뒤, 제어기의 극점이나 영점들의 값을 결정하여 본래의 근궤적을 바꿈으로써 폐루프 근들이 원하는 위치에 놓이도록 하는 설계방법에 대해 공부하고자 한다. 우선 다양한 제어기들의 특성을 알아보자.

6.4.1 진상제어기

진상제어기(lead controller)는 하나의 극점 p와 하나의 영점 z로 구성된다. 진상제어기에서는 절댓값 p가 절댓값 z의 값보다 크다. 즉, p는 z보다 허수축으로부터 왼쪽으로 더 멀리 놓이게 된다. 이는 저주파 신호를 통과시키지 않고 고주파 신호를 통과시키는 고주파 통과 필터의 모습을 나타낸다.

$$C(s) = K\frac{s+z}{s+p} \quad (|p| > |z|) \tag{6.16}$$

진상제어기의 영점은 극점보다 허수축에 가까이 있기 때문에 근궤적을 영점 z쪽으로 끌어당기는 성향이 있다. 그러므로 진상제어기를 사용하면 첨두치시간이나 정착시간을 빨리 할 수 있는 장점이 있다. 하지만 경우에 따라 오버슈트가 커지는 경향이 있다. s평면에서 극점과 영점의 위치는 다음과 같이 나타난다.

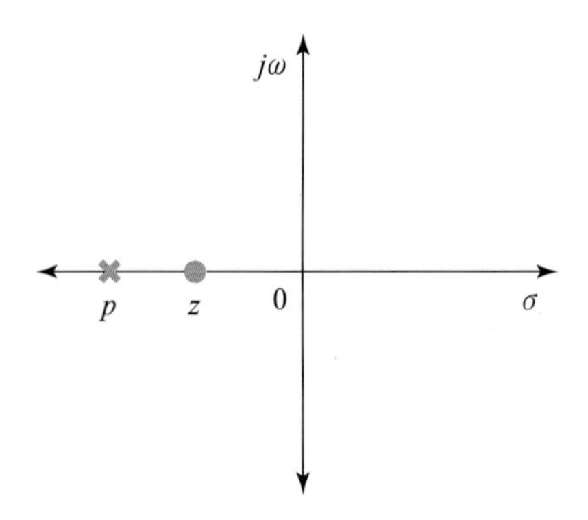

그림 6.9 진상제어기의 극점과 영점

진상제어기를 사용하여 설계하는 방법을 알아보자.

진상제어기의 설계방법

과정 1. 주어진 성능규격을 통하여 극점이 거주할 영역을 s평면 위에 표시한다.
과정 2. $G(s)C(s)H(s)$의 극점과 영점을 s평면에 표시하고 근궤적 그래프를 그린다.
과정 3. 원하는 우세근 극점의 위치 바로 밑에 진상제어기의 영점 z를 놓는다.
과정 4. 원하는 우세근 극점의 위치에서 각을 계산하므로 진상제어기의 극점 z, p를 구한다.
과정 5. 원하는 극점의 위치로부터 각 극점과 영점까지의 거리를 계산하므로 이득값 k를 구한다.
과정 6. MATLAB으로 설계한 값들을 사용하여 근궤적 그래프를 그려보고, 아울러 스텝응답도 점검한다. 만약 스텝응답이 기준을 만족하지 못하면, 과정 3으로 가서 영점 위치 조절을 통해 설계를 다시 한다.

예제 6-5 진상제어기의 설계

쌍적분 시스템(double integrator system) $G(s)=\dfrac{1}{s^2}$을 진상제어기로 설계해 보자. 수행규격은 $T_s<4$초라 하고 $\text{P.O.}<20\%$이다.

앞에서 보인 것처럼 시스템 $G(s)$ 응답은 불안정하게 나타난다. 그러므로 진상제어기의 영점 z를 사용함으로써 근궤적을 안정한 곳으로 끌어당길 뿐만 아니라, 적당히 끌어당기도록 설계해야 한다.

먼저 수행 규격 조건으로부터 우세근이 위치해야 할 곳을 정한다.

과정 1-2. 식 (6.14)로부터 $\zeta>0.45$이고 식 (6.15)로부터 $\zeta\omega_n=1$이므로 원하는 우세근은 다음과 같다.

$$q,\ \hat{q}=-1\pm j2$$

과정 3. 제어기 영점 z는 우세근 바로 아래 놓이므로 1이 된다.
과정 4. 각 극점과 영점의 각의 합은 -180이 되어야 하므로

$$\begin{aligned}-180 &= -\ \text{극점의 각}+\text{영점의 각}\\ &= (-2\times\text{원점에 있는 극점})-\theta_p+(-1\text{에 놓여 있는 영점의 각})\\ &= -2\times 116^\circ-\theta_p+90^\circ\end{aligned}$$

$$\theta_p=38^\circ$$

결과적으로 -1로부터 θ_p에 위치한 극점의 거리는 $p-1=2/\tan(\theta_p)=2.6$, 즉 $-p=-3.6$이 된다. 그러므로 설계한 진상제어기는 $C(s)=\dfrac{K(s+1)}{s+3.6}$이다.

과정 5. 그림 6.6에서 이득값을 계산할 수 있다.

$$K=\frac{\text{극점으로부터의 거리}}{\text{영점으로부터의 거리}}=\frac{2.23\times 2.23\times 3.28}{2}=8.1$$

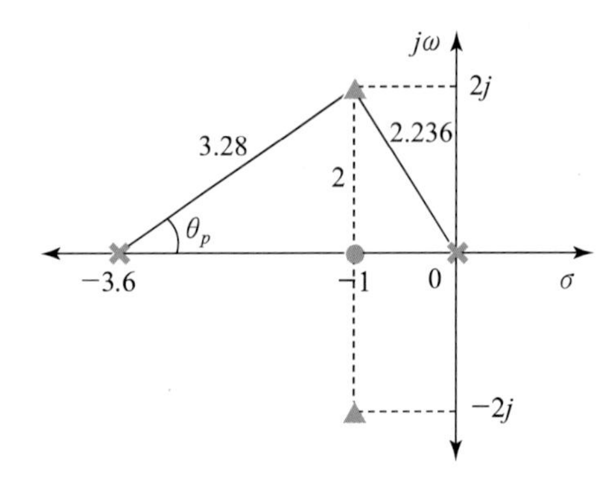

그림 6.10 s평면에서의 극점, 영점으로부터 이득값의 계산방법

설계한 진상제어기를 사용한 시스템의 응답을 MATLAB을 사용하여 알아보자.

MATLAB Program 6-5 : 진상제어기 설계

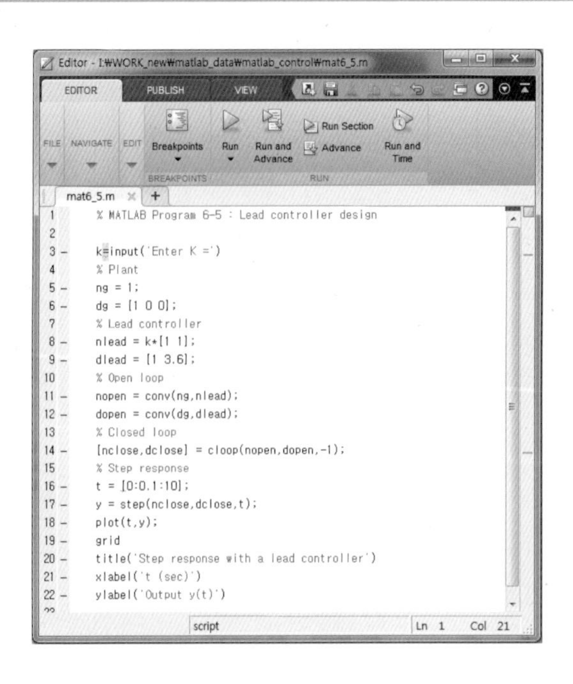

```
>> mat6_5
Enter K =8.1
k =
     8.1000
```

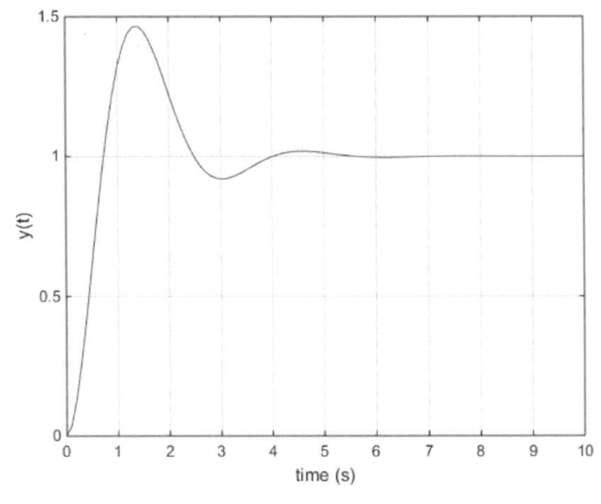

그림 6.11 스텝응답

그림 6.11에서 보인 것처럼 오버슈트가 설계 기준보다 다소 큼을 알 수 있다. 그 이유는 실수축에 있는 열세근(non-dominant pole)이 진상제어기의 영점 쪽, 즉 허수축으로 가까이 다가가므로 응답에 영향을 주게 되기 때문이다. 게인을 크게 $K=15$ 또는 작게 $K=3$으로 해 보자. 오버슈트는 그대로이고 응답시간이 차이가 나는 것을 볼 수 있다.

```
>> mat6_5
Enter K =8.1
k =
     8.1000
>> y1=y;
>> mat6_5
Enter K =15
k =
     15
>> y2=y;
>> mat6_5
Enter K =3
k =
```

```
    3
>> y3=y;
>> plot(t,y1,':',t,y2,'--',t,y3)
>> grid
>> legend('kp=8.1','kp=15', 'kp=3')
>> xlabel('time (s)')
>> ylabel('y(t)')
```

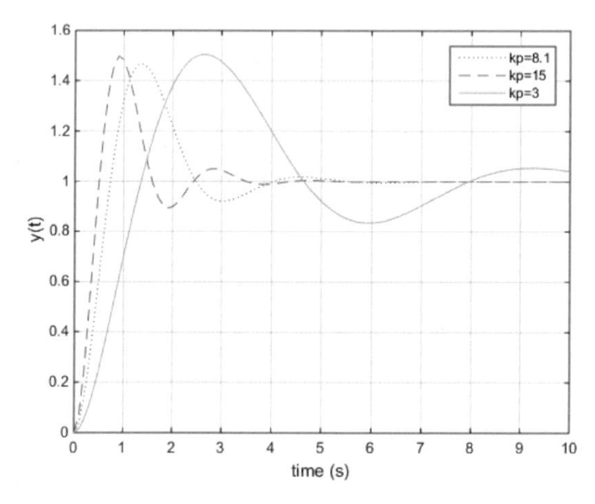

그림 6.12 게인에 따른 응답

이 경우는 다시 진상제어기를 보수적으로 설계해도 되지만 선행필터(prefilter)를 사용하여 설계한 진상제어기의 영점으로부터 오는 영향을 최소화하므로 오버슈트를 줄일 수 있다. 다음 예제에서 오버슈트를 줄여 보자.

예제 6-6 선행필터를 사용하는 진상제어기의 설계

쌍적분 시스템 $G(s)=\dfrac{1}{s^2}$을 진상제어기로 설계한 뒤 예비필터를 사용한 경우의 응답과 비교해 보자.

MATLAB Program 6-6 : 선행필터와 진상제어기

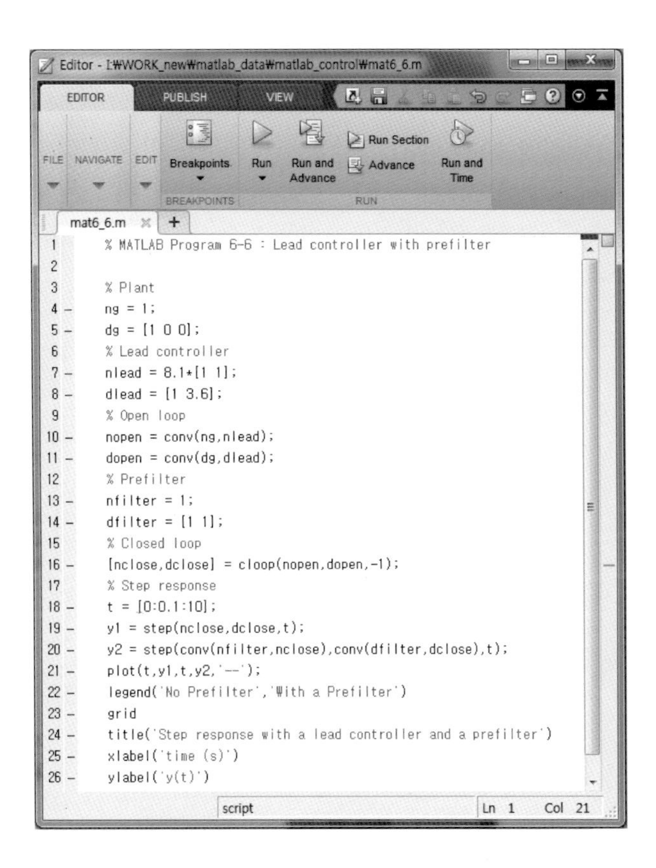

그림 6.13에서 보인 것처럼 선행필터를 사용하면 오버슈트를 현저하게 낮출 수는 있지만 첨두치시간은 거의 2배로 늦어짐을 볼 수 있다.

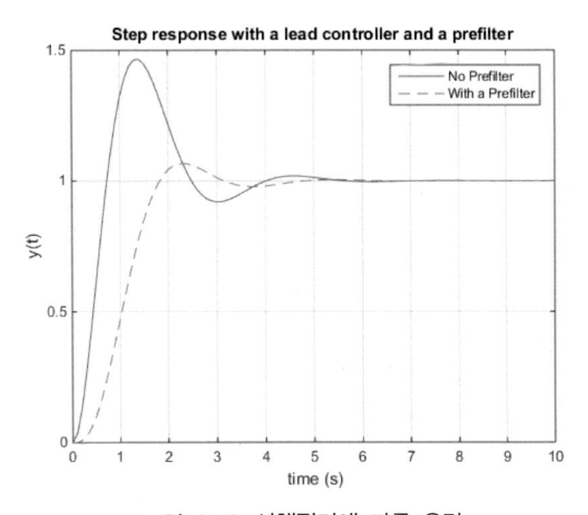

그림 6.13 선행필터에 따른 응답

6.4.2 지상제어기

일반적으로 지상제어기(lag controller)를 사용하는 목적은 안정된 상태에서의 오차를 줄이기 위함이다. 비례 제어기의 이득값을 높이는 것으로 오차를 줄일 수도 있지만 다른 수행 능력이 떨어지거나 안정성에 문제가 생길 수도 있다. 그러므로 지상제어기에서 영점의 절댓값은 극점의 절댓값보다 크다. 이는 저주파 신호를 통과시키고 고주파 신호를 통과시키지 않는 저주파 통과 필터의 모습을 나타낸다.

$$C(s) = K\frac{s+z}{s+p} \quad (|p| < |z|) \tag{6.17}$$

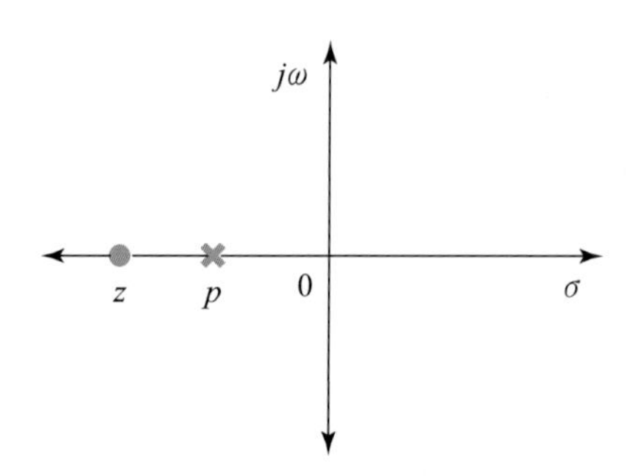

그림 6.14 지상제어기의 극점과 영점의 위치

지상제어기의 설계방법

과정 1. 주어진 수행기준을 통하여 우세근이 거주할 영역을 s 평면 위에 표시한다.
과정 2. $GCH(s)$의 극점과 영점을 s 평면에 표시하고 근궤적 그래프를 그린다.
과정 3. 지상제어기의 극점 p를 원점에 가까이 놓는다(예: $-p = -0.1$).
과정 4. 원하는 극점의 위치에서 각을 계산하여 지상제어기의 영점 z를 구한다.
과정 5. 원하는 극점의 위치로부터 각 극점과 영점까지의 거리를 계산하여 이득값 k를 구한다.
과정 6. MATLAB으로 설계한 값들을 사용하여 근궤적 그래프를 그려보고, 스텝응답도 점검한다. 만약 스텝응답이 기준을 만족하지 못하면 과정 3으로 가서 극점의 위치를 조절하여 설계를 다시 한다.

예제 6-7 지상제어기의 설계

예제 6-5의 쌍적분 시스템 $G(s) = \frac{1}{s^2}$을 지상제어기로 설계해 보자. 성능규격은 $T_s < 4$초이고 P.O. < 20%이다.

먼저 수행 조건으로부터 우세근이 위치해야 할 곳을 정한다.

과정 1. 식 (6.14)로부터 $\zeta > 0.45$이고 식 (6.15)로부터 $\zeta\omega_n = 1$이므로 우세근은 다음과 같다.

$$q,\ \hat{q} = -1 \pm j2$$

과정 2. 제어기의 극점 p는 0.1이 된다.

과정 3. 우세근에서 각은 180°가 되어야 하므로

$$\begin{aligned} -180 &= -\text{ 극점의 각} + \text{영점의 각} \\ &= -3\times 116 + \theta_z \\ \theta_z &= 168° \end{aligned}$$

이다.

θ_z의 값에 위치한 영점의 값은 s평면의 왼쪽에 놓여야 하므로 제어기가 불안정하게 된다. 그러므로 위의 공정을 지상제어기로 제어하는 것은 바람직하지 않다. 예제 6-5에서 보인 것처럼 진상제어기로 제어하는 것이 바람직하다.

예제 6-8 예비필터를 사용하는 지상제어기의 설계

한 공정이 $G(s) = \dfrac{1}{(s+0.5)(s+2)}$일 때 지상제어기로 설계해 보자. 성능규격은 $T_s < 4$초이고 $\text{P.O.} < 10\%$이다.

먼저 수행 규격으로부터 우세근이 위치해야 할 곳을 정한다.

과정 1-2. 식 (6.14)로부터 $\zeta > 0.6$이고 식 (6.15)로부터 $\zeta\omega_n = 0.75$이므로 우세근은 다음과 같다.

$$q,\ \hat{q} = -0.75 \pm j1$$

과정 3. 제어기 극점 p는 0.1이 된다.

과정 4. 우세근의 각은 180°가 되어야 하므로

$$\begin{aligned} -180 &= -\text{극점의 각} + \text{영점의 각} \\ &= -127 - 104 - 38 + \theta_z \\ \theta_z &= 89° \end{aligned}$$

이고 $z - 0.75 = 1/\tan(\theta_z) = 1/\tan(89) \approx 0$, θ_z에 위치한 영점의 값은 우세근 실숫값인 $-z = -0.75$가 된다. 그러므로 설계한 지상제어기는 다음과 같다.

$$C(s) = \frac{K(s+0.75)}{s+0.1}$$

과정 5. 그림 6.15로부터 이득값을 계산할 수 있다.

$$K = \frac{\text{극점으로부터의 거리}}{\text{영점으로부터의 거리}} = 1.6 \times 1.0308 \times 1.1927/1 = 1.97$$

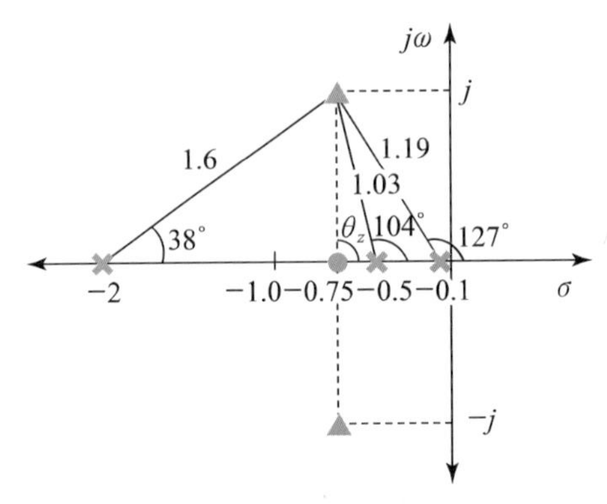

그림 6.15 s평면에서의 영점의 계산방법

그림 6.16에 설계한 시스템의 응답이 나타나 있다. 예비필터를 사용했을 경우의 응답은 사용하지 않았을 경우의 응답보다 오버슈트가 작아졌으나 첨두치시간이 커짐을 알 수 있다.

MATLAB Program 6-8 : 선행필터와 지상제어기

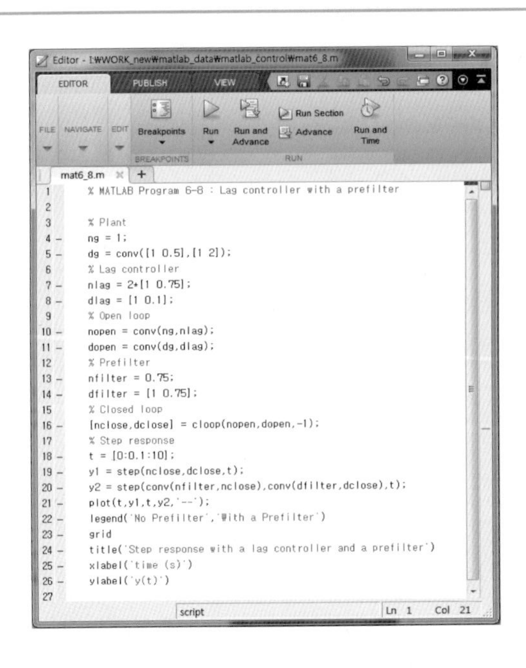

```
% MATLAB Program 6-8 : Lag controller with a prefilter

% Plant
ng = 1;
dg = conv([1 0.5],[1 2]);
% Lag controller
nlag = 2*[1 0.75];
dlag = [1 0.1];
% Open loop
nopen = conv(ng,nlag);
dopen = conv(dg,dlag);
% Prefilter
nfilter = 0.75;
dfilter = [1 0.75];
% Closed loop
[nclose,dclose] = cloop(nopen,dopen,-1);
% Step response
t = [0:0.1:10];
y1 = step(nclose,dclose,t);
y2 = step(conv(nfilter,nclose),conv(dfilter,dclose),t);
plot(t,y1,t,y2,'--');
legend('No Prefilter','With a Prefilter')
grid
title('Step response with a lag controller and a prefilter')
xlabel('time (s)')
ylabel('y(t)')
```

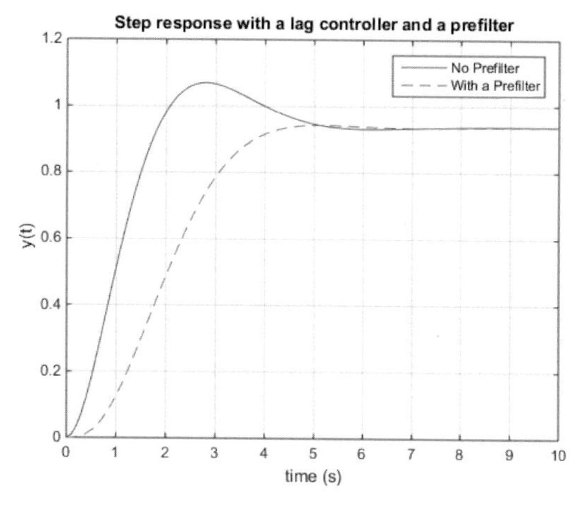

그림 6.16 선행필터에 따른 응답

6.4.3 PI 제어기

지상제어기에서 만약 $|p| \ll |z|$이면 다음과 같이 쓸 수 있다.

$$C(s) \simeq \frac{K(s+z)}{s} \tag{6.18}$$

이 경우는 간단한 PI 제어기의 일종으로 $s=-z$에 영점을 더하고, $s=0$에 극점을 더한다. 이차공정에서 입력이 스텝이고, PI 제어기를 사용할 경우는 안정상태 오차가 0이기 때문에 지상제어기를 사용하는 것과 비슷한 효과를 얻을 수 있다.

PI 제어기의 설계방법

과정 1. 주어진 수행기준을 통하여 우세근이 거주할 영역을 s평면 위에 표시한다.

과정 2. $GCH(s)$의 극점과 영점을 s평면에 표시하고 근궤적 그래프를 그린다.

과정 3. PI 제어기의 극점 p를 원점에 놓는다(예: $p=0$).

과정 4. 원하는 극점의 위치에서 각을 계산하여 PI 제어기의 영점 z를 구한다.

과정 5. 원하는 극점의 위치로부터 각 극점과 영점까지의 거리를 계산하여 k를 구한다.

과정 6. MATLAB으로 설계한 값들을 사용하여 근궤적 그래프를 그려보고, 아울러 스텝응답도 점검한다. 만약 스텝응답이 규격을 만족하지 못하면 과정 4로 가서 다시 설계한다.

예제 6-9 PI 제어기의 설계

한 공정이 $G(s)=\dfrac{1}{(s+0.5)(s+2)}$일 때 PI 제어기로 설계해 보자. 성능규격은 $T_s<4$초이고 P.O.$<10\%$이다.

먼저 성능규격으로부터 우세근이 위치해야 할 곳을 정한다.

과정 1-2. 식 (6.14)로부터 $\zeta>0.6$이고 식 (6.15)로부터 $\zeta\omega_n=0.75$이므로 우세근은 다음과 같다.

$$q,\ \hat{q}=-0.75\pm j1$$

과정 3. 제어기의 극점 p는 0이 된다.

과정 4. 각은 180°가 되어야 하므로

$$\begin{aligned}-180&=-\text{극점의 각}+\text{영점의 각}\\&=-127-104-38+\theta_z\\ \theta_z&=89\approx 90°\end{aligned}$$

이므로 θ_z에 위치한 영점의 값은 $-z=-\ 0.75$가 된다.

그러므로 PI 제어기는 $C(s)=\dfrac{K(s+0.75)}{s}$가 된다.

과정 5. $K=\dfrac{\text{극점으로부터의 거리}}{\text{영점으로부터의 거리}}=\dfrac{2.23\times2.23\times3.25}{2}=8.1$

과정 6. 예비필터로 $P(s)=\dfrac{0.75}{s+0.75}$를 사용할 경우 응답을 그림 6.13에서 보면 첨두치시간이 다소 느려진다. 예비필터를 $P(s)=\dfrac{1.2}{s+1.2}$로 다소 조정한 뒤에 응답을 구하면 첨두치시간이 빨라짐을 볼 수 있다.

그림 6.17에서 필터를 사용했을 경우 응답이 그렇지 않은 경우의 응답보다 좋은 것을 알 수 있다. 또한 예비필터 $P_2=\left(\dfrac{1.2}{s+1.2}\right)$를 사용한 경우가 예비필터 $P_1=\left(\dfrac{0.75}{s+0.75}\right)$를 사용한 경우보다 응답이 빠름을 알 수 있다.

MATLAB Program 6-9 : PI 제어기

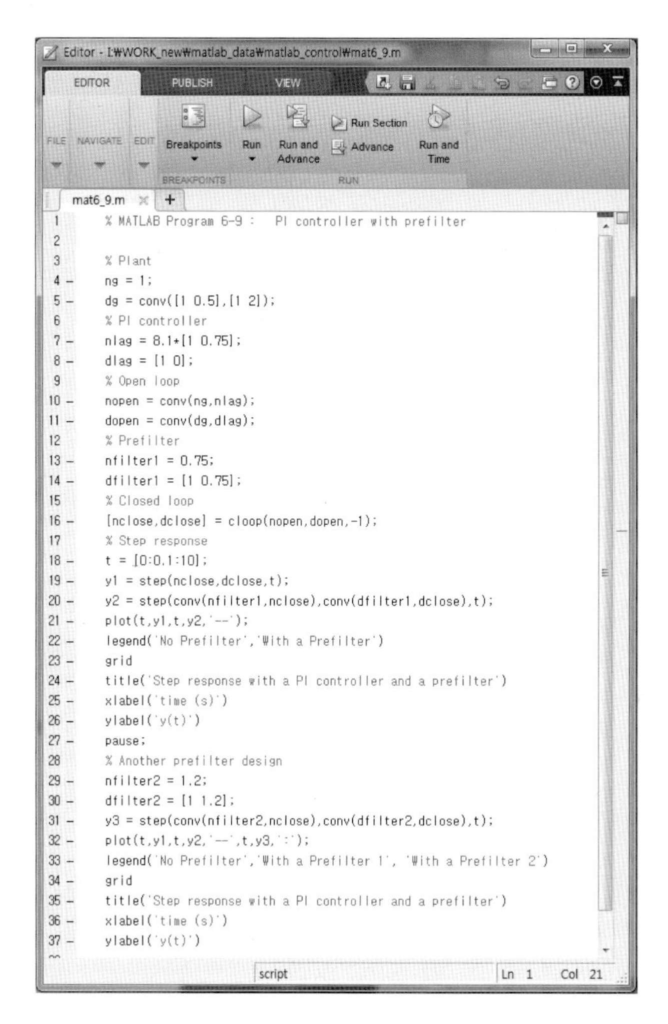

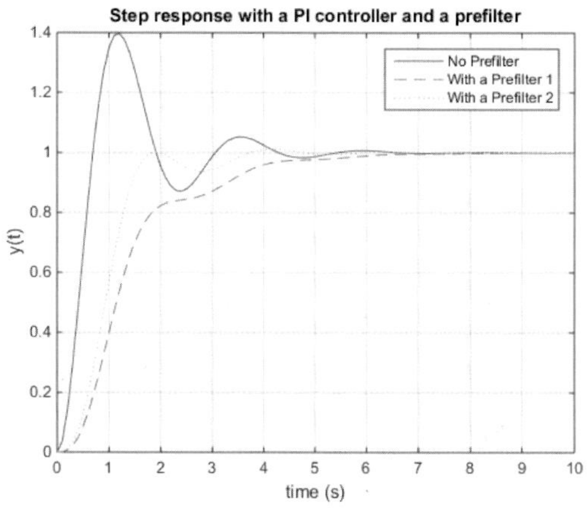

그림 6.17 선행필터에 따른 응답

6.4.4 진지상제어기

진상제어기는 시스템의 상승시간을 빠르게 하는 대신 오버슈트가 커지고, 지상제어기는 오버슈트를 줄이는 대신 상승시간을 늦추게 함을 알 수 있다. 이렇듯이 각각의 제어기들은 장단점들이 있기 때문에 진상제어기와 지상제어기를 합성하여 사용하면 각 제어기의 장점만을 살릴 수 있다. 진지상제어기(lead-lag controller)는 두 영점(z_1, z_2)과 두 극점(p_1, p_2)을 가진다.

$$C(s) = K\frac{(s+z_1)(s+z_2)}{(s+p_1)(s+p_2)} \tag{6.19}$$

제어기를 설계하는 방법은 먼저 앞에서 설명한 대로 진상제어기를 설계한 다음 지상제어기 설계방법을 사용하여 설계한다. 설계한 후에 주어진 규격을 만족하지 못하면 진상제어기를 같은 방법으로 다시 설계한다. 공정이 이차일 경우는 제어기 설계방법이 간단하고 쉽다. 하지만 공정이 삼차일 경우에는 이차공정의 경우처럼 본래의 근궤적 기법을 사용하여 진지상제어기를 설계하려면 제어기 설계의 시행착오과정을 되풀이하게 된다. 이렇게 반복되는 설계과정을 다소 줄일 수 있는 체계적인 설계방법을 다음에서 설명하고자 한다.

진지상제어기의 설계방법

과정 1. 주어진 수행기준으로부터 요구되는 극점의 위치(q, $\hat{q}$)를 구한다.

과정 2. 진상제어기의 영점을 원점에 가까이 위치하고는 있으나 원점에 있지 않은 극점의 왼쪽에 가깝게 놓는다.

과정 3. $\left|\frac{z_1}{p_1}\right| < B$ 의 관계로부터 진상제어기의 극점 p_1을 계산한다.
여기서 B는 $B \gg |\zeta\omega_n|$을 만족하는 값으로 정한다.

과정 4. 설계한 진상제어기를 가지고 근궤적 그래프를 그린다.

과정 5. 원하는 근의 위치에서 K값을 구한다.

과정 6. 속도오차상수 K_v를 계산한다. K_v는 보통 기준보다 낮게 되므로 이를 높이기 위해 지상제어기를 사용한다.

과정 7. 지상제어기의 영점 z_2를 원점에 가깝게 놓는다.

과정 8. 주어진 K_v 기준을 만족하는 지상제어기의 극점 p_2를 구한다.

과정 9. 예비필터 $P(s) = \frac{z_1}{s+z_1}$을 사용하여 응답을 구한다. z_1은 진상제어기의 영점이다. 예비필터의 목적은 진상제어기의 영점의 영향을 없애는 데 있다.

과정 10. 응답이 만족스럽지 못하면 과정 2로 가서 진상제어기를 다시 설계하거나 만약 단지

정착시간만 만족하지 않으면 간단히 예비필터를 조절한다. 보통 간단한 예비필터의 조작으로 기준을 만족할 수 있다.

6.4.5 진지상제어기의 설계 예

위의 설계방법을 삼차공정의 한 예에 직접 적용함으로써 자세하게 살펴보자.

예제 6-10 삼차공정의 설계

다음은 극점들이 0, -1, -7인 삼차공정이다.

$$G(s)=\frac{1}{s(s+1)(s+7)}$$

수행기준은 P.O. < 5%, $T_s<2$초, $K_v>20$, $\left|\frac{z_1}{p_1}\right|<25$, $\left|\frac{z_2}{p_2}\right|<25$라 하자.

과정 1. P.O.와 T_s의 값으로부터 $\zeta\omega_n<-2$, $\zeta>0.707$이고 $q_1,\ q_2=-2.1\pm2.0j$이다.

과정 2. $z_1=1.1$을 선택하므로 $p_1=z_1$, $B=1.1\times25=27.5$가 됨을 알 수 있다.

진상제어기는 $C_{\text{lead}}(s)=\dfrac{s+1.1}{s+27.5}$이 된다.

과정 3-4. 근궤적을 그린 뒤에 그래프로부터 원하는 위치의 근이 충분히 지배적이지 못하므로 다시 제어기를 설계하고 $z_1=1.3$을 선택하여 $p_1=1.3\times25=32.5$, $C_{\text{lead}}(s)=\dfrac{s+1.3}{s+32.5}$을 구한다.

과정 5. 이득값은 근궤적 그래프에서 **rlocfind** 명령어로 쉽게 구한다.

$$K=630.6011$$

과정 6. 주어진 조건 $K_v=630.6011\times1.3/32.5\times7=1.6038<20$으로 기준보다 너무 낮음을 알 수 있다.

과정 7-8. 원점에 가깝도록 $z_2=0.1$을 선택하면 $p_2=0.1/25=0.018$이 된다.

지상제어기 $C_{\text{lag}}(s)=\dfrac{s+0.1}{s+0.018}$을 구한다.

따라서 설계한 진지상제어기는 $C_1(s)=630.6011\dfrac{(s+1.3)(s+0.1)}{(s+32.5)(s+0.018)}$이다.

과정 9. 진상제어기 제로 부분을 소거할 예비필터 $P_1(s) = \dfrac{1.3}{(s+1.3)}$을 선택하여 응답을 구하여 확인한다.

MATLAB Program 6-10-1 : 진지상제어기

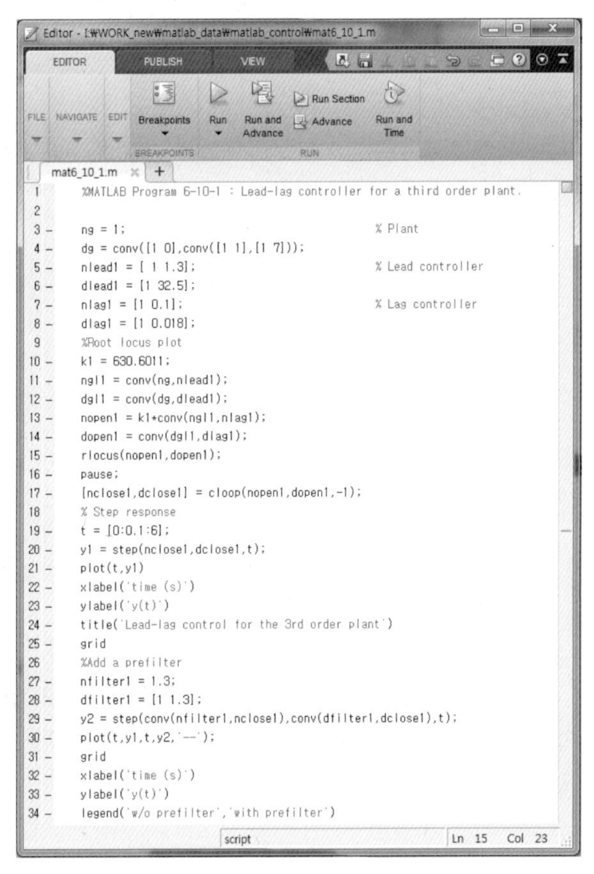

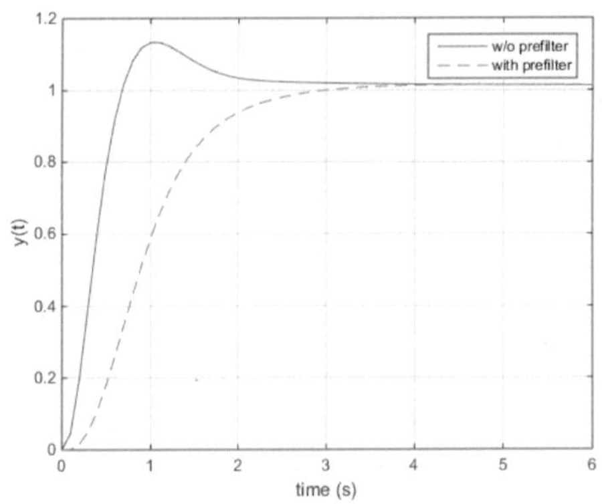

그림 6.18 선행필터에 따른 응답

그림의 응답을 구해 보니 정착시간 $Ts = 2.9$초로 기준을 만족하지 않는다. 과정 2로 가서 z_1의 값을 1.5로 취하고 다시 설계한 제어기는

$$C_2(s) = 730.75\frac{(s+1.5)(s+0.1)}{(s+37.5)(s+0.021)}$$

이다. 이 제어기는 오버슈트가 커서 성능규격을 만족하지 않는다.

$$P_2(s) = \frac{1.5}{s+1.5}$$

MATLAB Program 6-10-2 : 진지상제어기

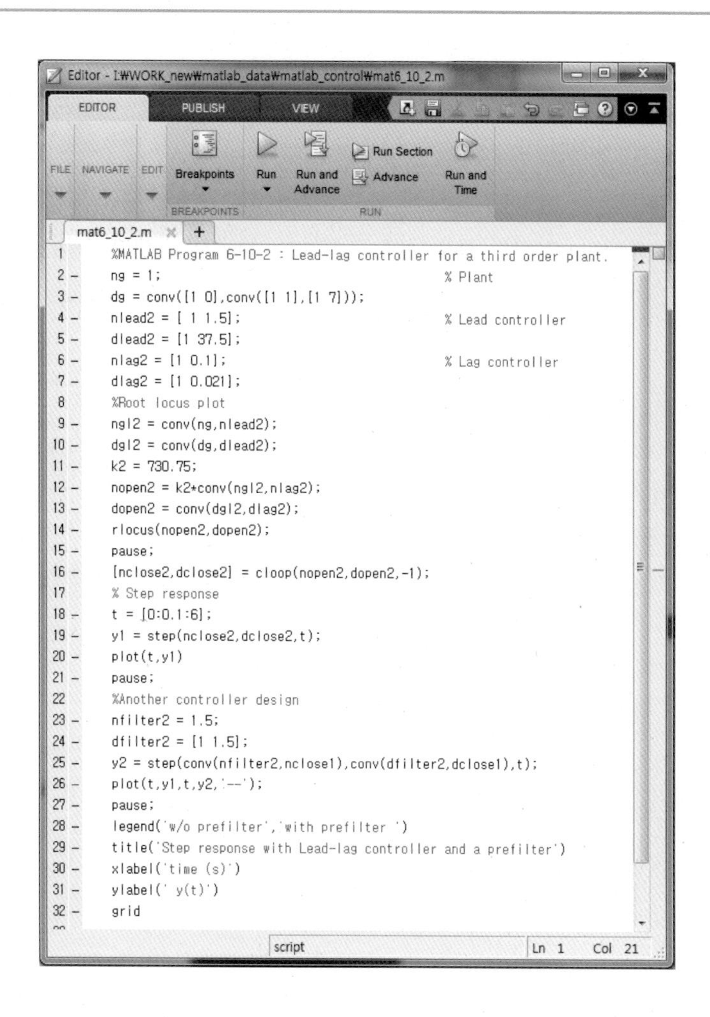


```
%MATLAB Program 6-10-2 : Lead-lag controller for a third order plant.
ng = 1;                                        % Plant
dg = conv([1 0],conv([1 1],[1 7]));
nlead2 = [ 1 1.5];                             % Lead controller
dlead2 = [1 37.5];
nlag2 = [1 0.1];                               % Lag controller
dlag2 = [1 0.021];
%Root locus plot
ngl2 = conv(ng,nlead2);
dgl2 = conv(dg,dlead2);
k2 = 730.75;
nopen2 = k2*conv(ngl2,nlag2);
dopen2 = conv(dgl2,dlag2);
rlocus(nopen2,dopen2);
pause;
[nclose2,dclose2] = cloop(nopen2,dopen2,-1);
% Step response
t = [0:0.1:6];
y1 = step(nclose2,dclose2,t);
plot(t,y1)
pause;
%Another controller design
nfilter2 = 1.5;
dfilter2 = [1 1.5];
y2 = step(conv(nfilter2,nclose1),conv(dfilter2,dclose1),t);
plot(t,y1,t,y2,'--');
pause;
legend('w/o prefilter','with prefilter ')
title('Step response with Lead-lag controller and a prefilter')
xlabel('time (s)')
ylabel(' y(t)')
grid
```

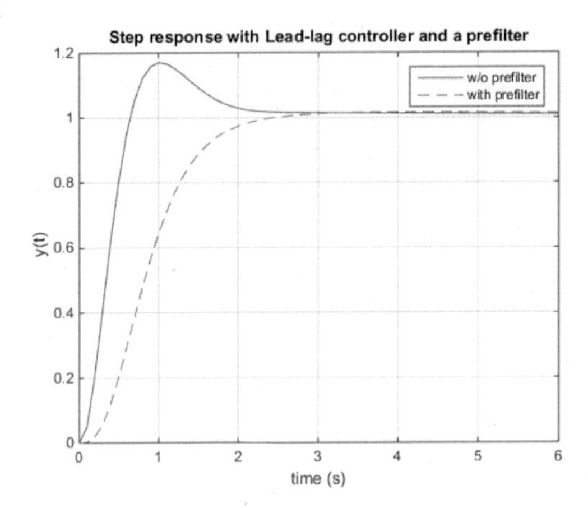

그림 6.19 선행필터에 따른 응답

그림 6.19에서 보면 성능규격을 잘 만족한다. 예비필터를 $P_3(s) = \dfrac{1.8}{s+1.8}$로 조절함으로써 같은 수행을 쉽게 성취할 수 있다.

이처럼 근궤적 그래프를 사용한 진지상 설계방법은 그 방법이 비록 체계적일지라도 시행착오의 반복과정을 요한다. 이러한 불필요한 과정들을 없애기 위해 분석적으로 진지상제어기를 설계하는 방법을 9장에서 소개할 것이다. 간단한 분석적인 설계방법은 나중에 설명할 것이다.

6.4.6 PID 제어기

실제 생산공정에서 가장 많이 사용되는 제어기는 PID 제어기이다. PID 제어기는 비례 제어기, 미분 제어기, 적분 제어기를 합한 것으로, 원점의 극점과 두 영점들로 구성되어 있다.

$$C(s) = K_P + K_D\,s + \frac{K_I}{s} = \frac{K_D s^2 + K_P\,s + K_I}{s} \tag{6.20}$$

안정한 PID 제어기는 원점으로부터 멀리 떨어져 있는 극점을 포함하여 다음과 같이 나타내기도 한다.

$$C(s) = \frac{K_D s^2 + K_P s + K_I}{s\,(s+\tau)} \tag{6.21}$$

안정한 이차 시스템과 영점이 s평면의 오른쪽에 있지 않은 최소위상 PID 제어기를 함께 사용하면 시스템의 안정성을 보장할 수 있다. PID로 제어된 이차공정의 근궤적 그래프를 그려보면, 근이 항상 안정한 위치인 s평면의 왼쪽에 있음을 알 수 있다. 제어기를 설계하는 방법도 진상제어기의 경우처럼 간단하지만 폐루프 전달함수의 극점의 위치에 따라 수행 정도가 달라지기 때문에 반복적인 설계를 요구한다. 원하는 응답을 얻기 위해 K_D, K_P, K_I의 값들을 정하는 것이 PID 제어기 설계의 목적이다. 이러한 불편을 없애기 위해 9장에서 분석적인 PID 제어기 설계방법을 제시할 것이다.

앞 장에서 불안정한 쌍적분 시스템을 PID 제어기를 사용하여 안정하게 만드는 방법을 알아보았다.

PID 제어기 (6.20)은 통합(cascade)이득을 사용하여 다음처럼 나타낼 수 있다.

$$C(s) = \frac{K_D(s^2 + Bs + K)}{s} \tag{6.22}$$

$B = \dfrac{K_P}{K_D}$, $K = \dfrac{K_I}{K_D}$이다. B와 K를 정한 후 이득 K_D를 크게 하면 할수록 근궤적은 두 영점으로 가까이 근접하는 것을 볼 수 있다.

PID 제어기의 설계방법

과정 1. 주어진 성능규격으로부터 요구되는 극점의 위치(q, $\hat{q}$)를 PID 제어기의 영점으로 사용한다. $(s+q)(s+\hat{q}) = s^2 + Bs + K$를 구한다.

과정 2. 임의로 K_D를 정하고 시스템의 응답을 알아본다.

과정 3. 만약 성능규격을 만족하지 못하면 K_D를 증가시킨다.

결국 원하는 두 영점의 위치를 결정한 뒤 PID 통합이득 K_D를 조절한다. 시스템 수행이 규격을 만족하지 않으면 간단히 이득만 높여 조정하면 되므로 제어기 설계가 간단하다.

예제 6-11 PID 제어기의 설계

위의 쌍적분 시스템에서 PID 제어기를 사용하여 시스템이 안정할 뿐만 아니라 퍼센트 오버슈트가 5% 이내이고, 정착시간이 2초 미만이 되도록 PID 제어기를 설계하고 스텝응답을 구해 보자.

우선 원하는 극점의 위치로부터 PID 제어기의 영점을 계산한다.

$$q,\ \hat{q} = -2.0 \pm 2.1j$$

특성방정식은 다음과 같다.

$$(s+q)(s+\hat{q}) = s^2 + 4.2s + 8.41$$

통합이득 K_D를 정하고 출력을 구한다. 만약 수행기준을 만족하지 않으면 K_D를 증가시킨다.

그림 6.22에 여러 값의 K_D를 사용한 응답들이 비교되어 나타나 있다. K_D의 값이 커짐에 따라 응답이 빨라지고 오버슈트가 작아짐을 볼 수 있다. 이는 이득값을 크게 함에 따라 근이 선정한 우세근 쪽으로 다가가기 때문이다.

MATLAB에서는 다음과 같이 실행한다. 처음에 제어기 이득값을 $K_D = 20$으로 정한다. 늘려가면서 응답을 비교해 본다.

MATLAB Program 6-11 : PID 제어기 설계

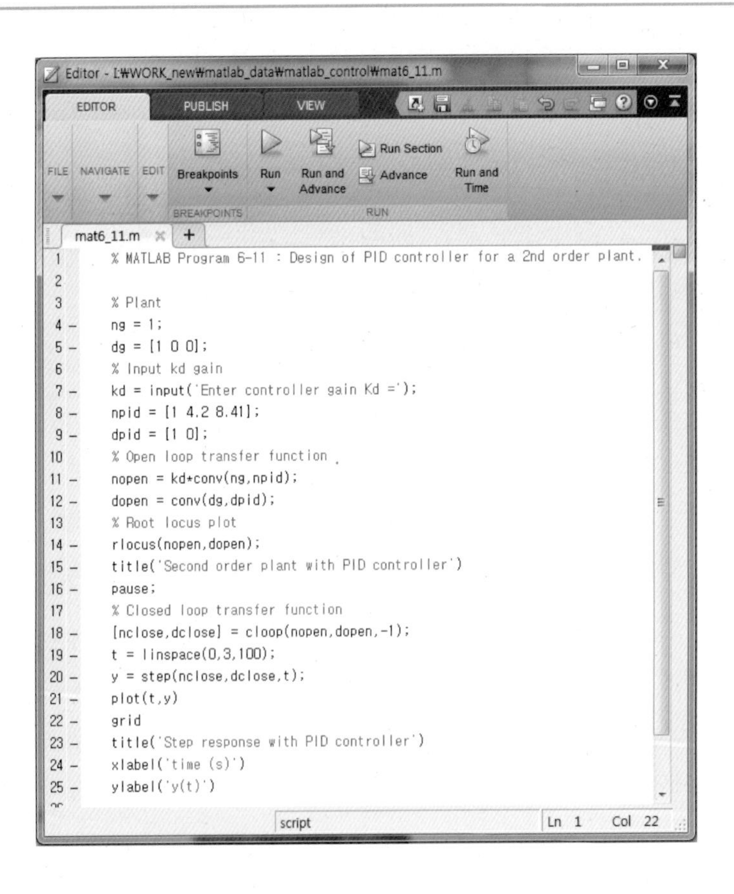


```
>> mat6_11
Enter controller gain Kd =20
```

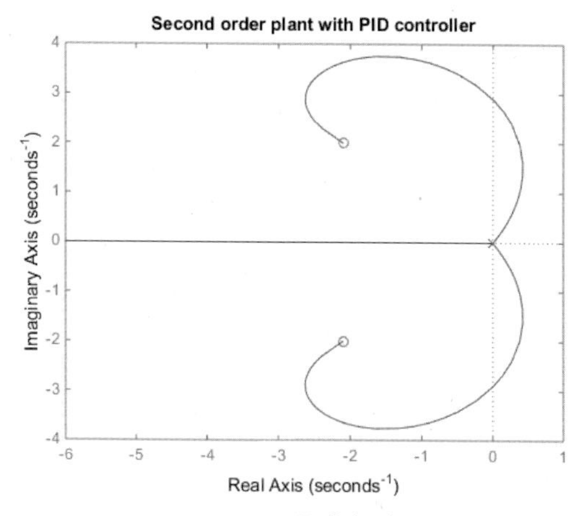

그림 6.20 근궤적 선도

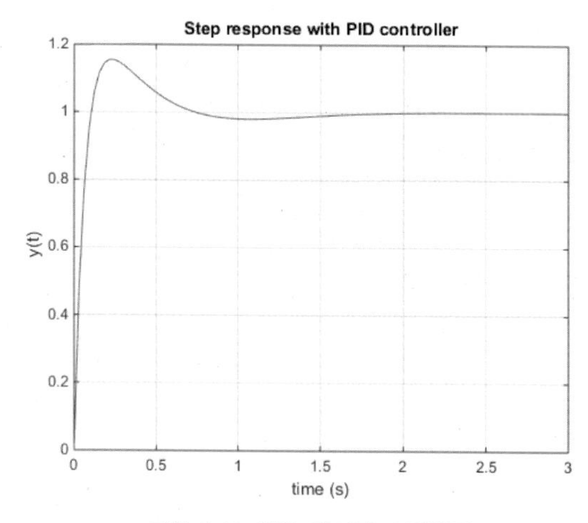

그림 6.21 PID 제어된 스텝응답

그림 6.21에서 보면 정착시간은 만족하지만 오버슈트가 약 15%로 목표인 5%보다 다소 높은 것을 알 수 있다. 게인값을 올려 줄여 보자. $K_D = 80$으로 해 보자.

```
>> mat6_11
Enter controller gain Kd =20
>> y20=y;
>> mat6_11
Enter controller gain Kd =80
>> plot(t,y20,'--',t,y)
grid
legend('kd=20', 'kd=80')
```

```
xlabel('time (s)')
ylabel('y(t)')
```

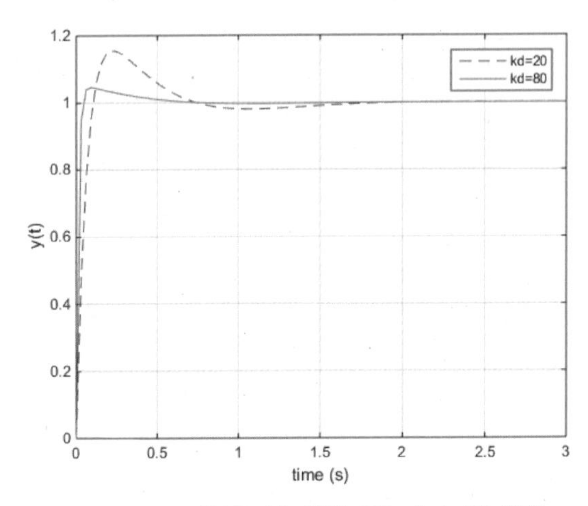

그림 6.22 이차공정을 위한 PID 제어기의 설계

6.4.7 삼차공정제어를 위한 PIDA 제어기

공정이 삼차일 경우에는 PID 제어기로 원하는 제어를 하기가 매우 힘들다. 왜냐하면 극점을 끌어당기도록 조작할 수 있는 영점의 수가 극점의 수보다 하나 적기 때문이다. PID 제어기가 삼차공정과 함께 쓰이면 제어해야 할 극점은 넷인데 영점은 둘이 된다. 극점은 영점으로 움직이기 때문에 1개의 극점은 무한에 있는 영점으로 움직이게 하고, 2개의 극점은 설계한 영점의 위치로 가도록 한다 하더라도 마지막 한 극점의 위치를 정할 영점이 하나 부족하다는 것이다.

$$G(s) = \frac{1}{s^3}$$

예제 6-12 삼차공정의 PID 제어 근궤적

MATLAB Program 6-12 : 삼차공정의 PID제어 근궤적

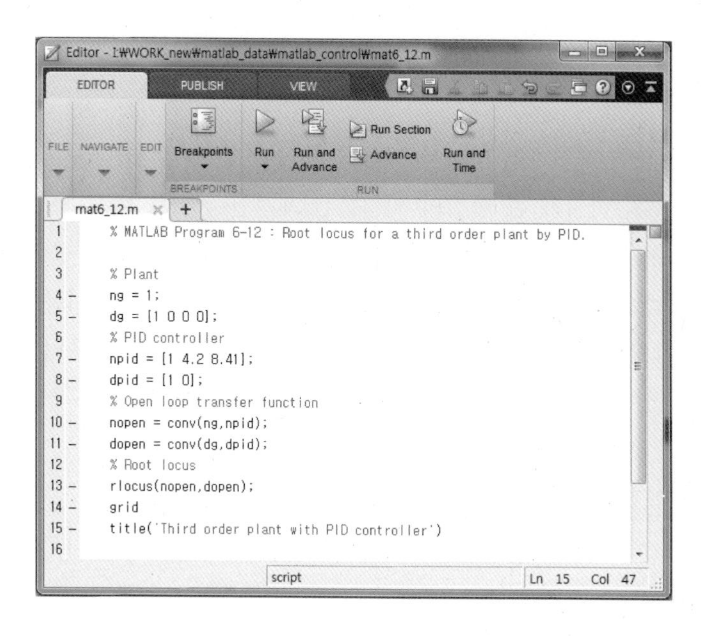

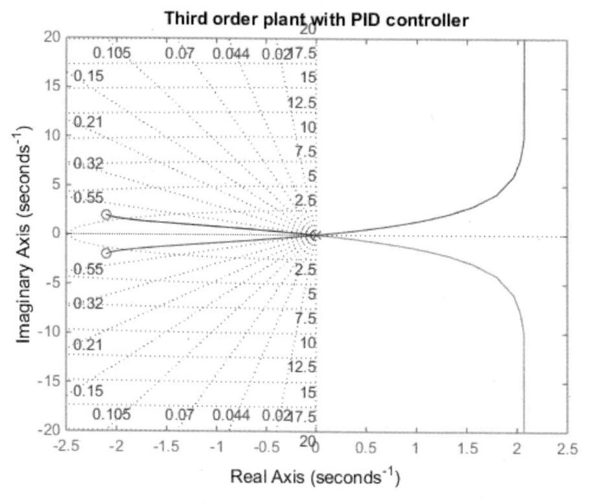

그림 6.23 불안정한 근궤적

대표적인 예로서 원점에 세 극점을 가진 공정을 PID로 제어할 경우의 근궤적을 살펴보자. 그림 6.23에서 보인 것처럼 제어기 이득이 커짐에 따라 2개의 근이 s평면의 오른쪽으로 움직이기 때문에 시스템이 불안정하게 된다.

시스템을 안정하게 하기 위해서는 모든 근들이 왼쪽 평면에 놓일 수 있도록 간단히 근궤적을 바꾸면 된다. 근궤적을 바꾸는 방법으로 여분의 영점 하나를 PID 제어기에 더하면 되는데, 이때 제어기를 PIDA 제어기라 부르고 공정이 삼차일 경우에 사용한다. 그 구조는 PID 제어기에 가속도(acceleration)를 더한 것으로 다음과 같다.

$$C(s) = K_P + K_D s + \frac{K_I}{s} + K_A s^2 \tag{6.23}$$

가속도를 더함으로써 제어기의 영점이 하나 더 늘었음을 알 수 있다. 이 여분의 영점은 근의 궤적을 바꿈으로써 마지막 한 극점의 위치를 열세적인 위치로 설정하므로 우세적인 극점을 더욱 우세적으로 만들 수 있다. 일반적으로 위치정보에서 2번의 미분을 통해 가속도 상태정보를 실제 시스템에서 구하기는 잡음에 취약하지만 가속도 센서를 사용해서 가속도 정보를 얻으면 된다. 그림 6.24는 삼차공정에 PIDA 제어기를 사용했을 경우의 근궤적 그래프로, 시스템이 안정된 것을 볼 수 있다. 자세한 PIDA 제어기의 설계방법은 9장에서 알아보기로 하자.

예제 6-13 삼차공정의 PIDA 제어 근궤적

MATLAB Program 6-13 : 삼차공정의 PIDA 제어 근궤적

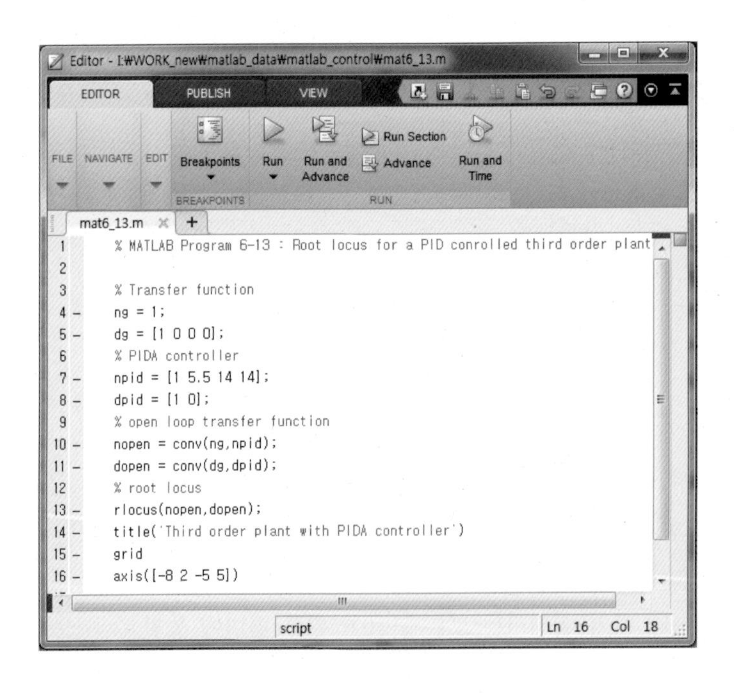

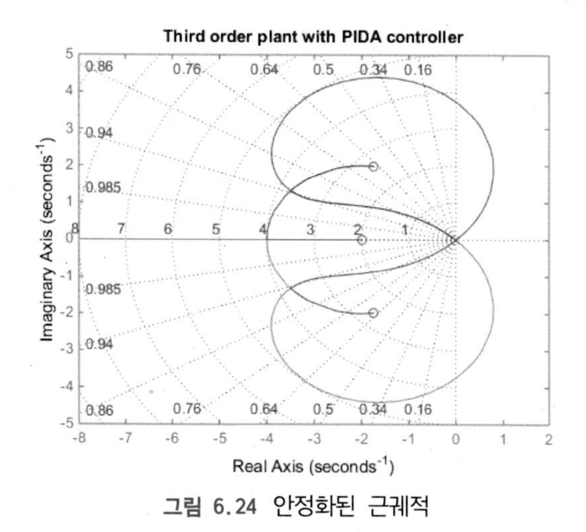

그림 6.24 안정화된 근궤적

6.5 설계한 제어기 영점의 나쁜 영향

제어기를 설계하다 보면 원하는 위치에 특성방정식의 근들이 놓여 있음에도 불구하고 성능규격을 만족하지 못하는 경우가 많다. 특히 설계한 후의 오버슈트는 기대한 것보다 크게 나타난다. 그 이유는 설계한 제어기의 영점의 영향 때문이다. 이들 영점들은 보통 허수축 가까이에 있으면서 오버슈트를 크게 하고 상승시간을 줄이는 등 시스템의 응답에 지대한 영향을 미치고 있다. 이러한 영향을 최소화하는 한 방법으로 앞에서 예비필터를 사용하는 방법을 진지상제어기와 함께 보였다. 예비필터를 사용하게 되면 시스템의 응답은 다소 느려지는 단점은 있지만 오버슈트는 현저히 줄일 수 있는 장점이 있다.

9장에서는 분석적인 설계방법과 더불어 예비필터를 사용한 제어기의 설계방법을 자세하게 보여준다. 또한 예비필터를 사용하면 비용이 든다는 단점이 있기 때문에 예비필터를 사용하지 않고도 같은 효과를 얻을 수 있는 강건한 제어기 설계방법도 아울러 소개한다.

연•습•문•제

1. L이 0부터 100까지일 때 ζ와 L과의 관계를 그래프로 나타내 보시오.

2. 다음 전달함수의 근궤적을 그려보시오. 근이 $s=-1+j$일 때 K값을 구해 보시오.

$$GC(s)=\frac{K(s+5)}{s(s+2)(s+4)}$$

3. 다음 전달함수의 근궤적을 그려보시오. 근이 $s=-1+j$일 때 K값을 구해 보시오.

$$GC(s)=\frac{K(s+3)}{s(s+2)(s+4))}$$

문제 2와 비교하여 설명해 보시오.

4. 다음 공정을 오버슈트 5% 미만, 정착시간 2초 이내를 만족하도록 다음 제어기로 설계해 보시오.

$$G(s)=\frac{2}{s(s+2)}$$

무슨 문제가 있는가?

(a) 진상제어기
(b) 지상제어기
(c) 진지상 제어기
(d) PI 제어기
(e) PID 제어기

5. 한 공정이 $GC(s)=\dfrac{K(s+2)}{s^2(s+10)}$일 때 오버슈트가 5% 미만이 되도록 K값을 구해 보시오. 문제가 무엇인가? 제어기를 추가하여 오버슈트가 5% 미만이 되도록 설계해 보시오.

6. 다음 공정을 오버슈트 5% 미만, 정착시간 2초 이내를 만족하도록 다음 제어기로 설계해 보시오.

$$G(s)=\frac{1}{s^3}$$

무슨 문제가 있는가?

(a) 진상제어기
(b) 지상제어기
(c) 진지상 제어기
(d) PI 제어기
(e) PID 제어기

Chapter 07

주파수 영역에서의 제어기 설계

7.1 소개

이전까지는 s평면에서의 제어기 설계방법과 시간영역에서 시스템의 응답을 알아보았다. 시스템의 입력으로 임펄스, 스텝, 그리고 램프 등이 주어졌을 때 시스템의 출력응답을 알아보았다. 요즘 주목받고 있는 신호처리 분야나 통신시스템 분야에서는 많은 처리과정을 주파수 영역에서 분석하고 설계하기 때문에, 점점 더 주파수 영역에 대한 중요도가 더해지고 있다. 따라서 이 장에서는 제어 분야에서의 시스템응답을 주파수 영역에서 공부해 보기로 한다.

한 시스템의 주파수응답은 입력이 사인파 함수(sinusoidal function)일 경우에 나타나는 안정된 시스템의 출력이다. 앞서 배운 것처럼 그림 7.1에서 보면 선형 시스템에 입력으로 사인파 함수가 주어지면 출력도 마찬가지로 같은 주파수의 사인파 함수가 된다. 단 크기와 위상은 시스템에 의해 바뀐다.

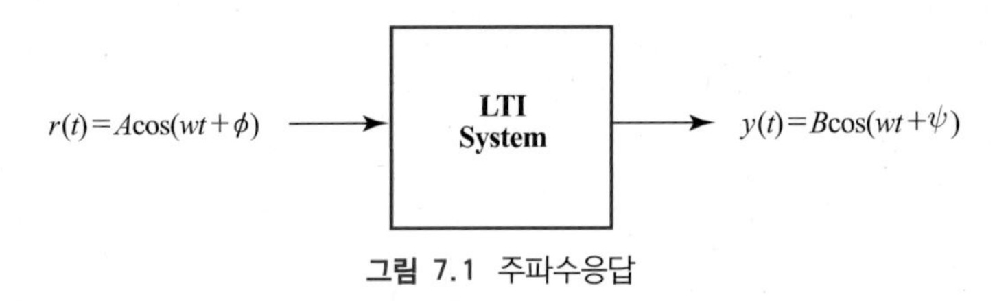

그림 7.1 주파수응답

입력이 $R(s)$이고 출력이 $Y(s)$인 아래의 선형 시스템을 고려해 보자. 전달함수는 다음과 같다.

$$G(s) = \frac{Y(s)}{R(s)} \tag{7.1}$$

앞에서 사용한 라플라스 변환은 시간영역에서의 전달함수를 주파수 영역으로 쉽게 변환할 수 있게 한다. 라플라스 변환된 전달함수가 $G(s)$로 표현될 경우, s를 $j\omega$로 치환하면 주파수 영역에서의 복소수 전달함수 $G(j\omega)$로 바뀌게 되는데 이를 **푸리에**(Fourier) **변환**이라고도 한다.

$$G(s)|_{s=j\omega} = G(j\omega) = \frac{Y(j\omega)}{R(j\omega)} \tag{7.2}$$

식 (7.2)는 복소수 함수로 다음처럼 실수축과 허수축에 나타내는 **직교좌표 형태**(rectangular form)로 나타낼 수 있다.

$$G(j\omega) = Re\{G(j\omega)\} + j\,Im\{G(j\omega)\} \tag{7.3}$$

또한 식 (7.3)은 크기와 위상을 분리하여 **극좌표 형태**(polar form)로 나타낼 수 있다.

$$G(j\omega) = |G(j\omega)| e^{j\measuredangle G(j\omega)} \tag{7.4}$$

식 (7.4)에서 크기와 위상은 각각 다음과 같다.

$$|G(j\omega)| = \sqrt{Re\{G(j\omega)\}^2 + Im\{G(j\omega)\}^2} \tag{7.5}$$
$$\measuredangle G(j\omega) = \phi = \tan^{-1}\frac{Im\{G(j\omega)\}}{Re\{G(j\omega)\}}$$

그러므로 주파수 영역 그림이란 식 (7.5)에서 주파수 ω에 대한 크기와 위상을 나타낸 그림을 말한다.

시스템의 주파수응답이란 입력이 사인파일 때 나타나는 출력을 말한다. 입력이 다음과 같을 경우를 고려해 보자.

$$r(t) = A\cos(\omega t + \phi) \tag{7.6}$$

식 (7.6)을 라플라스 변환하면 출력은 다음과 같다.

$$Y(j\omega) = G(j\omega)R(j\omega) = G(j\omega)\frac{As}{s^2+\omega^2}e^{-j\phi} \tag{7.7}$$

따라서 시간영역에서 출력은 다음과 같음을 알 수 있다.

$$y(t) = |G(j\omega)| A\cos(\omega t + \phi + \psi) \tag{7.8}$$

$\psi = \measuredangle G(j\omega)$로 전달함수의 위상이다.

식 (7.8)에서처럼 LTI 시스템에서는 입력으로 사인파가 주어질 경우 출력이 같은 형태의 사인파로 나타나는데, 주파수 ω는 입력과 같고 사인파의 크기와 위상만이 바뀌어 나타나게 된다. 이러한 주파수응답은 시스템이 각 주파수에 어떻게 응답하는지를 나타낸다.

식 (7.3)의 형태에서 직교좌표계에서 실수와 허수의 축으로 $G(j\omega)$를 나타낸 그림을 **극좌표 선도**(polar plot)라 한다. 또한 식 (7.5)에서처럼 사인파 입력에 대한 시스템 전달함수의 크기 $20\log G(j\omega)$와 위상 $\measuredangle G(j\omega)$를 로그 단위의 주파수 영역 ω에서 나타낸 그래프를 **Bode 선도**라 한다. Bode 선도는 앞에서의 시간영역에서 스텝응답처럼 주파수 영역에서 시스템의 응답을 통해 시스템의 특성을 나타낸다.

이 장에서는 극좌표 선도, Bode 선도, Nyquist 선도, Nichols 도표 등을 통하여 시스템의 응답을 나타내고, 제어기를 주파수 영역에서 설계하는 방법을 공부한다.

7.2 극좌표 선도

극좌표 선도(polar plot)는 주파수 ω가 0에서 무한대로 커짐에 따라 $G(j\omega)$를 크기와 위상값으로 직교좌표계에서 나타낸 그림을 말한다.

예제 7-1 극좌표 선도 그리기

다음 전달함수의 극좌표 선도를 그려 보자.

$$G(s)=\frac{1}{s+1} \tag{7.9}$$

주파수 영역에서 나타내면 다음과 같다.

$$G(j\omega)=\frac{1}{1+j\omega} \tag{7.10}$$

식 (7.10)을 직교좌표와 극좌표에서 나타내 보자.

$$\begin{aligned} G(j\omega) &= \frac{1}{1+\omega^2}-j\frac{\omega}{1+\omega^2} \\ &= \frac{1}{\sqrt{1+\omega^2}}e^{j\phi} \end{aligned} \tag{7.11}$$

$$\phi = \measuredangle G(j\omega) = -\tan^{-1}\omega$$

대략적인 극좌표 선도를 그리려면 주파수의 시작점과 끝점에서의 주파수값에서 $G(j\omega)$의 값을 계산하면 된다.

$\omega=0$일 때 $\quad G(j0)=1-j0=1e^{j0} \; |G(j\omega)|=1,\ \measuredangle G(j\omega)=0°$

$\omega=\infty$일 때 $\quad G(j\infty)=0-j0=0 \; |G(j\omega)|=0,\ \measuredangle G(j\omega)=-90°$

따라서 처음과 끝점을 이어 극좌표계에 값을 나타내면 다음과 같다.

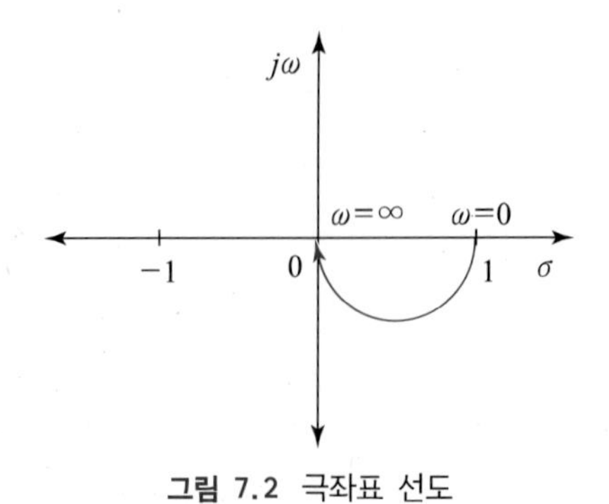

그림 7.2 극좌표 선도

예제 7-2 극좌표 선도 그리기

다음 전달함수를 고려해 보자.

$$G(s) = \frac{1}{s(s+1)} \tag{7.12}$$

주파수 영역에서는

$$G(j\omega) = \frac{1}{jw(1+j\omega)} \tag{7.13}$$

이고, 크기와 위상값은 다음과 같다.

$$|G(j\omega)| = \frac{1}{\omega\sqrt{1+\omega^2}}, \quad \measuredangle G(j\omega) = -90° - \tan^{-1}\omega \tag{7.14}$$

$$\omega = 0\text{일 때 } G(j0) = \infty\, |G(j\omega)| = \infty, \ \measuredangle G(j\omega) = -90°$$

$$\omega = \infty\text{일 때 } G(j\infty) = 0\, |G(j\omega)| = 0, \ \measuredangle G(j\omega) = -90° - 90° = -180°$$

좀 더 자세히 그림의 형태를 알고 싶으면 여러 주파수에서 값을 구하면 된다. 예를 들어, $\omega = 1\ \mathrm{rad/sec}$에서 계산을 하면

$$|G(j\omega)| = \frac{10}{\sqrt{2}}, \ \measuredangle G(j\omega) = -135°$$

가 된다. 대략적인 스케치를 하면 아래와 같다.

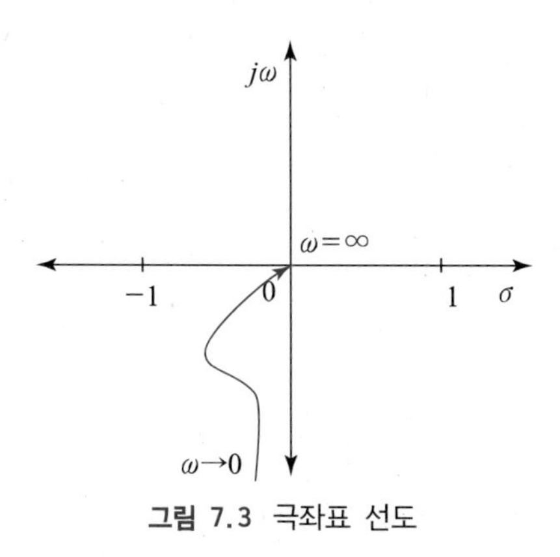

그림 7.3 극좌표 선도

MATLAB으로 극좌표 선도를 그리는 방법은 7.6절에서 설명하도록 한다.

점검문제 7.1 다음 전달함수를 주파수 영역인 극좌표계에서 나타내 보시오.

$$G(s) = \frac{1}{s(s+1)(s+2)}$$

7.3 극점과 영점의 주파수응답 특성

7.3.1 극점의 주파수응답

예제 7-3 극점 $1/s$의 주파수응답

아래의 간단한 극점을 고려해 보자.

$$G(s) = \frac{1}{s}$$

0에 극점이 있는 경우를 살펴보자. 주파수 영역은 $w = 10^{-1}$ (rad/s)에서 $w = 10^{3}$ (rad/s) 까지로 정했다.

```
>> w = logspace(-1,3,100);
>> n=1;
>> d=[1 0];
>> bode(n,d,w)
>> grid
```

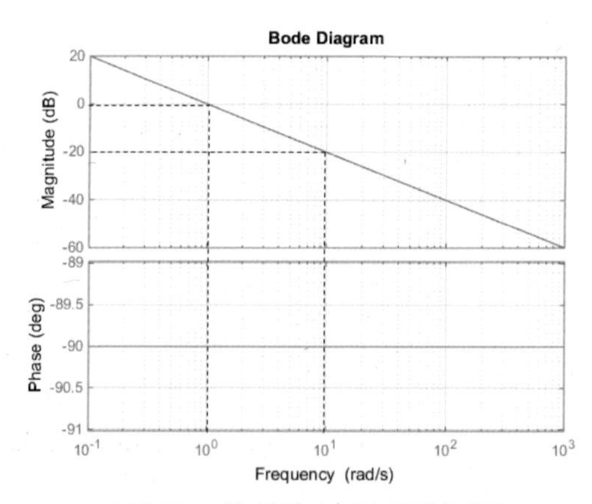

그림 7.4 한 극점 $1/s$의 주파수응답

그림 7.4에서 보면 $w = 1$ (rad/s)일 때 0 dB이고 10 (rad/s)에서 −20 dB이므로 기울기가 −20 dB/decade가 되는 것을 알 수 있다. 위상은 −90도로 일정하다.

예제 7-4 극점 $a/(s+a)$의 주파수응답

아래의 간단한 RC 회로를 고려해 보자.

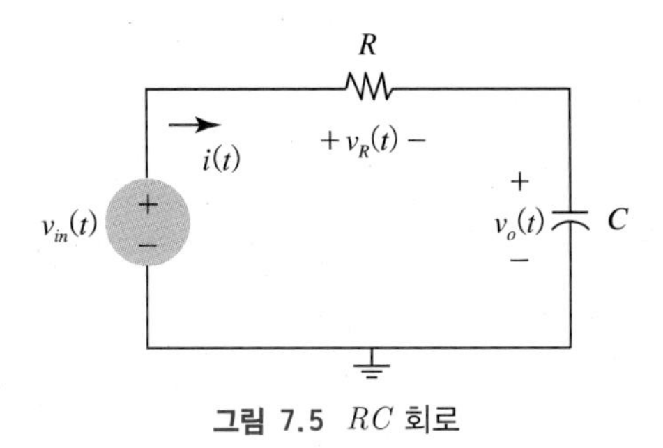

그림 7.5 RC 회로

커패시터의 라플라스 변환은 $1/sC$이고 저항의 라플라스 변환은 R이므로 KVL을 적용하면 다음과 같다.

$$V_{in}(s) = (R + 1/sC)I(s) \tag{7.15}$$

전류는 다음과 같다.

$$I(s) = \frac{sC}{RCs+1} V_{in}(s) \tag{7.16}$$

간단한 RC 필터의 전달함수는 다음과 같다.

$$\frac{V_o}{V_{in}} = G(s) = \frac{1}{RCs+1} \tag{7.17}$$

주파수응답을 나타내기 위해 $G(j\omega)$의 크기와 위상을 구해 보자.

$$|G(j\omega)| = \frac{1}{\sqrt{1+(\omega RC)^2}} \tag{7.18}$$

$$\phi = -\tan^{-1}(\omega RC) \tag{7.19}$$

$RC = 1$일 때 주파수가 $\omega = 0.1$에서 10까지의 주파수영역에 대한 $G(j\omega)$의 크기와 위상 값을 나타내 보자.

MATLAB Program 7-4 : 극점의 주파수응답

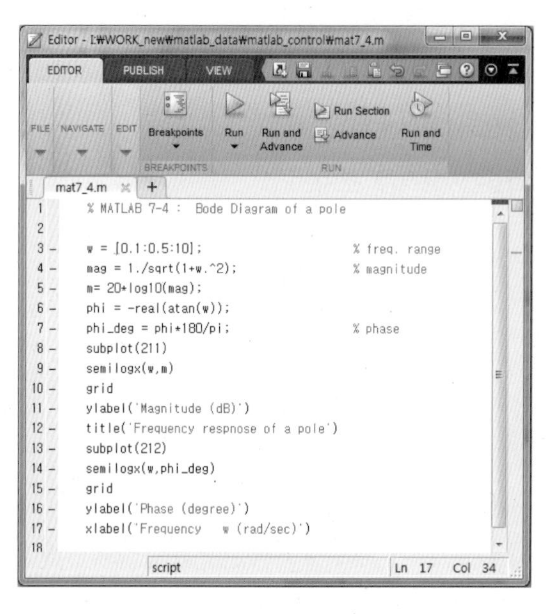

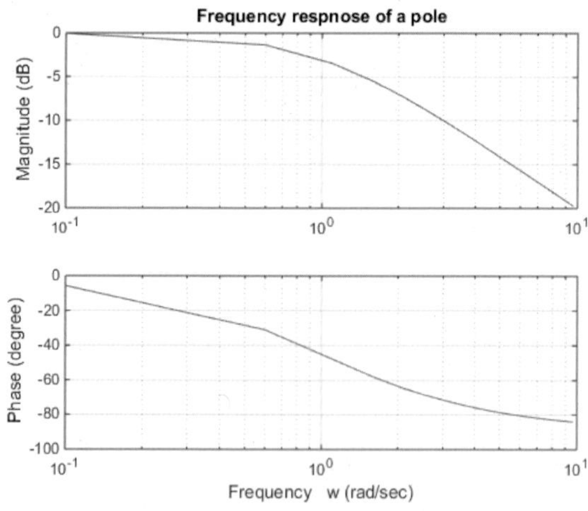

그림 7.6 한 극점의 주파수응답

크기가 $0.707=\frac{1}{\sqrt{2}}$의 값, 즉 -3 dB의 값을 갖는 주파수를 ω_c, 차단주파수(cutoff frequency)라 하는데 그림 7.6에서는 $\omega_c=1$ (rad/sec)이 된다. 또한 이 주파수에서의 위상값은 -45도가 됨을 알 수 있다. 이 주파수 이후는 -20 dB/decade의 기울기를 갖는다.

따라서 극점은 기울기 -20 dB/decade를 더하고 위상에서는 -90도를 더한다.

7.3.2 영점의 주파수응답

예제 7-5 영점 s의 주파수응답

간단한 영점은 다음과 같다. $G(s)=s$일 경우, 즉 0에 제로가 있는 경우를 살펴보자. 그림 7.7에서 보면 $w=1$ (rad/s)일 때 0 dB이고 10 (rad/s)에서 20 dB이므로 기울기가 20 dB/decade가 되는 것을 알 수 있다. 위상은 90도로 일정하다.

```
>> w = logspace(-1,3,100);
>> n=[1 0];
>> d=1;
>> bode(n,d,w)
>> grid
```

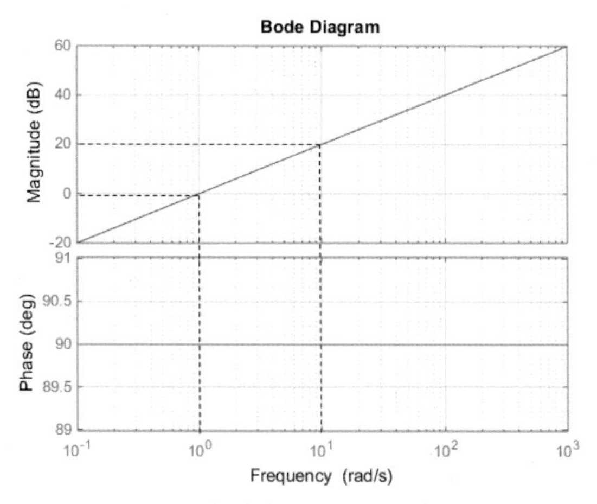

그림 7.7 한 영점 $G(s)=s$의 주파수응답

예제 7-6 영점의 주파수응답

간단한 영점은 다음과 같다.

$$G(s)=s+1$$

$$G(i\omega)=j\omega+1$$

$$|G(j\omega)|=\sqrt{1+\omega^2},\ \phi=\tan^{-1}(\omega)$$

주파수가 $\omega=0.1$에서 10까지 주파수에 대한 $G(j\omega)$의 크기와 위상값을 나타내 보자.

```
>> w = logspace(-1,3,100);
>> n=[1 1];
>> d=1;
>> bode(n,d,w)
>> grid
```

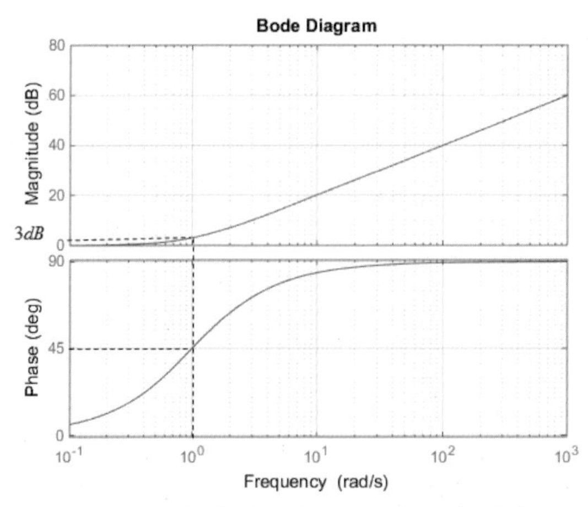

그림 7.8 한 영점 $G(s)=s+1$의 주파수응답

그림에 나타난 것처럼 영점은 차단주파수가 1에서 생기므로 이 점에서부터 기울기가 20 dB/decade인 증가함수로 바뀐다. 영점은 기울기를 20 dB/decade를 더하고 위상은 90도를 더하는 것을 볼 수 있다.

7.3.3 게인의 주파수응답 영향

예제 7-7 극점 10/(s+1)의 주파수응답

간단한 극점은 다음과 같다. $G(s)=\dfrac{10}{s+1}$일 경우, 즉 이득값이 1이 아닌 10인 경우를 살펴보자.

```
>> w = logspace(-1,3,100);
>> n = 10;
>> d = [1 1];
>> bode(n,d,w)
>> grid
```

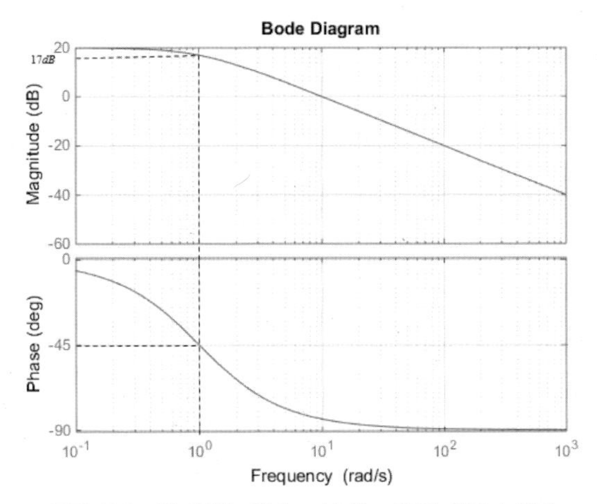

그림 7.9 한 영점 $G(s)=10/(s+1)$의 주파수응답

상숫값 10에 의해 $20\log_{10}10 = 20$ dB만큼 위로 올라 간 것을 볼 수 있다. 하지만 위상은 그대로이다. 차단 주파수는 17 dB에서 $w=1$(rad/s)가 된다.

7.4 전달함수의 Bode 선도

7.4.1 Bode 선도의 기본

s함수로 표현된 라플라스 변환의 함수를 주파수 영역으로 표현해주는 그래프가 Bode 선도이다. 라플라스 함수는 복소수이므로 주파수에 따라 크기와 위상으로 표현된다. Bode 선도는 주파수 ω에 대한 전달함수(필터)의 크기를 dB로, 위상은 degree로 나타낸다. 로그 이득은 다음과 같이 얻어진다.

$$\text{로그 이득} = 20\log_{10}|G(j\omega)|\,\text{dB} \tag{7.20}$$

Bode 선도를 직접 손으로 그리기 위해서는 먼저 개루프 전달함수의 s를 $j\omega$로 치환한 다음, 극점과 영점을 정규화한다. 예를 들어, 전달함수가 다음과 같을 경우

$$G(s) = \frac{K(s+z_1)(s+z_2)}{(s+p_1)(s+p_2)(s+p_3)} \tag{7.21}$$

s를 $j\omega$로 치환하고 극점과 영점을 정규화하면 다음과 같다.

$$G(j\omega)=\frac{K_1(1+\frac{1}{z_1}j\omega)(1+\frac{1}{z_2}j\omega)}{\left(1+\frac{1}{p_1}j\omega\right)\left(1+\frac{1}{p_2}j\omega\right)\left(1+\frac{1}{p_3}j\omega\right)},\ K_1=\frac{Kz_1z_2}{p_1p_2p_3} \tag{7.22}$$

Bode 선도는 $G(j\omega)$의 크기 $|G(j\omega)|$와 위상 $\measuredangle G(j\omega)$를 주파수 ω가 달라짐에 따라 나타낸 그림이다. $|G(j\omega)|$는 로그 단위(dB)로 나타내고, $\measuredangle G(j\omega)$는 각도(°)로 나타낸다. Bode 선도에서 $G(j\omega)$의 기울기는 전달함수의 각 극점의 주파수마다 −20 dB/decade씩 바뀌고, 각 영점의 주파수마다 20 dB/decade씩 바뀐다. 한 예로, 위의 전달함수 (7.19)는 극점이 셋이고 영점이 둘이므로 이득 그래프는 고주파에서 기울기가 −20 dB/decade가 됨을 알 수 있다. 주파수 p_1, p_2, p_3에서 각각 기울기가 −20 dB/decade씩 바뀌고, 주파수 z_1, z_2에서는 20 dB/decade씩 바뀐다. 이득값은 $20\log_{10}(K)$를 계산하는 것이 아니라 $20\log_{10}(K_1)$을 계산함에 주의한다. 상수는 로그 이득 그래프의 기울기와는 관계가 없지만, K_1의 값에 따라 로그 이득 그래프가 위치하는 높낮이가 달라진다. 필터의 측면에서 보면 K_1의 값은 신호를 증폭하는 역할을 한다.

위상 그래프도 마찬가지로 극점과 영점의 위치에서 각도가 바뀐다. 극점의 위상은 극점의 주파수(ω)보다 0.1배 작은 주파수($0.1\times\omega$)에서 0도부터 시작하여 그 극점의 주파수(ω)에서는 대략 −45도이고, 그 극점 주파수의 10배수의 주파수($10\times\omega$)에서는 −90도인 대략적인 위상 그래프로 나타난다. 영점일 경우에는 그와 반대로 0도에서 시작하여 중간에 45도를 거쳐 90도로 끝난다. 그러므로 극점과 영점을 조작하면 어떤 주어진 주파수에서 원하는 위상 각도를 얻을 수 있는데, 이는 간접적으로 시스템의 수행과 안정성에 관계되므로 제어기를 주파수 영역에서 설계하는 데 있어서의 중요한 방법이 된다.

7.4.2 MATLAB에서의 Bode 선도

MATLAB에서는 전달함수를 식 (7.20)처럼 정규화할 필요 없이 (7.1)을 전개한 다항식과 같은 형태로 그대로 입력하여 사용해도 된다. **bode**라는 명령어가 이러한 Bode 선도를 그리는 데 필요한 이득의 크기나 위상값들을 계산한다. **bode** 명령어를 사용하기 위해서는 먼저 명령어 **logspace**를 사용하여 원하는 주파수 영역의 벡터를 지정해야 한다. 만약 원하는 주파수 영역이 $0.1=10^{-1}$ rad/sec로부터 $1000=10^{3}$ rad/sec까지라면, 주파수 ω는 다음과 같이 십진법의 지수만으로 표시한다.

```
>>w = logspace(-1,3,400);                    ☜ 주파수 영역 지정
```

400은 0.1 rad/sec부터 1000 rad/sec까지를 400칸으로 나눔을 말한다. 그 다음 개루프 전달함수의 분모와 분자를 써서 다음과 같이 **bode** 명령어를 사용한다.

```
>>bode(ng,dg) ;                                    ☜ bode 명령어
>>[mag,phase] = bode(ng,dg,w) ;                    ☜ bode 명령어
```

bode 명령어는 각 주파수에서 로그 이득의 크기(mag)인 대수크기와 위상(phase)을 계산한다. 크기는 실수이므로 dB 단위로 바꾸기 위해서는 식 (7.20)을 계산한다. 위상값은 단위가 각도(°)로서 나타난다. x축을 로그로 나타내는 그래프를 그리기 위해서는 앞서 공부한 **semilogx**를 사용한다. **semilogx**를 사용하기 전에 y축의 이득값을 데시벨(dB)로 바꾼다.

```
>>lmag = 20*log10(mag) ;                           ☜ dB로 환산
>>semilogx(w, lmag) ;                              ☜ x축을 log로 그림
>>semilogx(w, phase) ;                             ☜ 위상 그래프
```

크기 그래프의 x축은 log 단위가 되고 y축은 dB 단위가 된다. 위상 그래프의 x축은 log 단위가 되고 y축은 degree(°) 단위가 된다.

보통 대수크기 그래프와 위상 그래프를 같은 영역의 주파수에서 함께 볼 수 있도록 그리면 제어기를 설계하는 데 편리하다. 앞에서 배운 **subplot**을 사용하여 그래프를 가로로 이등분한 다음 대수크기 그래프는 위쪽에, 위상 그래프는 아래쪽에 그려 보자.

```
>>subplot(211)                                     ☜ 위쪽을 지정한다.
>>semilogx(w, lmag) ;                              ☜ 이득 크기를 그린다.
>>grid
>>ylabel('Gain (dB)') ;
>>subplot(212)                                     ☜ 아래쪽을 지정한다.
>>semilogx(w, phase) ;                             ☜ 위상 크기를 그린다.
>>grid
>>ylabel('Phase (degree)')
>>xlabel('Frequency w (rad/sec)')
```

같은 주파수에서 이득 크기와 위상을 한눈에 볼 수 있으므로 설계하고 이해하기가 편리하다.

예제 7-8 Bode 선도

$G(s)=\dfrac{300(s+100)}{s(s+10)(s+40)}$ 의 주파수응답의 크기와 위상을 **bode** 명령어를 사용하여 그려본다. 화면을 가로로 이등분한 뒤에 주파수 크기 응답 'lmag'는 위에 그리고, 주파수 위상 응답 'phase'는 밑에 그린다.

MATLAB Program 7-8 : Bode Plot

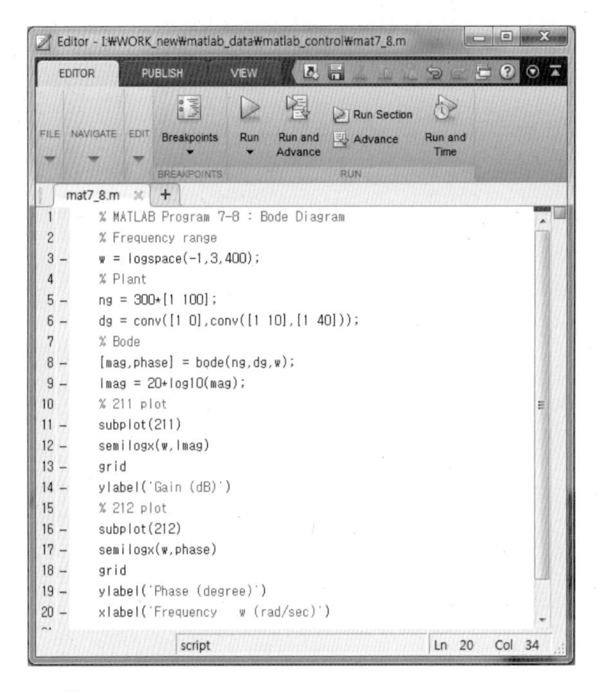

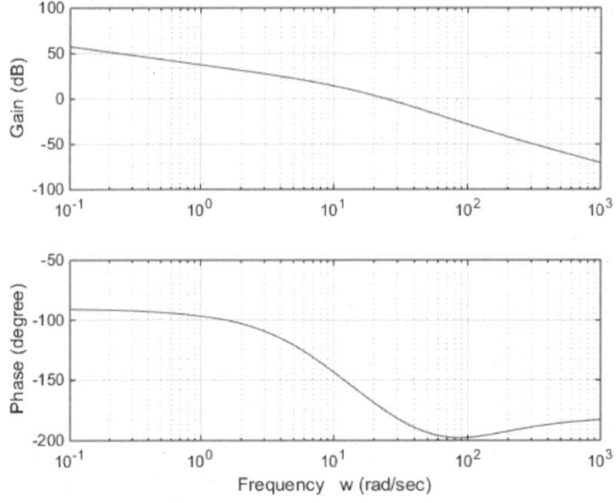

그림 7.10 주파수응답

극점이 3이고 영점이 하나이므로 고주파에서 크기 응답은 $(3\times(-20)+20=-40\text{ dB})$의 기울기를 나타낸다. 위상은 $(3\times(-90)+90=-180)$이 된다. 그림 7.10에서 보면 일치하는 것을 볼 수 있다.

점검문제 7.2 전달함수 $G(s)=\dfrac{10(s+1)(s+20)}{s(s+30)(s+50)}$일 때 0.1 rad/sec에서 100 rad/sec까지의 주파수 영역에 Bode 선도를 나타내 보시오.

7.4.3 시간 지연이 있을 경우의 주파수응답

s평면에서 시스템을 분석하는 것보다 주파수 영역에서 시스템을 분석하는 것의 큰 장점은 시간 지연(time delay)이 있는 시스템을 분석할 수 있다는 것이다. 일반적으로 시간영역에서의 시간 지연은 라플라스 영역에서 다음과 같은 관계가 있다.

$$f(t-T)\Leftrightarrow F(s)e^{-sT} \tag{7.23}$$

$F(s)$는 시간함수 $f(t)$의 라플라스 변환이다. e^{-sT}은 라플라스 영역에서 시간 지연을 나타내는 것으로 크기는 $e^{-\sigma T}$이고 위상은 $-\omega T$ (rad)이다. 그러므로 주파수 영역에서는 각 주파수 ω에서 시간차만큼의 위상 $\left(-\omega T\dfrac{180^\circ}{\pi}\right)$를 더하면 된다.

```
lphase = phase - w*T*180/pi;                    (degree)
```

MATLAB에서는 **pade**란 명령어가 있는데, 이 명령어는 시간 지연 모델을 대략적인 다항식으로 바꾸어 준다. 입력으로 시간 지연 상수 T와 원하는 식의 차수 n이 주어지면, 출력으로 그에 상응하는 분자와 분모의 다항식으로 표현한다. 시간 지연이 $T=0.1$초이면 위상은 다음과 같다.

```
>> w = logspace(-1,1,100);
>> p = -w*0.1*180/pi;
>> semilogx(w,p)
>> xlabel('frequency (rad/s)')
>> ylabel('phase (degree)')
>> grid
```

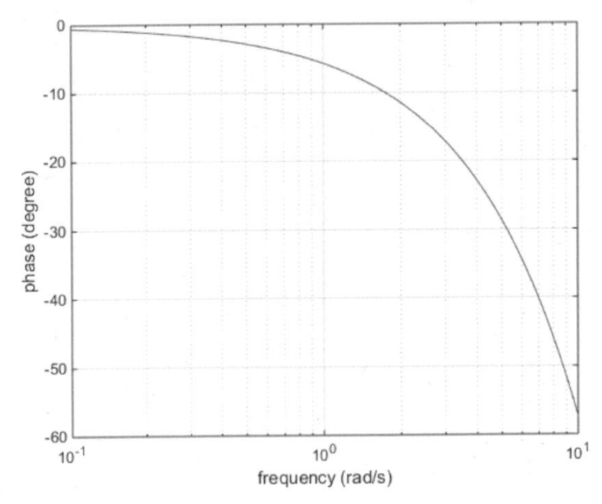

그림 7.11 시간 지연의 주파수응답

```
[ne, de] = pade(T, n);
```

만약 $T=0.1$이고 $n=2$일 때, $e^{-0.1s}$은 대략 다음과 같은 전달함수로 나타난다.

```
>> [ne,de] =pade(0.1,2)
ne =
        1        -60        1200
de =
        1         60        1200

>> printsys(ne,de)
num/den =
   s^2 - 60 s + 1200
   -----------------
   s^2 + 60 s + 1200
```

점검문제 7.3 시간 지연 $e^{-0.5s}$의 위상을 위의 두 가지 방법으로 구해 보고, 차이를 알아보기 위해 다음을 실행해 보시오.

예제 7-9 공정에 시간 지연이 있을 때의 주파수응답 분석

공정이 $GCH(s) = \dfrac{Ke^{-s}}{s(s+10)(s+30)}$ 이고, $K=10$일 때 이차식의 **pade**를 사용하여 Bode 선도를 그려 보자.

MATLAB Program : 시간 지연이 있을 때 주파수응답

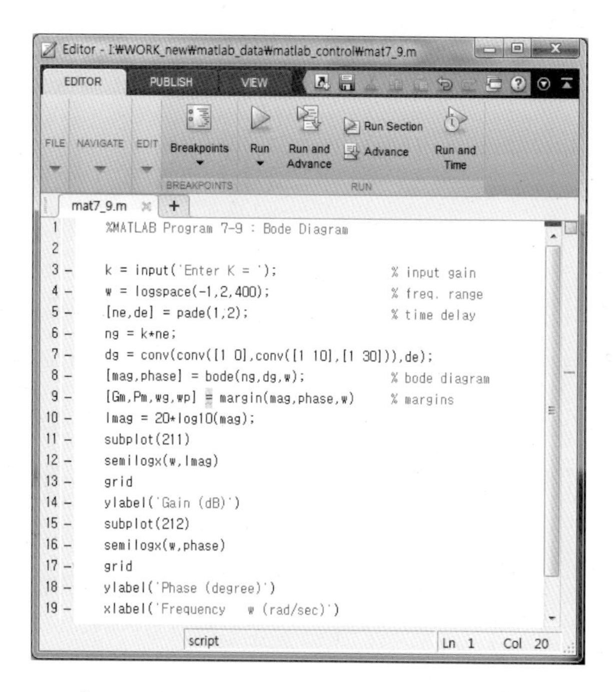

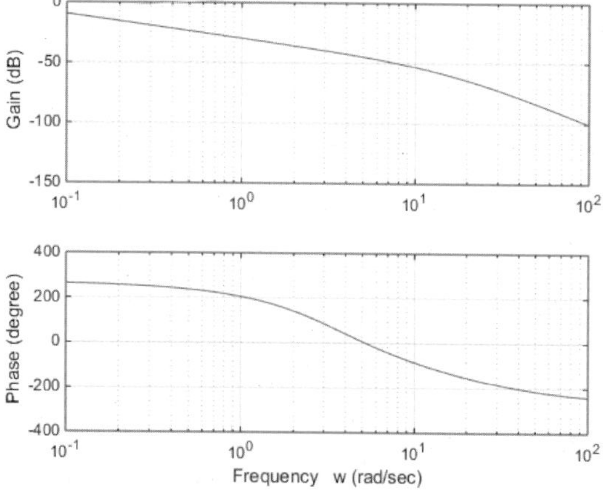

그림 7.12 주파수응답

7.5 주파수응답에서의 분석 요소들

7.5.1 폐루프 주파수응답

비록 제어기의 설계는 주파수 영역에서 하지만, 시스템의 응답은 시간영역에서 나타난다. 주파수 영역에서의 분석요소들과 시간영역에서의 요소들 사이에는 어떤 상호관계가 있는지 알아보자. 시간영역에서의 스텝응답처럼 주파수 영역에서는 폐루프 주파수응답이 그림 7.13과 같이 나타난다. ω_n은 고유진동수이다.

$$T(s) = \frac{\omega_n^2}{s^2 + 2\zeta\omega_n s + \omega_n^2} \tag{7.24}$$

(1) 공진 최고점 M_p

M_p는 $|T(j\omega)|$의 최고값으로 정의된 공진 최고점(resonant peak)이다. 그 크기에 따라 시간영역에서의 오버슈트의 크기, 감쇠율이 변화한다. M_p가 크면 오버슈트의 크기가 커진다. 불안정 상태에서의 M_p는 아무런 의미를 갖지 않는다. 시간영역에서 오버슈트의 크기가 감쇠율의 함수인 것처럼 주파수 영역에서 M_p도 다음과 같이 감쇠율의 함수로 표현될 수 있다.

$$M_p = \frac{1}{2\zeta\sqrt{1-\zeta^2}} \qquad \left(0 < \zeta < \frac{1}{\sqrt{2}}\right) \tag{7.25}$$

$$M_p = 1 \qquad \left(\frac{1}{\sqrt{2}} < \zeta\right) \tag{7.26}$$

(2) 공진 주파수

ω_r은 공진 $T(j\omega)$의 크기가 최고점에서의 주파수인 공진 주파수(resonant frequency)이다. 고유진동수 ω_n과는 다음과 같은 관계가 있다.

$$\omega_r = \omega_n\sqrt{1-2\zeta^2} \tag{7.27}$$

(3) 대역폭

ω_b는 대수크기 $|T(j\omega)|$가 최댓값 M dB로부터 -3 dB로 떨어졌을 때, 즉 $(M-3)$ dB일 때의 차단 주파수(cutoff frequency)로서 대역폭(bandwidth)이라 한다. ω_b는 시간영역의 상승

시간(rise time)과 관계가 있다. 일반적으로 대역폭이 넓을수록 고주파가 잘 통하게 되므로 시스템의 응답이 빨라지고, 대역폭이 좁으면 저주파만 통하게 되므로 시스템이 느려진다.

대역폭과 감쇠비와의 관계를 살펴보자. 대수크기가 -3 dB일 때

$$20\log_{10}|T(j\omega)| = -3\,\text{dB} \tag{7.28}$$

의 관계식을 풀면 다음과 같다.

$$|T(j\omega)| = 0.707 \tag{7.29}$$

따라서 대역폭 주파수는 감쇠비와 다음과 같은 관계가 있다.

$$\omega_b = \omega_n\sqrt{(1-2\zeta^2) + \sqrt{4\zeta^4 - 4\zeta^2 + 2}} \tag{7.30}$$

> 그러므로 주파수 영역의 제어시스템에서는 M_p는 작게 하고, ω_b를 크게 하여 오버슈트를 줄이고 응답을 빠르게 하는 것이 바람직하다.

점검문제 7.4 식 (7.30)을 유도해 보시오.

아래 예제에서는 감쇠비에 따라 최고점이 달라지는 것을 보여준다.

예제 7-10 폐루프의 주파수응답

식 (7.24)의 이차공정 주파수응답을 알아보자.

고유진동수 $\omega_n = 2$이고 $0 < \zeta < 1$일 때 감쇠율 ζ값에 대한 주파수응답을 그래프를 통해 알아보자.

MATLAB Program 7-10 : 댐핑에 의한 폐루프 주파수응답

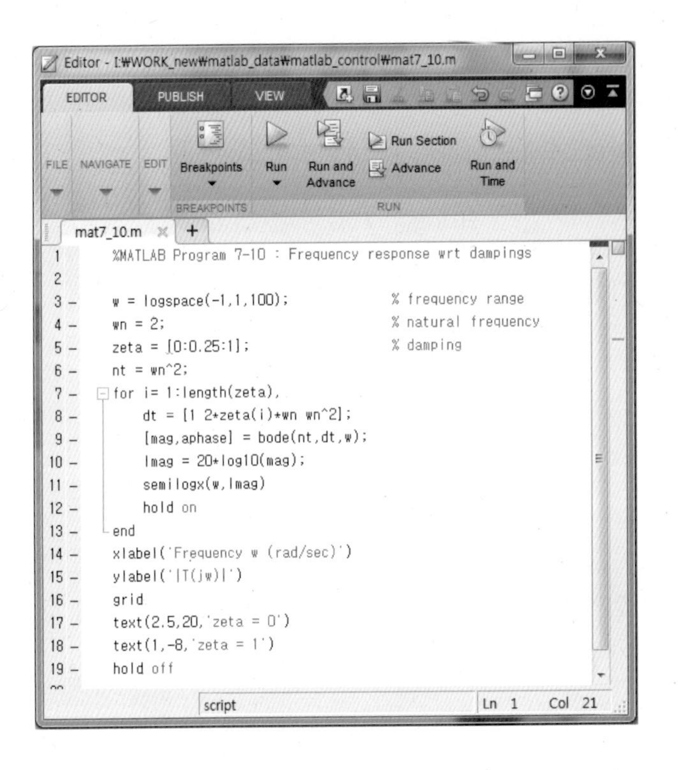

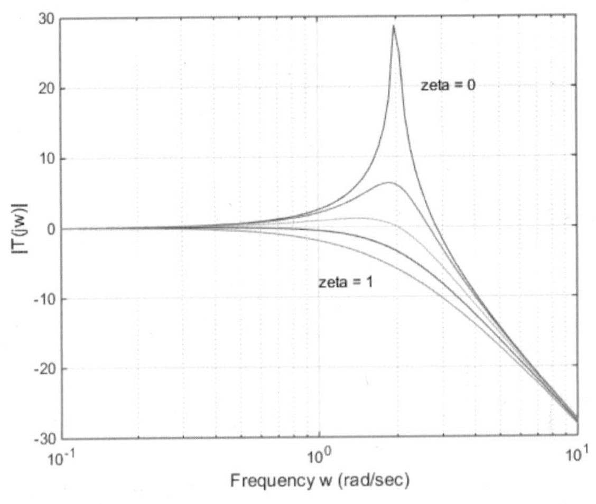

그림 7.13 이차 시스템의 주파수응답

점검문제 7.5 식 (7.24)에서 감쇠율이 $\zeta = 0.707$이고, 고유진동수 ω_n이 바뀌는 경우를 위의 예제처럼 그려 보시오.

7.5.2 여유와 안정성

주파수 영역에서 제어기를 설계하기 위해 필요한 요소들로는 **이득여유**(gain margin)와 **위상여유**(phase margin)가 있다. 이 여유들은 말 그대로 시스템이 안정하기 위해서 이득이나 위상이 얼마만큼 여유가 있는지를 나타낸다. 이렇듯 이들 여유들은 시스템의 안정성과도 밀접한 관계가 있다. 또한 이들은 시스템 수행과도 관계가 있으므로 무조건 여유들이 크다고 좋은 것은 아니다. 위상여유(P_m)와 감쇠율(ζ)과의 대략적인 관계는 다음과 같다.

$$P_m \simeq 100\zeta \tag{7.31}$$

오버슈트의 크기가 5%인 응답을 원하면 감쇠율이 $\zeta = 0.707$이 되므로 대략적인 위상여유는 $P_m = 70°$가 필요하게 된다.

(1) 이득여유

'이득여유(gain margin)'는 위상이 $-180°$일 때 주파수(ω_p)에서의 이득값과 0 dB과의 차이로, Bode 선도 상에서 쉽게 구해진다. 이때의 주파수, 즉 위상이 $-180°$일 때 주파수(ω_p)를 '위상통과주파수'라 한다.

$$\text{이득여유}(G_m) = 0\,\text{dB} - |G(j\omega_p)|\text{의 값} > 0 \tag{7.32}$$

$|G(j\omega_p)|$는 위상값 $\measuredangle G(j\omega)$가 $-180°$인 곳의 위상통과주파수 ω_p에서의 크기이다. 이때 이득값이 양수, 즉 위상통과주파수에서의 이득값이 양수인 경우이면 불안정한 것이고, 음수이면 안정한 것이다. 다시 말하면, 시스템이 안정하기 위해서는 $|G(j\omega_p)|$가 0 dB보다 아래에 놓여야 한다는 것이다(예를 들면, $|G(j\omega_p)| = -15$ dB일 때 이득여유 $G_m = 15$ dB > 0).

(2) 위상여유

'위상여유(phase margin)'는 이득 $|G(j\omega)|$가 0 dB일 때 그 주파수(ω_g)에서의 위상과 $-180°$와의 차이이다. 그리고 $|G(j\omega)|$가 0 dB일 때의 주파수(ω_g)를 '이득통과주파수'라 한다. 이 주파수에서의 위상값은 $-180°$보다 커야 시스템이 안정하다(예를 들면, $-160 > -180$일 때 위상여유는 20°가 된다).

$$\text{위상여유}(P_m) = \measuredangle G(j\omega_g) - (-180) > 0 \tag{7.33}$$

$\measuredangle G(j\omega_g)$는 $|G(j\omega)|$가 0 dB일 때의 주파수인 이득통과주파수 ω_g에서의 위상을 나타낸다.

MATLAB을 사용하면 이러한 여유들을 쉽게 구할 수 있는데, 명령어로는 **margin**이 있다. **bode** 명령어로 계산한 이득값과 위상값을 사용하여 다음과 같이 하면 된다.

```
>>w = logspace(-1, 3);
>>[mag, phase] = bode(ng, dg, w);
>>[Gm, Pm, wg, wp] = margin(mag, phase, w);
```

여기서 G_m은 이득여유이고, P_m은 위상여유, ω_p는 위상이 $-180°$일 때의 위상통과주파수, 그리고 ω_g는 이득이 0 dB일 때의 이득통과주파수가 된다. 여유값은 항상 양수이어야 시스템이 안정하다.

예제 7-8의 'MATLAB mat7_8.m' 프로그램을 실행한 뒤 여유들을 조사해 보자. 여유값들이 모두 양수이므로 안정하다.

```
>> mat7_8
>> [Gm,Pm,wg,wp]=margin(mag,phase,w)
Gm =
    1.3335
Pm =
    4.2420
wg =
   28.2854
wp =
   24.6838
```

이득여유, 위상여유가 모두 양수이므로 시스템은 안정하다. 하지만 위상이득이 $P_m = 4.2420$으로 작다. 이를 댐핑으로 환산하면 $\zeta = \frac{P_m}{100} = \frac{4.2420}{100} = 0.04$이다. 7.8절에서 주파수 영역에서의 제어기 설계를 공부해 보자.

> 주파수 영역에서는 개루프 전달함수 $P(s) = GC(s)$의 Bode 선도에서 이득여유와 위상여유가 양수이어야 안정하다.

점검문제 7.6 $GC(s) = \frac{20(s+50)}{s(s+10)(s+100)}$의 Bode 선도를 그리고 여유를 구하시오. 안정한지 스텝파형으로 확인하시오.

7.6 Nyquist 선도와 안정성

7.6.1 Nyquist 선도

다음 시스템을 고려해 보자. 입력이 $R(s)$이고, 제어기가 $C(s)$, 그리고 출력이 $Y(s)$일 때 폐루프 전달함수 $T(s)$는 다음과 같다.

$$T(s) = \frac{Y(s)}{R(s)} = \frac{G(s)C(s)}{1+G(s)C(s)} \tag{7.34}$$

시스템의 특성방정식은 다음과 같다.

$$F(s) = 1 + G(s)C(s) = 0 \tag{7.35}$$

앞에서 설명한 것처럼 특성방정식의 근이 모두 s평면에서 왼쪽에 놓여 있어야 시스템이 안정하다. 식 $F(s)$의 극점은 $G(s)C(s)$의 극점과 같고, 식 $F(s)$의 영점은 폐루프의 극점과 같다.

식 $F(s)$의 Nyquist 선도는 그림 7.14처럼 Nyquist 경로를 따라 움직이는 $F(s)$의 선도이다.

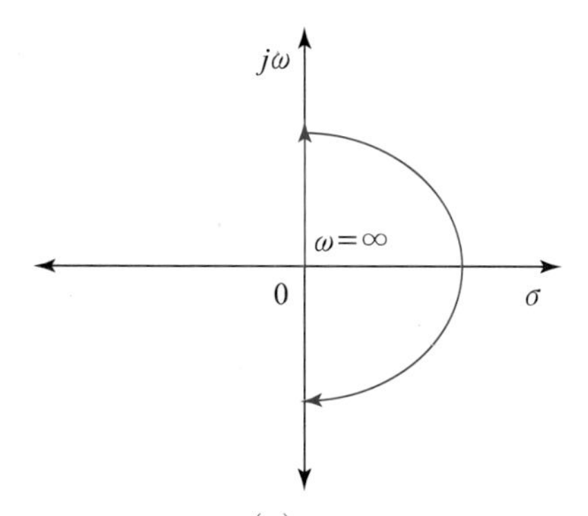

그림 7.14 $F(s)$의 Nyquist 선도

또한 식 $F(s)$의 Nyquist 선도는 개루프 전달함수 $G(s)C(s)$의 Nyquist 선도를 1만큼 오른쪽으로 이동한 것과 같다. 따라서 식 $F(s)$의 Nyquist 선도가 원점을 포함하였다면 개루프 $G(s)C(s)$의 Nyquist 선도는 -1을 포함하게 된다.

코시의 이론은 폐루프의 극점들 몇 개가 s평면의 오른쪽에 있는지를 알려준다. 우선 N을 Nyquist 경로가 원점을 시계 방향으로 둘러싼 횟수, Z를 s평면의 오른쪽에 있는 폐루프 극점의 수라 하고 P를 s평면의 오른쪽에 있는 개루프 극점의 수라 하면 다음 식이 성립한다.

$$N = Z - P \tag{7.36}$$

결과적으로 s평면의 오른쪽에 있는 폐루프 극점의 수는 다음과 같이 얻을 수 있다.

$$Z = N + P \tag{7.37}$$

시스템이 안정하기 위해서는 s평면의 오른쪽에는 폐루프의 극점이 없는 $Z = 0$이어야 하므로 $N = -P$를 만족해야 한다.

7.6.2 Nyquist 안정성

주파수 영역에서 시스템의 안정성을 조사할 수 있는 또 다른 방법으로 Nyquist 안정성이 있다. Nyquist 선도는 시스템의 주파수응답을 s평면에 나타낸 것으로 시스템의 절대 안정성을 점검할 수 있다. 위의 코시 이론에 근거한 Nyquist 안정성은, 만약 $F(s)$가 원점을 통과하지 않고 원점을 시계 반대 방향으로 P번 둘러싸면(시계 방향으로 $-P$번) 폐루프 시스템 $T(s)$는 안정하다는 것을 나타낸다.

이는 식 (7.35)에서 개루프 전달함수 $P(s) = G(s)C(s) = F(s) - 1$의 외형(contour)을 $P(s)$ 평면에서 그렸을 때, -1을 둘러싸는 타원의 수를 결정하는 것과 같다. 그러므로 Nyquist 안정성은 다음과 같이 설명될 수 있다.

> 개루프 전달함수 $P(s) = GC(s)$의 Nyquist 외형이 (−1, 0) 점을 지나지 않고 시계 방향으로 둘러싼 수가 양의 실숫값을 갖는 $P(s)$의 극점의 수와 같아야만 시스템은 안정하다.

7.6.3 MATLAB을 사용한 극좌표 및 Nyquist 선도

Nyquist 선도를 그리는 방법에는 두 가지가 있는데, 한 방법은 **bode** 명령어와 같이 사용하는 방법으로 **polar** 명령어를 사용하는 방법이고, 다른 방법은 **nyquist** 명령어를 직접 사용하는 방법이다. **polar** 명령어를 사용하는 방법은 **bode** 명령어로 먼저 크기와 위상값을 구한 다음, 위상값의 단위가 라디안이기 때문에 각도(degree)로 바꾸는 것이다.

```
>>w = logspace(-1, 3);
>>[mag, aphase] = bode(num, den, w);
>>polar((pi/180)*aphase, mag);
```

이 방법의 맹점 중 하나는 어떤 특정한 주파수에서의 응답을 알기 어렵다는 것이다. 이 문제를 해결하려면 다음과 같이 **nyquist** 명령어를 사용하여 프로그램을 작성하면 된다.

```
>>nyquist(ng, dg)
또는
>>w = logspace(-1, 3);
>>[re, im, w] = nyquist(ng, dg, w);
>>plot(re, im);
```

여기서 주파수 ω는 optional이다.

예제 7-11 극좌표 선도와 Nyquist 선도

공정 $G(s) = \dfrac{1}{s^3 + s^2 + 0.2s + 1}$의 극좌표 선도와 Nyquist 선도를 그려 보자.

MATLAB Program 7-11 : Nyquist 선도

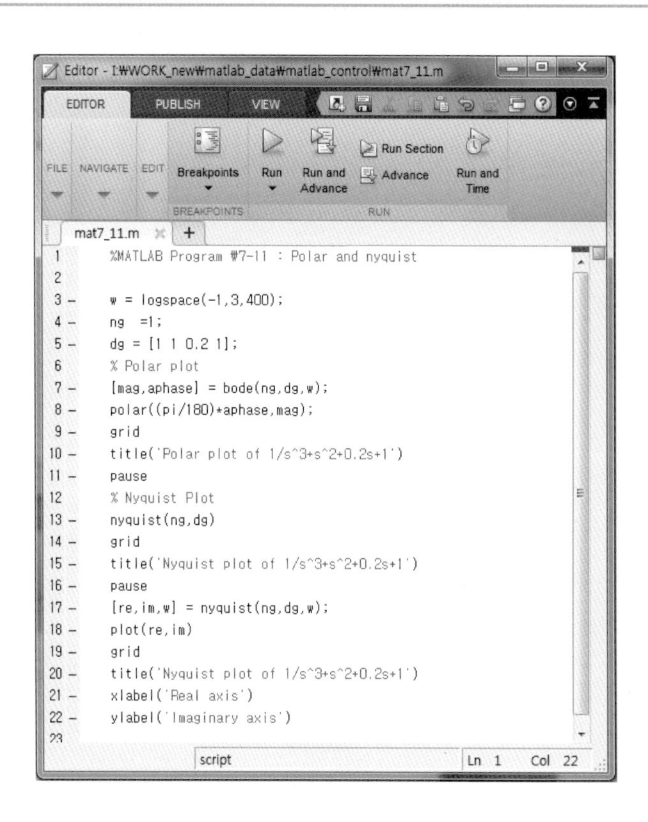

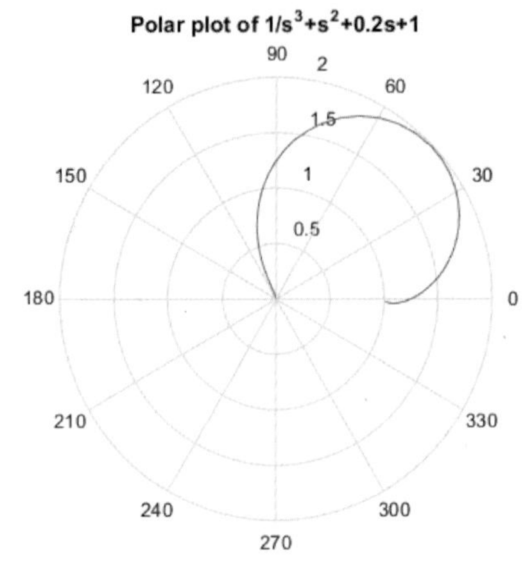

그림 7.15 극좌표 선도

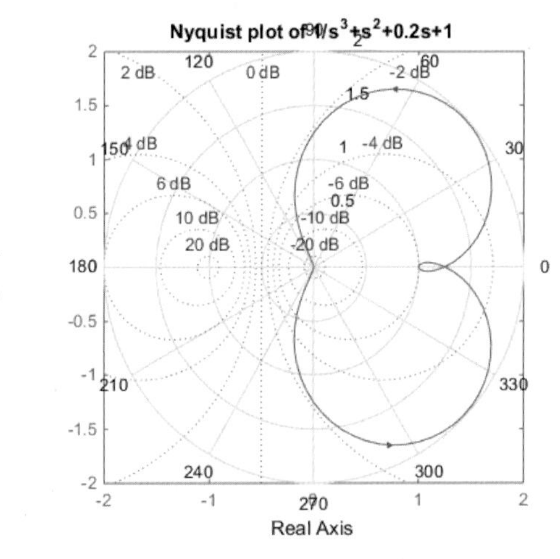

그림 7.16 Nyquist 선도

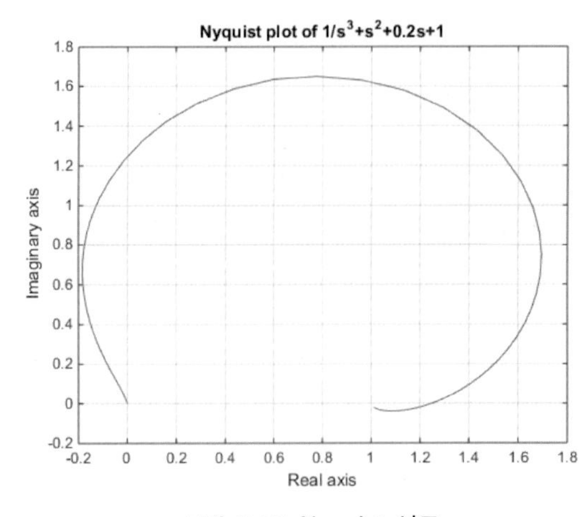

그림 7.17 Nyquist 선도

7.7 Nichols 도표

Bode 선도에서는 이득 그래프와 위상 그래프를 따로 표시한 반면, 한 그래프 안에 이득 그래프와 위상 그래프를 같이 그린 그래프를 Nichols 도표라 한다. MATLAB에서의 명령어는 **nichols**이다.

```
>>[mag, aphase, w] = nichols(num, den, w);
>>plot(aphase, mag);
>>ngrid
```

명령어 **ngrid**는 **grid**와는 달리 Nichols 도표에 쓰이는 격자선이다.

예제 7-12 Nichols 도표

다음 공정의 Nichols 도표를 그려 보자.

$$G(s) = \frac{s+3}{s(s+1)(s+5)}$$

```
>> w = logspace(-2,2,400);
>> ng  =[1 3];
>> dg = conv([1 0],conv([1 1],[1 5]));
>> nichols(ng,dg,w);
>> ngrid
>> axis([-200 -70 -50 50]);
>> title('Nichols chart of (s+3)/s(s+1)(s+5)')
```

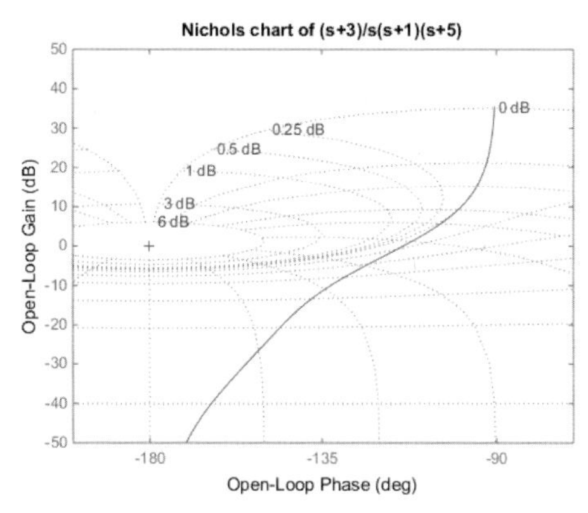

그림 7.18 Nichols 도표

7.8 주파수 영역에서의 제어기 설계

s 평면에서는 제어기를 사용하여 극점을 우세적인 위치에 놓음으로써 원하는 응답을 얻었으나, 주파수 영역에서는 이득여유와 위상여유를 만족시킴으로써 원하는 응답을 얻는다. 또한 주파수 영역에서는 시간 지연된 시스템에 대한 제어기 설계도 가능하다. 일반적으로 제어기 설계 시에 진상제어기는 정해진 주파수에서 위상을 더하게 되고, 지상제어기는 위상을 빼게 된다.

7.8.1 진상제어기의 설계

진상제어기는 고역통과필터(high pass filter)의 형태로서 저주파수에서는 이득이 낮았다가 고주파수에서는 이득이 커진다. 진상제어기는 최대한의 위상으로 45°를 원하는 주파수에 더할 수 있기 때문에 위상여유를 크게 할 수 있다. 또한 대역폭을 크게 함으로써 빠른 시스템 응답을 기대할 수 있다.

위상이 45°일 때의 주파수 ω_m은 일반적으로 진상제어기의 극점 p와 영점 z의 중간 주파수인 $\omega_m = \sqrt{zp}$가 된다. 또한 주파수 ω_m에서 진상제어기가 갖는 이득값은 $10 \log a$로서 a는 극점과 영점의 비, 즉 $a = \frac{p}{z}$이다. 그러므로 기본적인 진상제어기 설계의 원리는 주파수 ω_m을 이득이 0 dB인 곳의 주파수, 이득통과주파수로 만들기 위한 극점과 영점의 위치를 정하는 것이라 하겠다.

진상제어기의 기본적인 형태는 다음과 같다. $p = \frac{1}{\tau}$이다.

$$G_c(s) = \frac{\left(1 + \frac{s}{z}\right)}{a\left(1 + \frac{s}{p}\right)} = \frac{(a\tau s + 1)}{a(\tau s + 1)} \tag{7.38}$$

진상제어기의 설계과정

과정 1. 원하는 수행기준을 만족하는 위상여유를 구한다. $P_m = 100\zeta$

과정 2. 먼저 공정의 주파수응답을 Bode 선도로 나타낸 뒤 여유들을 조사해 본다. 얼마만큼의 여유가 더 필요한지 계산한다.

$$\phi_m = P_m - \measuredangle G(j\omega) \tag{7.39}$$

과정 3. 만약 ϕ_m만큼의 위상이 필요하다면, 다음 식으로부터 a값을 계산한다.

$$\frac{a-1}{a+1}=\sin\phi_m \quad \text{또는} \quad a=\frac{1+\sin\phi_m}{1-\sin\phi_m} \tag{7.40}$$

과정 4. a값을 가지고 $10\log_{10}a$를 계산한다.

$$20\log_{10}\left|\frac{a\tau j\omega_m+1}{\tau j\omega_m+1}\right|=20,\ \log_{10}\sqrt{a}=10\log_{10}a \tag{7.41}$$

과정 2에서 얻은 공정의 Bode 선도로부터 크기가 $-10\log_{10}a$ dB값일 때의 주파수($\omega_m=\frac{1}{\sqrt{a\tau}}$ rad/sec)를 구한다. 이때의 주파수는 진상제어기가 더해졌을 때의 통과주파수가 된다.

과정 5. 극점의 위치와 영점의 위치를 다음과 같이 계산한다.

$$p=\omega_m\sqrt{a}=\frac{1}{\tau} \quad \text{그리고} \quad z=\frac{p}{a}=\frac{1}{a\tau} \tag{7.42}$$

과정 6. 진상제어기를 포함한 공정의 Bode 선도를 다시 그린다.

$$G_c(s)=\frac{\left(1+\frac{s}{z}\right)}{a\left(1+\frac{s}{p}\right)} \tag{7.43}$$

과정 7. 제어기 설계 시에 작아진 $\frac{1}{a}$만큼의 크기를 보상하기 위해 a를 곱해

$$G_c(s)=\frac{a(s+z)}{(s+p)}$$

가 되도록 한다.

예제 7-13 진상제어기의 설계

쌍적분 시스템 $G(s)=\frac{K}{s^2}$를 진상제어기로 설계해 보자. 오버슈트가 P.O. < 20%이고, $K=10$일 때 진상제어기를 설계해 보자.

과정 1. $\zeta>0.45,\ \phi_m=100\times0.45=45°$

과정 2. Bode 선도를 그려본다.

과정 3. 시스템의 위상은 $-180°$이므로 새로운 통과주파수에서 필요한 위상여유는 $45°$이다. $\dfrac{a-1}{a+1} = \sin 45$, $a = 6.8$이지만 정수로 6을 선택한다.

과정 4. $-10\log a = -8.78$ dB, $G(s)$의 Bode 선도로부터 -8.78 dB이 되는 곳의 주파수를 구한다.

$$\omega_m = 4.95$$

과정 5. 제어기 극점의 위치를 계산한다. $p = \omega_m \sqrt{a} = 12$ 그리고 영점을 계산한다.

$$z = \frac{p}{a} = 2.0$$

과정 6. 식 (7.37)의 형태로 제어기를 구성한다.

$$G_c(s) = \frac{\left(1 + \dfrac{s}{z}\right)}{a\left(1 + \dfrac{s}{p}\right)} = \frac{\left(1 + \dfrac{s}{2}\right)}{6\left(1 + \dfrac{s}{12}\right)}$$

과정 7. 6을 곱하면 $G_c(s) = \dfrac{6(s+2)}{(s+12)}$가 된다.

설계한 제어기로 공정을 제어해 보자.

MATLAB Program 7-13 : 진상제어기의 설계

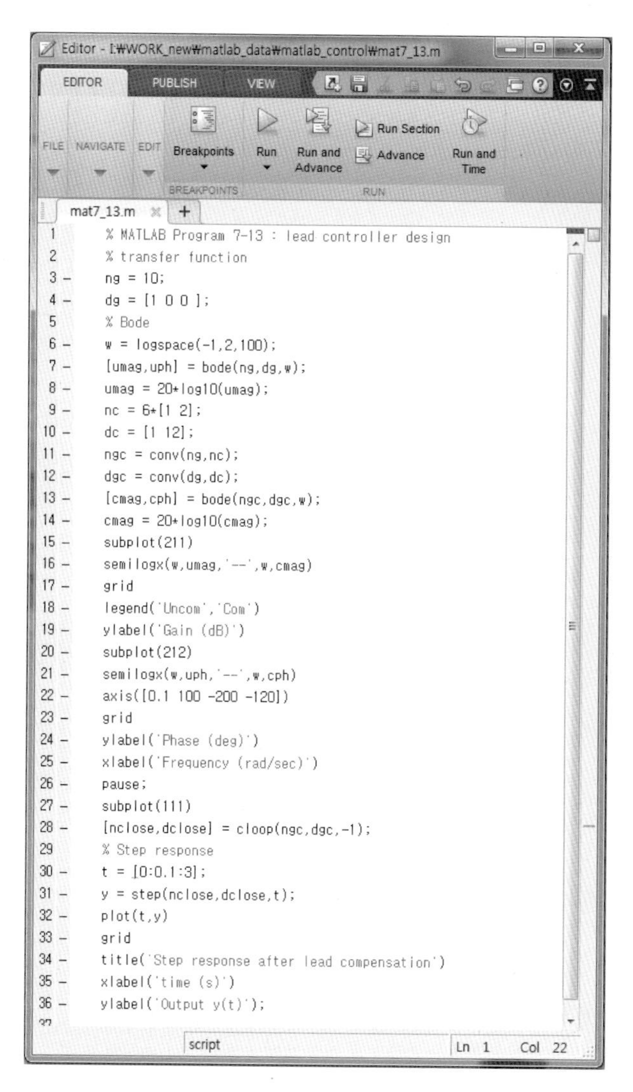

Editor - I:₩WORK_new₩matlab_data₩matlab_control₩mat7_13.m
EDITOR
PUBLISH
VIEW
FILE
NAVIGATE
EDIT
Breakpoints
Run
Run and Advance
Run Section
Advance
Run and Time
BREAKPOINTS
RUN
mat7_13.m
% MATLAB Program 7-13 : lead controller design
% transfer function
ng = 10;
dg = [1 0 0];
% Bode
w = logspace(-1,2,100);
[umag,uph] = bode(ng,dg,w);
umag = 20*log10(umag);
nc = 6*[1 2];
dc = [1 12];
ngc = conv(ng,nc);
dgc = conv(dg,dc);
[cmag,cph] = bode(ngc,dgc,w);
cmag = 20*log10(cmag);
subplot(211)
semilogx(w,umag,'--',w,cmag)
grid
legend('Uncom','Com')
ylabel('Gain (dB)')
subplot(212)
semilogx(w,uph,'--',w,cph)
axis([0.1 100 -200 -120])
grid
ylabel('Phase (deg)')
xlabel('Frequency (rad/sec)')
pause;
subplot(111)
[nclose,dclose] = cloop(ngc,dgc,-1);
% Step response
t = [0:0.1:3];
y = step(nclose,dclose,t);
plot(t,y)
grid
title('Step response after lead compensation')
xlabel('time (s)')
ylabel('Output y(t)');
script
Ln 1
Col 22

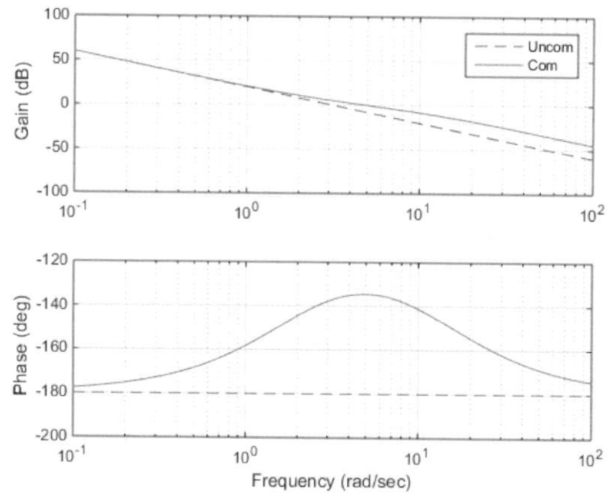

Gain (dB)
100
50
0
-50
-100
Uncom
Com
10^{-1}
10^{0}
10^{1}
10^{2}
Phase (deg)
-120
-140
-160
-180
-200
Frequency (rad/sec)

그림 7.19 주파수응답

보상되지 않는 공정의 Bode 선도를 통해 여유를 조사해 보면 안정한 조건을 만족하지 못하는 것을 볼 수 있다. 이득여유는 무한으로 만족하지만 위상이득이 0으로, 이는 진동하는 함수임을 나타낸다.

```
>> [Gm,Pm,wg,wp]=margin(abs(umag),uph,w)
Gm =
    Inf
Pm =
      0
wg =
    NaN
wp =
     2.9583
```

진상제어기로 보상된 전달함수의 Bode 선도에서 여유를 조사하면 다음과 같이 위상여유가 45.4로 안정성을 만족한다.

```
>> [Gm,Pm,wg,wp]=margin(abs(cmag),cph,w)
Gm =
     0.0153
Pm =
    45.3939
wg =
  265.8644
wp =
     5.4721
```

이득여유, 위상여유가 모두 양수이므로 시스템은 안정하다.

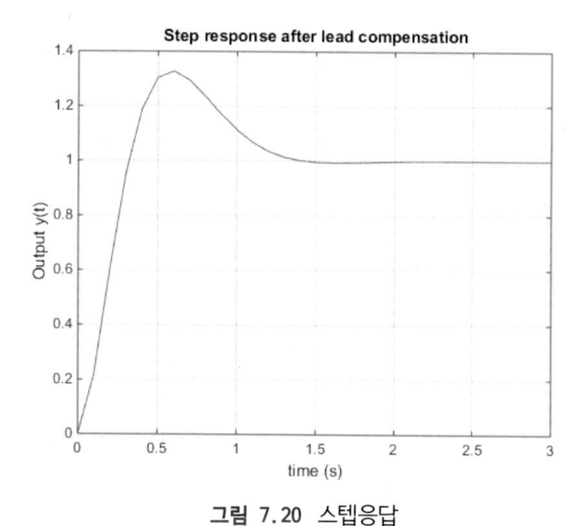

그림 7.20 스텝응답

7.8.2 지상제어기의 설계

지상제어기는 저역통과필터(low pass filter)의 형태로서 저주파에서는 이득이 높았다가 고주파에서는 이득이 낮아진다. 대역폭이 줄어들게 되므로 느린 응답의 결과를 초래한다. 지상제어기의 기본적인 형태는 다음과 같다.

$$G_c(s) = \frac{1+\frac{s}{z}}{1+\frac{s}{p}} \tag{7.44}$$

지상제어기의 설계과정

과정 1. 원하는 성능규격을 만족하는 위상여유를 구한다. $P_m = 100\zeta$

과정 2. 먼저 공정의 주파수응답을 Bode 선도로 나타낸 뒤 여유들을 조사해 본다. 통과주파수 ω_c에서 얼마만큼의 여유가 더 필요한지 계산한다.

과정 3. 필요한 여유를 만족시키기 위한 새로운 통과주파수 ω_c'을 결정한다.

과정 4. 주파수 ω_c'을 통과하기 위해 필요한 이득값 G_M을 구한다.

과정 5. 주파수 ω_c'보다 10배수 작은 곳에 제로 z를 놓는다. $z = \omega_c'/10$

과정 6. $G_M = 20\log a$로 놓고 a값을 계산한다.

과정 7. 관계식 $p=\frac{z}{a}$를 통해 극점의 위치를 구한다.

과정 8. 지상제어기를 포함한 공정의 Bode 선도를 다시 그린다.

$$G_c(s)=\frac{1+\frac{s}{z}}{1+\frac{s}{p}}$$

예제 7-14 지상제어기의 설계

이차공정 시스템 $G(s)=\frac{K}{s(s+2)}$를 지상제어기로 설계해 보자. 오버슈트 P.O.< 20%이고, $K=40$일 때 제어기를 설계해 보자.

과정 1. $\zeta>0.45$, $\phi_m=100\times0.45=45°$의 위상여유가 필요하다.

과정 2. 제어기 없는 공정의 Bode 선도를 그려본다. 위상여유는 20°로 25°가 더 필요하다.

과정 3. 5°의 여유를 포함한 위상여유는 50°가 되므로 위상여유 주파수에서 위상여유는 −130°가 되어야 한다. 이때의 주파수를 구하면 $\omega_c{}'=1$이다.

과정 4. 주파수 $\omega_c{}'=1.5$에서 $|G(j\omega)|$가 0 dB을 만족시키는 데 필요한 이득은 $G_M=20$ dB임을 Bode 선도를 통해서 알 수 있다.

과정 5. 영점을 계산한다. $z=\omega_c{}'/10=1.5/10=0.15$

과정 6. $20=20\log a$로부터 $a=10$이다.

과정 7. 관계식으로부터 극점을 계산한다. $p=\frac{z}{a}=0.15/10=0.015$

과정 8. 지상제어기를 포함한 공정의 Bode 선도를 다시 그린다.

$$G_c(s)=\frac{1+\frac{s}{z}}{1+\frac{s}{p}}=\frac{0.015}{0.15}\frac{s+0.15}{s+0.015}$$

설계한 지상제어기로 공정을 제어해 보자.

MATLAB Program 7–14 : 지상제어기의 설계

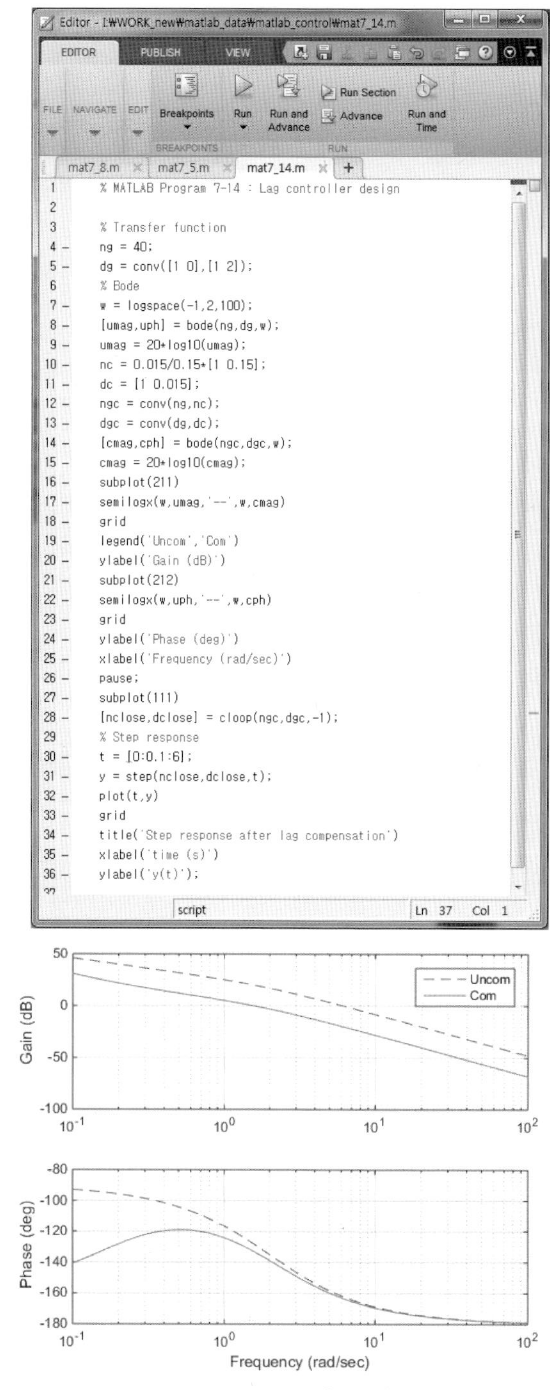

```
% MATLAB Program 7-14 : Lag controller design

% Transfer function
ng = 40;
dg = conv([1 0],[1 2]);
% Bode
w = logspace(-1,2,100);
[umag,uph] = bode(ng,dg,w);
umag = 20*log10(umag);
nc = 0.015/0.15*[1 0.15];
dc = [1 0.015];
ngc = conv(ng,nc);
dgc = conv(dg,dc);
[cmag,cph] = bode(ngc,dgc,w);
cmag = 20*log10(cmag);
subplot(211)
semilogx(w,umag,'--',w,cmag)
grid
legend('Uncom','Com')
ylabel('Gain (dB)')
subplot(212)
semilogx(w,uph,'--',w,cph)
grid
ylabel('Phase (deg)')
xlabel('Frequency (rad/sec)')
pause;
subplot(111)
[nclose,dclose] = cloop(ngc,dgc,-1);
% Step response
t = [0:0.1:6];
y = step(nclose,dclose,t);
plot(t,y)
grid
title('Step response after lag compensation')
xlabel('time (s)')
ylabel('y(t)');
```


그림 7.21 주파수응답

보상되지 않은 시스템의 여유는 다음과 같다. 안정하지만 위상여유가 17도로서 오버슈트가 큼을 알 수 있다.

```
>> mat7_14
>> [Gm,Pm,wg,wp]=margin(abs(umag),uph,w)
Gm =
     0.0146
Pm =
    16.9392
wg =
  262.6899
wp =
     6.5670
```

지상제어기로 보상한 뒤에 여유는 다음과 같이 위상여유가 45도로 증가하였다. 이에 대한 스텝응답은 그림 7.22와 같다.

```
>> [Gm,Pm,wg,wp]=margin(abs(cmag),cph,w)
Gm =
     0.0115
Pm =
    44.7709
wg =
  262.6953
wp =
     1.7233
>> PO = 100*exp(-0.448*pi/sqrt(1-0.448^2))
PO =
    20.7163
```

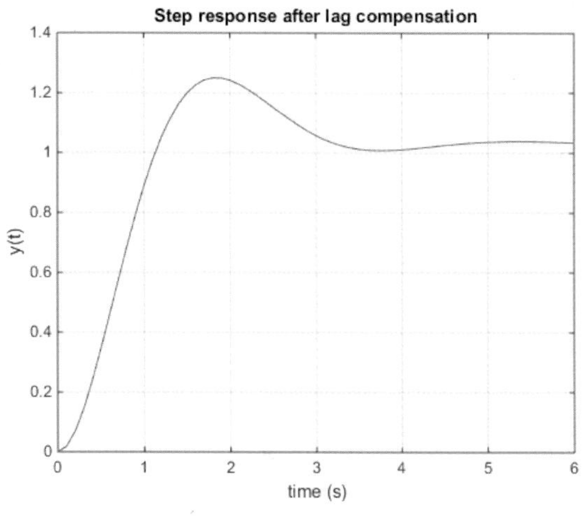

그림 7.22 스텝응답

점검문제 7.7 $GC(s) = \dfrac{20(s+50)}{s(s+10)(s+100)}$의 Bode 선도를 그리고 PO < 10%를 만족하도록 제어기를 설계해 보시오. 스텝파형으로 확인하시오.

7.9 MATLAB 명령어

bode	Bode 선도를 그린다.	**nyquist**	Nyquist 선도를 그린다.
margin	이득, 위상여유를 계산한다.	**pade**	시간 지연의 대략적인 함수를 구한다.
ngrid	Nyquist 선도 위에 격자선을 나타낸다.	**polar**	극좌표 선도를 그린다.

연 • 습 • 문 • 제

1. 다음 공정의 Bode 선도를 손으로 그리고 MATLAB으로 확인하시오. 이득여유와 위상여유를 확인하시오.

(a) $GC(s) = \dfrac{100(s+1)}{s^2+8s+100}$

(b) $GC(s) = \dfrac{100(s+50)}{s(s+2)(s+20)}$

(c) $GC(s) = \dfrac{100(s+50)}{s(s+2)(s+20)(s+100)}$

(d) $GC(s) = \dfrac{100(s+50)(s+200)}{s(s+2)(s+20)(s+100)}$

2. 다음 공정의 Bode 선도를 그리고 컷오프 주파수를 확인하시오.

(a) $H(s) = \dfrac{30000}{s^3+865s^2+2000s+30000}$

(b) $H(s) = \dfrac{s^3}{s^3+15s^2+40s+250}$

(c) $H(s) = \dfrac{s^6+77s^4+2000s^2+15000}{s^6+7s^5+80s^4+400s^3+2000s^2+4500s+15000}$

4. 다음 공정을 오버슈트 5% 미만, 정착시간 2초 이내를 만족하도록 다음 제어기로 주파수 영역에서 설계해 보시오.

$$G(s) = \frac{2}{s(s+2)}$$

무슨 문제가 있는가?

(a) 진상제어기

(b) 지상제어기

(c) 진지상 제어기

(d) PI 제어기

(e) PID 제어기

5. 한 공정이 $GC(s) = \dfrac{K(s+2)}{s^2(s+10)}$일 때 오버슈트가 5% 미만이 되도록 K값을 구해 보시오. 제어기를 추가하여 오버슈트가 5% 미만이 되도록 주파수 영역에서 설계해 보시오.

Chapter 08

상태공간 모델의 제어

8.1 소개

지금까지 우리는 한 시스템의 입력과 출력의 관계를 나타내는 전달함수를 통하여 s평면이나 주파수 영역에서 제어기를 설계하여 보았다. 입력이 하나고 출력이 하나인 SISO (Single-Input Single-Output) 시스템을 다루었다. 하지만 하나가 아닌 여러 개의 입력이 주어지고 여러 개의 출력을 나타내는 시스템, 즉 MIMO(Multi-Input Multi-Output) 시스템을 전달함수로 표현하려면 매우 복잡하다. 이 경우에 입력과 출력과의 관계를 다른 표현으로 시간영역에서 상태(states)로 나타낼 수 있는데, 이를 상태공간(state space) 표현이라 한다. 변수 x, $\dot{x}$, $\ddot{x}$로 구성된 미분방정식의 이차 시스템에서 제어입력은 가속도가 되고 상태란 위치와 속도, x, $\dot{x}$가 된다. 전달함수에서 s는 $\frac{d}{dt}$의 시간영역에서의 미분상태변수를 나타내므로 s의 다항식은 상태변수들로 표현될 수 있다.

2장에서 배운 한 LTI 시스템의 미분방정식으로의 표현은 상태공간의 표현으로 다음과 같이 나타낼 수 있다.

$$\begin{aligned}\dot{x}(t) &= Ax(t) + Bu(t) \\ y(t) &= Cx(t) + Du(t)\end{aligned} \tag{8.1}$$

만약 시스템이 n상태이고, m 입력 그리고 p 출력을 가진다면, x는 $n\times 1$ 상태변수벡터이고, u는 $m\times 1$ 제어 입력 벡터, A는 $n\times n$ 시스템 행렬, B는 $n\times m$ 입력 행렬, C는 $p\times n$ 출력 행렬, D는 $p\times m$ 제어 입력에 대한 출력 행렬이 된다.

위의 상태방정식 (8.1)을 라플라스 변환하면 다음과 같다.

$$sX(s) - x(0) = AX(s) + BU(s) \tag{8.2}$$

$$Y(s) = CX(s) + DU(s) \tag{8.3}$$

초기조건을 $x(0) = 0$이라 가정하고 식 (8.2)를 $X(s)$에 관한 식으로 정리한 뒤 식 (8.3)에 대입하여 정리하면 다음과 같다.

$$\begin{aligned}Y(s) &= C(sI - A)^{-1}BU(s) + DU(s) \\ &= [C(sI - A)^{-1}B + D]U(s)\end{aligned} \tag{8.4}$$

폐루프 전달함수를 구하면 다음과 같다.

$$T(s) = \frac{Y(s)}{U(s)} = C(sI - A)^{-1}B + D \tag{8.5}$$

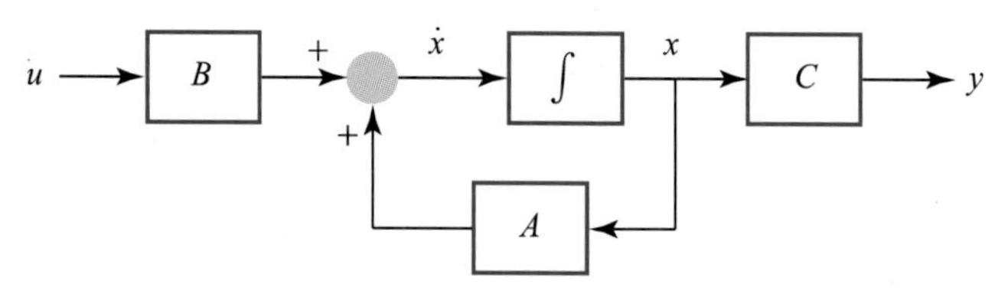

그림 8.1 시스템의 상태방정식 표현

그림 8.1에는 블록선도가 나타나 있다.

MATLAB에서는 상태방정식으로 나타나는 LTI 시스템을 명령어 **ss**를 사용하여 'sys'라는 변수로 모델화하여 나타낼 수 있다.

$$\mathrm{sys} = \mathrm{ss}(A, B, C, D)$$

예제 8-1 쌍적분 시스템

제어 입력이 u이고 출력이 y인 다음의 쌍적분 시스템을 상태방정식으로 나타내 보자.

$$\ddot{y}(t) = ku(t)$$

여기서 시스템의 상태는 $y(t)$, $\dot{y}(t)$이다. 먼저 시스템의 상태를 다음과 같이 설정한다.

$$x_1 = y, \ x_2 = \dot{y} = \dot{x}_1$$

그러면

$$\dot{x}_1 = \dot{y} = x_2, \ \dot{x}_2 = \ddot{y} = ku(t)$$

위 식을 식 (8.1)의 형태로 표현하면 다음과 같다. 여기서 출력은 위치만 측정가능하다고 가정하였다.

$$\dot{x} = \begin{bmatrix} \dot{x}_1 \\ \dot{x}_2 \end{bmatrix} = \begin{bmatrix} 0 & 1 \\ 0 & 0 \end{bmatrix} \begin{bmatrix} x_1 \\ x_2 \end{bmatrix} + \begin{bmatrix} 0 \\ k \end{bmatrix} u$$

$$y = \begin{bmatrix} 1 & 0 \end{bmatrix} \begin{bmatrix} x_1 \\ x_2 \end{bmatrix}$$

MATLAB에서 위의 시스템을 변수 'sys'로 모델화하고 $k=1$이라 가정하면 다음과 같다. 모델화된 변수 'sys'는 MATLAB 함수를 사용할 때 매번 A, B, C, D의 정보를 입력하는 번거로움을 없애준다.

```
>> A=[0 1;0 0];
>> b = [0;1];
>> c = [1 0];
>> d=0;
>> sys = ss(A,b,c,d)
sys =
  a =
         x1  x2
   x1    0   1
   x2    0   0
  b =
         u1
   x1    0
   x2    1
  c =
         x1  x2
   y1    1   0
  d =
         u1
   y1    0

Continuous-time state-space model.
```

점검문제 8.1 예제 8-1로부터 출력이 모두 측정가능하다고 하고 상태방정식을 작성해 보시오.

예제 8-2 비선형 시스템

그러면 비선형 시스템은 어떻게 상태방정식으로 나타내는지 알아보자.

$$\ddot{y} + a\dot{y} + \cos y = 0$$

먼저 시스템의 상태를 설정한다.

$$x_1 = y, \quad x_2 = \dot{y} = \dot{x}_1$$

마찬가지로

$$\dot{x}_2 = \ddot{y} = -a\dot{y} - \cos y = -ax_2 - \cos x_1$$

상태 벡터로 표현하면 다음과 같다.

$$\dot{x} = \begin{bmatrix} \dot{x}_1 \\ \dot{x}_2 \end{bmatrix} = \begin{bmatrix} x_2 \\ -ax_2 - \cos x_1 \end{bmatrix}$$

위의 상태방정식에서 보는 것처럼 비선형 시스템은 식 (8.1)의 형태로 나타낼 수 없다는 것을 알 수 있다. 상태방정식은 선형이기 때문이다. 이러한 비선형 시스템을 선형화하는 방법은 8.6절에 소개된다.

다음 장에서는 MATLAB 명령어를 사용하여 시간영역에서 시스템을 상태공간모델로 표현하는 방법을 살펴보기로 하자.

점검문제 8.2 식 (8.1)로부터 라플라스 변환을 통한 전달함수 (8.2)를 구해 보시오.

점검문제 8.3 다음은 일반화된 로봇의 동적 방정식이다. 다음과 같이 정의할 때 상태방정식을 구하시오.

$$D(q)\ddot{q} + C(q, \dot{q}) + G(q) = \tau$$

상태 벡터는 $x = [q\ \dot{q}]^T$이고 입력과 출력은 각각 $u = \tau,\ y = q$라 한다.

점검문제 8.4 다음은 진자의 동역학 식이다.

$$m^2\ddot{\theta} + f_\theta\dot{\theta} + mgl\sin\theta = 0$$

m은 진자의 질량, l은 진자의 길이, f_θ는 마찰계수이다. 상태방정식으로 표현해 보시오. 어떤 어려움이 있는가?

8.2 시스템의 제어성과 관측성

8.2.1 제어성

한 시스템이 제어가 가능한지를 나타내는 것이 제어성(controllability)이다. 간단한 일상생활의 예를 들면, 눈길에서 차가 미끄러지는 경우를 생각해 보자. 눈길에서 앞차를 피하기 위해 갑작스런 제동을 하려고 브레이크를 밟고 핸들을 돌렸을 때 핸들을 돌린 방향으로 차가 움직여서 앞차와 부딪히지 않고 정지하면 제어가능(controllable)한 것이다. 그와 반대로 핸들을 조정하거나 브레이크를 밟는 것과는 상관없이 차가 미끄러지며 운전대의 방향과는 전혀 다른 방향으로 움직이는 것을 경험할 수 있다. 이 경우 핸들의 움직임을 제어 입력으로 주었지만 가고자 하는 방향으로 가지 못한 경우가 생긴다. 이런 경우를 제어불가능(uncontrollable)하다고 한다. 좀 더 구체적으로 말하면, 한 시스템의 초기상태 $x(0)$를 다른 상태 $x(t)$로 옮길 수 있는 제어 입력 $u(t)$가 존재하면 그 시스템은 제어가능하다고 한다. 대표적인 제어성을 점검하는 방법으로는 식 (8.1)로부터 다음과 같이 행렬의 랭크를 점검하여 시스템의 제어성을 점검하는 방법이 있다.

$$\text{rank}[B,\ AB,\ A^2B,\ \cdots\ A^{n-1}B] = n \tag{8.6}$$

즉, 순위(rank)가 full rank이면 시스템은 제어가능하다. SISO 시스템에서는 $\det[B, AB\ A^2B, \cdots\ A^{n-1}B]$가 0이 아니면 제어가능하다고 한다. 행렬 A의 계수(rank)라 함은 행렬 A의 선형적이고 독립적인(linearly independent) 행이나 열의 수를 말한다. full rank란 A 행렬의 행이나 열 중의 하나는 다른 행이나 열의 조합으로 표현할 수 없어 서로 독립적이라는 말이다.

예제 8-3 쌍적분 시스템의 제어성

예제 8-1의 쌍적분 시스템이 제어가능한지 조사해 보자.

$$\dot{x} = \begin{bmatrix} \dot{x}_1 \\ \dot{x}_2 \end{bmatrix} = \begin{bmatrix} 0 & 1 \\ 0 & 0 \end{bmatrix} \begin{bmatrix} x_1 \\ x_2 \end{bmatrix} + \begin{bmatrix} 0 \\ 1 \end{bmatrix} u$$

$$y = \begin{bmatrix} 1 & 0 \end{bmatrix} \begin{bmatrix} x_1 \\ x_2 \end{bmatrix}$$

위 시스템이 제어가능하기 위해서는 $n=2$이므로 rank는 full rank인 2가 되어야 한다. MATLAB에서는 **rank** 명령어를 사용하여 다음과 같이 조사할 수 있다. rank가 2이므로 이 시스템은 제어가능하다.

```
>> A=[0 1;0 0];
>> b = [0;1];
>> c =[b A*b]
c =
     0     1
     1     0
>> rank(c)
ans =
     2
```

점검문제 8.5 다음 시스템의 제어성을 확인하시오.

$$\dot{x} = \begin{bmatrix} 2 & 0 \\ -1 & 1 \end{bmatrix} x + \begin{bmatrix} 1 \\ -1 \end{bmatrix} u$$

8.2.2 관측성

관측성(observability)은 출력과 상태변수와의 관계를 나타내는 것으로 어느 일정한 시간 동안에 나타나는 출력값에 대하여 상태변수 $x(t)$를 측정할 수 있는지를 말한다. 한 시스템이 시스템의 각 상태에 의하여 나타나는 출력을 가지면 시스템은 관측가능(observable)하다고 한다. 다시 말해서, 주어진 시간에 출력값으로부터 초기상태변수 $x(0)$를 측정할 수 있으면 시스템이 관측가능하다고 한다. 식 (8.1)에서 주어진 입력 $u(t)$와 얻어진 출력값 $y(t)$로부터 시스템의 상태변수 $x(t)$를 측정하려고 할 때 모든 상태변수를 얻을 수 있으면 시스템은 관측가능하다고 한다.

관측성을 점검하는 방법으로 다음과 같이 det[Q]가 0이 아니면 관측가능하다고 한다. 식 (8.1)로부터 다음의 Q를 얻을 수 있다.

$$\det(Q) \neq 0, \quad Q = \begin{bmatrix} C \\ CA \\ \vdots \\ CA^{n-1} \end{bmatrix} \tag{8.7}$$

다음 장에서는 MATLAB 명령어를 사용하여 시간영역에서 시스템을 상태공간모델로 표현하는 방법을 살펴보기로 하자.

예제 8-4 쌍적분 시스템의 관측성

예제 8-1의 쌍적분 시스템이 관측가능한지 조사해 보자.

$$\dot{x} = \begin{bmatrix} \dot{x}_1 \\ \dot{x}_2 \end{bmatrix} = \begin{bmatrix} 0 & 1 \\ 0 & 0 \end{bmatrix} \begin{bmatrix} x_1 \\ x_2 \end{bmatrix} + \begin{bmatrix} 0 \\ 1 \end{bmatrix} u$$

$$y = \begin{bmatrix} 1 & 0 \end{bmatrix} \begin{bmatrix} x_1 \\ x_2 \end{bmatrix}$$

```
>> A=[0 1;0 0];
>> c = [1 0];
>> Q =[c ;c*A];
>> rank(Q)
ans =
     2
```

따라서 쌍적분 시스템이 관측가능하다.

점검문제 8.6 다음 시스템의 관측성을 확인하시오.

$$\dot{x} = \begin{bmatrix} 2 & 0 \\ -1 & 1 \end{bmatrix} x + \begin{bmatrix} 1 \\ -1 \end{bmatrix} u$$
$$y = \begin{bmatrix} 1 & 0 \end{bmatrix} x$$

8.3 상태공간에서의 명령어의 표현

한 시스템의 전달함수가 주어지면 상태공간으로 표현할 수 있고, 또 반대로 표현할 수도 있다. MATLAB에서는 전달함수와 관계된 두 가지 함수가 있는데, 그 중 하나인 **tf2ss** (transfer function to state space)는 전달함수가 주어진 경우 상태공간방정식으로 바꾸는 명령어이고, 다른 하나인 **ss2tf**(state space to transfer function)는 상태공간방정식이 주어졌을 때 전달함수로 바꾸어 주는 명령어이다.

전달함수를 포함한 시스템의 출력이 다음과 같다고 하자.

$$Y(s) = T(s)R(s) = \frac{\text{num}(s)}{\text{den}(s)}R(s) \tag{8.8}$$

전달함수를 상태공간으로 바꾸려면, **tf2ss** 명령어를 사용하여 다음과 같이 하면 된다.

```
[A, B, C, D] = tf2ss(num, den)
```

또한 상태공간의 모델을 다시 다항식 형태의 전달함수로 바꾸려면 **ss2tf** 명령어를 사용하여 다음과 같이 하면 된다.

```
[num, den] = ss2tf(A, B, C, D)
```

예제 8-5 시스템 표현

한 시스템을 예로 들어 보자.

$$T(s) = \frac{Y(s)}{R(s)} = \frac{s^2+2s+3}{s^3+4s^2+6s+1}$$

MATLAB을 사용하여 상태공간 변수들을 구해 보자.
위에서 시스템 모델을 나타내는 변수 'sys'를 사용하여 표현하면 다음과 같다.

```
>> num =[1 2 3];
>> den =[1 4 6 1];
>> [A,b,c,d] =tf2ss(num,den)
A =
    -4    -6    -1
     1     0     0
     0     1     0

b =
     1
     0
     0
```

```
c =
      1      2      3
d =
      0
>> [n,d] = ss2tf(A,b,c,d);
>> printsys(n,d)
num/den =
         s^2 + 2 s + 3
   ---------------------
   s^3 + 4 s^2 + 6 s + 1
```

다른 MATLAB 명령어들과 함께 쓰일 경우에도 마찬가지로 num, den 대신 A, B, C, D를 바꾸어주면 된다. 예를 들면, **bode** 명령어를 사용할 경우

```
[mag, phase] = bode(num, den, w)
또는
sys = tf(num, den);
[mag, phase] = bode(sys, w)
```

로 나타낼 수 있다.

```
>> [A,b,c,d] =tf2ss(num,den);
>> sys = ss(A,b,c,d)
sys =
  a =
        x1  x2  x3
   x1   -4  -6  -1
   x2    1   0   0
   x3    0   1   0

  b =
        u1
   x1    1
   x2    0
   x3    0
```

```
c =
      x1  x2  x3
  y1   1   2   3
d =
      u1
  y1   0
Continuous-time state-space model.
>> sys = tf(num,den)
sys =
      s^2 + 2 s + 3
  ---------------------
  s^3 + 4 s^2 + 6 s + 1

Continuous-time transfer function.
```

```
[mag, phase] = bode(A, B, C, D, w)
또는
sys = ss(A, B, C, D);
[mag, phase] = bode(sys, w)
```

8.4 상태공간에서의 안정성

어떤 한 시스템이 상태공간으로 표현되어 있다면 특성방정식을 구해 안정성을 점검할 수 있다. 특성방정식은 오직 식 (8.1)의 A 행렬과 관련이 있으므로 다음과 같이 구할 수 있다.

$$\det(sI - A) = 0 \tag{8.9}$$

앞에서 배운 것처럼 특성방정식의 근을 조사하거나 Routh-Hurwitz 안정성 판별법을 사용하여 안정성을 점검할 수 있다. 모든 근들의 실숫값들이 음수이면 시스템은 안정하다고 할 수 있다.

A 행렬이 예제 8-5와 같이 주어질 경우 특성방정식을 구해 보면 다음과 같다.

$$s^3+4^2+6s+1=0 \tag{8.10}$$

MATLAB에서는

```
>> A
A =
    -4    -6    -1
     1     0     0
     0     1     0
>> poly(A)
ans =
    1.0000    4.0000    6.0000    1.0000
>> roots(ans)
ans =
  -1.9053 + 1.2837i
  -1.9053 - 1.2837i
  -0.1895 + 0.0000i
```

이다. 이때 모든 근들이 왼쪽에 있으므로 시스템은 안정하다.

8.5 상태공간에서의 시간응답

식 (8.1)로부터 시스템의 매 시간의 상태 x는 다음 식에 의하여 계산할 수 있다.

$$x(t)=e^{At}x(0)+\int_0^t \exp[A(t-\tau)]Bu(\tau)d\tau \tag{8.11}$$

천이행렬(transition matrix) Φ는 다음과 같이 지수함수로 정의된다.

$$\Phi=e^{At} \tag{8.12}$$

식 (8.12)는 간단하게 **expm** 명령어를 사용하여 구할 수 있다. 명령어 **exp**(A)가 행렬 각 원소의 지수값 $e^{a_{ij}}$을 계산한다면, 명령어 **expm**(A)는 행렬 자체의 지수값을 간편하게 계산한다. 즉, **expm**(At)는 다음을 계산한다.

$$e^{At} = I + At + \frac{A^2t^2}{2!} + \cdots \tag{8.13}$$

행렬 A가 예제 8-5에서 보인 것과 같다면 다음과 같다.

```
>> exp(A)
ans =
    0.0183    0.0025    0.3679
    2.7183    1.0000    1.0000
    1.0000    2.7183    1.0000
>> expm(A)
ans =
   -0.1861   -0.6492   -0.0866
    0.0866    0.1604   -0.1295
    0.1295    0.6045    0.9373
```

어떤 시간 t에서의 상태 $x(t)$를 알려면 식 (8.11)을 구해야 하는데 쉽지가 않아 보인다. MATLAB을 사용하면 쉽게 구할 수 있다.

상태공간에서의 출력응답은 앞에서 배운 **step, impulse**를 사용하여 구할 수 있다. 전달함수의 분자나 분모 대신 상태표현행렬을 사용하여

```
[y, x] = impulse(A,B,C,D,u,t,x0)        ☜ 임펄스응답
[y, x] = step(A,B,C,D,u,t,x0)           ☜ 스텝응답
```

하면 된다. 식 (8.11)과 비교하여 x_0는 초기상태이고, t는 시간, u는 입력을 나타낸다. 출력으로 y는 상태 x와 함께 얻어진다.

하지만 일반적으로 스텝입력이 아니거나 입력이 제로일 경우의 응답을 나타낼 때는 앞에서 공부한 **lsim** 명령어를 사용한다.

```
[y, x] = lsim(A,B,C,D,u,t,x0)           ☜ 모든 응답
```

어느 주어진 시간 t에서의 출력 $y(t)$와 상태 $x(t)$를 동시에 나타낼 수 있다. u는 입력으로 스텝이나 램프 또는 제로 등 어떤 형태의 입력으로도 표현이 가능하고, t는 응답시간, x_0

는 초기상태를 나타내는데, 이를 표시하지 않으면 default로서 제로 상태로 간주된다.

예제 8-6 상태방정식의 응답

한 시스템의 상태방정식이 다음과 같이 표현되었을 때, 스텝입력에 대한 출력과 상태값들을 구해 그려 보자.

$$\dot{x}_1 = x_2 + u(t)$$
$$\dot{x}_2 = x_3 + u(t)$$
$$\dot{x}_3 = -2x_1 - 6x_2 - x_3 + u(t)$$

출력은 $y = x + x_2$이고, 초기조건은 $x(0) = [0.5\ \ 0\ \ -0.5]$이다.

MATLAB Program 8-6 : 상태공간

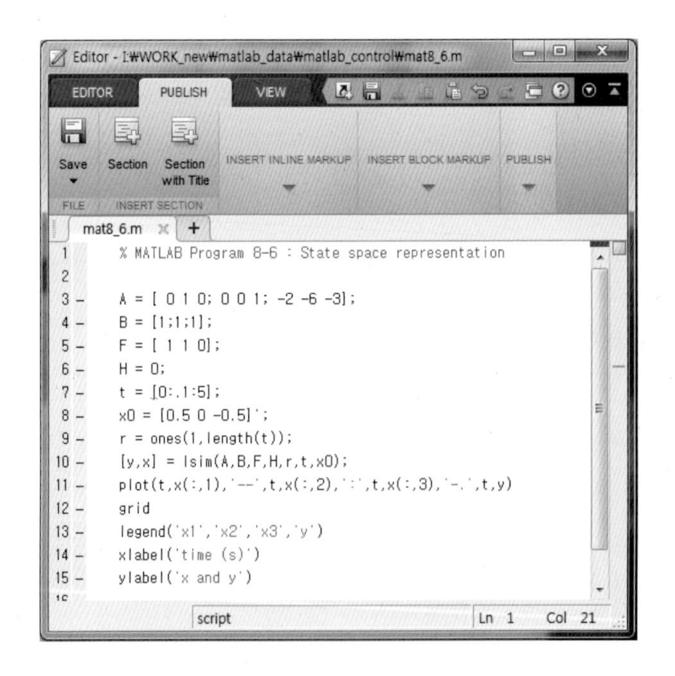

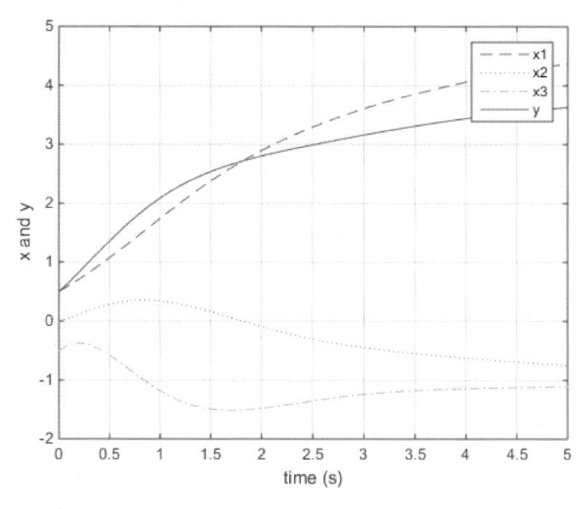

그림 8.2 상태의 움직임

점검문제 8.7 행렬 A가 다음과 같고, 시간 간격 $dt=0.1$로 주어졌을 때 $t=0$초에서 $t=0.1$초로의 천이행렬 Φ를 구해 보시오.

$$A=\begin{bmatrix} 0 & -1 \\ 1 & -2 \end{bmatrix}$$

8.6 비선형 시스템의 선형화

8.6.1 평형점에서의 선형화

한 시스템의 평형점(equilibrium point)은 그 시스템의 상태 $\dot{x}=0$인 상태, 즉 움직이지 않는 상태의 x를 나타낸다. 예를 들어 진자 시스템의 동역학 식은 다음과 같이 설정된다. 사인 함수가 있으므로 비선형이다.

$$mL^2\ddot{\theta}+mgL\sin\theta=0 \tag{8.14}$$

평형점을 구해 보자. 먼저 상태를 정의한다.

$$x_1=\theta,\ \ x_2=\dot{x}_1=\dot{\theta} \tag{8.15}$$

$$\begin{aligned}\dot{x}_1&=x_2\\ \dot{x}_2&=-\frac{1}{L}g\sin x_1\end{aligned}$$

평형점은 $\dot{x}=0$이므로 식 (8.15)에서 $x_2=0$이고 $\sin x_1=\sin\theta=0$일 조건은 $\theta=x_1=0$, 2π이다. 따라서 진자가 위로 올라서는 경우를 제외하면 평형점은 $(x_1,\ x_2)=(0,\ 0)$이 된다. 실제로 대부분의 시스템이 움직이지 않은 상태에서는 평형점이 0인 경우가 많다.

한 비선형 시스템이 다음과 같이 정의된다고 하자.

$$\dot{x}_1(t)=f_1[x_1(t),\ x_2(t)] \tag{8.16a}$$

$$\dot{x}_2(t)=f_2[x_1(t),\ x_2(t)] \tag{8.16b}$$

위 시스템은 $(x_1,\ x_2)=(0,\ 0)$에서 평형점을 갖고 있다고 가정하자. 함수 f_1, f_2가 평형점 (0, 0) 주위에서 계속적으로 미분할 수 있다고 가정하자. 그렇다면 비선형 시스템 (8.16)은 다음과 같이 테일러 급수를 사용하므로 평형점 (0, 0)에서 선형화할 수 있다.

$$f_1(x_1,\ x_2)=f_1(0,\ 0)+\left.\frac{\partial f_1}{\partial x_1}\right|_{(0,0)}x_1+\left.\frac{\partial f_1}{\partial x_2}\right|_{(0,0)}x_2+H.O.T \tag{8.17a}$$

$$f_2(x_1,\ x_2)=f_2(0,\ 0)+\left.\frac{\partial f_2}{\partial x_1}\right|_{(0,0)}x_1+\left.\frac{\partial f_2}{\partial x_2}\right|_{(0,0)}x_2+H.O.T \tag{8.17b}$$

식 (8.17)을 선형화된 상태공간방정식으로 다시 쓰면 다음과 같다.

$$\dot{z}(t)=Az(t)=\begin{bmatrix} a_{11} & a_{12} \\ a_{21} & a_{22} \end{bmatrix}=\begin{bmatrix} \left.\frac{\partial f_1}{\partial x_1}\right|_{x_1=0,\ x_2=0} & \left.\frac{\partial f_1}{\partial x_2}\right|_{x_1=0,\ x_2=0} \\ \left.\frac{\partial f_2}{\partial x_1}\right|_{x_1=0,\ x_2=0} & \left.\frac{\partial f_2}{\partial x_2}\right|_{x_1=0,\ x_2=0} \end{bmatrix}\begin{bmatrix} x_1 \\ x_2 \end{bmatrix} \tag{8.18}$$

예제 8-7 비선형 시스템의 선형화

한 비선형 시스템의 평형점을 알고 있다면, 그 점에서 시스템을 선형화할 수 있다. 예제 1-16의 비선형 시스템을 선형화해 보자.

$$\ddot{x}-(1-x^2)\dot{x}+x=0$$

상태방정식으로 바꾸면 다음과 같다.

$$\dot{x}_1=f_1=x_1(1-x_2^2)-x_2$$

$$\dot{x}_2=f_2=x_1$$

위 식을 평형점 (0, 0)에서 선형화해 보자.

$$\left.\frac{\partial f_1}{\partial x_1}\right|_{(0,0)} = (1-x_2^2)\Big|_{(0,0)} = 1, \quad \left.\frac{\partial f_1}{\partial x_2}\right|_{(0,0)} = -1$$

$$\left.\frac{\partial f_2}{\partial x_1}\right|_{(0,0)} = 1, \quad \left.\frac{\partial f_2}{\partial x_2}\right|_{(0,0)} = 0$$

선형화된 시스템은 다음과 같다.

$$\dot{z}(t) = \begin{bmatrix} 1 & -1 \\ 1 & 0 \end{bmatrix} \begin{bmatrix} x_1 \\ x_2 \end{bmatrix} = Az(t)$$

8.6.2 수레 – 진자 시스템의 선형화

예제 8-8 역진자 시스템의 선형화

다음의 수레 위의 역진자 시스템을 고려해 보자. 그림 8.3에서 보듯이 시스템의 입력은 수레를 움직이는 힘이고 출력은 수레의 움직임과 수레 위에 있는 역진자의 움직임이다.

역진자와 수레의 동역학 식을 나누어 구하면 아래와 같다.

$$\text{수레: } (M+m)\ddot{x} + ml\cos\theta\ddot{\theta} - ml\sin\theta\dot{\theta}^2 + b_x\dot{x} = f \tag{8.19}$$

$$\text{진자: } (J+ml^2)\ddot{\theta} + ml\cos\theta\ddot{x} - mlg\sin\theta + b_\theta\dot{\theta} = 0$$

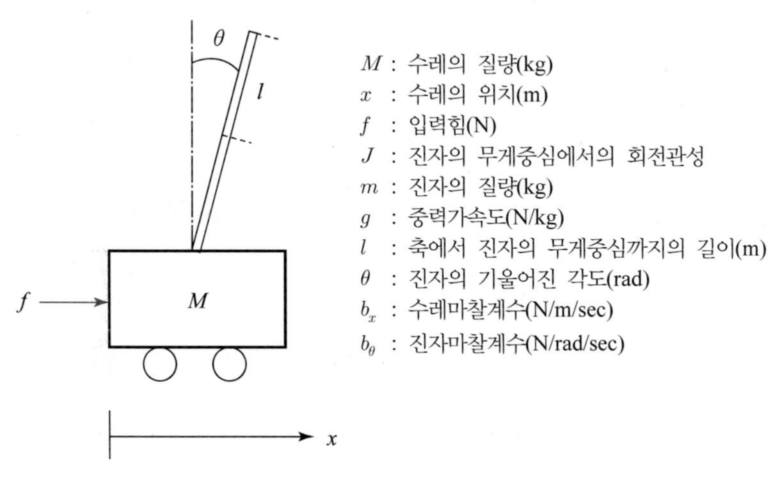

그림 8.3 수레와 역진자 시스템

식 (8.19)는 비선형이고 입력은 수레에 적용되는 힘 f이며 출력은 수레의 움직임 x, $\dot{x}$, 그리고 진자의 움직임 θ, $\dot{\theta}$인 것을 쉽게 알 수 있다. 회전관성을 $J=\dfrac{ml^2}{3}$으로 나타내고, 선형화하기 위해 테일러 급수를 적용하면 다음과 같이 사인함수를 선형화할 수 있다.

$$\sin\theta \cong \theta,\ \cos\theta \cong 1 \tag{8.20}$$

식 (8.19)에 식 (8.20)을 대입하여 정리하면 선형화된 역진자와 수레의 동역학 식은 다음과 같이 된다.

$$(M+m)\ddot{x}+ml\ddot{\theta}+b_x\dot{x}=f \tag{8.21a}$$

$$\frac{4}{3}ml^2\ddot{\theta}+ml\ddot{x}-mlg\theta+b_\theta\dot{\theta}=0 \tag{8.21b}$$

식 (8.19)에서 높은 차수 $\dot{\theta}^2$은 선형화 과정에서 일반적으로 무시된다. 식 (8.21)에서 보듯이 선형화되었지만 두 식이 서로 연관되어 나타나는 것을 알 수 있다.

상태 $x_1=\theta$, $x_2=\dot{\theta}$, $x_3=x$, $x_4=\dot{x}$로 정의하면 식 (8.21a)와 (8.21b)의 상태방정식은 다음과 같다.

$$\ddot{x}=\frac{\frac{4}{3}lf-\frac{4}{3}lb_x\dot{x}-mlg\theta+b_\theta\dot{\theta}}{\frac{1}{3}l(m+4M)} \tag{8.22a}$$

$$\ddot{\theta}=\frac{mlg(M+m)\theta-(M+m)b_\theta\dot{\theta}+mlb_x\dot{x}-mlf}{\frac{1}{3}ml^2(m+4M)} \tag{8.22b}$$

$$\begin{bmatrix}\dot{x}_1\\ \dot{x}_2\\ \dot{x}_3\\ \dot{x}_4\end{bmatrix}=\begin{bmatrix}0 & 1 & 0 & 0\\ \dfrac{3g(M+m)}{l(m+4M)} & \dfrac{-3(M+m)b_\theta}{ml^2(m+4M)} & 0 & \dfrac{3b_x}{l(m+4M)}\\ 0 & 0 & 0 & 1\\ \dfrac{-3mg}{m+4M} & \dfrac{3b_\theta}{l(m+4M)} & 0 & \dfrac{-4b_x}{(m+4M)}\end{bmatrix}\begin{bmatrix}x_1\\ x_2\\ x_3\\ x_4\end{bmatrix}+\begin{bmatrix}0\\ -\dfrac{3}{l(m+4M)}\\ 0\\ \dfrac{4}{m+4M}\end{bmatrix}f \tag{8.23}$$

점검문제 8.8 다음 비선형 시스템을 평형점 (0, 0)에서 선형화하시오.

$$\dot{x}_1 = -x_1 + x_1 x_2, \quad \dot{x}_2 = x_2 - x_1 x_2$$

8.7 상태 귀환 제어

8.7.1 상태 귀환 제어

상태방정식으로 표현된 시스템을 제어해 보자. 가장 간단한 상태 귀환 제어방식이 있다. 먼저 모든 상태 x가 사용가능한 경우를 full state feedback 제어방식이라 한다. 제어 입력은 다음과 같다.

$$u(t) = -Kx(t) + v(t) \tag{8.24}$$

여기서 K는 귀환 제어기 상수이다. 식 (8.24)를 아래 식에 대입하면

$$\begin{aligned} \dot{x}(t) &= Ax(t) + Bu(t) \\ &= Ax(t) + B(-Kx(t) + v(t)) \\ &= [A - BK]x(t) + Bv(t) \\ &= \widetilde{A}x(t) + Bv(t) \end{aligned} \tag{8.25}$$

제어기를 대입하므로 원래 시스템 행렬 A가 $\widetilde{A} = A - BK$로 바뀌었다. 이는 제어기 이득값 K를 설정하여 특성방정식의 근을 원하는 위치로 바꾸게 되므로 이전에 SISO 시스템의 제어기 설계 방법과 같게 된다.

$$\det(sI - \widetilde{A}) = 0 \tag{8.26}$$

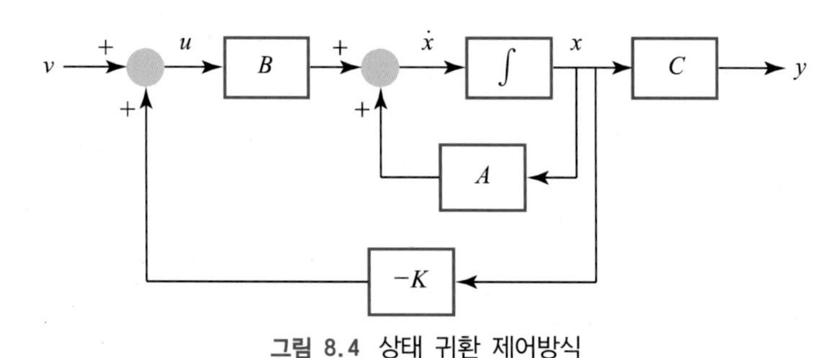

그림 8.4 상태 귀환 제어방식

그렇다면 상태 귀환 제어기 설계에서 귀환 이득값 K는 어떻게 구해야 할까? 이 이득값을 구하는 대표적인 최적 제어기 설계방법이 LQR(Linear Quadratic Regulator) 제어이다. LQR 제어방식은 상태와 제어 입력신호의 제곱함수를 줄이도록 제어기 이득값을 설계하는 방식이다. LQR 제어는 다음과 같은 목적함수를 줄이는 최적의 유일한 이득값을 계산한다.

$$J = \int_0^{\infty} [x(t)^T Q x(t) + u(t)^T R u(t)] dt \tag{8.27}$$

여기서 Q, R은 양의 행렬로, Q는 상태를 줄이는 가중치이고 R은 입력을 줄이는 가중치이다. 따라서 최적의 가중치를 선택하는 것이 LQR 제어방식의 목적이다.

위의 목적함수를 만족하는 이득값 K를 구하기 위해서는 다음의 리카티(Riccati) 방정식의 해를 구해야 한다.

$$PA + A^T P - PBR^{-1} B^T P + Q = 0 \tag{8.28}$$

위의 방정식을 만족하는 P를 구하면 제어법칙은 다음과 같다.

$$\begin{aligned} u(t) &= -Kx(t) \\ &= -R^{-1} B^T P x(t) \end{aligned} \tag{8.29}$$

8.7.2 상태 귀환 제어 예

예제 8-9 상태 공간 제어 예 : 역진자 균형제어

역진자 시스템의 상태 귀환 제어시스템의 변수가 $M = 0.2\,\text{kg}$, $m = 0.3\,\text{kg}$, $L = 0.19\,\text{m}$ 이면 식 (8.23)의 역진자 시스템의 상태방정식은 다음과 같다.

$$\begin{bmatrix} \dot{x}_1 \\ \dot{x}_2 \\ \dot{x}_3 \\ \dot{x}_4 \end{bmatrix} = \begin{bmatrix} 0 & 1 & 0 & 0 \\ 0 & 0 & -8.03 & 0 \\ 0 & 0 & 0 & 1 \\ 0 & 0 & 70 & 0 \end{bmatrix} \begin{bmatrix} x_1 \\ x_2 \\ x_3 \\ x_4 \end{bmatrix} + \begin{bmatrix} 0 \\ 3.64 \\ 0 \\ -14.35 \end{bmatrix} u \tag{8.30}$$

$$y = \begin{bmatrix} 1 & 0 & 0 & 0 \\ 0 & 0 & 1 & 0 \end{bmatrix} \begin{bmatrix} x_1 \\ x_2 \\ x_3 \\ x_4 \end{bmatrix}$$

상태 귀환 제어방식은 일반 상태방정식에 설계한 제어 입력 u를 첨부하여 제어기 이득값 행렬 K를 설계하여 귀환시킨 것이다.

제어법칙은

$$u(t) = -Kx(t) + v(t) \tag{8.31}$$

여기서 $v(t)$는 잡음이다.

LQR에서 설계 변수는 행렬 Q와 R인데, 이 행렬들을 구하는 체계적인 방법이 없어서 적절히 선택하여 원하는 출력을 구하여야 한다. 시스템의 변수가 $M = 0.2\,\mathrm{kg}$, $m = 0.3\,\mathrm{kg}$, $L = 0.19\,\mathrm{m}$인 상태방정식 제어기를 설계해 보자. MATLAB에서는 간단히 명령어 **lqr**을 사용하면 최적 Gain K를 계산하여 준다.

먼저 MATLAB에서 상태시스템 모델 변수를 입력한다.

```
>> A=[0 1 0 0;0 0 -8.03 0;0 0 0 1; 0 0 70 0];
>> B=[0; 3.64;0;-14.35];
>> C = [1 0 0 0; 0 0 1 0];
>> D = [0 0]';
```

다음에 LQR 제어에 필요한 가중치 $R = Q = 1$로 설정하였다.

```
>> Q=eye(4);
>> R=1;
```

lqr 함수를 사용하여 최적화된 게인값 K를 구한다.

```
>> [K,s,e]=lqr(A,B,Q,R)
K =
   -1.0000   -1.7231  -14.4545   -2.1817
s =
    1.7231    0.9846    2.1817    0.3194
    0.9846    1.4723    3.4399    0.4935
    2.1817    3.4399   16.0924    1.8798
    0.3194    0.4935    1.8798    0.2772
e =
 -18.4763 + 0.0000i
  -3.7070 + 0.0000i
  -1.4257 + 0.0722i
  -1.4257 - 0.0722i
```

구한 게인값의 성능을 알아보기 위해 다음과 같이 임펄스응답을 구해 본다.

```
>> Ac=A-B*K;
>> impulse(Ac,B,C,D)
```

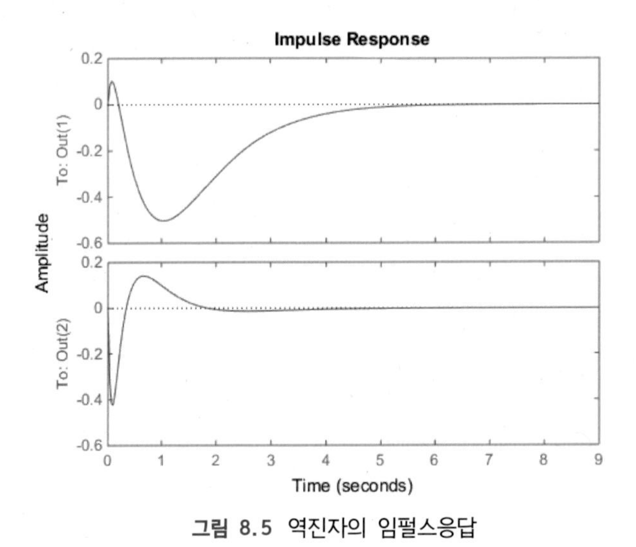

그림 8.5 역진자의 임펄스응답

또한 카트의 움직임 제어를 위해 다음과 같이 스텝응답을 구해 본다.

```
>> step(Ac,B,C,D)
```

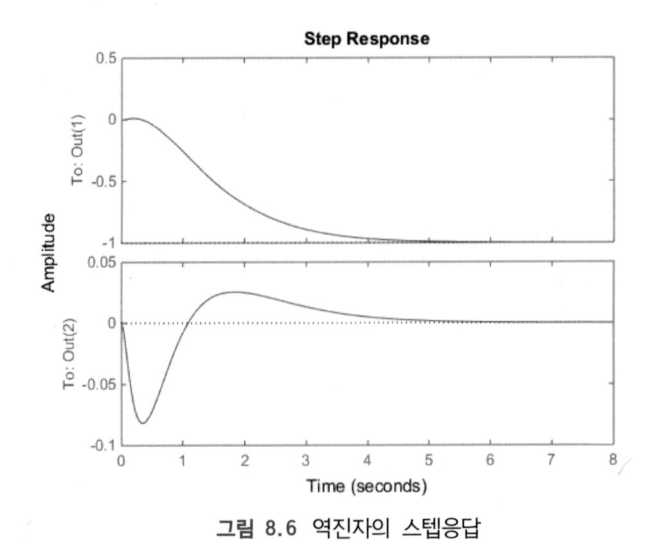

그림 8.6 역진자의 스텝응답

임펄스응답과 스텝응답 모두 수렴하는 것을 알 수 있다. LQR 제어로 구한 게인값은 PID 제어를 할 경우 PID 제어기의 대략적인 게인의 크기를 알 수 있도록 도움을 준다. 앞에서 구한 게인값은 다음과 같다.

$$Kpx = -1.0000, \quad Kdx = -1.7231, \quad Kpq = -14.4545, \quad Kdq = -2.1817$$

예제 8-10 상태 공간 제어 예 : 차량의 횡방향 제어

다음은 차량의 횡방향 제어를 위한 선형화된 모델이다. 종방향은 일정한 속도로 움직인다고 가정하면 동역학은 무시한다. 여기서 V_y는 횡방향 속도, w는 헤딩각속도, 그리고 δ_f는 제어 입력인 조향 입력이다.

$$\begin{bmatrix} \dot{V}_y \\ \dot{w} \end{bmatrix} = \begin{bmatrix} -6.4 & -0.82 \\ 0.8 & -4.04 \end{bmatrix} \begin{bmatrix} V_y \\ w \end{bmatrix} + \begin{bmatrix} 1.6 \\ 2.2 \end{bmatrix} \delta_f \tag{8.32}$$

```
>> A = [-6.4 -0.82; 0.8 -4.04];
>> B = [1.6; 2.2];
>> C = [1 0];
>> D = 0;
```

제어성과 관측성을 확인해 보자.

```
>> rank(ctrb(A,B))

ans =
     2
>> rank(obsv(A,C))
ans =
     2
```

full rank이므로 모두 가능하다. 다음으로 상태 귀환 제어를 해 보자. 귀환 제어이득은 선형 최적 제어방식인 LQR 제어 방식을 사용해 보자. LQR(Linear Quadratic Regulator)은 선형 최적 제어방식으로 목적함수를 줄이기 위한 최적화된 해답을 제공한다. Q와 R은 가중치이다. 간단하게 편리상 Q와 R의 가중치를 1로 정했다.

$$J = \int (x^T Q x + u^T R u) dt \tag{8.33}$$

```
>> Q = [1 0;0 1];
>> [K,s,e] = lqr(A,B,Q,1)
K =
    0.1227    0.2545
s =
    0.0769   -0.0002
   -0.0002    0.1158
e =
   -6.1865
   -5.0097
```

제어기 이득값을 사용하여 제어된 시스템을 만들어 제어한다. 임펄스응답을 그려보자.

```
>> Ac=A-B*K
Ac =
   -6.5964   -1.2271
    0.5300   -4.5998
>> impulse(Ac,B,C,D)
```

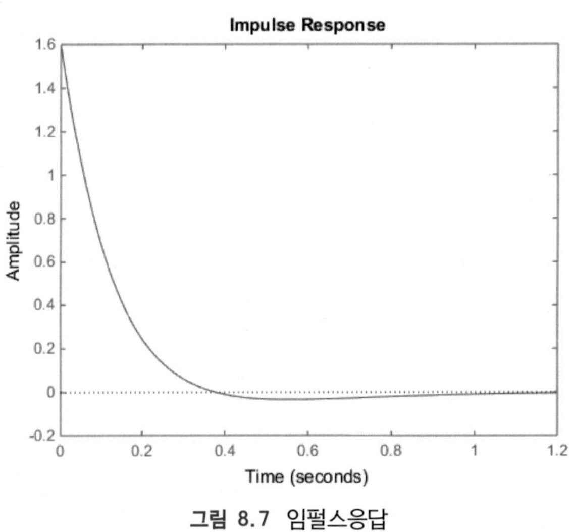

그림 8.7 임펄스응답

연 • 습 • 문 • 제

1. 다음 질량-스프링-댐퍼 시스템을 상태 공간으로 표현해 보시오.

$$M\ddot{x}(t)+B\dot{x}(t)+Kx(t)=f(t)$$

2. 문제 1에서 $M=1,\ B=2,\ K=9$라 할 때 상태 공간에서 다음을 구해 보시오.

(a) 안정성을 확인하시오.

(b) 제어성을 확인하시오.

(c) 관측성을 확인하시오.

(d) LQR 제어기로 제어해 보시오.

(e) 상태 귀환 제어를 통해 오버슈트가 5% 미만이고 정착시간이 2초 미만이 되도록 이득 행렬 K의 값을 구해 보시오.

(f) 스텝응답을 그려보시오.

3. 다음 상태방정식은 차량의 모델이다.

$$\begin{bmatrix}\dot{V}_y\\ \dot{w}\end{bmatrix}=\begin{bmatrix}-4 & -1\\ 1 & -4\end{bmatrix}\begin{bmatrix}V_y\\ w\end{bmatrix}+\begin{bmatrix}2\\ 3\end{bmatrix}\delta_f$$

(a) 안정성을 확인하시오.

(b) 제어성을 확인하시오.

(c) 관측성을 확인하시오.

(d) LQR 제어기로 제어해 보시오.

(e) 입력이 크기가 0.1인 스텝응답을 그려보시오.

4. 식 (8.19)를 유도하시오.

5. 다음 시스템을 고려해 보자.

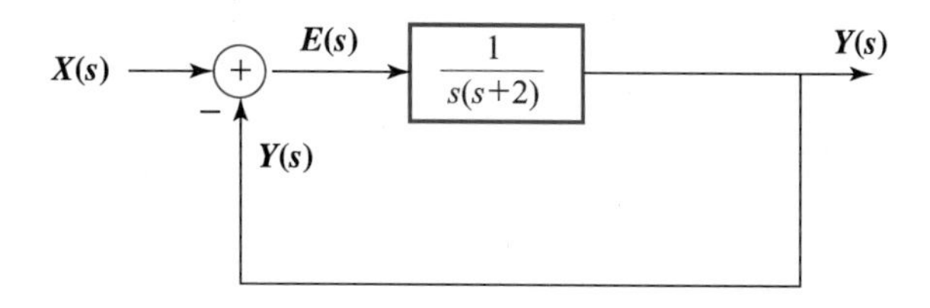

(a) 상태방정식을 구하시오.

(b) 안정성을 확인해 보시오.

6. 한 시스템이 다음 두 미분방정식으로 표현된다.

$$\frac{dy}{dt} + y + aw = 2u$$

$$\frac{dw}{dt} - by = -4u$$

여기서 u는 제어입력이다.

(a) 상태방정식을 구하시오.

(b) 시스템이 안정하기 위한 a, b의 조건은 무엇인가?

(c) 특성방정식의 근을 구해 보시오.

Chapter 09

분석적인 제어기 설계방법

9.1 소개

앞에서 s 평면상에서의 근궤적 방법과 주파수 영역에서의 Bode 선도방법을 사용하여 선행 필터가 있는 구조에서 제어기를 설계하는 방법을 알아보았다. 또한 시스템의 오버슈트와 정착시간의 성능규격에 따라 정해진 우세근의 위치를 바탕으로 제어기들을 설계해 보았다. 제어기 설계 시에 따르는 어려움은 한 번의 제어기 설계로 원하는 응답을 만족하는 것이 아니라, 제어기를 설계한 후 시스템의 응답을 조사하는 반복적인 시행오차의 과정을 통해서 주어진 성능규격을 만족하는 적합한 제어기를 얻게 되는 것에 있다.

이러한 반복적인 시행오차의 과정이 필요한 이유들 중 하나는, 설계한 제어기의 영점이나 다른 열세근의 영향으로 우세적이어야 하는 근들이 우세적이지 못함으로써 제어기를 설계한 후의 오버슈트가 기준보다 다소 커지거나 정착시간이 늦어진다는 것이다. 따라서 설계한 위치의 우세근이 얼마만큼 지배적인지에 따라 수행능력이 달라짐을 알 수 있다.

하나의 강인한 제어기 설계방법으로서 요구되는 시스템의 성능지수(performance index)를 수치적으로 최적화하는 방법이 있다. 이 방법을 사용하면 공정의 차수에 관계없이 정해져 있는 변수를 사용하게 되므로 매우 간단하게 PID 제어기를 설계할 수 있지만, 만약 시스템을 주어진 성능지수 외에 다른 성능규격을 따라가도록 하려면 다시 그 기준에 맞는 지수를 구해야 하는 단점이 있다.

그러므로 아무런 기준의 제약 없이 쉽게, 효율적으로 제어기를 설계할 수 있는 방법이 필요하다. 이 장에서는 임의로 주어진 성능규격을 만족하기 위해 분석적인 설계방법을 통하여 설계한 제어기의 영점이나 열세근의 시스템 수행에 대한 나쁜 영향들을 최소화하고, 우세근을 더욱 지배적으로 만듦으로써 제어기를 설계하는 과정에서 발생하는 시행착오의 번거로움을 없애고자 한다. 제어기로는 진지상제어기와 PID 제어기, 그리고 삼차공정에 쓰이는 PIDA 제어기들을 통한 설계방법을 소개하고자 한다.

9.2 시스템 성능규격

시스템의 성능규격에는 앞서 공부한 것처럼 오버슈트(P.O.), 첨두치시간(T_p), 정착시간(T_s), 정상상태 오차(e_{ss}), 오차상수(K_p, K_v), 출력에 대한 외란의 비($\left|\frac{Y(s)}{D(s)}\right|$) 등이 있다. 각 시스템마다 요구되는 성능규격이 다르기 때문에 특별히 정해진 기준은 없지만, 일반적으로 낮은 오버슈트와 빠른 응답, 그리고 정상상태 오차가 없는 성능규격이 요구된다. 다음은

시스템이 만족해야 할 성능규격이다.

퍼센트 오버슈트	$\text{P.O.} \le L$	(9.1)
정착시간	$T_s \le M$	(9.2)
오차상수	$K_v = \lim_{s \to 0} sG(s)C(s) \ge N$	
	또는 $K_p = \lim_{s \to 0} G(s)C(s) \ge N$	(9.3)
외란에 대한 출력비	$\max \dfrac{\lvert Y(s) \rvert}{\lvert D(s) \rvert} < W$	(9.4)

여기서, L, M, N, W는 만족해야 할 성능규격들이다.

식 (9.1)과 (9.2)로부터 시스템의 응답 속도와 오버슈트를 결정짓는 감쇠율과 고유진동수에 관한 관계식을 다음과 같이 얻을 수 있다.

$$\zeta = \sqrt{\frac{\left(\ln \frac{L}{100}\right)^2}{\pi^2 + \left(\ln \frac{L}{100}\right)^2}} \tag{9.5}$$

$$\frac{4}{M} \le \zeta \omega_n \tag{9.6}$$

식 (9.5)와 (9.6)으로부터 ζ와 ω_n이 주어지면 s평면상에서 우세근이 위치할 영역을 구할 수 있다. 폐루프의 근이 지배적인 위치에 있도록 하는 것이 제어기의 주된 설계방법이지만, 보통 다른 근이나 설계한 제어기의 영점의 영향으로 설계한 근의 위치가 지배적이지 못한 경

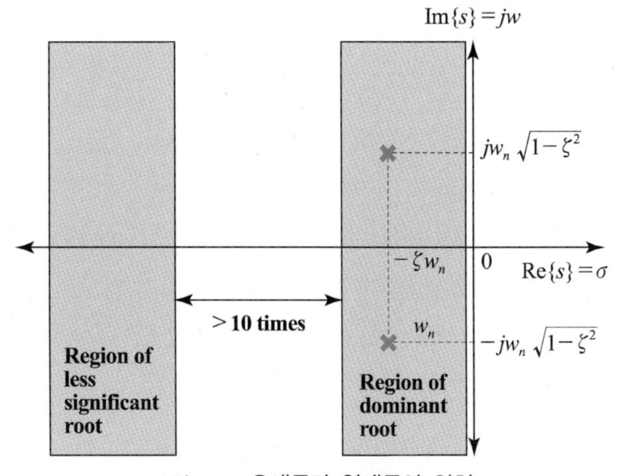

그림 9.1 우세근과 열세근의 위치

우가 있다. 일반적으로 우세근의 크기보다 10배 이상 크면 열세근이라 한다. 이러한 제어기 설계의 문제점을 새로운 제어기 설계방법을 통하여 해결하고자 한다. 먼저 가장 일반적인 진지상제어기를 살펴보기로 하자.

점검문제 9.1 성능규격 오버슈트가 P.O. $\leq 5\%$, 정착시간은 $T_s \leq 2$초를 만족하는 근의 영역을 그리시오.

9.3 분석적인 진지상제어기의 설계

진지상제어기는 진상제어기와 지상제어기를 합한 것으로 2개의 영점(a, c)과 2개의 극점(b, d)을 가지고 있는 일반적인 진지상제어기를 다음과 같이 표현한다.

$$C(s) = K\frac{(s+a)(s+c)}{(s+b)(s+d)} \tag{9.7}$$

진지상제어기의 분석적인 설계방법을 간단히 요약하면, 폐루프의 근들이 원하는 지배적인 위치에 놓이도록 제어기의 변수들을 정하는 것이다. 제어기의 변수들은 두 특성방정식, 즉 원하는 위치의 근으로부터 얻은 특성방정식과 그림 9.1에서 얻은 제어기의 변수를 포함하는 특성방정식을 등식으로 놓고 방정식을 풂으로써 구할 수 있다. 그러면 분석적인 방법을 통해 단계적으로 제어기의 변수들 K, a, b, c, d를 설계해 보자.

진지상제어기의 분석적인 설계방법

과정 1. 식 (9.5), (9.6)으로부터 우세근의 위치를 구하고, 그 근을 q와 $\hat{q}$라 하자.

$$q = -\zeta\omega_n + j\omega_n\sqrt{1-\zeta^2},\quad \hat{q} = \zeta\omega_n - j\omega_n\sqrt{1-\zeta^2}$$

과정 2. q와 $\hat{q}$의 실숫값을 R이라고 하자($R = -\zeta\omega_n$).

과정 3. 원점에서 멀리 떨어져 있는 한 실수근을 r이라고 하자($r < \zeta\omega_n$).

이 근은 열세근으로 시스템응답에 거의 영향을 미치지 않도록 선택된다. 일반적으로 공정의 극점의 절댓값이 가장 작은 것보다 10배 이상 큰 것을 극점으로 선택하면 된다.

과정 4. 공정이 이차일 때, 요구되는 특성방정식은

$$(s+q)(s+\hat{q})(s+r)(s+R) = 0$$

이고, 공정이 삼차일 경우에는

$$(s+q)(s+\hat{q})(s+r)(s+R)(s+p)=0$$

이 된다. 이때 p를 모르는 변수로 놓고 방정식을 풀어 구하면 된다.

과정 5. 위의 요구되는 특성방정식과 그림 9.1의 시스템의 특성방정식 $1+G(s)C(s)=0$을 등식으로 놓고 푼다. 이차공정에 대해서는 5개의 방정식이 필요하고, 삼차공정에 대해서는 6개가 필요한데, 현재로는 방정식이 하나 부족하다.

과정 6. 식 (9.3)의 오차상수 K_v나 K_p의 조건으로부터 방정식 하나를 더 얻는다.

과정 7. 과정 5, 6에서 얻은 방정식을 푼다. 연립해서 구한 변수, 즉 제어기의 극점 또는 영점이 복소수이면 복소수의 실수만을 사용한다.

과정 8. a와 c, b와 d의 순서를 정해서 진상제어기인지 지상제어기인지를 구별한다.

$$C(s)=K\frac{(s+a)(s+c)}{(s+b)(s+d)}$$

과정 9. 과정 8에서 실수만을 사용했으면 식 (9.3)으로부터 오차상수 K_v나 K_p의 기준을 만족하기 위해 K값을 다시 계산한다.

과정 10. 예비필터 $P(s)=\dfrac{a}{(s+a)}$를 사용한다. 여기서 a는 진상제어기의 영점이다.

과정 11. 출력의 응답을 구해 본다.

과정 12. 만약 응답이 기준을 만족하지 못하면, 과정 10의 예비필터 $P(s)$를 조정한 뒤 과정 11로 돌아간다.

9.4 진지상제어기의 설계 예제

9.4.1 시스템의 성능규격

그림 9.2는 예비필터가 있고 진지상제어기를 사용하는 제어시스템의 구조이다. 원하는 성능규격은 오버슈트 P.O.$\le$5%, 정착시간 $T_s \le 2$초, 오차상수 $K_p \ge 20$ 또는 안정상태 오차 속도상수 $K_v \ge 20$, 그리고 외란에 대한 출력비 $\dfrac{|Y(s)|}{|D(s)|} \le 0.05$ 등이다.

진지상제어기 설계의 단계적 과정을 바탕으로 여러 종류의 공정 수행을 만족하는 제어기를 설계해 보자.

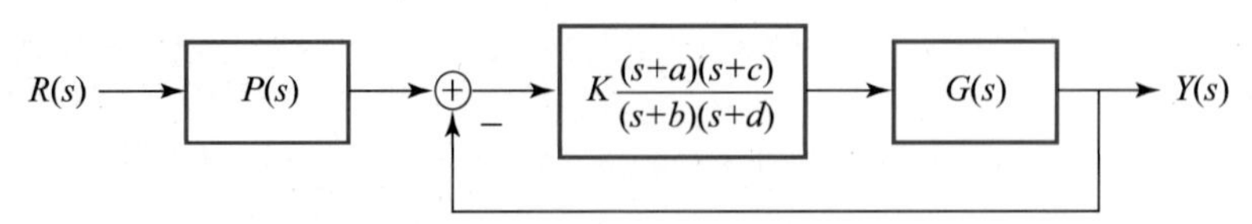

그림 9.2 예비필터를 사용하는 진지상제어시스템

9.4.2 형번호 0인 공정의 예

공정이 이차이고 극점이 원점에 없는 공정을 살펴보자.

예제 9-1 형번호 0인 공정

이차공정의 전달함수가 다음과 같다.

$$G(s) = \frac{1}{(s+1)(s+2)}$$

과정 1-4. $q = -2.1 = 2.0i$, $\hat{q} = -2.1 - 2.0i$, $R = -2.1$, $r = -40$일 때, 특성방정식은

$$\begin{aligned}&(s+2.1+2.0i)(s+2.1-2.0i)(s+2.1)(s+40)\\&= s^4 + 46.3s^3 + 269.23s^2 + 706.861s + 706.44\end{aligned}$$

이다.

과정 5. $1 + G(s)C(s) = s^4 + (b+d+3)s^3 + (bd + 3(b+d) + 2 + K)s^2 +$
$(3bd + 2(b+d) + K(a+c))s + 2bd + Kac$

과정 6-7. 두 특성방정식을 등식으로 놓으면 다음 식들을 얻는다.

$$\begin{aligned}&b+d+3 = 46.3\\&bd + 3(b+d) + 2 + K = 269.23\\&3bd + 2(b+d) + K(a+c) = 706.861\\&2bd + Kac = 706.44\end{aligned}$$

$$\frac{Kac}{2bd} = 20$$

위 식들을 연립해서 풀면 다음과 같이 얻을 수 있다.

$$a,\ c = 2.2639,\ 2.4661 \quad b,\ d = 42.9,\ 0.3920,\ K = 120.5$$

과정 8-9. 설계한 진지상제어기는 다음과 같다.

$$C(s) = 120.5\frac{(s+2.2639)(s+2.4661)}{(s+42.9)(s+0.3920)}$$

과정 10-12. 예비필터는 아래처럼 선택한다.

$$P(s) = \frac{2.2639}{s+2.2639}$$

그림 9.3에서 보여진 것처럼 시스템의 스텝응답은 오버슈트가 1.9%, 정착시간이 1.8초로 한 번의 설계로 모든 성능규격을 만족한다.

MATLAB Program 9-1 : 형번호 0인 공정을 위한 진지상제어기의 설계

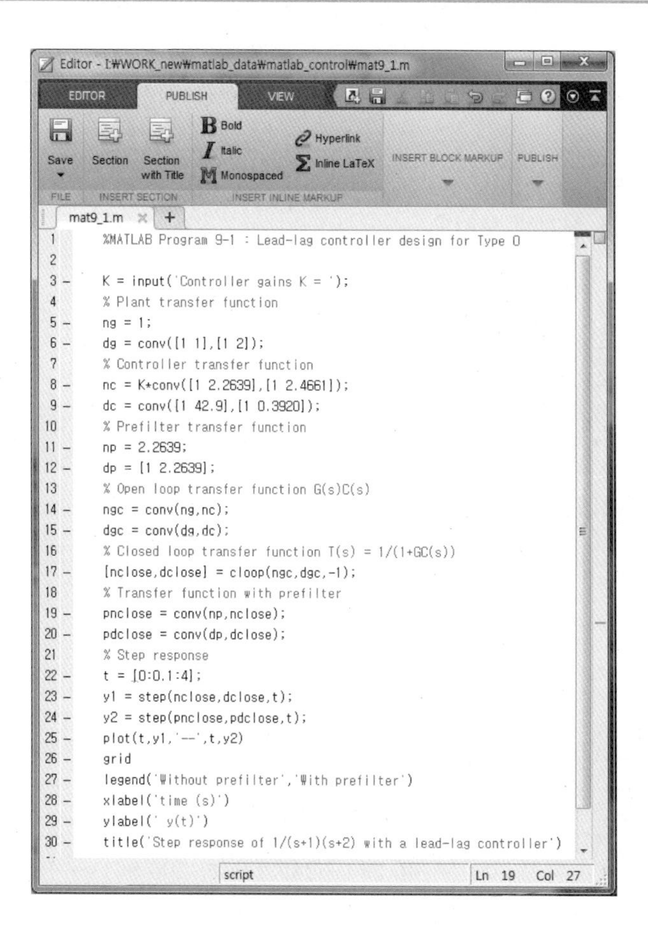

```
%MATLAB Program 9-1 : Lead-lag controller design for Type 0

K = input('Controller gains K = ');
% Plant transfer function
ng = 1;
dg = conv([1 1],[1 2]);
% Controller transfer function
nc = K*conv([1 2.2639],[1 2.4661]);
dc = conv([1 42.9],[1 0.3920]);
% Prefilter transfer function
np = 2.2639;
dp = [1 2.2639];
% Open loop transfer function G(s)C(s)
ngc = conv(ng,nc);
dgc = conv(dg,dc);
% Closed loop transfer function T(s) = 1/(1+GC(s))
[nclose,dclose] = cloop(ngc,dgc,-1);
% Transfer function with prefilter
pnclose = conv(np,nclose);
pdclose = conv(dp,dclose);
% Step response
t = [0:0.1:4];
y1 = step(nclose,dclose,t);
y2 = step(pnclose,pdclose,t);
plot(t,y1,'--',t,y2)
grid
legend('Without prefilter','With prefilter')
xlabel('time (s)')
ylabel(' y(t)')
title('Step response of 1/(s+1)(s+2) with a lead-lag controller')
```

```
>> mat9_1
Controller gains K = 120.5
```

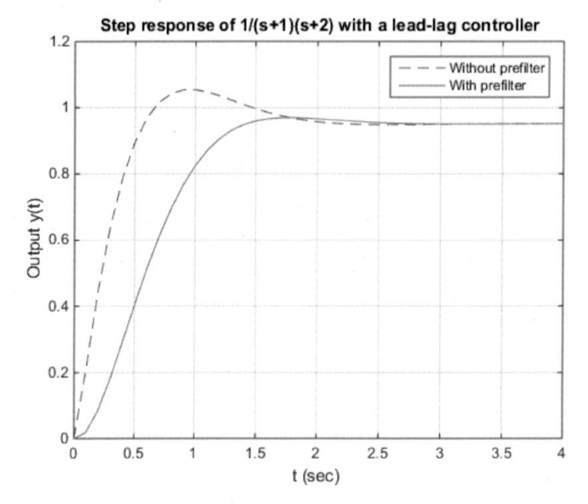

그림 9.3 형번호 0인 이차공정의 진지상제어기 설계

점검문제 9.2 $G(s) = \dfrac{1}{(s+1)(s+4)}$에 대해 예제 9-1의 성능규격을 만족하도록 진지상제어기를 설계해 보시오.

9.4.3 형번호 1인 공정의 예

공정이 이차이고 원점에 극점이 하나 있는 공정을 보자.

예제 9-2 형번호 1인 공정

이차공정의 전달함수가 다음과 같다.

$$G(s) = \frac{1}{s(s+2)}$$

과정 1-4. $q = -2.1 + 2.0i$, $\hat{q} = -2.1 - 2.0i$, $R = -2.1$, $r = -40$일 때 특성방정식은

$$\begin{aligned}&(s+2.1+2.0i)(s+2.1-2.0i)(s+2.1)(s+40)\\&= s^4 + 46.3s^3 + 269.23s^2 + 706.861s + 706.44\\&= 0\end{aligned}$$

이다.

과정 5-6. $1+G(s)C(s)$

$$= s^4+(b+d+2)s^3+(bd+2(b+d)+K)s^2+(2bd+K(a+c))s+Kac$$

과정 7. 두 특성방정식을 등식으로 놓고

$$b+d+2=46.3,\ bd+2(b+d)+K=269.23,$$
$$2bd+K(a+c)=706.861,\ Kac=706.44$$

$$\frac{Kac}{2bd}=20$$

을 연립해서 풀면

$$a,\ c=2.0603\pm 0.3i,\ b,\ d=43.9,\ 0.4023,\ K=163$$

을 얻을 수 있다. $a,\ c$는 복소수이므로 실수만을 선택해서 $a=c=2.0603$이 된다.

과정 8. 그러므로 설계된 제어기는

$$C(s)=K\frac{(s+2.0603)(s+2.0603)}{(s+43.9)(s+0.4023)}$$

이다.

과정 9. 식 (9.3)으로부터 K값은 K_v를 만족하도록 다시 구해진다.

$$K=\frac{20*2bd}{ac}=\frac{20*2*43.9*0.4023}{2.0623*2.0623}$$
$$=166.5$$

과정 10-12. 예비필터는 아래와 같이 선택한다.

$$P(s)=\frac{2.0603}{s+2.0603}$$

그림 9.4에서 보여진 것처럼 오버슈트는 2.76%이고 정착시간은 1.9초로 성능규격을 만족한다.

MATLAB Program 9-2 : 형번호 1인 공정을 위한 진지상제어기의 설계

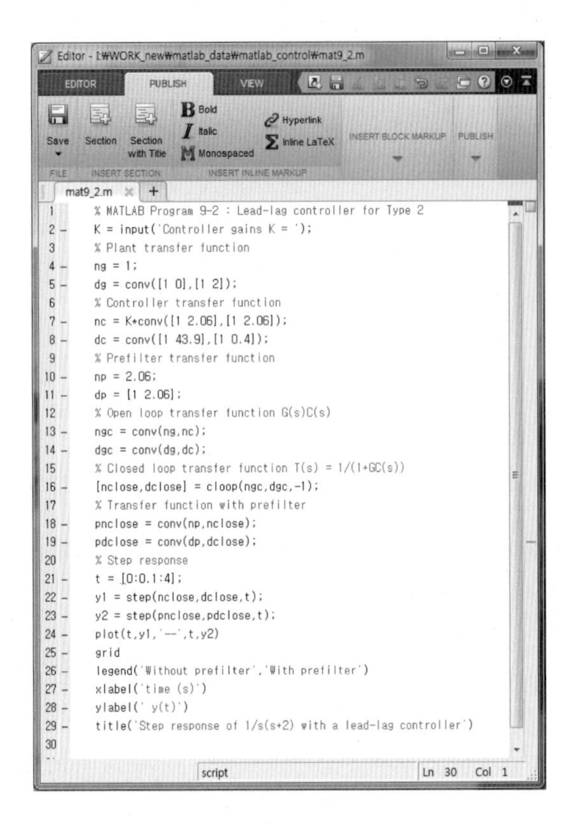


```
>> mat9_2
Controller gains K = 166.5
```

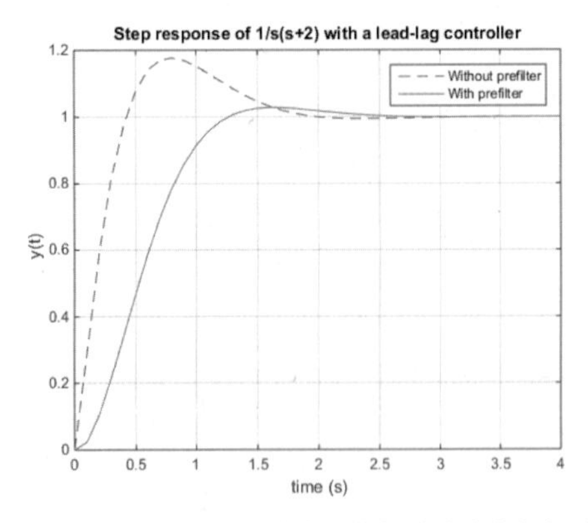

그림 9.4 형번호 1인 이차공정의 진지상제어기 설계

점검문제 9.3 $G(s)=\dfrac{1}{s(s+4)}$ 에 대해 예제 9-2의 성능규격을 만족하도록 진지상제어기를 설계해 보시오.

9.4.4 형번호 2인 공정의 예

공정이 이차이고 원점에 극점이 둘인 공정을 조사해 보자.

예제 9-3 형번호 2인 공정

이차공정의 전달함수가 다음과 같다.

$$G(s)=\frac{1}{s^2}$$

과정 1-4. $q=-2.1=2.0i$, $\hat{q}=-2.1-2.0i$, $R=-2.1$, $r=-30$일 때, 특성방정식은

$$\begin{aligned}&(s+2.1+2.0i)(s+2.1-2.0i)(s+2.1)(s+30)\\&=s^4+36.3s^3+206.23s^2+534.561s+529.83=0\end{aligned}$$

이다.

과정 5. $1+G(s)C(s)=s^4+(b+d)s^3+(bd+K)s^2+(K(a+c))s+Kac$

과정 6-7. 위의 두 식을 등식으로 놓고

$$\begin{aligned}b+d&=36.3\\bd+K&=206.23\\K(a+c)&=534.561\\Kac&=529.83\end{aligned}$$

을 연립해서 풀면

$$a,\ c=1.511\pm0.3i,\ b,\ d=45.5241,\ 0.7759,\ K=233.91$$

을 얻을 수 있다. a, c는 복소수이므로 실수만을 선택해서 $a=c=1.511$이 된다.

과정 8. 그러므로 설계된 제어기는 다음과 같다.

$$C(s)=233.91\frac{(s+1.511)(s+1.511)}{(s+45.5241)(s+0.7759)}$$

과정 9. K값은 K_v를 만족하도록 다시 구해진다. $K=309.4$

과정 10-12. 정착시간이 기준을 초과하므로 예비필터는 $P(s)=\dfrac{1.511}{s+1.511}$ 대신 $P(s)=\dfrac{2.0}{s+2.0}$으로 조정되었다.

MATLAB Program 9-3 : 형번호 2인 공정을 위한 진지상제어기의 설계

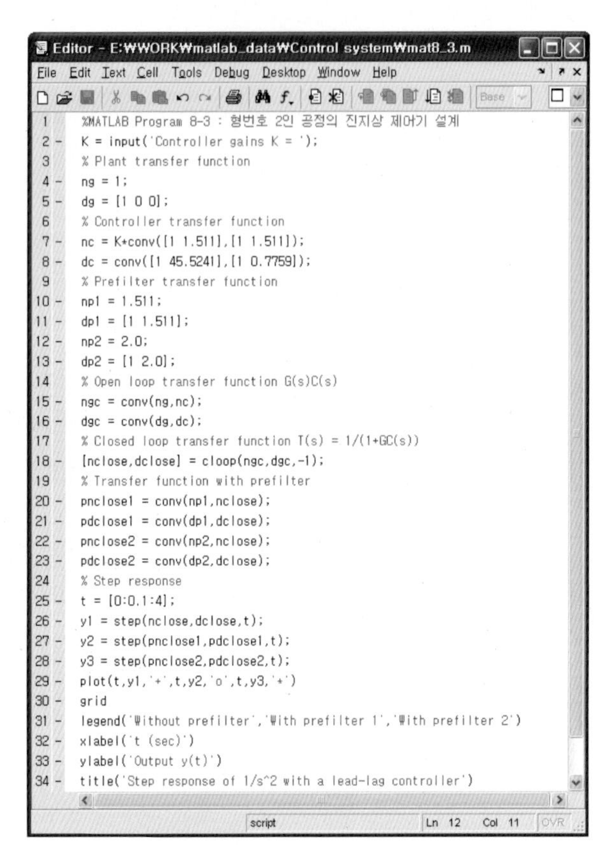

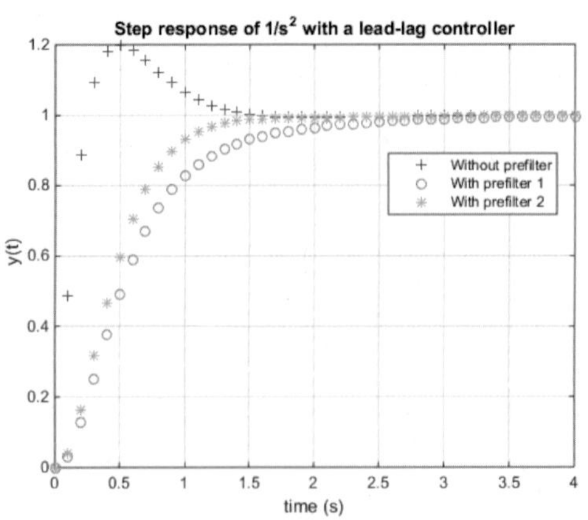

그림 9.5 형번호 2인 이차공정의 진지상제어기 설계

점검문제 9.4 $G(s)=\frac{1}{(s+1)^2}$에 대해 예제 9-3의 성능규격을 만족하도록 진지상제어기를 설계해 보시오.

9.4.5 삼차공정의 예

예제 9-4 삼차공정

삼차공정의 전달함수가 다음과 같다.

$$G(s)=\frac{1}{s(s+1)(s+7)}$$

과정 1-4. $q=-2.1=2.0i,\ \hat{q}=-2.1-2.0i,\ R=-2.1,\ r=-40$이고 p를 모르는 변수로 놓았을 때 특성방정식은

$$\begin{aligned}&(s+2.1=2.0i)(s+2.1-2.0i)(s+2.1)(s+40)(s+p)\\&=s^5+(p+46.3)s^{4+}(46.3p+269.23)s^3+2(269.33p+706.861)s^2+\\&\quad(706.861p+706.44)s+706.44p\\&=0\end{aligned}$$

이다.

과정 5. $1+GC(s)=\ s^5+(b+d+8)s^4+(bd+8(b+d)+7)s^3$
$$+(8bd+7(b+d)+K)s^2+(7bd+K(a+c))s+Kac$$

과정 6-7. 두 특성방정식을 등식으로 놓고 풀면,

$$\begin{aligned}p+46.3&=b+d+8\\46.3p+269.23&=bd+8(b+d)+7\\2(269.33p+706.861)&=8bd+7(b+d)+K\\706.861p+706.44&=7bd+K(a+c)\\706.44p=Kac\ ,\ \ \frac{Kac}{7bd}&=20\end{aligned}$$

$a,\,c=1.0897\pm0.3034i,\ \ b,\,d=39.4585,\,0.1699,\ \ p=1.3284,\ \ K=733.46$을 얻을 수 있다. $a,\ c$는 복소수이므로 실수만을 선택하여 $a=c=1.0897$이 된다.

과정 8. 제어기는 다음과 같다.

$$C(s) = K\frac{(s+1.0897)(s+1.0897)}{(s+39.4585)(s+0.1699)}$$

과정 9. K_v를 만족하는 $K = 790.40$이다.

과정 10-12. 정착시간이 2.3초로 기준을 초과하므로 $P(s) = \dfrac{1.0897}{s+1.0897}$ 대신 $P(s) = \dfrac{1.2}{s+1.2}$로 쓰였다.

MATLAB Program 9-4 : 삼차공정을 위한 진지상제어기의 설계

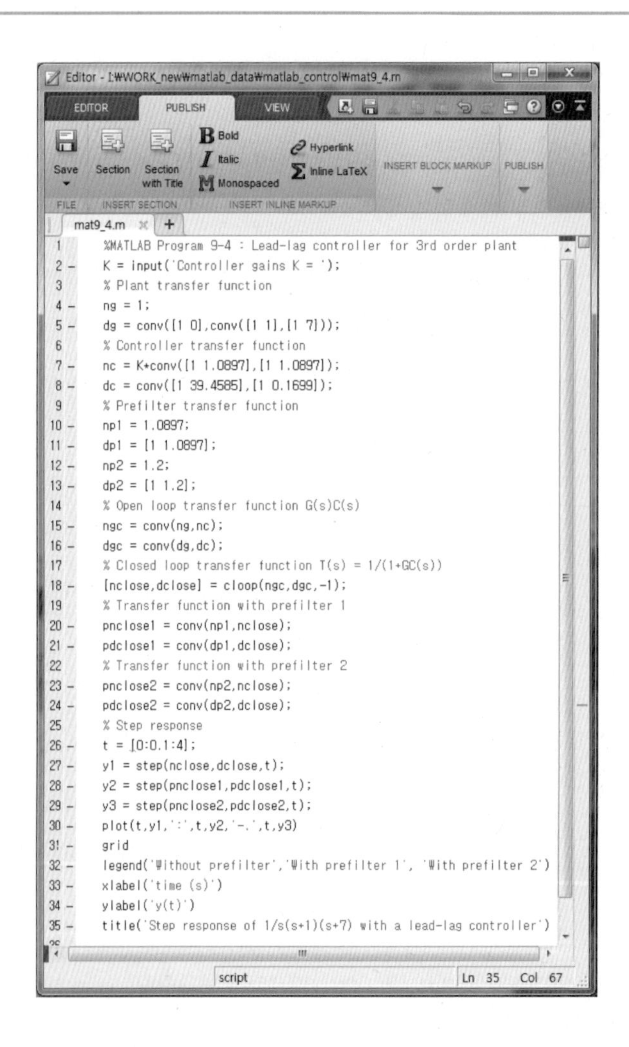

```
%MATLAB Program 9-4 : Lead-lag controller for 3rd order plant
K = input('Controller gains K = ');
% Plant transfer function
ng = 1;
dg = conv([1 0],conv([1 1],[1 7]));
% Controller transfer function
nc = K*conv([1 1.0897],[1 1.0897]);
dc = conv([1 39.4585],[1 0.1699]);
% Prefilter transfer function
np1 = 1.0897;
dp1 = [1 1.0897];
np2 = 1.2;
dp2 = [1 1.2];
% Open loop transfer function G(s)C(s)
ngc = conv(ng,nc);
dgc = conv(dg,dc);
% Closed loop transfer function T(s) = 1/(1+GC(s))
[nclose,dclose] = cloop(ngc,dgc,-1);
% Transfer function with prefilter 1
pnclose1 = conv(np1,nclose);
pdclose1 = conv(dp1,dclose);
% Transfer function with prefilter 2
pnclose2 = conv(np2,nclose);
pdclose2 = conv(dp2,dclose);
% Step response
t = [0:0.1:4];
y1 = step(nclose,dclose,t);
y2 = step(pnclose1,pdclose1,t);
y3 = step(pnclose2,pdclose2,t);
plot(t,y1,':',t,y2,'-.',t,y3)
grid
legend('Without prefilter','With prefilter 1', 'With prefilter 2')
xlabel('time (s)')
ylabel('y(t)')
title('Step response of 1/s(s+1)(s+7) with a lead-lag controller')
```

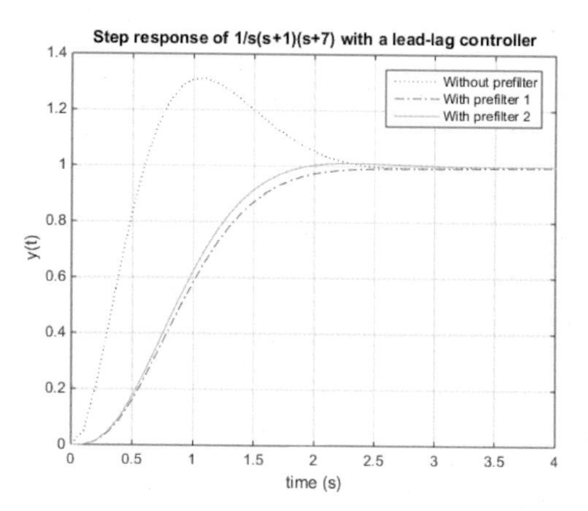

그림 9.6 삼차공정을 위한 진지상제어기

점검문제 9.5 $G(s) = \dfrac{1}{s(s+1)(s+2)}$에 대해 예제 9-4의 성능규격을 만족하도록 진지상 제어기를 설계해 보시오.

9.5 PID 제어기의 설계

PID 제어기는 실제 제어시스템에 가장 흔히 쓰이는 제어기이다. 어떤 이차공정을 제어하기 위해 최소위상(minimum phase) PID 제어기를 사용하면 시스템의 안정성을 보장할 뿐만 아니라 정상상태에서의 오차를 없게 할 수 있다.

보통 1개의 극점이 무시된 PID 제어기는 다음과 같이 표현된다.

$$C(s) = K\frac{(s+a)(s+b)}{s} \tag{9.8}$$

우리가 설계해야 할 변수는 K, a, b이다. 제어기가 안정하기 위해서는 또 하나의 극점이 필요한데 그 극점의 시상수(time constant)가 작으므로 무시되었다.

```
>> ng = 1;
>> dg = [1 0 0];
>> nc =[1 2 3];
>> dc =[1 0];
>> ngc=conv(ng,nc);
```

```
>> dgc = conv(dg,dc);
>> rlocus(ngc,dgc)
>> grid
```

PID 제어기로 제어된 쌍적분 공정의 근궤적 그래프의 대략적인 모습은 그림 9.7에 나타난 것과 같다.

그림 9.7의 그래프를 살펴보면 두 우세근은 PID 제어기의 두 영점의 위치로 다가가고 한 근은 무한에 있는 영점으로 다가감을 볼 수 있다. 그러므로 PID 제어기의 영점의 값은 2개의 우세근이 놓일 위치와 무시할 수 있는 1개의 열세근을 임의적으로 지정함으로써 분석적으로 구할 수 있게 된다. 원하는 위치에 근들을 놓고 특성방정식을 구한 뒤에 앞에서의 진지상제어기의 설계과정과 마찬가지로 두 특성방정식을 등식으로 놓고 풀면 변수들의 값을 구할 수 있다. 앞의 진지상제어기 설계와는 달리 PID 제어기에서는 예비필터가 필요하지 않다. 그 이유는 예비필터 없이도 제어기의 이득값을 증가시키므로 같은 효과를 얻을 수 있기 때문이다. 그러므로 여기서 시스템의 블록선도는 그림 9.1에서 $P(s)=1$로 한 것과 같다.

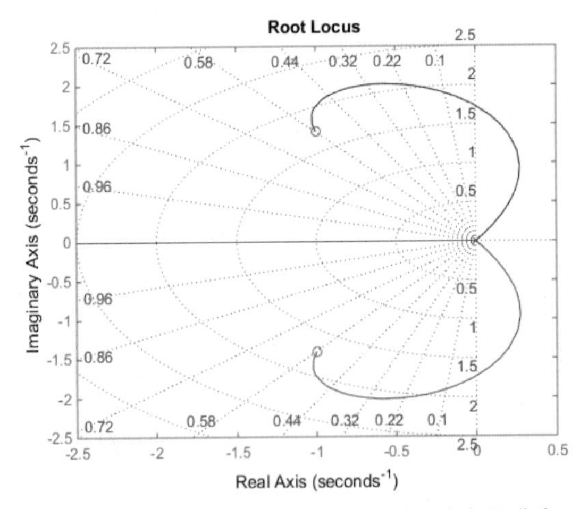

그림 9.7 PID 제어기로 제어된 이차공정의 근궤적

9.6 분석적인 PID 제어기의 설계방법

9.6.1 기본적인 배경

앞의 9.5절에서 주어진 수행기준을 만족하기 위해 PID 제어기를 설계하는 과정이 반복되는 불필요함을 경험했다. 여기에서는 이러한 반복적인 불필요함을 없애는 분석적인 설계방법을 소개하고자 한다.

이차공정이 PID 제어기로 제어되었을 때의 개루프 전달함수는 다음과 같다.

$$GC(s) = K\ \frac{(s+a)(s+b)}{s(s+p_1)(s+p_2)}$$

공정의 두 극점은 $-p_1$, $-p_2$이고, 제어기의 두 영점은 $-a$, $-b$이며, 제어기의 이득은 K이다. PID 제어기 설계의 가장 기본적인 생각은 PID 제어기의 두 영점의 위치 a, b를 잘 설정한 뒤에, 이득 K를 조정해서 폐루프 전달함수 극점이 그 두 위치에 놓이게 하는 것이다. 그러므로 이차공정이 PID 제어기로 제어가 될 때 폐루프 전달함수 근은 셋이 되고 폐루프 전달함수의 영점도 셋이 된다. 두 영점의 위치는 보통 지배적인 극점이 위치할 곳으로 정해서 두 지배적인 극점들의 위치를 정하게 되고, 다른 영점은 무한에 있으므로 한 극점을 원점에서 멀리 놓아 무시하게 만든다. 이런 기본적인 설계목적을 자세한 예를 들면서 설명해 보자.

그림 9.8에서 보여진 것처럼 PID 제어기를 사용하는 시스템은 예비필터가 필요없다.

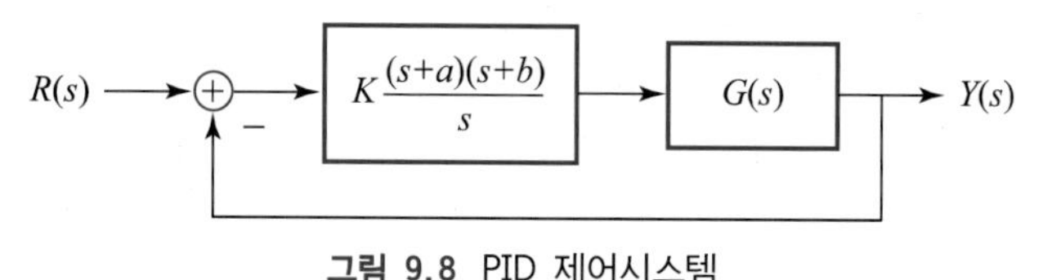

그림 9.8 PID 제어시스템

9.6.2 분석적인 설계방법

PID 제어기를 분석적으로 설계하는 순서는 다음과 같다.

PID 제어기의 분석적인 설계방법

과정 1. 식 (9.5), (9.6)으로부터 지배적인 근의 위치를 구하고, 그 근을 q와 $\hat{q}$라 하자.

과정 2. 원점에서 멀리 떨어져 있는 한 실수근, $r \ll \zeta\omega_n$을 r이라 하자.

과정 3. 요구되는 특성방정식은 $(s+q)(s+\hat{q})(s+r)=0$이 된다.

과정 4. 위의 요구되는 특성방정식과 $1+G(s)C(s)=0$을 등식으로 놓고 푼다. 이때 이차공정에 대해서는 모르는 변수가 3개이기 때문에 방정식이 3개 필요하다.

과정 5. 출력의 응답을 구해 본다.

과정 6. 만약 응답이 기준을 만족하지 못하면 이득 K를 크게 한다.

9.7 PID 제어기의 설계 예제

다양한 이차공정의 설계 예를 들어보기로 하자. 원하는 수행기준은 P.O.$\le 5\%$, $T_s \le 2$초, $e_{ss}=0$, $K_v \ge 20$, 그리고 $\dfrac{|Y(s)|}{|D(s)|}\le 0.05$이다.

9.7.1 형번호 0인 공정의 PID 설계

예제 9-5 형번호 0인 공정

$$G(s)=\frac{1}{(s+1)(s+3)}$$

과정 1. 주어진 기준으로부터 $q=-2.1+2.0i$, $\hat{q}=-2.1-2.0i$, 즉 지배적인 근이 놓일 위치를 설정한다.

과정 2. 그리고 원점에서 멀리 떨어진 한 극점 $-r=-30$을 임의로 구한다. 보통 r의 위치는 공정의 극점의 위치보다 10배 이상 떨어진 곳으로 정한다.

과정 3-4. 두 특성방정식을 등식으로 놓는다. 제어기의 변수를 포함하는 특성방정식과 미리 정한 근들의 위치로부터 구한 특성방정식을 등식으로 놓아 얻어진 3개의 식들은 다음과 같다.

$$s^3+34.2s^2+134.41s+252.3=s^3+(4+K)s^2+(3+K(a+b))s+Kab$$
$$4+K=34.2$$
$$3+K(a+b)=134.41$$
$$Kab=252.3$$

과정 5. 위의 세 식을 연립해서 풀면 a 또는 b의 값으로 $2.1957\pm 1.8923i$ 그리고 $K=30.2$를 구할 수 있다. 설계한 제어기는 다음과 같다.

$$C(s)=30.2\frac{s^2+4.3914s+8.4019}{s}$$

과정 6. 스텝응답의 출력을 구해 본다. P.O.$=3.6\%$, $T_s=0.49$초로 기준을 만족한다. 제어기 설계과정이 매우 간단하고 수행도 매우 좋음을 알 수 있다.

위의 예제를 MATLAB 프로그램으로 작성하여 PID 제어기로 제어된 시스템의 출력을 조사해 보자.

MATLAB Program 9-5 : 형번호 0인 공정의 PID 설계

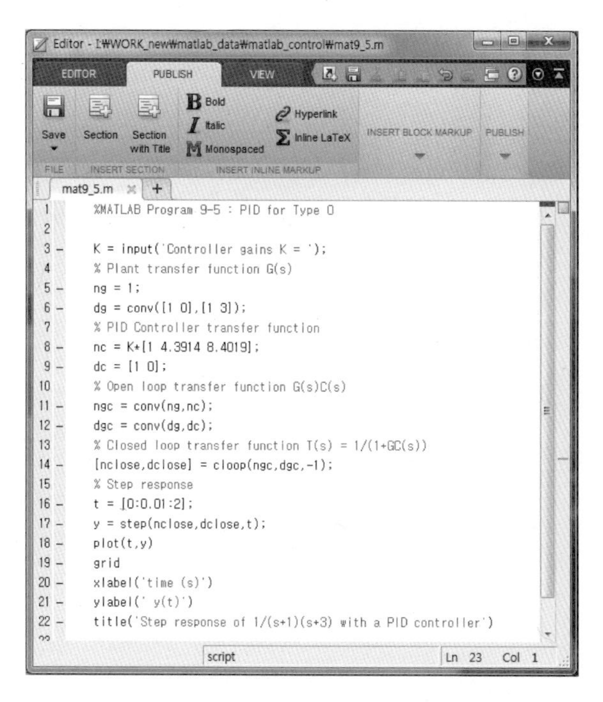

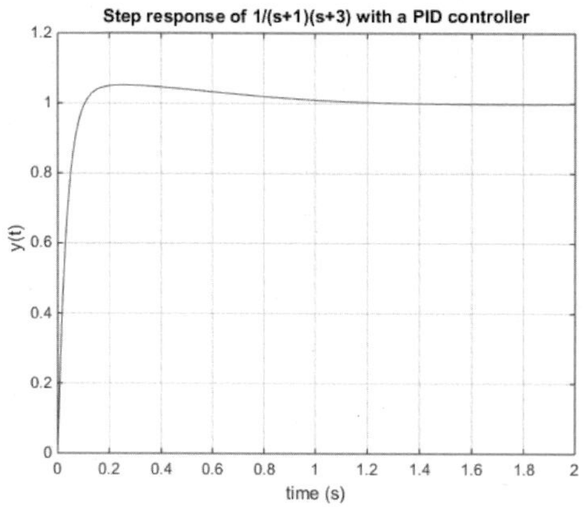

그림 9.9 PID 제어기로 제어된 형번호 0인 공정의 응답

점검문제 9.6 $G(s) = \dfrac{1}{(s+4)(s+5)}$에 대해 예제 9-5의 성능규격을 만족하도록 PID 제어기를 설계해 보시오.

9.7.2 형번호 1인 공정의 PID 설계

예제 9-6 형번호 1인 공정

$$G(s) = \frac{1}{s(s+2)}$$

과정 1. 주어진 기준으로부터 $q = -2.1 + 2.0i$, $\hat{q} = -2.1 - 2.0i$, 즉 지배적인 극점이 놓일 위치를 설정한다.

과정 2. 그리고 원점에서 멀리 떨어진 한 극점 $-r = -30$을 임의로 구한다. 보통 r의 위치는 공정의 극점의 위치보다 10배 이상 떨어진 곳으로 정한다.

과정 3. 두 특성방정식을 등식으로 놓는다.

$$1 + GC(s) = (s+30)(s+2.1+2.0i)(s+2.1-2.0i)$$
$$s^3 + (2+K)s^2 + K(a+b)s + Kab = s^3 + 34.2s^2 + 134.41s + 252.3$$

여기서 얻어진 3개의 식은 다음과 같다.

$$2 + K = 34.2$$
$$K(a+b) = 134.41$$
$$Kab = 252.3$$

과정 4. 위의 세 식을 연립해서 풀면 a 또는 b의 값으로 $2.0871 \pm 1.8653i$, 그리고 $K = 32.2$를 구할 수 있다. 설계한 제어기는 다음과 같다.

$$C(s) = 32.2\frac{s^2 + 4.1742s + 7.8353}{s}$$

과정 5. 스텝응답의 출력을 구해 본다. P.O. = 6.06%로 기준보다 다소 큼을 알 수 있다.

과정 6. 이득 $K = 40$으로 증가시키고 스텝응답의 출력을 구해 본다. P.O. = 4.97%, $T_s = 0.623$초로 기준을 만족한다.

위의 예제를 MATLAB 프로그램으로 작성하여 PID 제어기로 제어된 시스템의 출력을 조사해 보자.

MATLAB Program 9-6 : 형번호 1인 공정의 PID 설계

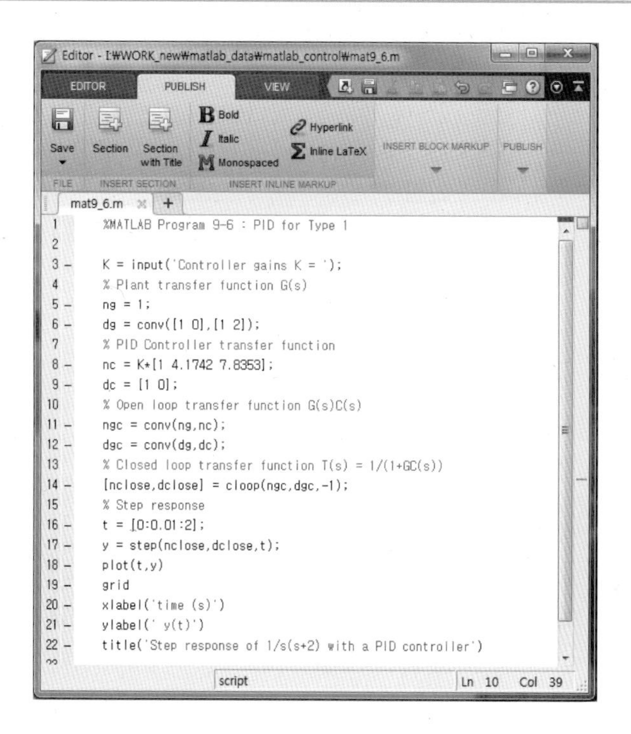


```
>> mat9_6
Controller gains K = 32.2
>> max(y)
ans =
    1.0606
```

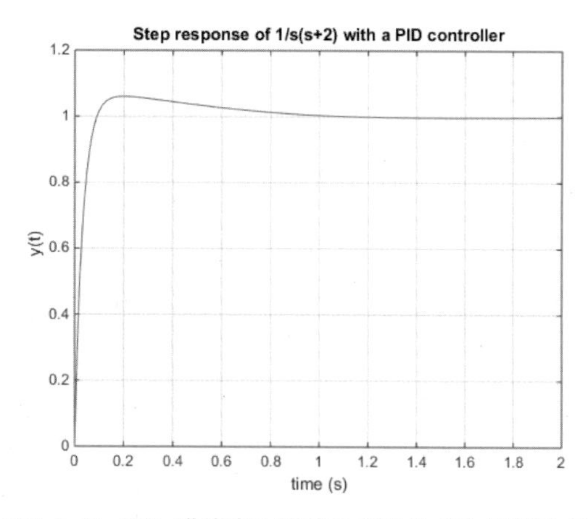

그림 9.10 PID 제어기로 제어된 형번호 1인 공정의 응답

```
>> mat9_6
Controller gains K = 40
>> max(y)
ans =
    1.0497
```

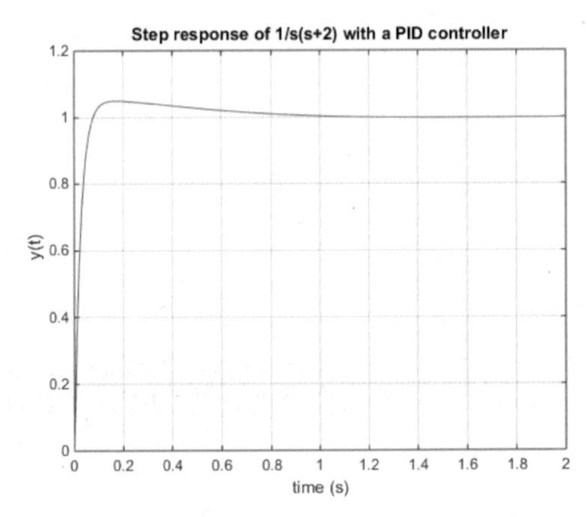

그림 9.11 PID 제어기로 제어된 형번호 1인 공정의 응답

점검문제 9.7 $G(s)=\dfrac{1}{s(s+10)}$에 대해 예제 9-6의 성능규격을 만족하도록 PID 제어기를 설계해 보시오.

9.7.3 형번호 2인 공정의 PID 설계

예제 9-7 형번호 2인 공정

$$G(s)=\frac{1}{s^2}$$

과정 1. 주어진 기준으로부터 $q=-2.1+2.0i$, $\hat{q}=-2.1-2.0i$, 즉 지배적인 극점이 놓일 위치를 설정한다.

과정 2. 그리고 원점에서 멀리 떨어진 한 극점 $-r=-30$을 임의로 구한다. 보통 r의 위치는 공정의 극점의 위치보다 10배 이상 떨어진 곳으로 정한다.

과정 3. 두 특성방정식을 등식으로 놓는다.

$$1+GC(s)=(s+30)(s+2.1+2.0i)(s+2.1-2.0i)$$

$$s^3+Ks^2+K(a+b)s+Kab = s^3+34.2s^2+134.41s+252.3$$

여기서 얻어진 3개의 식들은 다음과 같다.

$$K = 34.2$$
$$K(a+b) = 134.41$$
$$Kab = 252.3$$

과정 4. 위의 세 식을 연립해서 풀면 a 또는 b의 값으로 $1.9650 \pm 1.8751i$ 그리고 $K = 34.2$를 구할 수 있다. 설계한 제어기는 다음과 같다.

$$C(s) = 34.2\frac{s^2+3.93s+7.3772}{s}$$

과정 5. 스텝응답의 출력을 구해 본다. P.O. = 9.33%로 기준보다 다소 큼을 알 수 있다.

과정 6. 이득 $K = 70$으로 증가시키고 스텝응답의 출력을 구해 본다. P.O. = 4.9%, $T_s = 0.4$초로 기준을 만족한다.

위의 예제를 MATLAB 프로그램으로 작성하여 PID 제어기로 제어된 시스템의 출력을 조사해 보자.

MATLAB Program 9-7 : 형번호 2인 공정의 PID 설계

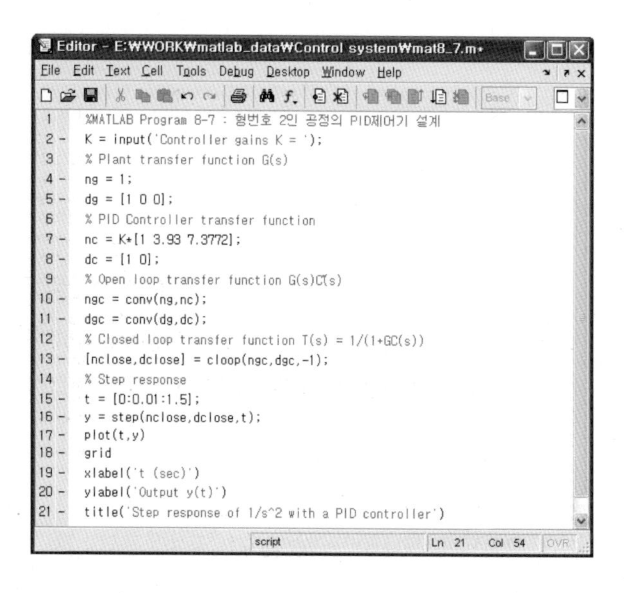

```
%MATLAB Program 8-7 : 형번호 2인 공정의 PID제어기 설계
K = input('Controller gains K = ');
% Plant transfer function G(s)
ng = 1;
dg = [1 0 0];
% PID Controller transfer function
nc = K*[1 3.93 7.3772];
dc = [1 0];
% Open loop transfer function G(s)C(s)
ngc = conv(ng,nc);
dgc = conv(dg,dc);
% Closed loop transfer function T(s) = 1/(1+GC(s))
[nclose,dclose] = cloop(ngc,dgc,-1);
% Step response
t = [0:0.01:1.5];
y = step(nclose,dclose,t);
plot(t,y)
grid
xlabel('t (sec)')
ylabel('Output y(t)')
title('Step response of 1/s^2 with a PID controller')
```

```
>> mat9_7
Controller gains K = 34.2
>> max(y)
ans =
     1.0933
```

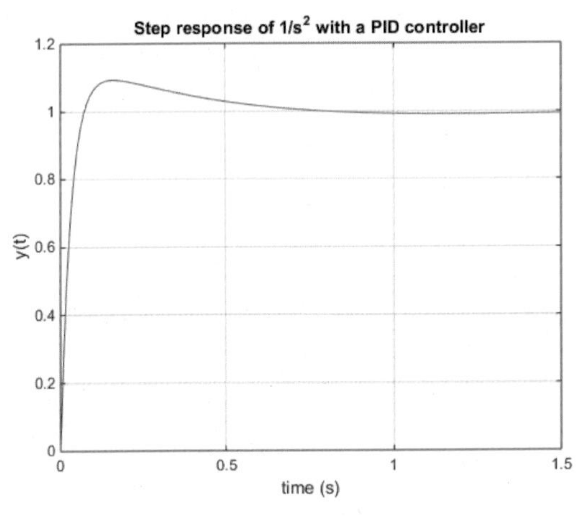

그림 9.12 PID 제어기로 제어된 형번호 2인 공정의 응답: 1차 시도

```
>> mat9_7
Controller gains K = 70
>> max(y)
ans =
     1.0492
```

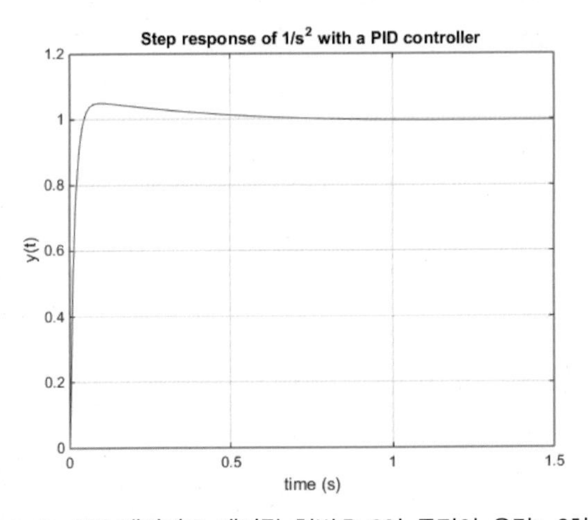

그림 9.13 PID 제어기로 제어된 형번호 2인 공정의 응답: 2차 시도

점검문제 9.8 $G(s)=\dfrac{1}{(s+1)^2}$ 에 대해 예제 9-7의 성능규격을 만족하도록 PID 제어기를 설계해 보시오.

9.8 삼차공정을 위한 PID 제어기의 문제점

차수가 삼차인 공정을 PID 제어기로 제어할 경우, 극점은 넷이지만 두 영점이 무한에 있으므로 조정할 수 있는 영점으로는 PID 제어기의 두 영점과 무한에 있는 한 영점, 모두 3개가 된다. 따라서 극점 4개를 원하는 위치에 놓기가 어렵다. 우세적인 두 근과 열세적인 한 근을 원하는 위치에 놓을 수 있지만, 나머지 근은 원하는 위치에 놓기가 어렵게 된다. 이는 우세적인 두 근이 나머지 한 근이나 영점의 영향 때문에 완전히 지배적이지 못한 결과를 초래하게 되므로 삼차공정에 PID 제어기를 사용하면 주어진 성능규격을 만족하기가 어렵다는 의미이다. 이러한 이유를 여러 형태의 삼차공정들의 근궤적 그래프와 PID 제어기를 함께 사용하여 조사해 보자.

예제 9-8 형번호 0인 삼차공정

다음 형번호 0인 삼차공정이 PID 제어기와 함께 쓰였을 때, 근궤적 그래프를 그려 보자.

$$G(s)=\frac{1}{(s+1)(s+3)(s+7)}$$

이고

$$C(s)=K\,\frac{s^2+4.2s+8.41}{s}$$

일 때 $GC(s)$의 근궤적 그래프는 MATLAB에서 다음과 같이 나타낼 수 있다.

MATLAB Program 9-8 : 형번호 0인 삼차공정의 PID 제어

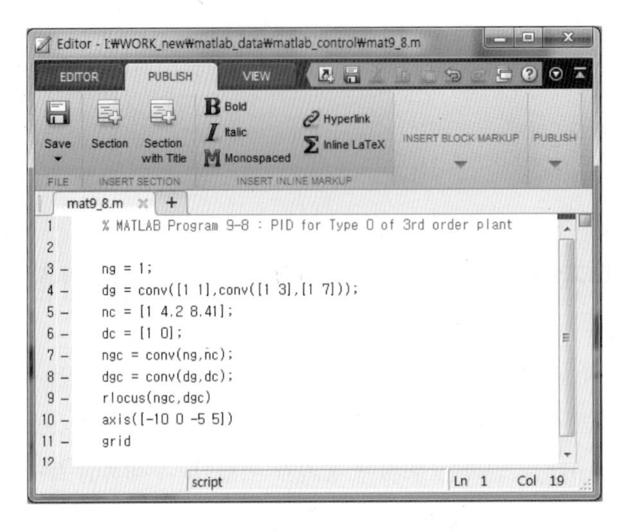

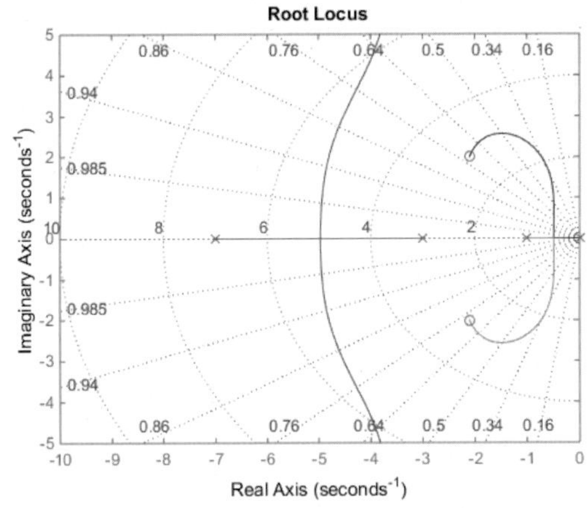

그림 9.14 PID로 제어된 형번호 0인 삼차공정의 근궤적 그래프

그림 9.14는 형번호 0인 삼차공정이 PID 제어기로 제어되었을 때의 근궤적 그래프이다. 우세근 외에 비지배적인 열세근들이 허수축 가까이에 놓이게 되므로 그 근들의 영향이 큼을 알 수 있다. PID 제어기의 영점을 조정하더라도 열세근의 영향이 존재한다. 형번호 1인 공정이 PID로 제어되었을 때의 근궤적 그래프는 그림 9.14와 비슷하게 되므로 역시 비지배적인 근들의 영향을 받는다. 더욱 제어하기 힘든 경우로 형번호 2인 삼차공정을 살펴보자.

예제 9-9 형번호 2인 삼차공정

다음 원점에 극점이 둘인 형번호 2인 삼차공정이 PID 제어기와 함께 쓰였을 때, 근궤적 그래프를 그려 보자.

$$G(s) = K\frac{1}{s^2(s+1)} \text{이고 } C(s) = \frac{s^2+4.2s+8.41}{s}$$

일 때 MATLAB에서의 $GC(s)$의 근궤적 그래프는 다음과 같다.

MATLAB Program 9-9 : 형번호 2인 삼차공정의 PID 제어

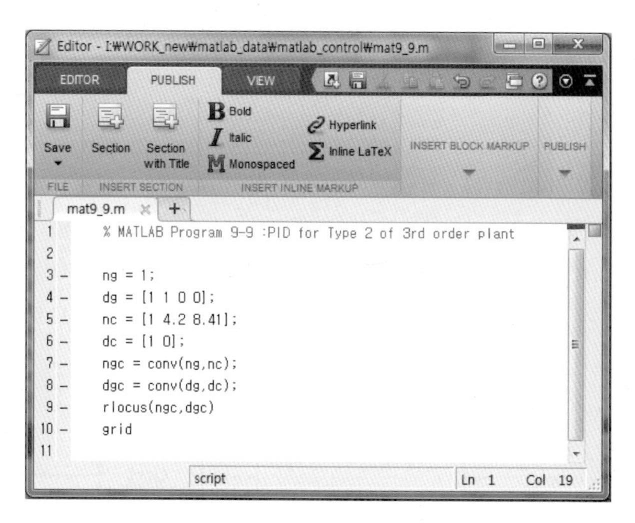

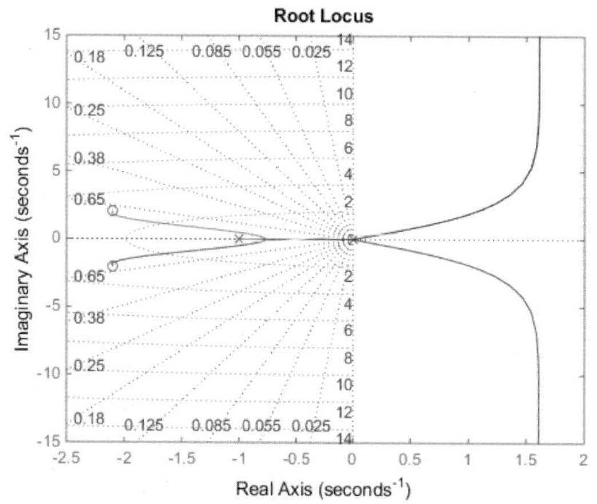

그림 9.15 PID로 제어된 형번호 2인 삼차공정의 근궤적 그래프

형번호 2인 공정이 PID로 제어되었을 때의 근궤적 그래프는 그림 9.15에 나타난 것처럼 불안정하다. 이처럼 PID 제어기만으로는 삼차공정을 제어하기가 쉽지 않다. 이에 대한 해답으로 PID 제어기의 변환형인 PIDA 제어기를 사용함으로써 문제점을 해결하고자 한다.

9.9 새로운 PIDA 제어기

PIDA(Proportional-Integral-Derivative-Acceleration) 제어기는 기존의 PID 제어기에 가속도를 합한 것으로 다음과 같이 표현된다.

$$C(s) = K_P + \frac{K_I}{s} + K_D s + K_A s^2 \tag{9.9}$$

이를 합쳐서 쓰면, 간단히 PID 제어기에 영점을 하나 더한 것으로 다음과 같이 표현될 수도 있다.

$$C(s) = K\frac{(s+a)(s+b)(s+z)}{s(s+d)(s+e)} \tag{9.10}$$

여기서 $a,\ b,\ z \ll d,\ e$이다. 원점으로부터 멀리 떨어져 있는 두 극점($d,\ e$)은 제어기를 안정하게 하기 위한 것이기 때문에 보통 무시된 상태에서 설계한다. 그러므로 PIDA 제어기로 제어된 시스템의 블록선도는 그림 9.16과 같다.

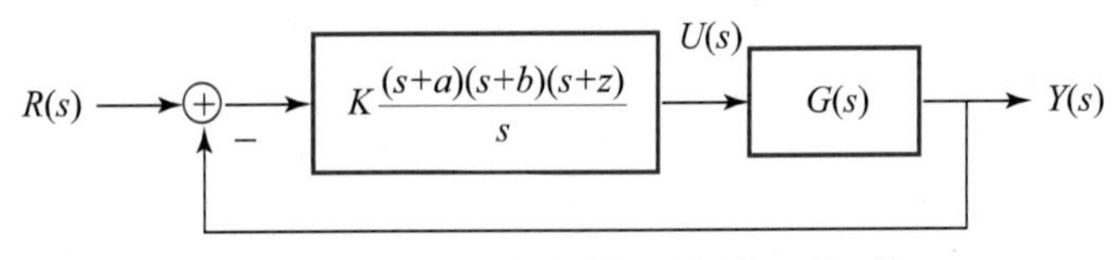

그림 9.16 PIDA 제어기를 사용하는 시스템

PIDA 제어기 설계방식의 기본적인 원리는 PID 제어기에 한 영점을 더함으로써 앞의 근궤적 그림 9.14, 9.15에서 나머지 한 근이 원하는 위치에 놓이도록 근궤적을 변화시키는 것이다. 변화된 근궤적 그래프에서는 원하는 위치의 두 근을 거의 지배적으로 만들고 나머지 두 근은 더욱 비지배적으로 만들 수 있기 때문에 주어진 성능규격을 만족할 수 있다.

형번호 0 또는 1인 삼차공정에 대해서는 3개의 근들을 s평면의 좌측에 한 줄로 나란히 서게 한 다음, 나머지 하나의 근을 원점에서 멀리 놓아 영향력이 없는 열세근으로 간주한다. 이 경우 근궤적 그래프에 더하는 영점은 우세근을 더욱 지배적인 위치에 놓이게 하고, 다른 근들은 더욱 열세적인 위치에 있도록 만든다. 앞에서와 마찬가지로 두 특성방정식을 등식으로 놓고 풀게 되는데 PIDA 제어기의 변수가 4개이므로 방정식이 4개 필요하게 된다. 여러 공정의 형태에 따른 자세한 PIDA 제어기의 설계과정을 단계적으로 알아보자.

PIDA 제어기의 분석적인 설계방법

과정 1. 식 (9.5), (9.6)으로부터 지배적인 우세근의 위치를 구하고, 그 근을 q와 $\hat{q}$라 하자.
과정 2. 원점에서 멀리 떨어져 있는, 무시되는 한 실수근을 r이라고 하자($r \ll \zeta\omega_n$).
과정 3. 우세근의 바로 밑에 있는 한 실수근을 R이라 하자($R = \zeta\omega_n$).
과정 4. 요구되는 특성방정식은 $(s+q)(s+\hat{q})(s+r)(s+R)=0$이 된다.
과정 5. 위의 특성방정식과 $1+G(s)C(s)=0$을 등식으로 놓고 푼다.
과정 6. 출력의 스텝응답을 구한다.
과정 7. 만약 응답이 기준을 만족하지 못하면 이득 K를 조정한다.

9.10 PIDA 제어기를 사용한 설계 예제

원하는 수행기준은 P.O. $\le 5\%$, $T_s \le 2$초, $e_{ss}=0$, 그리고 $\frac{|Y(s)|}{|D(s)|} \le 0.05$이다. 형번호가 0, 1, 2 등 세 형태의 공정을 조사해 보기로 하자.

예제 9-10 형번호 0인 삼차공정

$$G(s) = \frac{1}{(s+1)(s+3)(s+6)}$$

과정 1-3. 원하는 극점들을 구한다.

$$q = 2.1 + 20i,\ \hat{q} = 2.1 - 2.0i,\ r = 30,\ R = 2.1$$

과정 4. 그림 9.15로부터 특성방정식을 구한다.

$$1 + GC(s) = (s+2.1)(s+30)(s+2.1+2.0i)(s+2.1-2.0i)$$

과정 5. 원하는 근들의 위치로부터 특성방정식을 구한다.

$$s^4 + (10+K)s^3 + (K(a+b+z)+27)s^2 + (18+K(ab+z(a+b)))s + Kabz$$
$$= s^4 + 36.3s^3 + 206.23s^2 + 534.561s + 529.83$$

과정 6. 두 특성방정식을 등식으로 놓고 푼다.

$$10+K=36.3$$
$$K(a+b+z)+27=206.23$$
$$18+K(ab+z(a+b))=534.561$$
$$Kabz=529.83$$
$$a,\ b=2.3931\pm 2.0501i,\ z=2.0288,\ \text{그리고}\ K=26.3$$
$$C(s)=26.3\ \frac{(s+2.3931\pm 2.0501i)(s+2.0288)}{s}$$

과정 7. 스텝응답을 그려본다. 오버슈트가 2.47%이고, 정착시간이 1.06으로 기준을 만족한다.

보통 형번호 0인 공정에 대해서는 한 번의 제어기 설계로 모든 성능규격을 만족한다.

MATLAB Program 9-10 : 형번호 0인 삼차공정의 PIDA 제어기

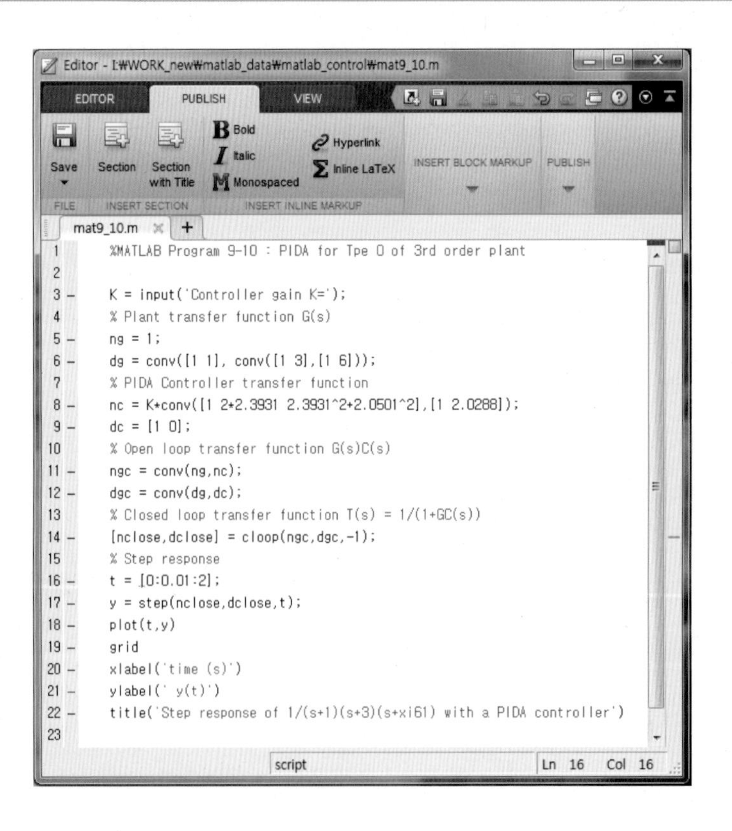

```
%MATLAB Program 9-10 : PIDA for Tpe 0 of 3rd order plant

K = input('Controller gain K=');
% Plant transfer function G(s)
ng = 1;
dg = conv([1 1], conv([1 3],[1 6]));
% PIDA Controller transfer function
nc = K*conv([1 2*2.3931 2.3931^2+2.0501^2],[1 2.0288]);
dc = [1 0];
% Open loop transfer function G(s)C(s)
ngc = conv(ng,nc);
dgc = conv(dg,dc);
% Closed loop transfer function T(s) = 1/(1+GC(s))
[nclose,dclose] = cloop(ngc,dgc,-1);
% Step response
t = [0:0.01:2];
y = step(nclose,dclose,t);
plot(t,y)
grid
xlabel('time (s)')
ylabel(' y(t)')
title('Step response of 1/(s+1)(s+3)(s+xi61) with a PIDA controller')
```

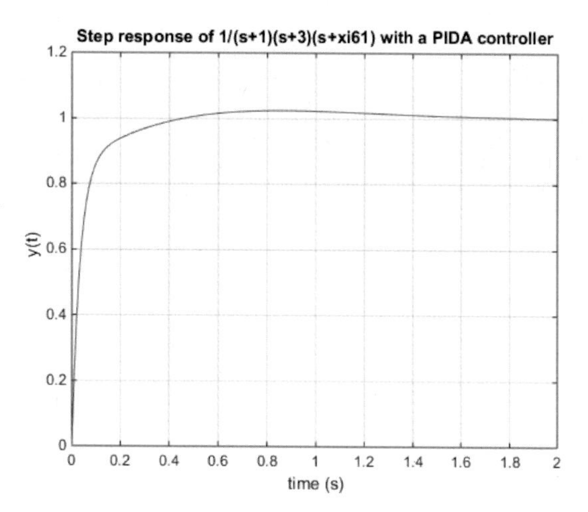

그림 9.17 PIDA로 제어된 형번호 0인 삼차공정의 응답

점검문제 9.9 $G(s) = \dfrac{1}{(s+1)(s+2)(s+3)}$ 에 대해 예제 9-10의 성능규격을 만족하도록 PIDA 제어기를 설계해 보시오.

예제 9-11 형번호 1인 삼차공정

$$G(s) = \frac{1}{s(s+1)(s+7)}$$

과정 1-4는 예제 9-10의 과정 1-5와 같다.

과정 5. $s^4 + (8+K)s^3 + (K(a+b+z)+7)s^2 + K(ab+z(a+b))s + Kabz$

$= s^4 + 36.3s^3 + 206.23s^2 + 534.561s + 529.83$

과정 6. $a,\ b = 2.2965 \pm 1.5418i,\ z = 2.4471,\ K = 28.3$

$$C(s) = 28.3\frac{(s+2.2965 \pm 1.5418i)(s+2.4471)}{s}$$

과정 7. 스텝응답을 그려본다. P.O.가 6%로 다소 높다. K를 35로 증가시킨 후 다시 출력을 구한다. P.O.가 4.87%, $T_s = 0.95$초로 기준을 만족한다.

MATLAB Program 9-11 : 형번호 1인 삼차공정의 PIDA 제어기

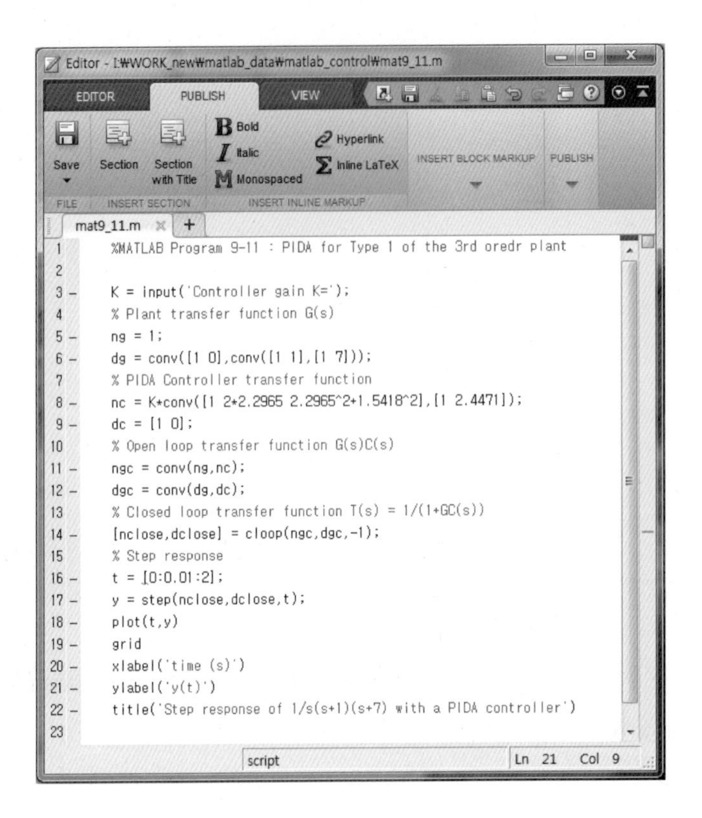

```
%MATLAB Program 9-11 : PIDA for Type 1 of the 3rd oredr plant

K = input('Controller gain K=');
% Plant transfer function G(s)
ng = 1;
dg = conv([1 0],conv([1 1],[1 7]));
% PIDA Controller transfer function
nc = K*conv([1 2*2.2965 2.2965^2+1.5418^2],[1 2.4471]);
dc = [1 0];
% Open loop transfer function G(s)C(s)
ngc = conv(ng,nc);
dgc = conv(dg,dc);
% Closed loop transfer function T(s) = 1/(1+GC(s))
[nclose,dclose] = cloop(ngc,dgc,-1);
% Step response
t = [0:0.01:2];
y = step(nclose,dclose,t);
plot(t,y)
grid
xlabel('time (s)')
ylabel('y(t)')
title('Step response of 1/s(s+1)(s+7) with a PIDA controller')
```

```
>> mat9_11
Controller gain K=28.3
>> max(y)
ans =
    1.0603
```

그림 9.18에는 두 종류의 그래프가 있는데 하나는 $K=28.3$일 때이고, 다른 하나는 $K=35$일 때이다. $K=35$일 때 오버슈트가 작아짐을 볼 수 있다.

```
>> y1 =y;
>> mat9_11
Controller gain K=35
>> max(y)
ans =
    1.0487
>> plot(t,y1,t,y,'--')
>> grid
```

```
>> legend('k=28.3', 'k=35')
>> xlabel('time (s)')
>> ylabel('y(t)')
```

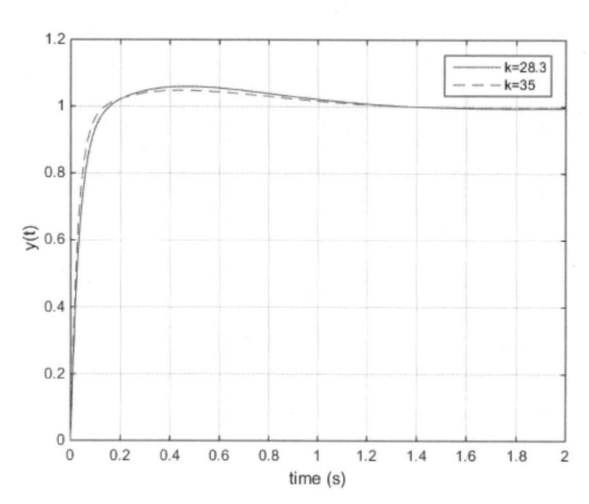

그림 9.18 PIDA로 제어된 형번호 1인 삼차공정의 응답

점검문제 9.10 $G(s)=\dfrac{1}{s(s+1)(s+3)}$에 대해 예제 9-11의 성능규격을 만족하도록 PIDA 제어기를 설계해 보시오.

예제 9-12 형번호 2인 삼차공정

$$G(s)=\frac{1}{s^2(s+1)}$$

과정 1-4는 예제 9-10의 과정 1-5와 같다.

과정 5. $s^4+(1+K)s^3+K(a+b+z)s^2+K(ab+z(a+b))s+Kabz$

$=s^4+36.3s^3+206.23s^2+534.561s+529.83$

과정 6. $a,\, b=1.9090\pm1.9418i,\ z=2.0242,\ K=35.3$

$$C(s)=35.3\frac{(s+1.9090\pm1.9418i)(s+2.0242)}{s}$$

과정 7. 스텝응답을 그려보니 P.O. $=7.59\%$이다. 이득 K를 100으로 증가시킨 뒤 출력을 조사해 본다.

MATLAB Program 9-12 : 형번호 2인 삼차공정의 PIDA 제어기 설계

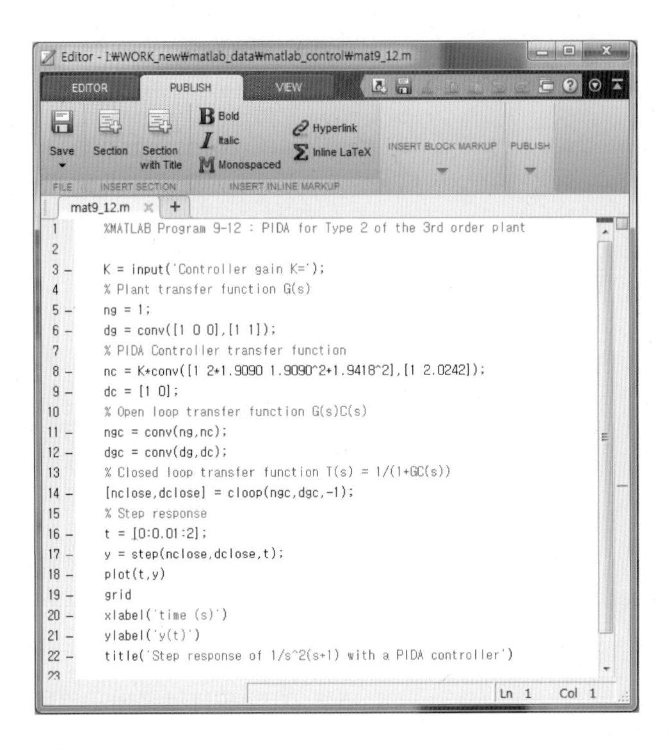


```
>> mat9_12
Controller gain K=35.3
>> max(y)
ans =
    1.1074
```

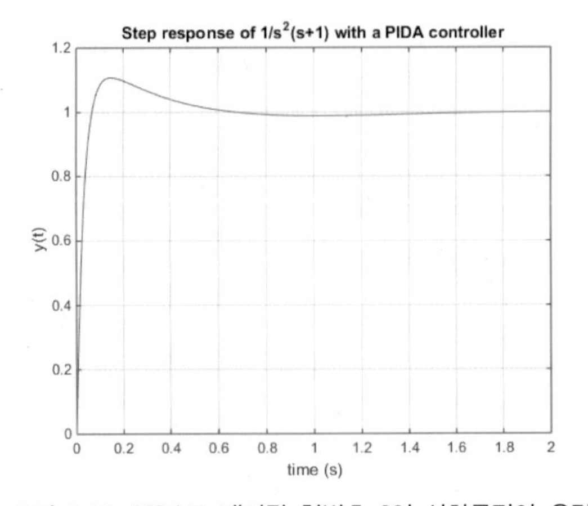

그림 9.19 PIDA로 제어된 형번호 2인 삼차공정의 응답

```
>> mat9_12
Controller gain K=100
>> max(y)
ans =
    1.0427
```

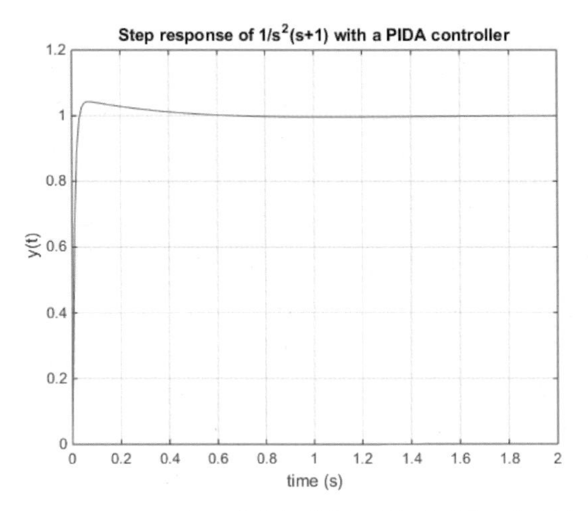

그림 9.20 PIDA로 제어된 형번호 2인 삼차공정의 응답

점검문제 9.11 $G(s) = \dfrac{1}{s^2(s+3)}$ 에 대해 예제 9-12의 성능규격을 만족하도록 PIDA 제어기를 설계해 보시오.

위의 예제들을 통하여 본 바와 같이, PID나 PIDA 제어기의 분석적인 설계방법은 진지상 제어기의 설계방법보다 쉽고 예비필터를 필요로 하지 않는다. 또한 PID나 PIDA 설계방법에서 원하는 응답을 얻기 위해서는 간단히 이득을 증가시키면 우세근이 영점으로 더욱 가까이 가게 되므로 원하는 위치에 놓일 수 있다. 이러한 이점은 외란의 영향력을 약화시킬 수 있으므로 시스템을 더욱 강건한 시스템으로 만들 수 있다. 그러면 다음 장에서 PIDA 제어기 설계방법을 디지털로 알아보자.

연 • 습 • 문 • 제

1. 다음 이차공정을 고려해 보자. 오버슈트 5% 미만, 정착시간 2초 이내로 만족하도록 제어기를 분석적인 방법으로 설계하시오.

$$G(s) = \frac{1}{(s+1)^2}$$

(a) 진지상 제어기

(b) PID 제어기

(c) 스텝응답

2. 다음 삼차공정을 고려해 보자. 오버슈트 5% 미만, 정착시간 2초 이내로 만족하도록 제어기를 분석적인 방법으로 설계하시오.

$$G(s) = \frac{1}{(s+1)^3}$$

(a) PIDA 제어기

(b) 스텝응답

3. 다음은 주파수응답을 통해 구한 모터의 모델이다.

$$G(s) = \frac{76}{(s+3.4)(s+20)}$$

5% 오버슈트와 1초의 정착시간을 만족하는 PID 제어기를 설계해 보시오.

4. 다음 삼차공정을 고려해 보자. 안정한가?

$$G(s) = \frac{1}{s^2(s+1)}$$

(a) 안정한가? 아니면 왜 아닌가?

(b) PID 제어기를 사용하여 5% 오버슈트와 2초의 정착시간을 만족하도록 제어기를 설계해 보시오.

(c) PIDA 제어기를 사용하여 5% 오버슈트와 2초의 정착시간을 만족하도록 제어기를 설계해 보시오.

Chapter 10

디지털 시스템 제어

10.1 소개

지금까지는 한 공정을 연속함수인 라플라스 영역에서 표현하고, 제어기도 라플라스 영역이나 주파수 영역에서 설계한 뒤, 연속적인 시스템의 출력응답을 알아보았다. 하지만 실제적으로 공정의 응답은 연속적인 시간함수일지라도 제어기는 컴퓨터나 마이크로 프로세서에서 실시되는 디지털 시스템이기 때문에 센서로부터 센싱된 연속신호를 이산신호로 바꾸어야 한다. 제어기로 입력되는 오차신호를 디지털로 바꾸어 디지털 제어기에서의 연산을 수행해야 한다. 계속적인 신호를 디지털로 바꾸려면 정기적인 샘플과 홀드(sample and hold)를 해야 하는데, ADC(Analog-Digital Converter)가 바로 그러한 작업을 한다. 디지털로 바꾸어진 오차신호는 디지털 제어기를 거친 후, 시스템 입력을 연산하고 다시 아날로그 신호로 바뀌어 제어 입력으로 쓰인다. 예를 들어 모터제어에서는 디지털에서 엔코더의 회전을 카운트하고 그 값은 기준값과 비교하여 오차를 계산한 다음 제어기의 연산을 수행한다. 제어기의 출력은 PWM (Pulse Width Modulation) 값으로 정수이다. PWM 값은 모터드라이버에 입력되어 전류값으로 바뀌게 되고 이 전류값이 모터를 회전하게 된다. 이 과정은 DAC(Digital-Analog Converter)가 한다. 그림 10.1은 이러한 디지털 제어시스템 블록선도를 잘 보여준다.

그러므로 디지털 시스템은 주파수 영역에서 설계되는 디지털 제어기와 시간영역에서 응답하는 지속함수로 나타나는 공정의 합성이 되는데, 이러한 합성된 시스템의 모델을 구하기 위해서는 공정을 같은 디지털로 바꾸어서 나타내야 한다. 지속함수의 공정 모델을 디지털로 바꾸는 방법에는 여러 가지가 있다.

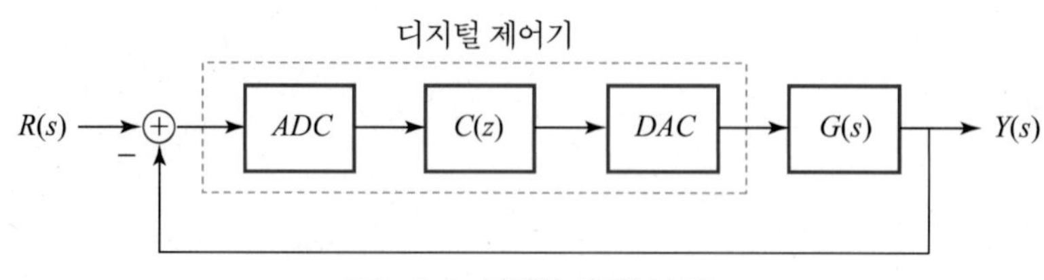

그림 10.1 디지털 제어시스템

디지털 영역에서 제어기를 설계하고, 그 응답을 조사하기 위해서는 공정 $G(s)$를 이산(discrete) 전달함수 $G(z)$로 표현한 뒤, 앞 장에서 사용한 방법과 비슷하게 출력을 구하면 된다. 그러면 공정을 디지털 영역에서 표현하는 방법을 알아보자.

10.2 이산 시스템

이산방정식은 샘플링을 통한 공정의 시간적 지연 상태를 방정식으로 나타낸 것인데 미분방정식으로부터 쉽게 구할 수 있다. 한 시스템이 다음과 같이 이차 미분방정식으로 표현이 된다고 하자.

$$\ddot{y} + 3\dot{y} + 5y = x(t) \tag{10.1}$$

라플라스 변환을 하면 다음과 같다.

$$\frac{Y(s)}{X(s)} = \frac{1}{s^2 + 3s + 5} \tag{10.2}$$

이산방정식을 구하려면, 미분함수를 시간 지연의 차이값을 샘플링값 T로 나누어 표현하는 유한차분방법(finite difference method)을 사용한다. 일차 미분함수를 유한차분방법으로 표현하면 다음과 같다.

$$\dot{y}(t)\big|_{t=nT} = \frac{y(nT) - y((n-1)T)}{T} \tag{10.3}$$

이차 미분방정식을 유한차분방법으로 표현하면

$$\ddot{y}(t)\big|_{t=nT} = \frac{y(nT) - 2y((n-1)T) + y((n-2)T)}{T^2} \tag{10.4}$$

로 나타낼 수 있다.

식 (10.1)에 (10.3)과 (10.4)를 대입해서 다시 쓰면, 다음과 같은 이산방정식을 얻는다.

$$a_2 y(nT) + a_1 y((n-1)T) + a_0 y((n-2)T) = bx(nT) \tag{10.5}$$

이때 상수들의 값은 $a_2 = 1 + 3T + 5T^2$, $a_1 = -(2 + 3T)$, $a_0 = 1$, $b = T^2$이다. 간단히 $y(nT) \equiv y[n]$이라 하면 식 (10.5)는 다음과 같다.

$$a_2 y[n] + a_1 y[n-1] + a_0 y[n-2] = bx[n] \tag{10.6}$$

이처럼 이산방정식은 다음과 같은 z 변환을 통해서 전달함수로 바뀔 수 있다.

$$y[n+k] \Rightarrow z^k Y(z) - z^k y[0] - z^{k-1} y[1] - \cdots - z y[k-1] \tag{10.7}$$

$$y[n-k] \Rightarrow z^{-k} Y(z) + y[-k] + z^{-1} y[-k+1] + \cdots + z^{-k+1} y[-1] \tag{10.8}$$

10.3 z 변환

연소신호의 주파수 변환에 라플라스와 푸리에 변환이라면 이산신호를 주파수 변환하기 위해 z 변환을 한다. 계속적인 시간영역에서는 시스템을 미분방정식으로 표현한 다음, 라플라스 변환한 것처럼 이산 시스템에서는 공정을 이산방정식(difference equation)으로 나타내고 분석하기 쉬운 변환을 하는데 이를 **z 변환**이라 한다.

한 이산신호 $x[n]$에 대한 z 변환의 정의는 다음과 같다.

$$Z\{x[n]\} = X(z) \equiv \sum_{n=-\infty}^{\infty} x[n]z^{-n} \tag{10.9}$$

여기서 변수 z는 복소수로 다음과 같은 관계가 있다.

$$z = e^{j\theta} = e^{jwT} = e^{sT} \tag{10.10}$$

여기서 디지털 주파수 $\theta = wT$로 T는 샘플링 시간이다. 복소수 z의 크기는 1인 원에서 위상만 나타낸다.

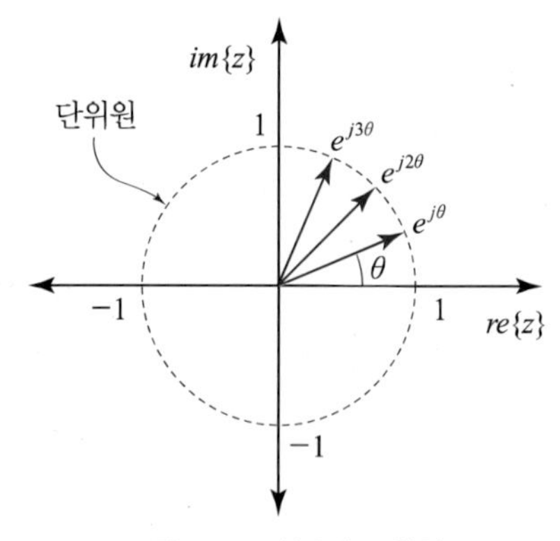

그림 10.2 복소수 z영역

예를 들어 이산함수 $x[n] = Aa^n u[n]$에 대한 z 변환은 다음과 같다.

$$Z\{Aa^n u[n]\} = \sum_{n=-\infty}^{\infty} Aa^n u[n] z^{-n}$$

$$= \sum_{n=0}^{\infty} Aa^n z^{-n} = \sum_{n=0}^{\infty} A(az^{-1})^n$$

$|az^{-1}| < 1$ 또는 $|z| > |a|$일 때 무한급수의 합은 다음과 같다.

$$Z\{Aa^n u[n]\} = \frac{A}{1-az^{-1}},\ |az^{-1}|<1 \text{ 또는 } |z|>|a| \tag{10.11}$$

마찬가지로 초깃값을 제로 상태 $n \le 0$일 때 $y[n]=0$이라 가정하고 식 (10.6)을 z 변환하면 식 (10.12)와 같다.

$$\frac{Y(z)}{X(z)} = \frac{bz^2}{a_2 z^2 + a_1 z + a_0} \tag{10.12}$$

지금까지 미분함수로 표현된 공정을 차분함수로 나타내는 과정을 보였다. 미분방정식이 고차이거나 복잡할 경우에는 이산방정식을 얻기가 매우 어렵다. 이러한 경우에는 MATLAB을 사용하면 간단히 구할 수 있다.

점검문제 10.1 다음을 z 변환하시오.

(a) $\delta[n]$ (b) $u[n]$ (c) $\cos(w[n])$

10.4 이산 시스템의 안정성

라플라스 영역에서는 특성방정식의 모든 근들이 s평면의 왼쪽에 놓이게 되면 안정하다는 것을 앞에서 여러 경우를 통해 알아보았다. 이러한 s평면에서의 안정한 근들이 z평면에서는 어떻게 나타나는지 살펴봄으로써 z영역에서의 안정한 근의 영역을 구할 수 있다.

s영역에서의 근들이 z영역에서 나타나는 과정을 살펴보자. 라플라스 연산자 s와 z 사이에는 다음과 같은 관계가 있다.

$$z = e^{sT} \tag{10.13}$$

s영역에서 jw축의 왼쪽에 놓여 있는 안정한 위치의 한 근, $s=-\alpha \pm j\omega$는 z영역에서 다음과 같다.

$$z = e^{(-\alpha \pm j\omega)T} = e^{-\alpha T} e^{\pm j\omega T} \tag{10.14}$$

모든 주파수 ω에 대하여 $|e^{\pm j\omega T}|$은 크기가 1이고 ωT의 값에 따라 원을 형성함을 알 수 있다. 따라서 식 (10.14)에서 z의 크기는 $e^{-\alpha T}$의 크기에 달려 있는데, α, $T>0$이므로 그 크기는 1보다 작음($|e^{-\alpha T}|<1$)을 알 수 있다.

그러므로 s영역에서의 안정한 영역인 $j\omega$축의 왼쪽 평면은 z영역에서 반지름이 1인 단위

원(unit circle)의 안쪽 평면과 일치하게 된다. 따라서, z 변환의 이산 시스템이 안정하기 위해서는 모든 근들이 단위원을 제외한 원의 안쪽에 위치해야 한다. 다시 말하면, causal인 경우($n \geq 0$) 극점의 크기가 $|p| < 1$이어야 한다.

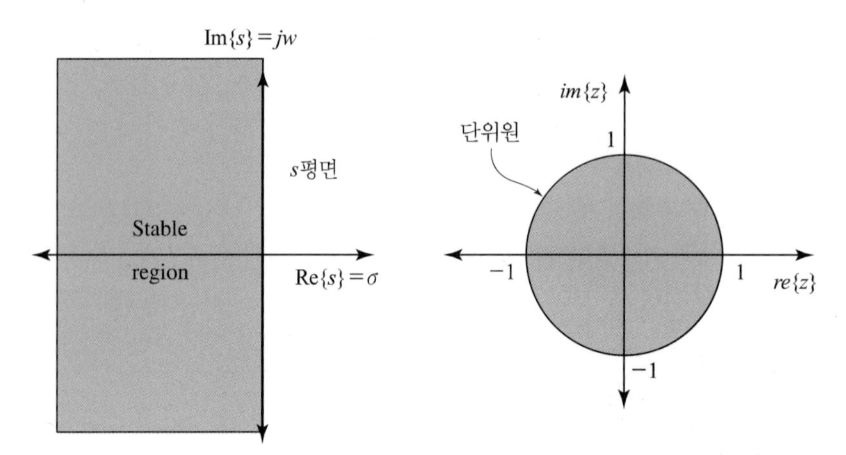

그림 10.3 디지털 시스템 안정한 근의 영역

라플라스 영역에서 특성방정식의 근을 조사하여 시스템의 안정성을 조사해 본 것처럼 z영역에서도 근의 값을 조사하여 안정성을 점검해 보자.

예제 10-1 이산 시스템의 안정성

입력이 $x[n]$이고 출력이 $y[n]$인 LTI 이산방정식이 다음과 같을 때, 전달함수를 구하고 시스템의 안정성을 점검해 보시오. 시스템은 과거의 입력에만 영향을 받는 causal($n \geq 0$)이고 초깃값은 모두 0이라 가정한다.

$$y[n] - \frac{5}{2}y[n-1] + y[n-2] = x[n],\ n \geq 0$$

식 (10.8)의 z 변환의 시간 지연 특성에 의해 위의 이산방정식을 z 변환하면

$$Y(z) - \frac{5}{2}Y(z)z^{-1} + Y(z)z^{-2} = X(z)$$

입력에 대한 출력의 전달함수 $H(z)$는 다음과 같다.

$$H(z) = \frac{Y(z)}{X(z)} = \frac{1}{1 - \frac{5}{2}z^{-1} + z^{-2}} = \frac{1}{\left(1 - \frac{1}{2}z^{-1}\right)(1 - 2z^{-1})}$$

$H(z)$의 근은 $z=\frac{1}{2}$, $z=2$이다. 하나의 근이 $|z|>1$이므로 시스템은 불안정하다.

MATLAB을 사용하여 스텝응답을 구해 보자.

MATLAB Program 10-1 : 불안정한 Discrete 시스템의 스텝응답

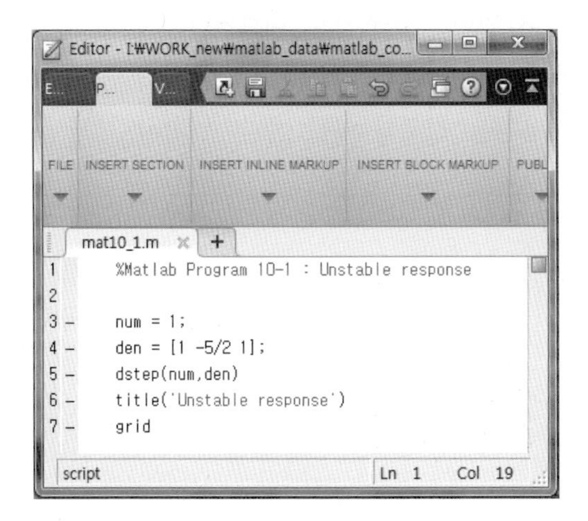


```
%Matlab Program 10-1 : Unstable response

num = 1;
den = [1 -5/2 1];
dstep(num,den)
title('Unstable response')
grid
```

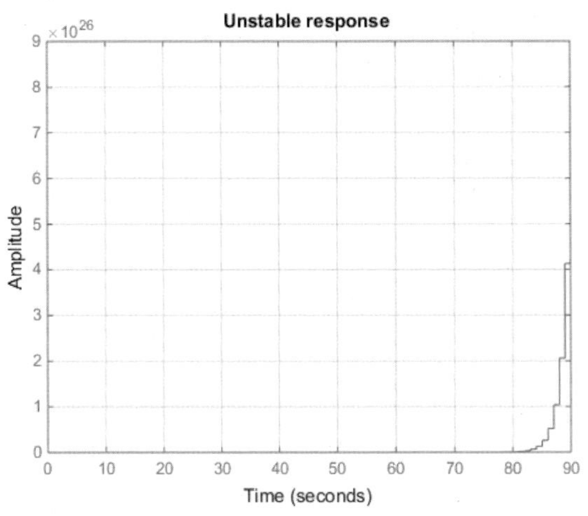

그림 10.4 불안정한 시스템의 스텝응답

점검문제 10.2 다음의 안정성을 확인하시오.

$$H(z)=\frac{(z+1.5)}{(z-0.5)(z+0.99)},\quad H(z)=\frac{(z+1.5)}{(z-1.5)(z+0.1)}$$

10.5 디지털 필터의 응답

앞의 예제에서는 MATLAB 명령어 **dstep**을 사용함으로써 응답을 알아보았다. 일반적으로 z영역에서의 전달함수를 필터(filter)라고도 하는데, 그 이유는 주파수 영역에서는 입력이 전달함수인 필터를 지나 출력으로 처리되기 때문이다. 제어기도 일종의 필터로 오차신호를 입력으로 받아 원하는 제어 입력을 출력으로 내보낸다.

그러면 한 시스템의 입력에 대한 출력의 모양을 두 가지 방법으로 나타내 보자. 하나는 위와 같은 **dstep** 명령어를 사용하는 경우와 다른 하나는 **filter**란 명령어를 사용하는 경우이다.

```
y = dstep(num, den)
y = filter(num, den, x)                         ☜ x는 입력이다
```

여기서 명령어 **filter**를 사용할 경우에는 필터의 입력 $x[n]$을 지정해야 하는데 입력의 종류에 따라 달라진다. 다양한 필터의 입력 $x[n]$을 조사해 보자.

10.5.1 단위 델타 입력

단위 델타 입력(Kronecker delta input)은 어떤 특정값 n에서만 값을 갖고 다른 변수에서는 모두 0이 되는 입력으로 다음과 같이 표현한다. 입력이 $x[n]$이라고 할 경우

$$x[n] = \delta[n] \qquad x[n] = 1 \quad (n = 0)$$
$$x[n] = 0 \ (\text{그 밖의 모든 } n\text{에 대하여}) \tag{10.15}$$

이다.

MATLAB에서는 다음과 같이 델타 입력을 나타낼 수 있다. 만약 n이 0에서는 1이고 1부터 101까지는 0이라고 할 때 델타 입력 $x[n]$은 다음과 같이 나타낼 수 있다.

```
x = [1 zeros(1, 100)];                          ☜ 델타 입력
```

예제 10-2 이산 시스템의 델타 응답

입력이 $x[n]$이고 출력이 $y[n]$인 LTI 이산방정식이 다음과 같을 때, 전달함수를 구하고 델타 입력에 대한 시스템의 응답을 구해 보시오.

$$y[n]-y[n-1]+0.5\,y[n-2]=0.5\;x[n]+0.5\,x[n-1]$$

위의 이산방정식을 z 변환하면 다음과 같다.

$$H(z)=\frac{0.5+0.5\,z^{-1}}{1-z^{-1}+0.5\,z^{-2}}$$

부분인수분해를 하면

```
>> n = [0.5 0.5];
>> d = [ 1 -1  0.5];
>> [r,p]=residue(n,d)
r =
    0.2500 - 0.7500i
    0.2500 + 0.7500i
p =
    0.5000 + 0.5000i
    0.5000 - 0.5000i
```

$$H(z)=\frac{0.25-0.75j}{z-0.5+0.5j}+\frac{0.25+0.75j}{z-0.5-0.5j}$$

근의 크기를 보면 1보다 작아 안정한 것을 알 수 있다.

```
>> abs(p)
ans =
     0.7071
     0.7071
```

MATLAB에서는 명령어 **dimpulse**를 사용하는 방법과 **filter**를 사용하는 방법을 살펴보자.

MATLAB Program 10-2 : Discrete 시스템의 임펄스응답

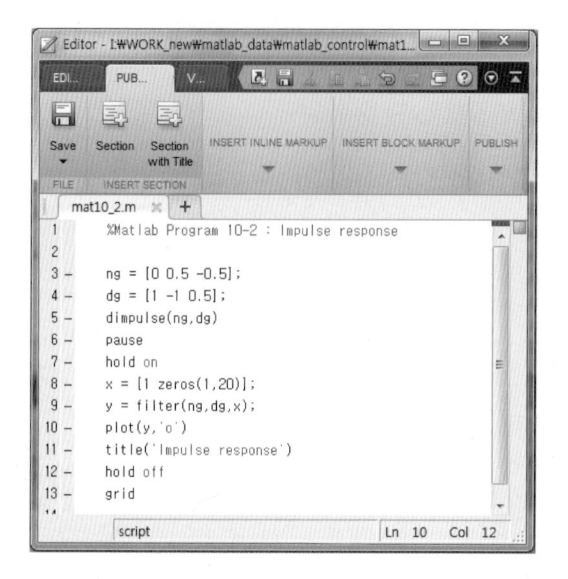

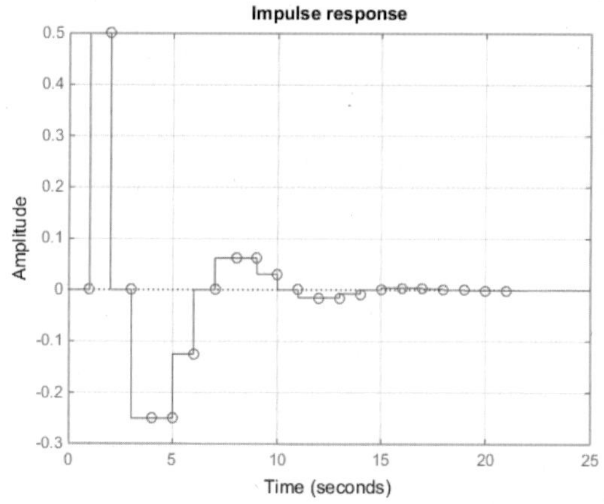

그림 10.5 시스템의 임펄스응답

10.5.2 단위스텝입력

단위스텝입력(unit step input)은 n이 0보다 크거나 같을 때만 1이 되고 그 밖의 경우에는 0이 된다.

$$x[n] = 1,\ n \geq 0,\ n = 0,\ 1,\ 2,\ \cdots \tag{10.16}$$

MATLAB에서 단위스텝입력의 표현은 다음과 같다.

```
x = ones(1, 101);                                    ☜ 스텝입력
```

예제 10-3 이산 시스템의 스텝응답

입력이 $x[n]$이고 출력이 $y[n]$인 LTI 이산방정식이 다음과 같을 때, 전달함수를 구하고 시스템의 안정성을 점검해 보시오.

$$y[n]-1.5y[n-1]+0.6y[n-2]=0.5x[n]-0.3x[n-1]$$

위의 이산방정식을 z 변환하면

$$H(z)=\frac{0.5-0.3z^{-1}}{1-1.5z^{-1}+0.6z^{-2}}$$

이 된다.

$H(z)$의 모든 근이 $|z|<1$이므로 시스템은 안정하다. MATLAB을 사용하여 스텝응답을 구해 조사해 보자.

MATLAB Program 10-3 : Discrete 시스템의 스텝응답

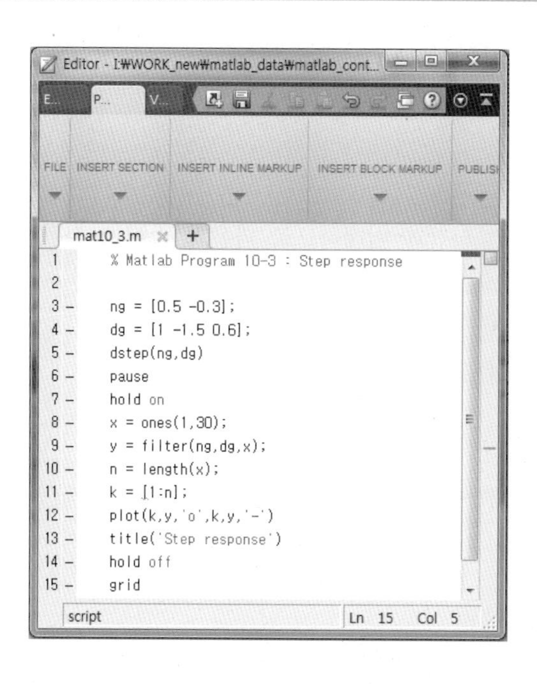

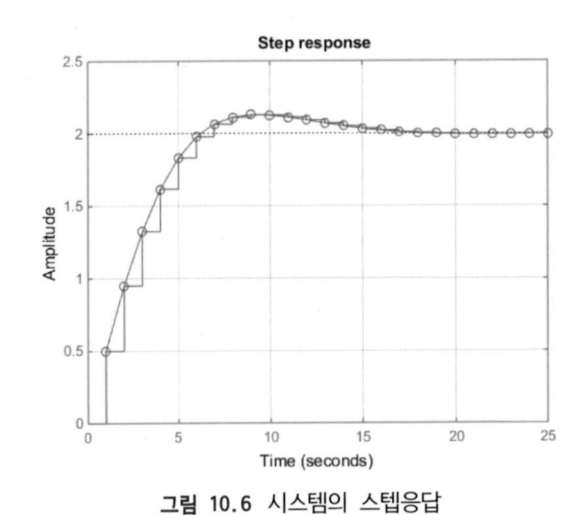

그림 10.6 시스템의 스텝응답

점검문제 10.3 LTI 이산방정식이 다음과 같을 때 전달함수를 구하고 스텝응답을 MATLAB을 사용하여 구해 보시오.

$$y[n]+\frac{1}{4}y[n-1]-\frac{3}{8}y[n-2]=x[n]+2x[n-1]+x[n-2]$$

10.5.3 램프입력

램프입력(ramp input)은 시간과 비례하므로 다음과 같이 표현될 수 있다.

$$x[n]=n,\ n=0,\ 1,\ 2,\ \cdots \tag{10.17}$$

T는 샘플링 시간이다. MATLAB에서는

```
x = T * [0:100];                                   ☜ 램프입력
```

으로 나타낼 수 있다.

예제 10-4 이산 시스템의 램프응답

입력이 $x[n]$이고 출력이 $y[n]$인 LTI 이산방정식이 다음과 같을 때, 전달함수를 구하고 램프입력에 대한 응답을 구해 보시오.

$$y[n]-0.8y[n-1]+0.6y[n-2]=0.7x[n-1]$$

위의 이산방정식을 z 변환하면

$$H(z) = \frac{0.7z^{-1}}{1 - 0.8z^{-1} + 0.6z^{-2}}$$

이 된다.

$H(z)$의 모든 근이 $|z| < 1$이므로 시스템은 안정하다. MATLAB을 사용하여 램프응답을 구해 보자.

MATLAB Program 10-4 : Discrete 시스템의 램프응답

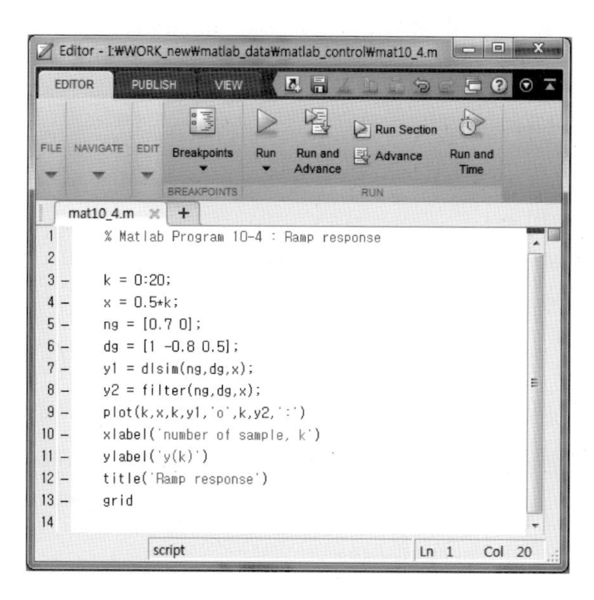

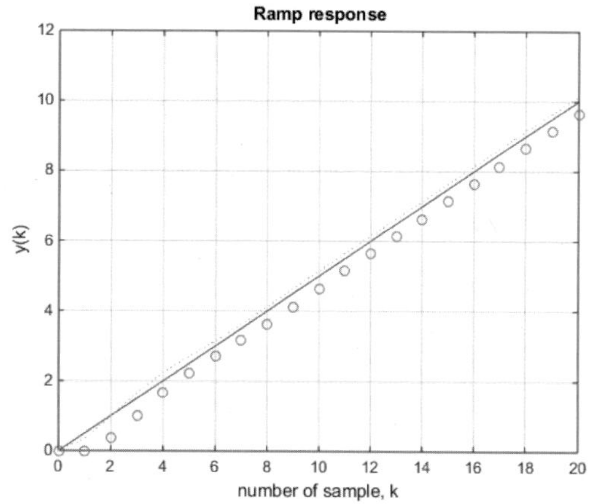

그림 10.7 시스템의 램프응답

10.6 MATLAB에서의 디지털 표현

MATLAB에서는 간단히 몇 가지 명령어만 사용하면 쉽게 s영역의 전달함수를 z영역의 전달함수로 바꿀 수 있다. 라플라스 영역의 전달함수를 z영역의 전달함수로 나타내 보자.

$$G(s) = \frac{ng(s)}{dg(s)} \Rightarrow G(z) = \frac{ng(z)}{dg(z)} \tag{10.18}$$

MATLAB 상에서는 간단히 명령어인 **c2d, c2dt, c2dm** 등을 적절히 사용함으로써 라플라스 형태의 전달함수를 z 변환 형태의 전달함수로 바꿀 수 있다. **c2d** 명령어는 라플라스 영역의 상태공간방정식의 입력에 있어서 zero order hold(zoh)를 가정하고 샘플링 시간(tz)과 함께 이산 상태공간방정식으로 바꾸어준다. 만약 입력의 순수시간지연이 'lambda'만큼 있을 경우라면 **c2dt**를 사용하면 된다.

```
[ad, bd] = c2d(a, b, tz)
[ad, bd, cd, dd] = c2dt(a, b, c, tz, lambda)
```

디지털로 바꾸어주는 다른 명령어로 **c2dm**이 있는데, 위의 명령어들과는 달리 디지털 영역에서의 전달함수나 상태방정식 두 경우로의 표현이 모두 가능하다. 또한 5가지의 디지털로 바꾸는 방법(method)을 선택할 수 있는데, 그 방법들로는 zoh(zero order hold), foh(first order hold), matched, tustin, prewarp 등이 있다. 이 방법들에 대한 자세한 설명은 MATLAB에 내장되어 있는 도움파일을 참고하기 바란다.

```
[ad, bd, cd, dd] = c2dm(a, b, c, d, tz, 'method')
```

입력에 시간 지연이 있는 경우 라플라스 형태의 전달함수를 이산 상태의 전달함수로 바꾸기 위해서는 세 단계의 과정을 거쳐야 한다.

먼저 명령어 **tf2ss**를 사용하여 전달함수 $G(s)$를 상태공간방정식으로 바꾼 다음, 명령어 **c2dt**를 사용하여 이산 상태공간방정식으로 바꾼다. 이때 **c2dt** 명령어는 샘플링 시간(tz)과 입력의 시간 지연 값(lambda)의 정보를 필요로 한다. 명령어 **ss2tf**를 사용하여 이산 상태공간방정식을 다시 전달함수로 바꾸어 표현한다.

```
[a_p, b_p, c_p, d_p] = tf2ss(ng, dg);
[ad_p, bd_p, cd_p, dd_p] = c2dt(a_p, b_p, c_p, tz, lambda);
[dng, ddg] = ss2tf(ad_p, bd_p, cd_p, dd_p);
```

입력에 시간 지연이 없을 경우에는 간단히 **c2dm** 명령어를 사용하여

```
[dng, ddg] = cd2m(ng, dg, tz, 'method')
```

하면 된다.

예제 10-5 디지털 시스템의 응답

다음의 이차공정을 디지털 전달함수로 바꾸어 보자.

$$G(s) = \frac{1}{(s+1)(s+3)}$$

또한 제어기 $C(s) = 15$일 때 스텝응답을 시간영역에서 구하고, 다시 이산 영역에서 스텝 응답을 구한 뒤 함께 그려 비교해 본다. 샘플링 시간의 영향을 알아보기 위해서 두 샘플링 시간에 대한 응답을 조사한다.

MATLAB Program 10-5 : Discrete 시스템의 응답

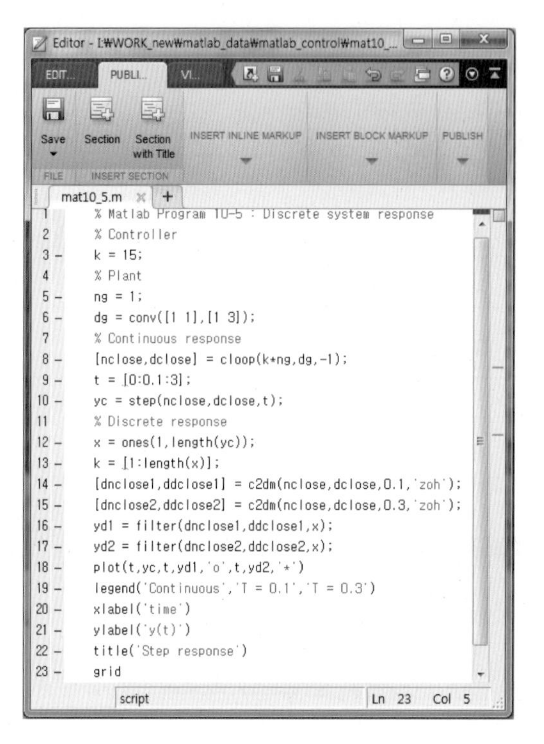

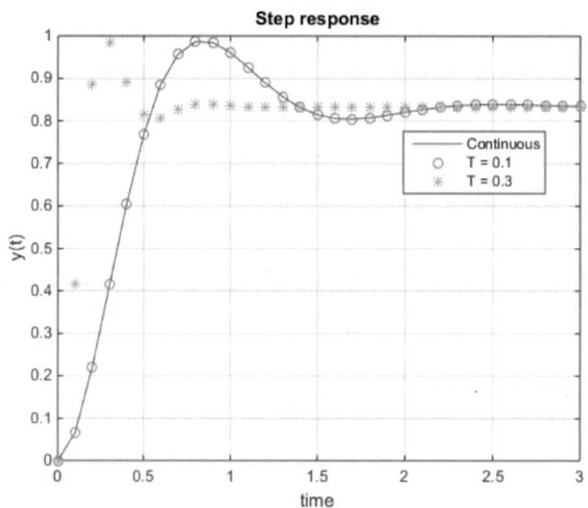

그림 10.8 다른 샘플링의 시스템응답

점검문제 10.4 다음 삼차공정을 디지털로 바꾸어 보자.

$$G(s) = \frac{1}{(s+1)(s+3)(s+6)}$$

샘플링 시간이 0.1초일 때 명령어 **c2dm**과 **c2d**를 사용하여 구하고 비교해 보시오.

10.7 디지털 PID 제어기

제어시스템에서 시간영역의 PID 제어기는 다음과 같이 나타낼 수 있다. 제어 입력을 $u(t)$라 할 때, $u(t)$는 다음과 같다.

$$u(t) = K_P e(t) + K_D \dot{e}(t) + \int e(t)dt \tag{10.19}$$

식 (10.19)를 라플라스 영역에서 나타내면 PID 제어기는

$$C(s) = \frac{U(s)}{E(s)} = K_P + K_D s + \frac{K_I}{s} \tag{10.20}$$

로 표현된다.

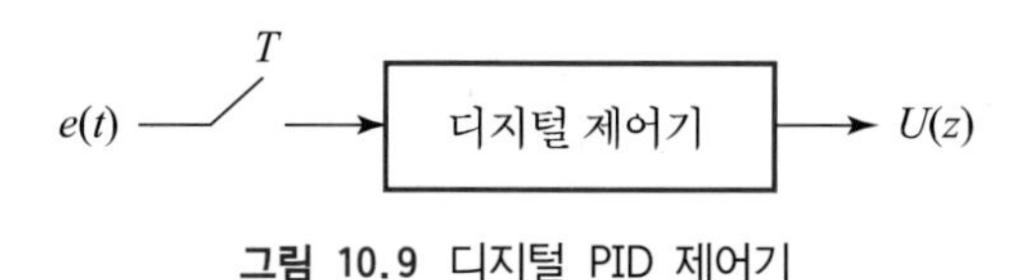

그림 10.9 디지털 PID 제어기

이산 시스템에서는 지속함수를 샘플링해서 표현해야 한다. 제어기의 입력은 오차함수 $e(t)$이고, 출력은 제어입력신호 $u(t)$이므로 식 (10.20)은 이때 전달함수가 된다. 입력으로 오차함수 $e(t)$의 라플라스 변형이 $E(s)$라 하면, 이차미분함수 $\dot{e}(t)$를 구함은 라플라스 영역에서 $sE(s)$를 구하는 것과 같다. 우선 $e(t)$의 일차 미분함수인 $\dot{e}(t)$를 구해 보자. T가 샘플링 시간일 때 앞에서 사용한 유한차분방법을 사용하면

$$\dot{e}(t)|_{t=nT} = \frac{e(nT) - e[(n-1)T]}{T} \tag{10.21}$$

가 되는데 식 (10.21)의 z 변환을 구하면

$$z[\dot{e}(t)|_{t=nT}] = \frac{1-z^{-1}}{T} E(z) \tag{10.22}$$

이다. 그러므로 디지털 미분기는

$$C_D(z) = K_D \frac{1-z^{-1}}{T} \tag{10.23}$$

이 된다.

디지털 적분기는 적분하는 방법에 따라 보통 세 가지 방법으로 나뉜다. 여기서는 사다리꼴

(trapezoidal) 적분에 근거하여 제어기를 설계해 보기로 하자. 함수 $e(t)$의 적분값을 $u(t)$라 하면 다음과 같이 표현할 수 있다.

$$u[n]=u[n-1]+\frac{T}{2}\{e[n]+e[n-1]\} \tag{10.24}$$

식 (10.24)를 z 변환하면 디지털 적분 제어기는

$$C_I(z)=K_I\frac{U(z)}{E(z)}=\frac{K_I T(z+1)}{2(z-1)} \tag{10.25}$$

이다. 그러므로 디지털 PID 제어기는 다음과 같다.

$$C_{\mathrm{PID}}(z)=\frac{\left(K_P+\frac{K_I'}{2}+K_D'\right)z^2-\left(K_P+2K_D'-\frac{K_I'}{2}\right)z+K_D'}{z(z-1)} \tag{10.26}$$

$$K_D'=\frac{K_D}{T},\ K_I'=TK_I$$

또 실제적으로 컴퓨터에 많이 쓰이는 다른 한 방법으로는 식 (10.19)를 미분하여 이산 PID 제어기를 구하는 방법이다.

$$\dot{u}(t)=K_P\dot{e}(t)+K_D\ddot{e}(t)+K_I e(t) \tag{10.27}$$

위 식을 유한차분방법을 사용하여 이산식으로 나타내면 다음과 같다.

$$\frac{u[n]-u[n-1]}{T}=K_P\frac{e[n]-e[n-1]}{T}+K_D\frac{e[n]-2e[n-1]+e[n-2]}{T^2}+K_I e[n]$$

$$u[n]=u[n-1]+K_P(e[n]-e[n-1])\ +\frac{K_D}{T}(e[n]-2e[n-1]+e[n-2])+TK_I e[n]$$

$$=u[n-1]+K_P(e[n]-e[n-1])+K_D'(e[n]-2e[n-1]+e[n-2])+K_I' e[n]$$

z 변환하면 다음과 같다.

$$\begin{aligned} C(z)=\frac{U(z)}{E(z)}&=\frac{K_P(1-z^{-1})+K_D'(1-2z^{-1}+z^{-2})+K_I'}{1-z^{-1}} \\ &=\frac{K_P+K_I'-(K_P+2K_D')z^{-1}+K_D'z^{-2}}{1-z^{-1}} \\ &=\frac{(K_P+K_I')z^2-(K_P+2K_D')z+K_D'}{z(z-1)} \end{aligned} \tag{10.28}$$

식 (10.26)과 식 (10.28)을 비교하면 거의 같음을 알 수 있다.

예제 10-6 이차공정의 디지털 PID 제어

다음의 이차공정을 디지털 PID 제어기로 제어해 보자. 공정은 라플라스 영역에서 $G(s)=\dfrac{1}{s(s+2)}$이고, 제어기는 $C(s)=32.2\dfrac{s^2+4.1742s+7.8353}{s}$이다. PID 제어기와 공정을 디지털로 바꾼 다음, 시스템응답을 구해 보자. 샘플링 시간은 0.1초라 하자.

MATLAB Program 10-6 : 이차공정의 디지털 PID 제어

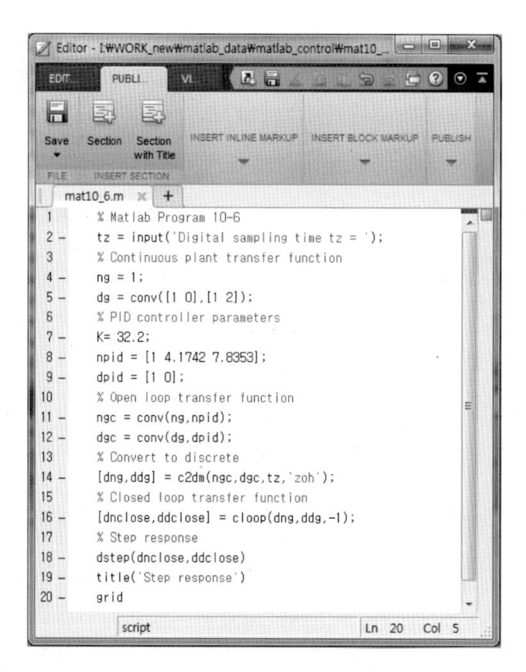

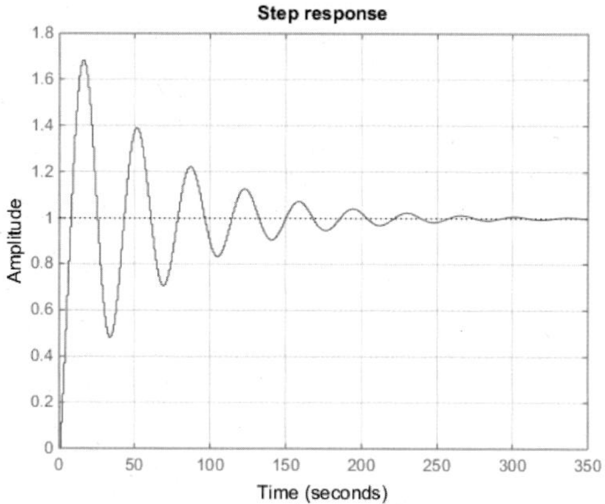

그림 10.10 이차공정의 스텝응답

점검문제 10.5 다음 공정이 성능규격 P.O < 5%, 정착시간 $Ts < 2$초를 만족하기 위한 디지털 PID 제어기를 설계해 보시오.

$$G(s) = \frac{1}{s^2}$$

10.8 디지털 PIDA 제어기

PIDA 제어기를 처음으로 이 책에서 선보이고, 계속적인 시간영역에서 제어하는 방법도 앞 장에서 알아보았다. 하지만 모든 제어기는 실제 응용에 있어서 디지털로 사용되기 때문에 PIDA 제어기를 디지털로 개발하고, 직접 디지털 공정에 시험해 보는 것이 매우 중요하다. 앞에서도 언급했듯이 PIDA 제어기는 PID 제어기의 연장이기 때문에 우선 PID 제어기의 디지털 형태를 그대로 사용해 보자.

디지털 PIDA 제어기에서는 앞에서 다룬 기존의 PID 디지털을 그냥 사용하고, 관성 부분 (s^2)만 고려해 보기로 하자. 디지털 PIDA 제어기는

$$u_{PIDA}(t) = K_P e(t) + K_D \dot{e}(t) + \int e(t)dt + K_A \ddot{e}(t) \tag{10.29}$$

으로 표현된다.

오차함수 $e(t)$의 라플라스 변형이 $E(s)$라 하면, 이차 미분함수 $\ddot{e}(t)$를 구함은 라플라스 영역에서 $s^2E(s)$를 구하는 것과 같다. 이차 미분함수는

$$\ddot{e}(t)|_{t=nT} = \frac{\dot{e}(nT) - \dot{e}((n-1)T)}{T} \tag{10.30}$$

가 된다. 식 (10.21)을 식 (10.30)에 대입하면

$$\ddot{e}(t)|_{t=nT} = \frac{e(nT) - 2e[(n-1)T] + e[(n-2)T]}{T^2} \tag{10.31}$$

를 얻을 수 있다. 그러므로 식 (10.29)의 가속도 부분만 z 변환하면

$$C_A(z) = K_A \frac{z^2 - 2z + 1}{T^2 z^2} \tag{10.32}$$

이 된다. 완전한 PIDA 제어기의 디지털 형태는

$$C_{\text{PIDA}}(z) = \frac{Az^3 + Bz^2 + (TK_D + 3K_A)z - K_A}{T^2 z^2 (z-1)} \tag{10.33}$$

$$A = T^2 K_P + T^3 \frac{K_I}{2} + TK_D + K_A,$$

$$B = T^3 \frac{K_I}{2} - T^2 K_P - 2TK_D - 3K_A$$

이다.

디지털에서의 PIDA 제어기인 식 (10.33)과 시간영역에서의 PIDA 제어기인 식 (9.10)을 비교해 보았을 때, $K_A = K$, $K_D = K(a+b+z)$, $K_P = K(z(a+b)+ab)$, $K_I = Kabz$인 관계가 성립된다. 식 (10.33)을 사용한 경우와 명령어 **c2dm**을 사용한 경우의 스텝응답을 비교해 보자.

예제 10-7 삼차공정의 디지털 PIDA 제어

다음의 삼차공정을 디지털 PIDA 제어기로 제어해 보자. 공정은 라플라스 영역에서

$$G(s) = \frac{1}{s^2(s+1)}$$

이고, 제어기는

$$C(s) = 35.3 \frac{(s + 1.9090 \pm 1.9418i)(s + 2.0242)}{s}$$

이다. PIDA 제어기와 공정을 디지털로 바꾼 다음, 시스템의 응답을 구해 보자. 샘플링 시간은 0.005초이다.

MATLAB Program 10-7 : 삼차공정의 디지털 PIDA 제어

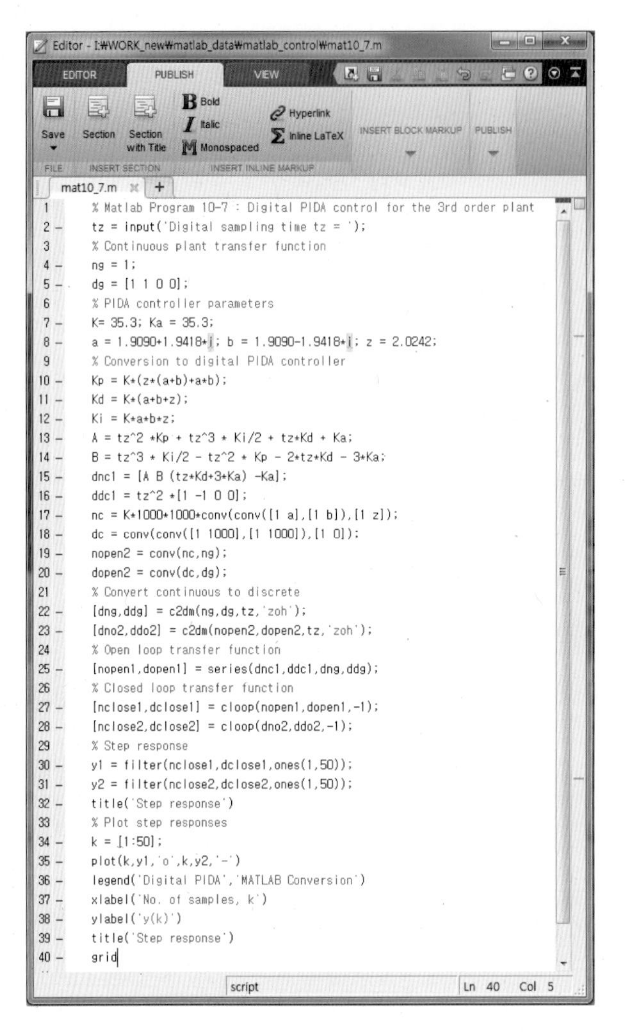

```
% Matlab Program 10-7 : Digital PIDA control for the 3rd order plant
tz = input('Digital sampling time tz = ');
% Continuous plant transfer function
ng = 1;
dg = [1 1 0 0];
% PIDA controller parameters
K= 35.3; Ka = 35.3;
a = 1.9090+1.9418*i; b = 1.9090-1.9418*i; z = 2.0242;
% Conversion to digital PIDA controller
Kp = K*(z*(a+b)+a*b);
Kd = K*(a+b+z);
Ki = K*a*b*z;
A = tz^2 *Kp + tz^3 * Ki/2 + tz*Kd + Ka;
B = tz^3 * Ki/2 - tz^2 * Kp - 2*tz*Kd - 3*Ka;
dnc1 = [A B (tz*Kd+3*Ka) -Ka];
ddc1 = tz^2 *[1 -1 0 0];
nc = K*1000*1000*conv(conv([1 a],[1 b]),[1 z]);
dc = conv(conv([1 1000],[1 1000]),[1 0]);
nopen2 = conv(nc,ng);
dopen2 = conv(dc,dg);
% Convert continuous to discrete
[dng,ddg] = c2dm(ng,dg,tz,'zoh');
[dno2,ddo2] = c2dm(nopen2,dopen2,tz,'zoh');
% Open loop transfer function
[nopen1,dopen1] = series(dnc1,ddc1,dng,ddg);
% Closed loop transfer function
[nclose1,dclose1] = cloop(nopen1,dopen1,-1);
[nclose2,dclose2] = cloop(dno2,ddo2,-1);
% Step response
y1 = filter(nclose1,dclose1,ones(1,50));
y2 = filter(nclose2,dclose2,ones(1,50));
title('Step response')
% Plot step responses
k = [1:50];
plot(k,y1,'o',k,y2,'-')
legend('Digital PIDA','MATLAB Conversion')
xlabel('No. of samples, k')
ylabel('y(k)')
title('Step response')
grid
```

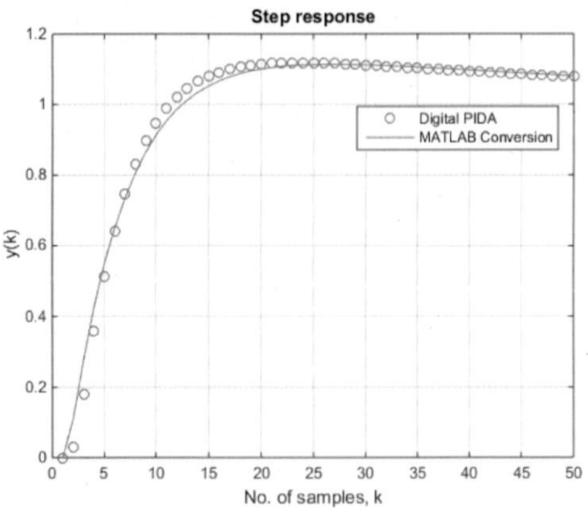

그림 10.11 삼차공정의 스텝응답

10.9 s와 z와의 관계

이산신호에서 사다리꼴 적분은 다음과 같이 표현된다.

$$y[n] = y[n-1] + T\left(\frac{x[n] + x[n-1]}{2}\right) \tag{10.34}$$

z 변환을 하면 다음과 같다.

$$Y(z) = Y(z)z^{-1} + T\left(\frac{X(z) + X(z)z^{-1}}{2}\right)$$

$$\frac{Y(z)}{X(z)} = \frac{T}{2}\frac{(z+1)}{(z-1)} \tag{10.35}$$

적분에 대한 라플라스 변환은 $G(s) = \dfrac{1}{s}$이고 대응하는 적분의 z 변환과 같다고 놓으면 다음과 같은 등식이 성립한다.

$$\frac{1}{s} = \frac{T}{2}\frac{(z+1)}{(z-1)} \tag{10.36}$$

이 식은 s와 z함수 모두에 선형이므로 bilinear라고 이것에 근거해서 하는 변환을 bilinear transform이라 한다.

$$Tsz + sT - 2z = -2 \tag{10.37}$$

여기서 $s = jw$, $z = e^{j\theta}$를 대입하면

$$\frac{1}{jw} = \frac{T}{2}\frac{(e^{j\theta}+1)}{(e^{j\theta}-1)}$$

정리하면 각주파수 w와 디지털 각 주파수 θ와의 관계는 다음과 같다.

$$w = \frac{2}{T}\tan\left(\frac{\theta}{2}\right) \tag{10.38}$$

이 w와 θ와의 관계를 처리하는 과정을 prewarping이라 한다.

10.10 디지털 MATLAB 명령어

c2d	디지털로 바꾼다.	**dimpulse**	임펄스응답
c2dm	디지털로 바꾼다.	**dstep**	스텝응답
cd2t	디지털로 바꾼다.	**dlsim**	모든 응답
dnyquist	Nyquist 응답	**filter**	필터응답
dbode	디지털 Bode 응답		

연 • 습 • 문 • 제

1. 다음 이차공정을 고려해 보자. 샘플링 시간이 다를 때 오버슈트 5% 미만, 정착시간 2초 이내로 만족하도록 디지털 PID 제어기를 설계하시오. 성능을 파형을 그려 비교해 보시오.

$$G(s) = \frac{1}{(s+1)^2}$$

(a) $Ts = 0.5\,\mathrm{sec}$

(b) $Ts = 0.1\,\mathrm{sec}$

(c) $Ts = 0.01\,\mathrm{sec}$

2. 다음 삼차공정을 고려해 보자. 샘플링 시간이 다를 때 오버슈트 5% 미만, 정착시간 2초 이내로 만족하도록 PIDA 디지털 제어기를 분석적인 방법으로 설계하시오. 성능을 파형을 그려 비교해 보시오.

$$G(s) = \frac{1}{(s+1)^3}$$

(a) $Ts = 0.5\,\mathrm{sec}$

(b) $Ts = 0.1\,\mathrm{sec}$

(c) $Ts = 0.01\,\mathrm{sec}$

3. 다음은 주파수응답을 통해 구한 모터의 모델이다.

$$G(s) = \frac{76}{(s+3.4)(s+20)}$$

(a) 샘플링이 $Ts = 0.01\,\mathrm{sec}$일 때 이산 모델을 구해 보시오.

(b) 5% 오버슈트와 1초의 정착시간을 만족하는 디지털 PID 제어기를 설계해 보시오.

Chapter 11

SIMULINK

11.1 소개

SIMULINK는 MATLAB의 확장자로서 동적 시스템을 시뮬레이션하는 데 있어 그래픽을 사용하여 사용자가 편리하도록 만든 프로그램이다. 특히 라플라스 변환을 할 수 없는 비선형 시스템의 미분방정식의 시뮬레이션 수행을 가능하게 해준다. MATLAB에 내장되어 있는 다양한 적분 알고리즘을 사용하여 샘플마다 적분을 수행함으로써 동적의 움직임을 묘사할 수 있다.

SIMULINK의 그래픽을 사용한 각 아이콘 블록은 실제로 제어시스템에서 블록선도를 구성할 때 각 블록과 같은 역할을 하도록 만들어졌다. 마우스를 사용하여 각 아이콘들의 모델을 클릭하여 연결하면 자동적으로 MATLAB code를 통해 계산이 된다. 각 공정의 모델을 마우스로 클릭한 블록을 통해서 만든 뒤, 입력에서부터 출력까지 각 블록을 연결함으로써 시스템의 응답을 알아볼 수 있다. 그러므로 사용자가 더 쉽고 간편하게 시뮬레이션할 수 있도록 만든 프로그램이라고 할 수 있다. SIMULINK를 실행하려면 항상 MATLAB을 띄워 놓은 상태에서 할 수 있으며, MATLAB의 자체 기능에 더 많은 기능을 첨가시켰다. 간단한 예를 들면 비선형 모델을 사용하여 비선형 시스템의 응답을 알아볼 수 있도록 했으며, 무엇보다 편한 것은 동적 시스템을 나타낼 수 있는 적분능력이다. 적분도 간단히 블록을 사용해서 할 수 있다.

11.2 SIMULINK의 실행

SIMULINK를 실행하려면 우선 MATLAB을 띄워 놓아야 한다. MATLAB 프롬프트에서 다음과 같이 실행한다.

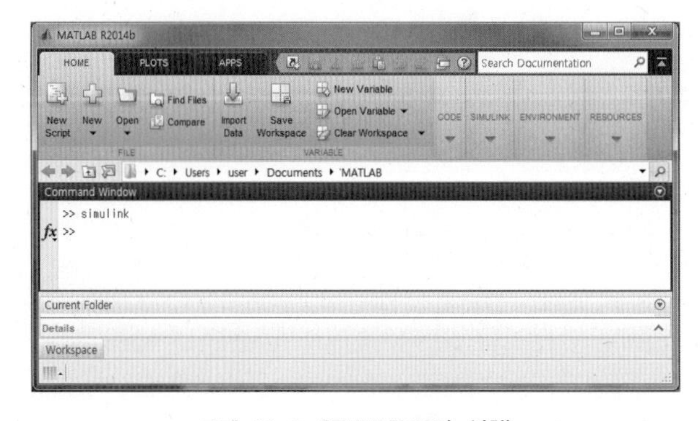

그림 11.1 SIMULINK의 실행

그러면 아래와 같은 SIMULINK의 라이브러리 윈도우와 작업환경 윈도우가 나타난다.

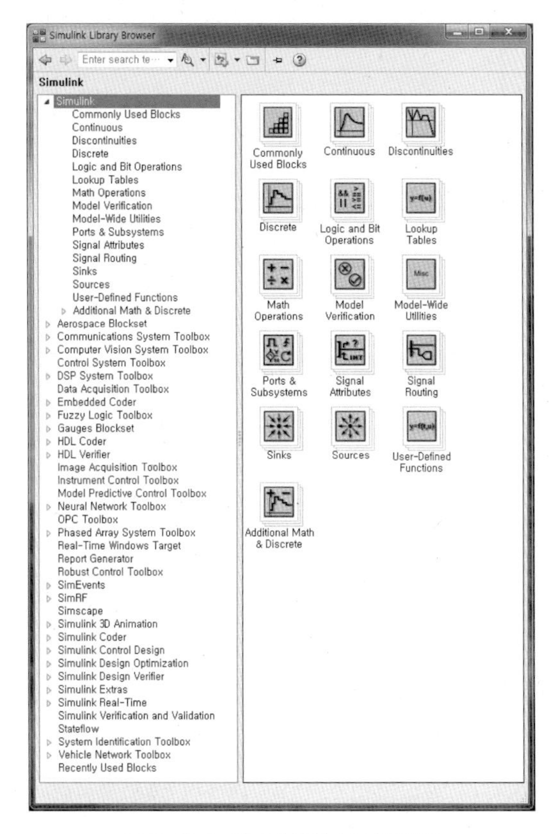

그림 11.2 SIMULINK 라이브러리

CW에서 New 메뉴를 클릭하여 Simulink Model을 클릭하면 그림 11.4의 새 창이 생성된다.

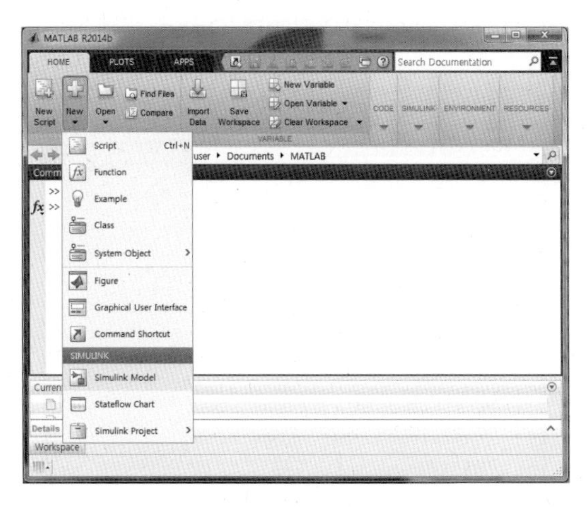

그림 11.3 SIMULINK 파일 생성하기

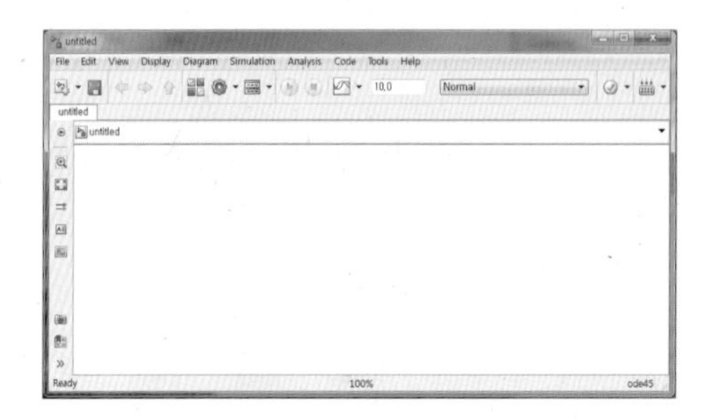

그림 11.4 SIMULINK Edit 창

11.3 SIMULINK 작업환경

그림 11.2에 보여진 SIMULINK 작업환경은 그림 11.1에 나타난 라이브러리 안에 있는 각 블록들을 가져다가 제어시스템을 설계하도록 되어 있다.

11.3.1 파일(File)

새로운 작업환경을 불러오려면 그림 11.3의 작업환경 CW에서 **New**를 선택하면 새로운 작업환경의 윈도우가 그림 11.4처럼 뜨게 된다. default 윈도우의 이름은 'Untitled'로 되어 있다. 기본적인 SIMULINK의 작업방법은 그림 11.2의 라이브러리에서 필요한 블록을 그림 11.4로 가져다가 연결하여 시뮬레이션하는 것이다. 시뮬레이션이 끝난 뒤에 윈도우의 파일 이름을 바꾸려면 **Save As** 메뉴로 가서 저장하면 된다. 이 윈도우에서 각 블록을 연결하고 작업을 마친 뒤에는 **Save** 메뉴로 작업공간을 저장한다. SIMULINK 파일은 'filename.mdl'로 저장된다. 나중에 같은 파일을 수정·보완하려면 **Open** 명령어로 파일을 불러들이면 자동적으로 윈도우에 나타난다.

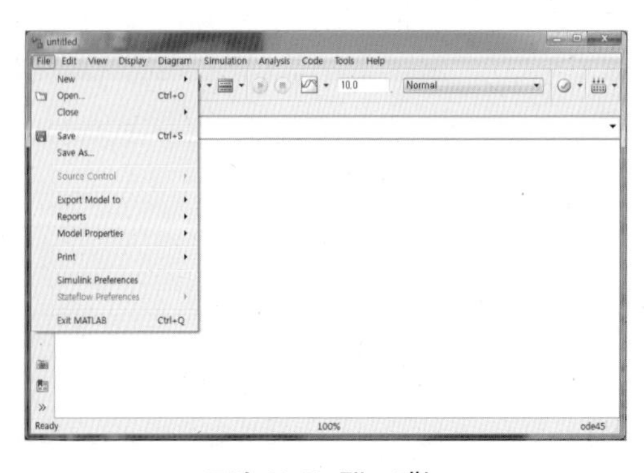

그림 11.5 File 메뉴

11.3.2 편집(Edit)

파일의 내용을 수정·삭제·복사·삽입하는 등 편집에 관한 전반적인 작업을 한다.

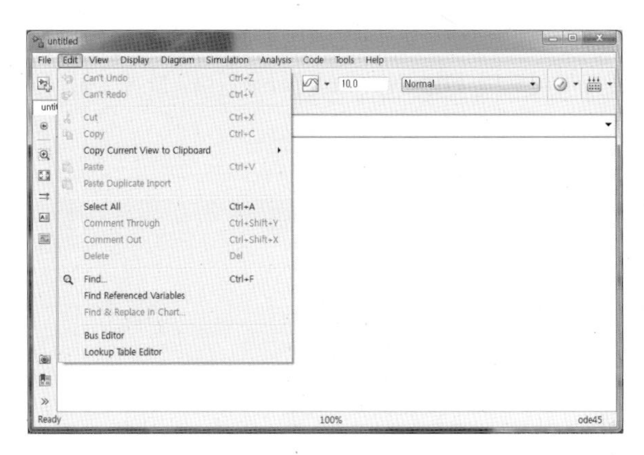

그림 11.6 Edit 메뉴

11.3.3 디스플레이(Display)

다양한 디스플레이 관련 명령어들이 있다. 블록들의 형선 연결 시 벡터인 선을 스칼라인 선과 구별하여 짙게 나타내려면 **Wide Nonscalar Lines**를 선택한다.

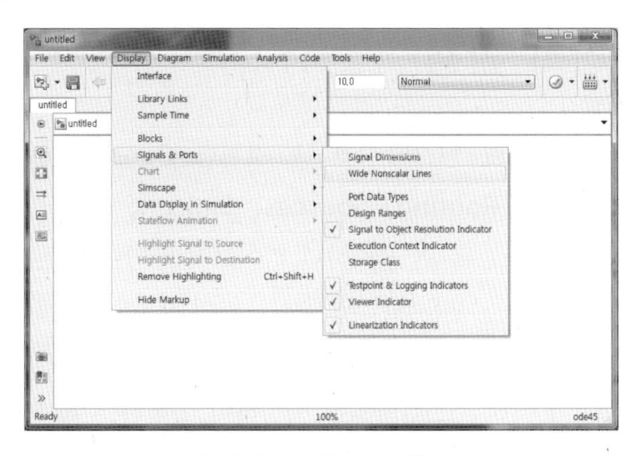

그림 11.7 Display 메뉴

11.3.4 다이어그램(Diagram)

블록들의 형태를 바꾼다. 블록의 이름을 사용자가 바꿀 수 있고, 블록의 입출력 방향을 바꿀 수 있다. default로 되어 있는 블록은 왼쪽이 입력이고 오른쪽이 출력이다. 상황에 따라서 블록의 입력이 오른쪽이고 출력이 왼쪽이면 편할 경우가 있다. 예를 들어, 출력으로부터의 궤환신호가 전달함수 블록으로 입력될 때, 오른쪽이 입력이고 왼쪽이 출력이면 설계하기가 편하고 간단해진다. 이때 사용하는 메뉴가 **Rotate & Flip Block**이다. 한 블록의 위쪽이 입력이고 아래쪽이 출력이 되도록 하려면 **Rotate Block**을 사용한다. 블록 아래에 쓰여 있는 블록 이름을 블록 위에 놓고 싶으면 **Flip Name**을 사용한다. 블록 이름을 숨길 경우에는 **Hide Name**을 사용한다.

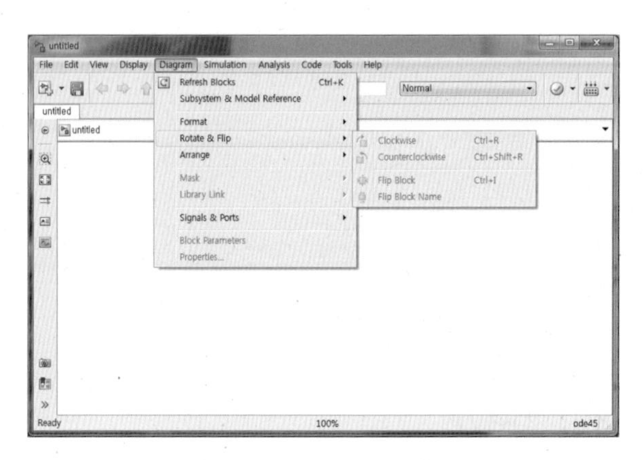

그림 11.8 Diagram 메뉴

11.4 라이브러리 환경

라이브러리(Library)로는 그림 11.2에 나타난 것처럼 **Continuous**, **Discrete**, **Math**, **Ports & Subsystem**, **Signal Routing**, **Sources**, **Sinks** 등 매우 다양한 라이브러리들이 있다. 각 라이브러리를 마우스로 두 번 클릭하면 라이브러리 안에 있는 여러 가지 용도의 블록들이 나타난다. 이러한 블록을 사용하기 위해서는 라이브러리를 열고 각 블록을 마우스로 클릭하여 작업환경 윈도우로 가져온다. 그러면 그 블록이 윈도우에 복사가 된다. 많은 라이브러리를 모두 설명하는 것이 어려우므로 파일을 작성하여 실행하는 데 필요한 것만 골라 설명하기로 한다.

11.4.1 입력 라이브러리(Source Library)

Source 라이브러리 안에는 입력으로 사용할 수 있는 다양한 형태의 시그널들이 내장되어 있어 '입력 라이브러리'라 할 수 있다. 그림 11.9에서 보여진 것처럼 다양한 입력 시그널들이 있지만 제어시스템에서 주로 사용되는 입력 시그널은 상수를 입력하는 **Constant**, 스텝 입력인 **Step**, 램프입력인 **Ramp**, 사인파 입력인 **Sine Wave**, 또는 사용자가 정의한 시그널을 입력하는 **Signal Generator** 등이 있다. 펄스를 입력하는 **Pulse Generator**와 **Discrete Pulse Generator**, 시간을 입력하는 **Clock**과 **Digital Clock**이 있다. 또한 데이터를 파일에서 불러오는 **From File**, 작업환경에서 불러오는 **From Workspace** 블록들이 있다. 신호처리에서 많이 사용되는 불규칙 입력신호인 **Random Number**, **Uniform Random Number**, 그리고 **Band-Limited White Noise** 블록들이 있다. 각 시그널의 특성을 설정하려면 마우스로 두 번 클릭하면 각 시그널의 변수들을 바꿀 수 있는 화면이 뜬다.

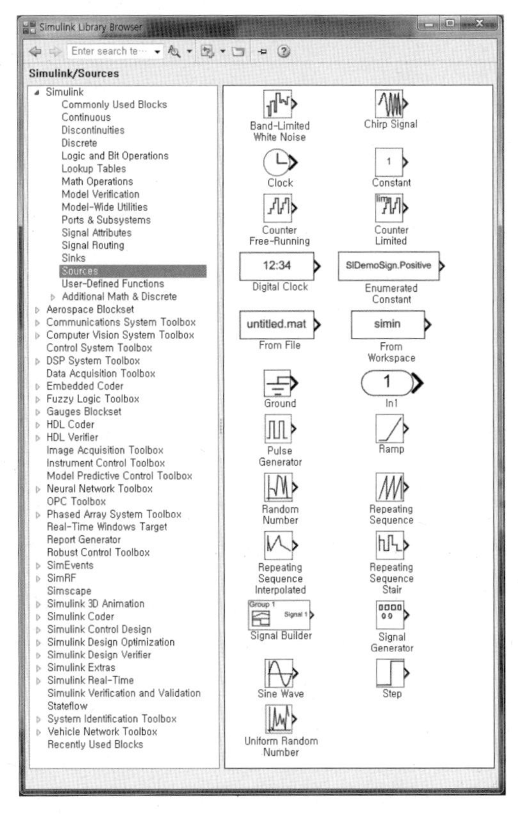

그림 11.9 Source 라이브러리

11.4.2 출력 라이브러리(Sink Library)

Sink 라이브러리에는 신호를 출력하는 블록들이 있으므로 '출력 라이브러리'라 할 수 있다. **Display**, **Scope**, **XY Graph** 블록들을 사용하여 입력 시그널이나 출력된 시그널을 그릴 뿐만 아니라 **To Workspace**, **To File**을 이용하여 출력된 데이터를 행렬이나 파일 형태로 저장해서 SIMULINK를 끝낸 뒤에도 MATLAB에서 사용할 수 있도록 한다. **Scope** 블록을 사용하면 쉽게 시스템의 응답을 볼 수 있다는 장점은 있으나, 우리가 원하는 plot을 그리지 못하는 단점이 있다. 이 경우에는 **To Workspace** 블록을 출력으로 사용하면 MATLAB 작업환경에 변수의 값이 출력되므로 MATLAB에서 plot하는 것처럼 하면 된다. 변수들을 파일에 저장하려면 **To File** 블록을 사용한다.

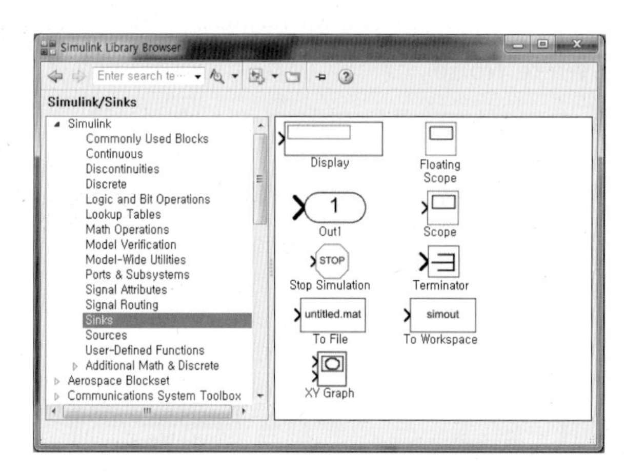

그림 11.10 Sink 라이브러리

11.4.3 연속 라이브러리(Continuous Library)

연속 라이브러리에는 연속 선형 시스템을 나타내는 다양한 함수들이 있는데, 내용을 보면 **Integrator, Derivative, Transfer Fcn, Zero-Pole, State-Space, PID Controller, Transport Delay** 등 선형 시스템을 이루는 데 필요한 많은 블록들이 있다. **Transfer Fcn** 블록과 **Zero-Pole** 블록은 모두 전달함수를 나타낼 수 있는데, 전달함수의 형태에 따라 각각 사용법이 다르다. 예를 들어, 전달함수의 분자, 분모가 다항식으로 되어 있을 경우에는 **Transfer Fcn** 블록이 편리하고, 극점과 영점의 형태로 되어 있는 경우에는 **Zero-Pole** 블록이 편리하다. 각각의 변수는 사용자가 지정해 준다. 변수를 지정하기 위해서 전달함수 블록을 마우스로 클릭하면 분자와 분모의 값을 입력하도록 나타난다. 이때 MATLAB에서 전달함수를 입력한 것처럼 입력하면 된다. **Zero-Pole** 블록의 경우에는 각 극점과 영점의 값만 입력하는데 + 또는 − 사인에 주의한다. 또한 **Zero-Pole** 블록의 경우는 전달함수의 이득값을 넣을 수 있다는 장점이 있다. 시스템의 상태방정식 표현은 **State-Space** 블록을 사용한다.

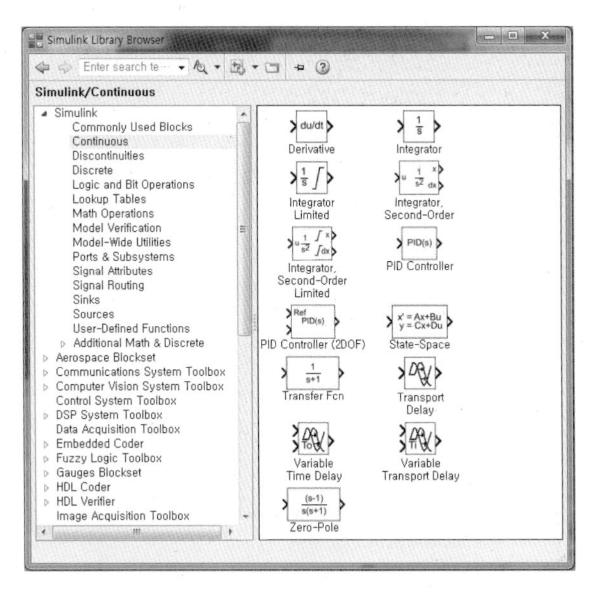

그림 11.11 Continuous 라이브러리

11.4.4 수학 라이브러리(Math Library)

연산에 필요한 각종 수식 라이브러리이다. 내용을 보면 **Add, Abs, Gain, Math Function, Sign, Sine Wave Fuction, Sum, Subtract, Trigonometric Function** 등 선형 시스템의 연산을 수행하는 데 필요한 모든 수학함수가 있다. **Sum** 블록은 시그널들을 합하는 블록으로 사인을 바꾸면 뺄셈도 할 수 있다.

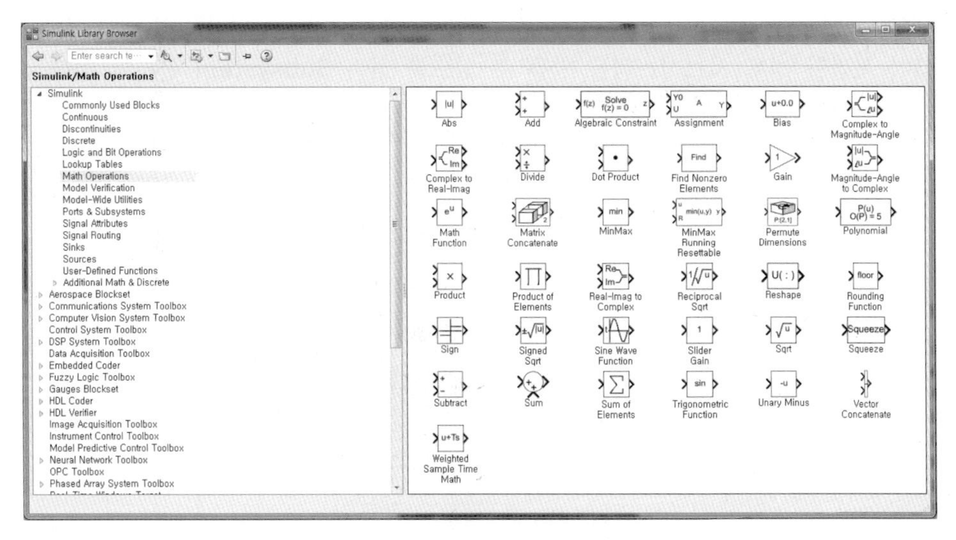

그림 11.12 Math 라이브러리

11.4.5 신호 연결 라이브러리(Signal Routing Library)

그림 11.13에는 다양한 종류의 연결블록들이 있다. 입력과 출력이 2개 이상인 MIMO 시스템의 구성을 가능하게 하는 **Mux, DeMux** 블록과 신호의 방향을 바꾸는 **Manual Switch, Switch**가 있다.

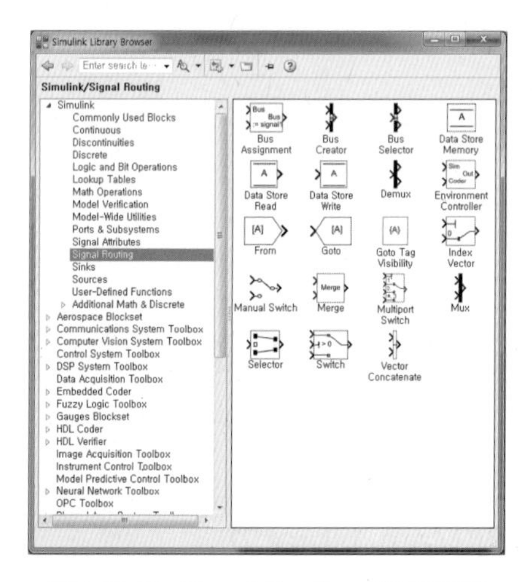

그림 11.13 Signal Routing 라이브러리

11.4.6 포트와 서브시스템 라이브러리(Ports & Subsystems Library)

비선형 시스템의 동역학 식을 나타내는 **Function-Call Generator, Model**이 있는데 이는 다양한 시스템을 표현하도록 해 준다. 디지털 회로에서 사용하는 **Enable, Trigger** 블록, 시스템이 복잡할 경우 서브시스템을 만들 수 있도록 하는 **Subsystem** 블록이 있다.

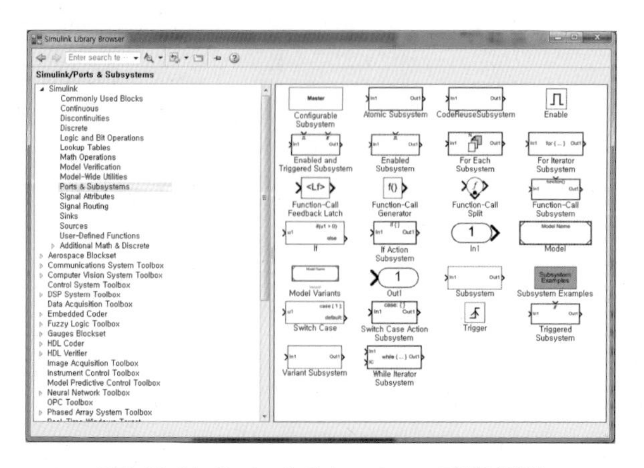

그림 11.14 Ports & Subsystems 라이브러리

11.4.7 이산 라이브러리(Discrete Library)

그림 11.15에는 다양한 비선형 함수들이 있다. 수식을 계산하는 **Backlash**, **Coulomb & Viscous Friction**, **Dead Zone**, **Quantizer**, **Rate limiter**, **Relay**, **Saturation** 등 이산 시스템의 모델이 있다. 하지만 이 책에서는 대부분의 시스템이 선형이므로 복잡한 비선형 시스템은 추후로 미루도록 하겠다.

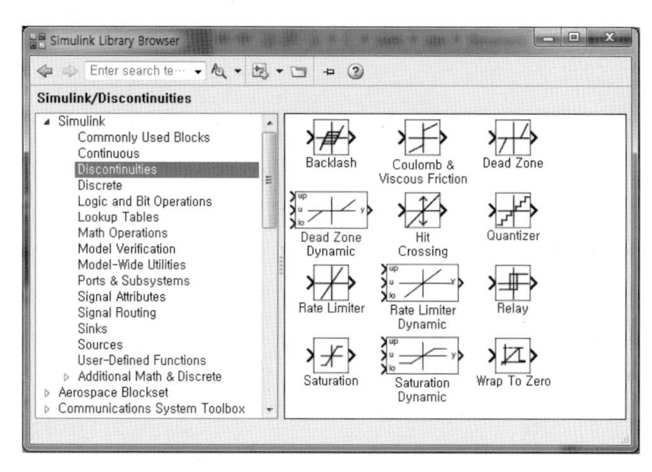

그림 11.15 Discrete 라이브러리

11.5 시뮬레이션의 실행

그림 11.3의 SIMULINK 작업환경에서 블록의 설계가 끝나면 시뮬레이션을 실행하여야 한다. 이때 시뮬레이션의 실행과 멈춤을 제어하는 명령이 메뉴바에 있는 **Simulation**이다. **Simulation** 명령어를 클릭하면 그림 11.16에 나타난 것처럼 **Run** 명령어를 실행한다.

시뮬레이터를 시작하기 전에 **Parameters** 메뉴로부터 시작 시간과 마지막 시간 등 시뮬레이션에 필요한 초기조건을 정해야 한다. 적분을 할 경우에는 **Euler**, **Runge Kutta 23**, **Runge Kutta 45**, **Gear**, **Adams** 등 어떤 적분방법을 사용할 것인지 미리 설정한다. 시스템 **Parameters**를 정한 뒤 **Start**를 선택하면 시뮬레이션이 작동된다. 출력된 그래프를 조작하고 싶으면 **Parameters**를 변경한 뒤에 다시 **Start**를 실행시키면 된다. 시뮬레이션을 그만두고 싶으면 **Stop**을 선택하고 잠시 멈추고 싶으면 **Pause**를 선택한다. 잠시 멈추었던 작업을 다시 실행시키고 싶으면 **Restart**를 실행하면 된다.

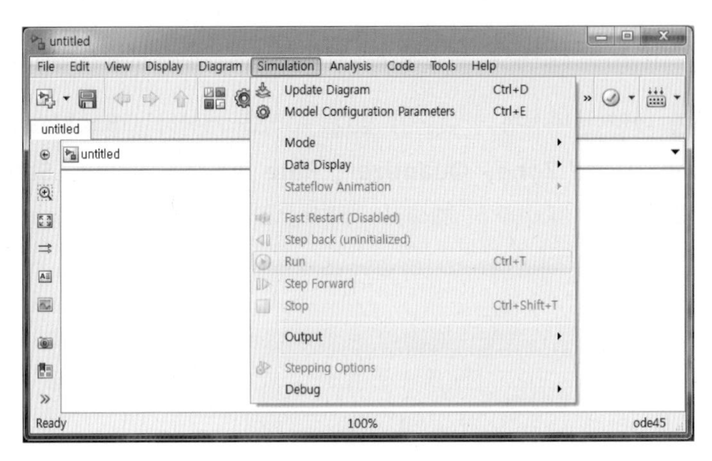

그림 11.16 Discrete 라이브러리

11.6 선형 제어시스템의 예

다음 제어 블록선도를 실행해 보자. 입력이 스텝일 경우 시스템의 출력을 나타내 보자. PID 제어기의 전달함수가 $C(s)_{PID} = \dfrac{8.2(s+1)}{(s+3.6)}$ 이고 공정의 전달함수가 $G(s) = \dfrac{1}{s^2}$ 일 때 블록선도는 다음과 같다.

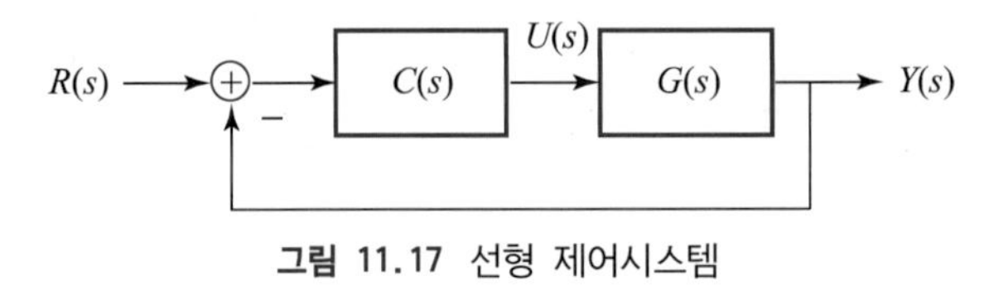

그림 11.17 선형 제어시스템

11.6.1 블록 설정

먼저 시뮬레이션하기 위해 필요한 블록들을 라이브러리로부터 작업 윈도우로 가져온다. 이 경우 필요한 블록은 Sources 라이브러리에서 입력 시그널 **Step**, Math 라이브러리에서 더하기 연산 **Sum**, Continuous 라이브러리에서 전달함수 블록 **Transfer Fcn**과 **Zero-Pole** 블록, 그리고 출력을 나타내기 위해 Sinks 라이브러리에서 **Scope**와 **To Workspace** 블록이다. 그림 11.17의 제어시스템 블록선도의 순서에 맞도록 나열한다.

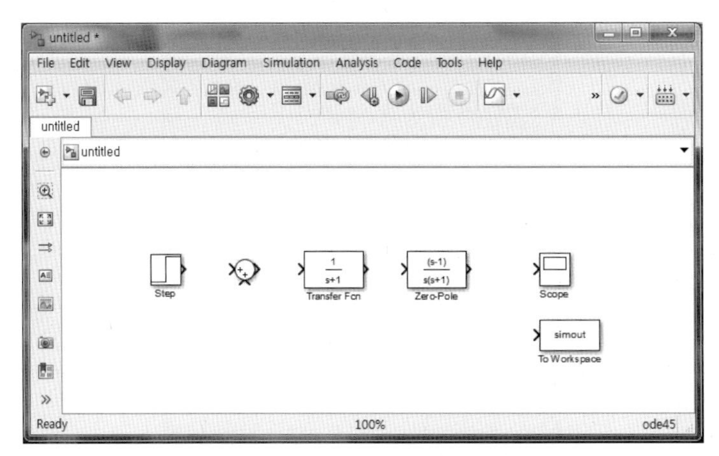

그림 11.18 필요 아이콘 나열

11.6.2 각 블록의 변수값 설정

각 블록의 변수들을 정한다. 변수들을 정할 때는 블록을 마우스로 두 번 클릭해서 나타나는 빈 칸에 데이터를 입력한다.

Step 블록을 마우스로 두 번 클릭해서 연다. 입력값을 설정하기 위해 'Step time, Initial Value, Final Value' 등의 값을 넣어야 한다. 'Step time'은 초기 시작 시간을 나타내므로 0을 넣고 'Initial Value'와 'Final Value'는 스텝의 초깃값과 마지막값을 나타내므로 각각 0과 1을 넣는다. 입력이 끝나면 **Apply** 버튼을 누른 뒤에 **OK** 버튼을 누른다.

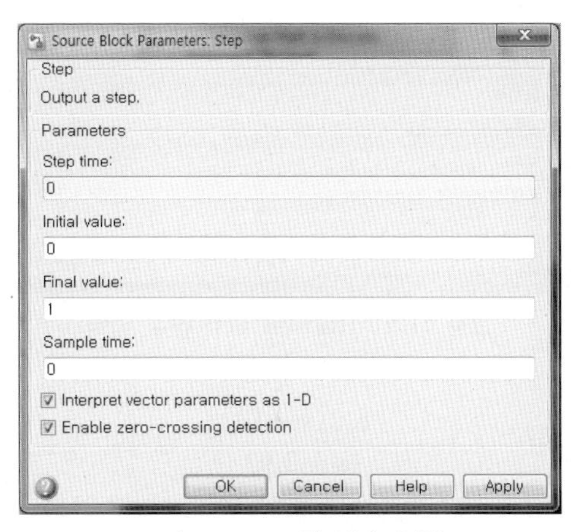

그림 11.19 스텝 변수 입력

Sum 블록을 클릭해서 연 뒤 사인의 순서를 고려해서 +−를 입력한다.

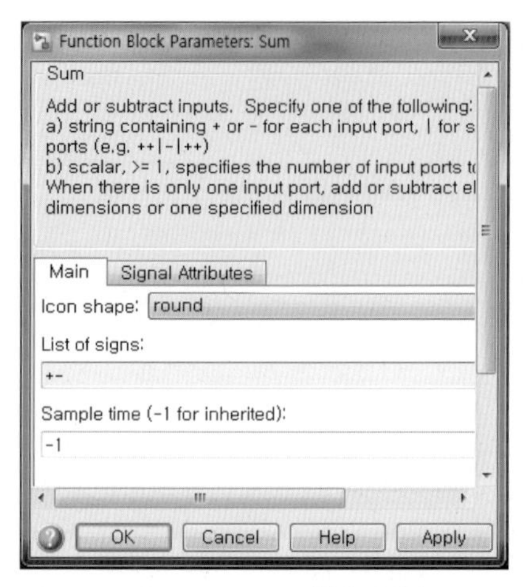

그림 11.20 sum 변수 입력

공정의 전달함수 $G(s)=\dfrac{1}{s^2}$은 **Transfer Fcn** 블록을 사용한다. 두 번 클릭하면 Numerator(분자)와 Denomenator(분모)로 두 부분의 빈 칸이 나타난다. 순서에 맞게 각각에 [1], [1 0 0]을 넣고 **Apply**를 클릭한다.

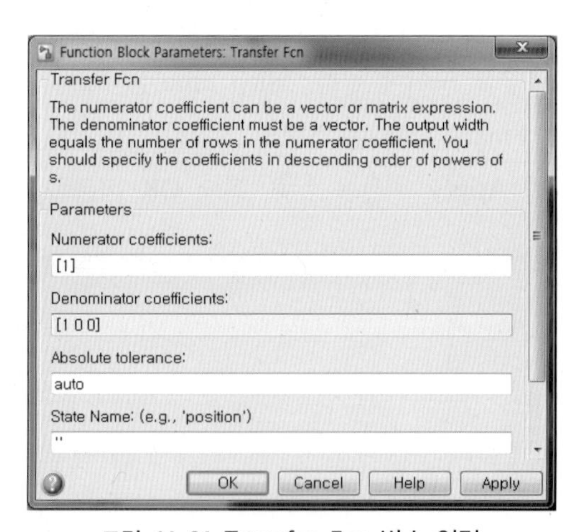

그림 11.21 Transfer Fcn 변수 입력

마찬가지로 제어기 전달함수 $C(s)=\dfrac{8.2(s+1)}{(s+3.6)}$을 입력할 때는 이득값이 있으므로 **Zero-Pole** 블록을 사용해서 영점 [−1], 극점 [−3.6], 이득값 [8.2]를 각각 넣는다. 사인에 주의한다.

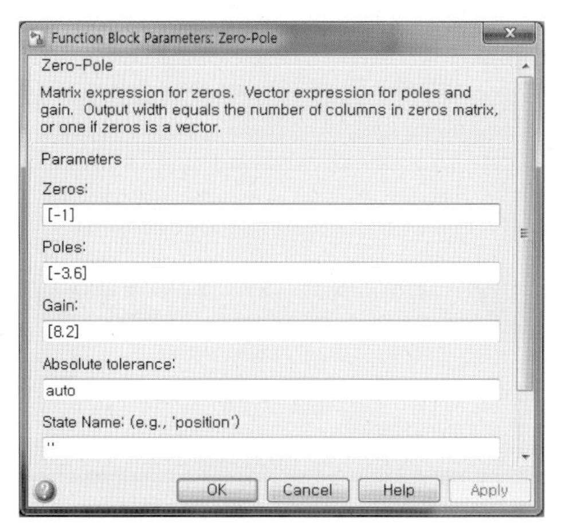

그림 11.22 Zero-Pole 변수 입력

To Workspace 블록을 사용하여 출력변수 y를 저장한다. 출력은 Sink 라이브러리의 메뉴를 사용하여 볼 수 있다. 그림 11.18에는 두 종류의 출력 형태를 점검하기 위해 **Scope** 블록과 **To Workspace** 블록이 연결되어 있다. **Scope** 블록을 사용하면 마우스로 시스템 블록의 어떤 선을 집을 경우, 그곳의 현재 시그널을 그래프로 볼 수 있다. 또한 **To Workspace**를 사용하면 출력이 MATLAB의 작업환경에 행렬 형태의 데이터로 저장된다. 출력 변수의 이름을 y라 하고 save format을 array로 하고 나머지는 defalt를 그대로 사용한다.

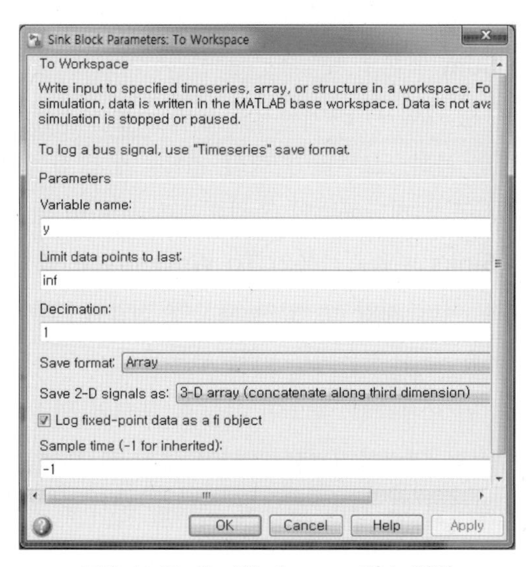

그림 11.23 To Workspace 변수 입력

모든 블록의 변수를 설정한 뒤에 작업환경은 그림 11.24와 같다.

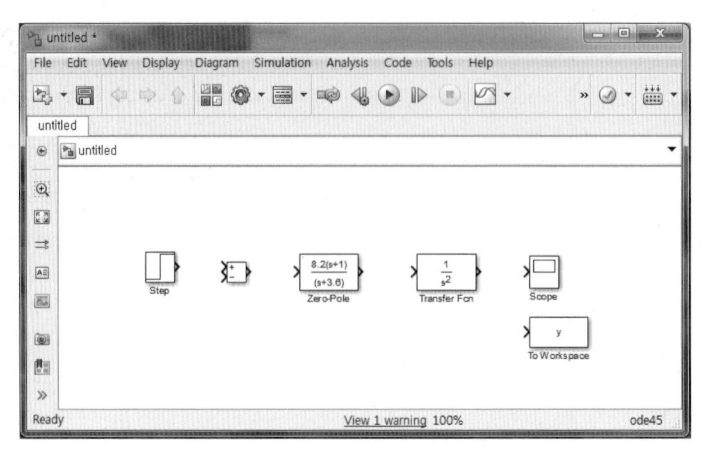

그림 11.24 변수 설정 후 작업환경

11.6.3 각 블록 연결

마우스를 사용하여 각 블록을 연결한다. 각 블록을 연결하기 위해서는 한 블록의 출력 쪽, 즉 부등호(>)가 있는 쪽을 마우스로 클릭하여 연결할 블록의 입력 쪽에 붙인다. 연결이 되면 블록에 있는 부등호(>)가 없어지고 화살표의 선이 생겨나서 두 블록의 연결 상태를 나타낸다. 블록의 특성상 **Source** 블록은 자체가 입력이므로 입력연결부분이 없고, **Sinks** 블록들은 자체가 출력이므로 출력연결부분이 없다.

- 입력 : **Step** 블록은 **Sum** 블록의 + 부분에 연결한다.
- 전달함수 : 각 전달함수는 그림 11.24에서처럼 놓여 있는 순서에 의해 입출력을 연결한다.
- 출력 : 공정의 전달함수 블록으로부터 출력의 블록들에 직접 연결한다.
- 귀환루프 : 귀환루프는 공정 전달함수의 출력으로부터 **Sum**의 − 부분으로 선을 연결해야 하는데 이미 선이 **Sinks**의 출력블록인 **To Workspace** 블록에 연결된 상태이다. 하지만 각 블록의 출력은 여러 개일 수 있기 때문에 전달함수의 출력으로부터 선을 따올 수 있다. 한 선에서 선을 따올 경우에는 따올 부분에서 마우스의 오른쪽 버튼을 사용하여 클릭하여 끌어내린 뒤 마우스를 놓으면 부등호 표시의 연결 부분이 생긴다. 이 부분과 **Sum** 블록의 − 부분을 연결하면 화살표선이 생겨 연결되었음을 나타낸다. 마찬가지로 **Scope** 출력을 연결하면 두 가지 종류의 출력을 동시에 구사할 수 있게 된다.

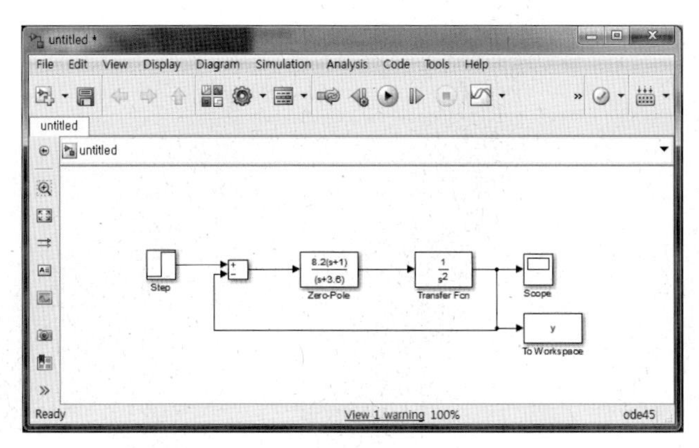

그림 11.25 SIMULINK의 제어 시뮬레이션

11.6.4 시뮬레이션 실행

시뮬레이션을 실행하기 위해서는 SIMULINK 작업환경의 **Simulation** 메뉴로 가서 실행하는 데 필요한 변수들을 정한다. **Model Configuration Parameters**의 메뉴를 열면 다양한 초기 정보들과 적분방법들이 있다. 0초에서 10초까지의 응답을 원하므로 실행의 **Start time**은 0, **Stop time**은 10으로 정했다.

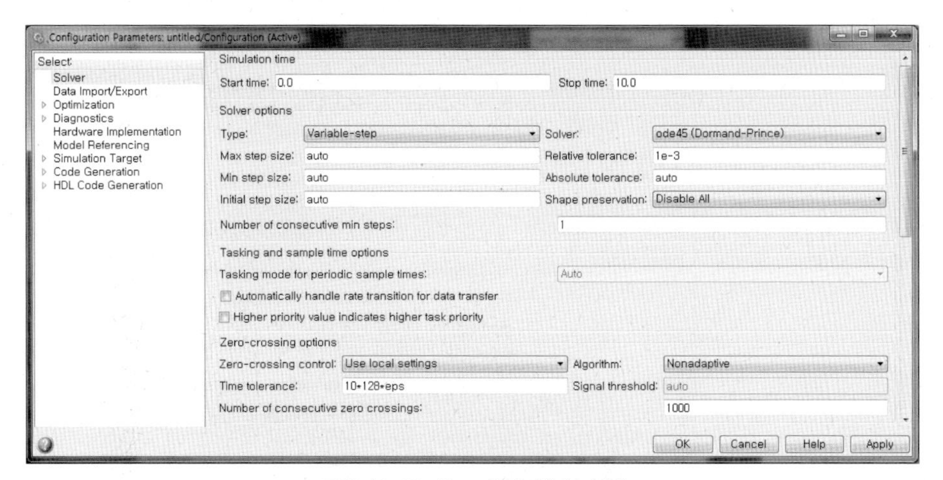

그림 11.26 Run 환경 변수 설정

나머지 변수들은 default를 그대로 사용한다.

변수 설정이 완료되면 **Run**을 클릭해서 실행한다. 출력응답의 그래프를 보기 위해 작업환경 내의 **Scope** 블록을 클릭하면 아래와 같은 그림 11.27이 나타난다.

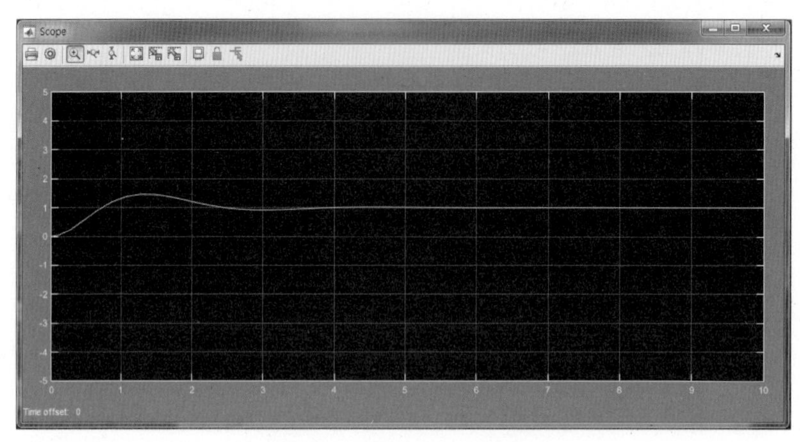

그림 11.27 Scope 시스템응답

그림 11.27에서 보듯이 그래프를 원하는 대로 조작하기 어려우므로 **To Workspace** 블록을 통해 만들어진 출력변수 y를 plot한다.

```
>> plot(tout,y)
>> xlabel('time (s)')
>> ylabel('y(t)')
>> grid
```

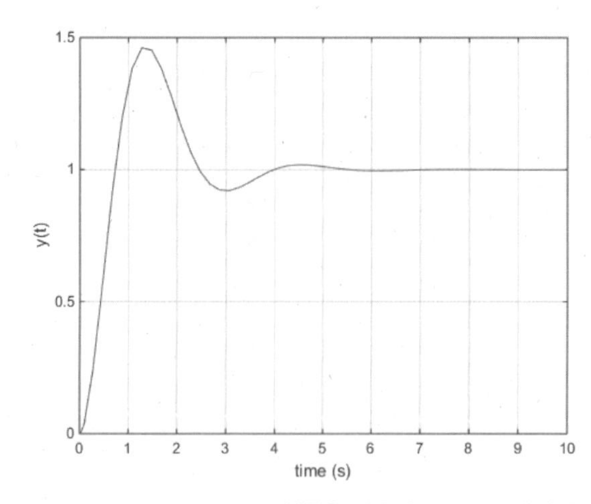

그림 11.28 To Workspace 블록을 사용한 MATLAB에서의 출력

11.6.5 파일의 저장

시뮬레이션을 마치면 현재 작업 윈도우에 있는 블록들의 파일을 저장해야 한다. **File**로 가서 **Save As**를 연 뒤 파일 이름을 지정하면 MATLAB에서의 m-file처럼 '.mdl' 파일로 저장된다. 다음 작업 시 그대로 불러들이면 자동적으로 블록들이 나타난다.

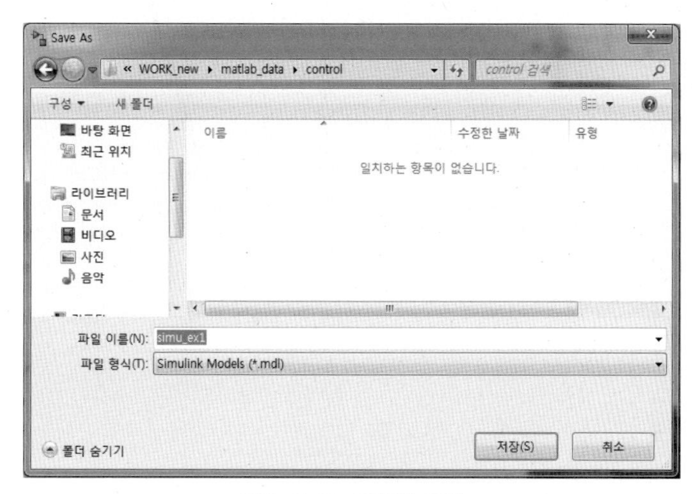

그림 11.29 파일의 저장

참・고・문・헌

1. R. C. Dorf and R. H. Bishop, "Modern Control System", 7th edition, Addison-Wesley, 1996.
2. K. Ogata, "Solving Control Engineering Problems with MATLAB", Prentice Hall, 1994.
3. B. Shahian and M. Hassul, "Control System Design using MATLAB", Prentice Hall, 1993.
4. H. Saadat, "Computational Aids in Control Systems using MATLAB", McGraw-Hill, 1993.
5. A. V. Oppenheim and A. S. Willsky, "Signals and Systems", Prentice Hall, 1983
6. R. D. Strum and D. E. Kirk, "Discrete Systems and Digital Signal Processing", ADDISON WESLEY, 1989
7. Erwin Kreyszig, "Advanced Engineering Mathematics", WILEY
8. R. C. Dorf and James A. Svoboda, "Introduction to Electric Circuits", John Wiley & Sons
9. E. W. Kamen and B. S. Heck, "Fundamentals of Signals and Systems using MATLAB", Prentice Hall
10. A. V. Oppenheim, A. S. Willsky, and I. T. Young, "Signals and Systems", Prentice Hall
11. D. G. Zill and W. S. Wright, "Advanced Engineering Mathematics", Johns & Bartlett Learning
12. M. J. Roberts, "Signals and Systems", McGraw Hill, 2012
13. B. Kuo, "Automatic Control Systems", Prentice Hall, 1987
14. 정 슬, "공학도를 위한 MATLAB 및 SIMULINK의 활용", 교문사
15. 정 슬 , "MATLAB을 이용한 디지털 신호처리 및 필터설계", 교문사, 2016
16. 고윤호, 정 슬, "Pspice를 이용한 전자회로 분석과 응용 및 실험", 홍릉과학출판사, 2014

찾 • 아 • 보 • 기

기타

5판

제어시스템 분석과 MATLAB 및 SIMULINK의 활용

2018년 7월 23일 5판 1쇄 펴냄 | 2021년 2월 1일 5판 2쇄 펴냄
지은이 정슬 | **펴낸이** 류원식 | **펴낸곳** **교문사**

편집팀장 모은영 | **책임편집** 안영선 | **본문편집** 홍익m&b | **표지디자인** 유선영
제작 김선형 | **홍보** 김은주 | **영업** 함승형·박현수·이훈섭

주소 (10881) 경기도 파주시 문발로 116(문발동 536-2)
전화 031-955-6111~4 | **팩스** 031-955-0955
등록 1968. 10. 28. 제406-2006-000035호
홈페이지 www.gyomoon.com | E-mail genie@gyomoon.com
ISBN 978-89-363-1768-3 (93560) | 값 27,500원